高等院校应用型本科“十三五”规划教材 · 计算机类

数据库原理及应用

SHUJUKU YUANLI JI YINGYONG

▶ **主　编**　方辉云　何　苗　宋　洁
▶ **副主编**　陈　琛　李双星　张永进

http://www.hustp.com
中国 · 武汉

内 容 简 介

本书共 10 章，介绍关于数据库和 Access 的基础知识，内容涵盖了计算机等级考试二级 Access 考试大纲的主要内容。本书的配套辅导书《数据库原理及应用实践教程》对教材内容进行学习指导和实验指导，包括阅读内容、习题解答、课外习题及其解答以及实验指导等。关于 Access 与其他软件的协同应用、数据库安全管理等，组成实践教程的第 11、12 章，供大家选学和阅读。

在出版社的网站上有本书的课件等教学辅导资料的下载。

本书可作为本科院校各层次专业的数据库教材，也可作为相应层次的高职高专、成人教育、职业教育的教材，还可作为数据库知识学习爱好者、职业人员或 IT 行业工程技术人员的业务参考书。

图书在版编目(CIP)数据

数据库原理及应用/方辉云，何苗，宋洁主编. —武汉：华中科技大学出版社，2017.1

ISBN 978-7-5680-1988-0

Ⅰ. ①数… Ⅱ. ①方… ②何… ③宋… Ⅲ. ①关系数据库系统 Ⅳ. ①TP311.13

中国版本图书馆 CIP 数据核字(2016)第 144782 号

数据库原理及应用
Shujuku Yuanli ji Yingyong

方辉云 何 苗 宋 洁 主编

策划编辑：曾 光
责任编辑：史永霞
封面设计：孢 子
责任监印：朱 玢
出版发行：华中科技大学出版社(中国·武汉) 电话：(027)81321913
武汉市东湖新技术开发区华工科技园 邮编：430223
录 排：武汉正风天下文化发展有限公司
印 刷：武汉市籍缘印刷厂
开 本：787mm×1092mm 1/16
印 张：21.25
字 数：586 千字
版 次：2017 年 1 月第 1 版第 1 次印刷
定 价：49.00 元

前言 PREFACE

数据库技术是计算机信息处理的核心技术。数据库技术自20世纪60年代出现以来,得到了很大的发展,数据库应用渗透到计算机应用的各个领域。1970年关系数据库理论的产生,在数据库技术发展史上重重地写上了一笔,具有特别重大的意义。生活在当今信息时代的我们一定要认识到,计算机信息处理技术中,数据库技术是信息管理存储利用和加工的技术,网络技术则是信息传输的技术,鉴此,我们必须了解和掌握以数据库技术和网络技术为代表的信息处理技术。对于应用型人才而言,并不需要深入全面地学习深奥的专业理论,而是掌握那些满足应用需要的基本理论,进而把我们学习的重点放在实际应用的研究和探讨上。这也是本书编写的指导思想和内容架构。

本书选择Microsoft Office 2010集成办公软件包中的Access关系数据库系统作为研究应用的对象,主要是由于Access使用环境要求低,应用广泛,软件普及,Access本身的基本理论和概念并不复杂,易于理解和接受,且本软件集成度高,易学易用。Access作为数据库管理系统的具体工具,特别适合初学数据库系统知识和入门的学生及工程技术专业人员使用;同时,对于那些需要了解和应用数据库技术的非专业人员,如经济、管理、法学、财会、金融,甚至文学、艺术等专业的学生和工作人员,也很适宜。本书的学习,并不需要特别深奥的计算机知识、数学知识和网络知识,只要能简单操作计算机,了解Windows的一般使用,知道Internet的基本常识就可以了。

这一套书分为教材和实践教程两本。教材共10章,总体上介绍关于数据库和Access的基础知识。其中,前3章介绍数据库原理方面的基本知识;第4章介绍具体的数据库系统Office-Access 2010;后面5~10章共6章分别介绍Access的6种对象,包括表对象、查询对象、窗体对象、报表对象、宏对象和模块对象。关于Access与其他应用软件的协同工作知识,Access与外部数据的交换应用及数据传递和关联,这是数据库发展前沿知识和Access应用的重要方面,我们放在本书配套实践教程的后面,作为第11、12章供读者阅读。基于网络的空间数据库内容篇幅所限,没有介绍。

本书所配的实践教程对每一章的学习内容进行学习指导和实验指导,包括阅读内容、习题解答、课外习题及其解答以及实验指导等。这里要强调的是,实验指导对于学习本课程特别重要，由于数据库应用需要大量的实际上机实验，所以实验指导及实验题目是必不可少的。

本书有以下一些特点。

有一个贯穿全书知识的教材管理系统伴随我们学习的全过程，使我们在研究每一种对象时，了解它们在应用系统中的体现。

用大量的实际应用例子佐证和说明 DBMS 理论及应用，通俗直观，前后连贯，简明生动，易于理解。

分章讲述 6 种对象时，采用自己的特色，比如介绍查询对象时，一般书籍重点使用设计视图完成查询，本书则着重于深入、全面地介绍查询语言 SQL。道理是明显的：SQL 是关系数据库的标准语言，亦是数据库查询技术应用的基础。可以说，学习了本书介绍的 SQL 语言内容，就能方便地掌握 Access 查询的复杂应用。

全书内容完整，结构清晰，文字通俗易懂，理论深入浅出，适合作为有关计算机或非计算机专业学习数据库入门知识的教学用书或自学用书，也适合作为 Access、Excel 应用及关系数据库应用的工程技术人员及教学人员的参考书。

本书内容涵盖了计算机等级考试二级 Access 考试大纲的主要内容。

本书由武汉学院方辉云、何苗和常州轻工职业技术学院宋洁主编，由空军预警学院基础部陈琛、河南大学李双星、常州轻工职业技术学院张永进担任副主编。参加本书编写的有：何友鸣及武汉学院计算机方面的各位老师、中南财经政法大学王中婧、杭州师范大学雷奥，以及刘婉妮、郭小青、李进、何博、田雪、明喆、王珊。

成书过程中，内容上的特邀资深指导者有：中南财经政法大学信息与安全工程学院肖慎勇副院长、金大卫副院长及王少波、蔡燕、张爱菊、骆正华、万少华等，在这里向他们致以诚挚的感谢，感谢各位的大力支持和指导！

说明一下，本书在内容中包括各种举例，涉及的人名、单位名等，纯属虚构，仅为讲解内容的举例而已，别无他意。若有雷同，必为巧合，敬请谅解。

本书可作为有关院校计算机或非计算机专业有关数据库技术课程的教材使用，对于从事大学数据库技术教学的教师，以及数据库技术方面的从业工程技术人员、管理人员、财会人员、办公室工作人员等，也是一本极好的参考书。本书注意到计算机数据库教学的特点，在编写中体现这一方面的要求，尽力使得教学体系更加完备。在出版社的网站上，有本书的课件等教学辅导资料供下载。

我们为本书的编写做了极大的努力，尽管如此，也不敢说完善。由于编者水平有限，时间紧张，存在错误、不足和疏漏之处在所难免。在此衷心希望采用本书作为教材的教师、学生和广大读者提出宝贵的意见或建议，竭诚希望得到数据库教育界、Access 应用课程方面的同人的批评指正，也祈望专家学者能够不吝赐教！

对于本书的编写和出版，编者要特别感谢支持和帮助我们的朋友和领导，感谢华中科技大学出版社的朋友们，感谢你们的鼎力帮助。在 5 年的任职和教学中，我们编写了 9 部专业教材，使我们学校这个专业的教材建设从无到有、从落后到跟上形势，我们感到欣慰！

最后，还要由衷地感谢那些支持和帮助这套书的所有朋友们！谢谢你们的使用和关心，并预祝你们教学、学习或工作成功！

编　者

2016 年 8 月于武汉学院

目录 CONTENTS

第1章 数据库基础 …… (1)
1.1 数据和信息 …… (1)
1.1.1 数据 …… (1)
1.1.2 信息 …… (1)
1.1.3 数据处理 …… (2)
1.1.4 数据处理系统 …… (2)
1.2 数据管理与数据库技术 …… (3)
1.2.1 数据管理 …… (3)
1.2.2 数据库技术 …… (4)
1.3 DBAS与MIS …… (7)
1.3.1 DBAS …… (7)
1.3.2 MIS …… (7)
1.4 数据库技术的发展 …… (8)
1.4.1 发展简史 …… (8)
1.4.2 数据仓库与数据挖掘 …… (9)
1.4.3 数据库系统新技术 …… (10)
1.5 常用DBMS …… (12)
1.5.1 Oracle …… (12)
1.5.2 Microsoft SQL Server …… (12)
1.5.3 国产DBMS达梦数据库管理系统 …… (13)
1.5.4 MySQL …… (14)
第2章 数据库系统 …… (17)
2.1 数据库系统的建立环境 …… (17)
2.1.1 信息处理的三个层次 …… (17)
2.1.2 两次抽象和转换 …… (17)
2.1.3 三级模式结构 …… (17)
2.2 实体 …… (19)
2.2.1 概念 …… (19)
2.2.2 实体联系 …… (20)

2.2.3 实体模型 …………………………………………………………… (21)
2.3 数据模型 ……………………………………………………………… (21)
2.3.1 层次模型和网状模型 ………………………………………………… (22)
2.3.2 关系模型 …………………………………………………………… (23)
2.3.3 新一代数据模型 …………………………………………………… (24)
2.4 数据库系统的工作模式和应用领域 ………………………………… (24)
2.4.1 工作模式 …………………………………………………………… (24)
2.4.2 应用领域 …………………………………………………………… (26)
2.5 数据库系统开发方法 ………………………………………………… (28)
2.5.1 概述 ………………………………………………………………… (28)
2.5.2 结构化设计方法 …………………………………………………… (28)
2.5.3 原型设计方法 ……………………………………………………… (30)
2.5.4 面向对象设计方法 ………………………………………………… (30)
2.6 数据库设计 …………………………………………………………… (32)
2.6.1 定义 ………………………………………………………………… (32)
2.6.2 设计步骤 …………………………………………………………… (32)
2.6.3 举例 ………………………………………………………………… (33)
2.7 DBMS …………………………………………………………………… (34)
第3章 关系数据模型基本理论 ……………………………………………… (37)
3.1 关系模型的三要素 …………………………………………………… (37)
3.2 关系及关系的特点 …………………………………………………… (37)
3.2.1 关系 ………………………………………………………………… (37)
3.2.2 关系的特点 ………………………………………………………… (39)
3.3 关系模型 ……………………………………………………………… (39)
3.3.1 概念 ………………………………………………………………… (39)
3.3.2 关系模型与关系数据库 …………………………………………… (40)
3.3.3 关系模型的描述 …………………………………………………… (40)
3.3.4 关系模型的主要优点 ……………………………………………… (41)
3.4 关系代数 ……………………………………………………………… (42)
3.4.1 关系运算 …………………………………………………………… (42)
3.4.2 选择、投影和联接 ………………………………………………… (44)
3.4.3 关系数据库设计过程 ……………………………………………… (47)
3.5 E-R模型及其转化 …………………………………………………… (48)
3.5.1 E-R图 ……………………………………………………………… (49)
3.5.2 E-R模型转化为关系模型 ………………………………………… (51)
3.5.3 实例 ………………………………………………………………… (56)
3.5.4 设计E-R模型的进一步探讨 ……………………………………… (58)
3.6 关系数据库的建立 …………………………………………………… (59)
3.6.1 关系数据库设计 …………………………………………………… (59)
3.6.2 不同层次的术语 …………………………………………………… (59)
3.7 关系数据库的完整性 ………………………………………………… (60)
3.7.1 主键与外键 ………………………………………………………… (60)

3.7.2 实体完整性规则 …… (61)
3.7.3 参照完整性规则 …… (61)
3.7.4 用户定义的完整性规则 …… (62)
3.7.5 域完整性规则 …… (62)
3.8 关系规范化理论 …… (63)
3.8.1 概念 …… (63)
3.8.2 函数依赖与键 …… (64)
3.8.3 关系范式 …… (66)
第4章 Access预备知识 …… (71)
4.1 Access概述 …… (71)
4.1.1 Access的发展 …… (71)
4.1.2 Access的主要特点 …… (71)
4.1.3 Access 2010的安装 …… (72)
4.1.4 启动与退出 …… (74)
4.2 Access工作界面与基本操作 …… (76)
4.2.1 Access工作界面概述 …… (76)
4.2.2 Backstage视图 …… (77)
4.2.3 功能区 …… (78)
4.2.4 导航窗格 …… (80)
4.2.5 其他界面 …… (81)
4.3 Access数据库 …… (82)
4.3.1 基本知识 …… (82)
4.3.2 创建Access数据库 …… (83)
4.4 数据库管理 …… (86)
4.4.1 数据库的打开与关闭 …… (86)
4.4.2 数据库管理 …… (88)
第5章 表对象 …… (92)
5.1 表对象的定义 …… (92)
5.1.1 表的基本概念 …… (92)
5.1.2 表的创建方法简介 …… (92)
5.2 数据类型 …… (93)
5.2.1 Access数据类型 …… (93)
5.2.2 Access数据类型规定 …… (93)
5.3 创建表 …… (95)
5.3.1 物理设计 …… (95)
5.3.2 应用设计视图创建表 …… (100)
5.3.3 创建表的重要概念 …… (102)
5.3.4 创建表的其他方式 …… (114)
5.4 表间关系 …… (117)
5.4.1 表间关系的建立 …… (117)
5.4.2 编辑关系 …… (119)
5.5 表的操作 …… (120)

5.5.1 录入记录 …… (120)
5.5.2 记录的修改和删除 …… (123)
5.5.3 对表的其他操作 …… (124)
5.5.4 修改表结构 …… (128)
5.5.5 删除表 …… (128)
第6章 查询对象与SQL语言 …… (136)
6.1 理解查询 …… (136)
6.1.1 查询概念 …… (136)
6.1.2 SQL概念 …… (137)
6.2 Access查询 …… (138)
6.2.1 查询工作界面 …… (138)
6.2.2 SQL视图创建查询对象 …… (139)
6.2.3 设计视图创建查询对象 …… (140)
6.2.4 认识查询对象和查询分类 …… (141)
6.3 SQL查询 …… (142)
6.3.1 语法符号 …… (142)
6.3.2 数据运算与表达式 …… (143)
6.3.3 常用SQL查询 …… (148)
6.3.4 查询对象的意义和SELECT小结 …… (162)
6.4 SQL其他功能 …… (164)
6.4.1 SQL的追加功能 …… (164)
6.4.2 SQL的更新功能 …… (164)
6.4.3 SQL的删除功能 …… (165)
6.4.4 SQL的定义功能 …… (165)
6.5 选择查询 …… (168)
6.5.1 创建选择查询 …… (168)
6.5.2 选择查询的进一步设置 …… (173)
6.5.3 查询向导 …… (182)
6.6 动作查询 …… (187)
6.6.1 生成表查询 …… (187)
6.6.2 追加查询 …… (189)
6.6.3 更新查询 …… (191)
6.6.4 删除查询 …… (191)
6.7 特定查询 …… (192)
6.7.1 联合查询 …… (192)
6.7.2 传递查询 …… (193)
6.7.3 数据定义查询 …… (194)
第7章 窗体对象 …… (200)
7.1 概述 …… (200)
7.1.1 初识窗体 …… (200)
7.1.2 窗体的主要用途和类型 …… (201)
7.1.3 窗体创建与运行要求 …… (202)

7.2 窗体创建 …………………………………………………………… (203)
7.2.1 自动创建窗体 ………………………………………………… (204)
7.2.2 使用向导创建窗体 …………………………………………… (205)
7.2.3 使用设计视图创建窗体 ……………………………………… (210)
7.3 窗体整体布局设计及应用 ………………………………………… (229)
7.3.1 页眉页脚设置 ………………………………………………… (229)
7.3.2 窗体外观设计 ………………………………………………… (231)
7.3.3 窗体的应用 …………………………………………………… (231)
7.4 自动启动窗体 ……………………………………………………… (232)
第 8 章 报表对象 ………………………………………………………… (237)
8.1 基础知识 …………………………………………………………… (237)
8.1.1 报表概念 ……………………………………………………… (237)
8.1.2 报表的视图 …………………………………………………… (239)
8.1.3 报表的组成 …………………………………………………… (241)
8.2 报表的创建 ………………………………………………………… (242)
8.2.1 报表设计工具 ………………………………………………… (242)
8.2.2 自动创建报表 ………………………………………………… (243)
8.2.3 报表向导创建报表 …………………………………………… (243)
8.2.4 标签向导创建报表 …………………………………………… (245)
8.2.5 创建图表报表 ………………………………………………… (247)
8.2.6 创建空报表 …………………………………………………… (248)
8.2.7 使用设计视图创建报表 ……………………………………… (249)
8.3 报表编辑 …………………………………………………………… (251)
8.3.1 报表的添加 …………………………………………………… (251)
8.3.2 节的操作 ……………………………………………………… (252)
8.3.3 绘制线条和矩形 ……………………………………………… (253)
8.4 报表高级操作 ……………………………………………………… (253)
8.4.1 报表排序和分组 ……………………………………………… (253)
8.4.2 使用计算型控件 ……………………………………………… (257)
8.4.3 创建多列报表 ………………………………………………… (257)
8.4.4 设计复杂的报表 ……………………………………………… (258)
8.5 预览和打印报表 …………………………………………………… (259)
8.5.1 预览报表 ……………………………………………………… (259)
8.5.2 打印报表 ……………………………………………………… (260)
第 9 章 宏对象 …………………………………………………………… (263)
9.1 预备知识 …………………………………………………………… (263)
9.1.1 认识宏 ………………………………………………………… (263)
9.1.2 常用宏操作 …………………………………………………… (264)
9.1.3 宏的几个概念 ………………………………………………… (266)
9.2 宏的创建 …………………………………………………………… (267)
9.2.1 宏生成器 ……………………………………………………… (268)
9.2.2 宏生成器创建宏 ……………………………………………… (268)

9.2.3 条件宏 …… (269)
9.3 宏的编辑与调试 …… (271)
9.3.1 宏的编辑与修改 …… (271)
9.3.2 宏的调试 …… (271)
9.4 运行宏 …… (272)
9.4.1 直接运行宏 …… (272)
9.4.2 在窗体等对象中加入宏 …… (272)
9.4.3 自动运行宏 AutoExec …… (274)
9.5 宏组 …… (275)
9.5.1 宏组的创建 …… (275)
9.5.2 宏组的运行 …… (277)
第 10 章 模块对象及 Access 程序设计 …… (281)
10.1 模块与 VBA …… (281)
10.1.1 程序设计与模块的概念 …… (281)
10.1.2 VBA 语言 …… (282)
10.2 VBE 界面 …… (283)
10.2.1 VBE 窗口 …… (283)
10.2.2 代码窗口与模块的创建与保存 …… (286)
10.3 VBA 基础知识 …… (288)
10.3.1 VBA 的数据类型 …… (288)
10.3.2 常量、变量和数组 …… (289)
10.3.3 运算符与表达式 …… (292)
10.3.4 函数 …… (294)
10.4 Access 程序设计入门 …… (299)
10.4.1 程序设计基本方法 …… (299)
10.4.2 顺序、分支、循环结构 …… (300)
10.4.3 过程 …… (306)
10.5 面向对象程序设计 …… (310)
10.5.1 对象和对象集合 …… (310)
10.5.2 对象的属性 …… (311)
10.5.3 对象的事件 …… (312)
10.5.4 对象的方法 …… (313)
10.6 VBA 程序调试 …… (315)
10.6.1 设置程序断点 …… (315)
10.6.2 调试工具栏及其功能 …… (316)
10.7 Access 数据库程序设计 …… (317)
10.7.1 DAO 与 ADO …… (317)
10.7.2 ADO 类库 …… (317)
10.7.3 ADO 的对象模型 …… (318)
10.7.4 操作记录集 …… (321)
10.7.5 综合应用例 …… (323)
参考文献 …… (330)

第1章 数据库基础

在当代,信息是最重要的资源之一,信息资源与能源、物质并列为人类社会活动的三大要素。计算机是当前信息社会使用最普遍和最重要的信息处理工具。而在计算机中,数据库技术是信息处理的主要技术之一,其核心内容是数据管理。

在计算机领域,数据和信息是密切相关的两个概念。

1.1 数据和信息

数据和信息是两个相互联系但又相互区别的概念,数据是信息的具体表现形式,信息是数据有意义的表现。

1.1.1 数据

这里所说的数据(data),是指人们通常用来表示客观事物的特性和特征使用的各种各样的物理符号,以及这些符号的组合。数据的概念包括两个方面,即数据内容和数据形式。数据内容是指所描述客观事物的具体特性,也就是通常所说的数据的"值";数据形式则是指数据内容存储在媒体中的具体形式,也就是通常所说的数据的"类型"。数据主要有数字、文字、声音、图形和图像等多种形式。例如:通过对"姓名、性别、生日、英语成绩、长相" 等属性进行描述,可以确定一个学生,而{张三,男,1990/10/2,90,登记照}等文字、数值、图片符号就是表达这一学生的数据;通过对"型号、厂家、生产日期、价格、外观"等属性进行描述,可以确定一部手机,而{7360,诺基亚,2008/06/01,2300.00,图片}就是表达特定手机的数据。

1.1.2 信息

信息(information)是指通过加工处理数据后所获取的有用知识。信息是以某种数据形式表现的。信息与所有行业、学科、领域密切相关。正因为如此,关于信息,不同的行业、学科及领域,基于各自的特点,提出了各自不同的定义。

信息论的创始人香农(C. E. Shannon)定义:信息是事物不确定性的减少。

控制论的创始人诺伯特·维纳(Norbert Wiener)定义:信息是人们在适应外部世界并使这种适应反作用于外部世界的过程中,同外部世界进行交换的内容的名称。

《中国大百科全书》定义:信息是符号、信号或消息所包含的内容,用来消除对客观事物认识的不确定性。

由于信息与所有行业、学科、领域密切相关,因此对于信息存在许多种认识和观点。一般情况下,人们也把消息、情报、新闻、知识等当作信息。

看得出,数据是载荷信息的物理符号,信息是对事物运动状态和特征的描述。而一个系统或一次处理所输出的信息,可能是另一个系统或另一次处理的数据。

通常将信息分为 3 种类型或 3 个层面。

(1) 事物的静态属性信息:包括事物的形态、颜色、状态和数量等。

(2) 事物的动态属性信息:包括事物的运动、变化、行为、操作和时空特性等。

(3) 事物之间的联系信息:包括事物之间的相互关系、相互制约和相互运动的规律。

事物的静态属性和动态属性信息属于事物本身的特性,比较直观,容易收集;事物之间的联系信息可能隐藏在事物之中,不容易认识和获得,一般需要在前两类信息的基础上进行分析、综合和加工处理才能获得。

在一个确定的环境下,获得的信息量越大,就意味着人们对特定事物及其相互联系的认识越深入,不确定性越小。从这一方面来说,信息是关于事物不确定性的度量。

我们可以理解,数据和信息是两个相对的概念,相似而又有区别,因而这两个概念经常被混用。

1.1.3 数据处理

数据处理也称信息处理。

信息的表达需要借助于符号即数据。因此,数据是信息的载体,信息是数据的内涵。

数据处理就是将数据转换为信息的过程。所谓数据处理,就是指对数据的收集、整理、组织、存储、维护、加工、查询、传输的过程。数据处理的目的是获取有用的信息,核心是数据。

数据处理的内容主要包括数据的收集、整理、存储、加工、分类、维护、排序、检索和传输等一系列活动。数据处理的目的是从大量的数据中,根据数据自身的规律及其相互联系,通过分析、归纳、推理等科学方法,利用计算机技术、数据库技术等技术手段,提取有效的信息资源,为进一步的分析、管理、决策提供依据。

例如,一个班的学生各门成绩为原始数据,经过计算得出的平均成绩和总成绩等就是信息,这个计算处理的过程就是数据处理。通过这样的处理过程获得信息,所以数据处理也叫信息处理。另外,这个班的平均成绩和总成绩如果再拿到系里进行处理,得出全系的平均成绩和总成绩,则这个班的平均成绩和总成绩在系里的数据处理过程中是处理的数据而不是信息,全系的平均成绩和总成绩才是信息。这就是数据和信息两个概念的相对性。

在人类社会生活和经营管理活动中,人们时时刻刻都在进行大量的数据处理。数据处理伴随着人类的发展经历了漫长的岁月。而现代社会中,当代企业对信息处理的要求归结为及时、准确、适用、经济等四个方面。及时是指一要及时记录,二要快速对信息进行加工、检索、传输;准确就是要准确反映实际情况;适用是指信息不在于多,贵在适用;而信息的及时性、准确性和适用性必须建立在经济性的基础上。这些都明显要求要用计算机来进行信息处理。计算机的出现使数据处理进入了新的阶段。

本书讨论的内容,都是基于计算机数据处理技术的。

计算机是处理数据的机器。数据符号形形色色、各种各样,在计算机中都转换为二进制符号 0 和 1 进行保存和处理。即是说,表达各种信息的数据在计算机中就是由 0 和 1 组成的各种编码。

被计算机处理的数据符号所蕴含的信息,是由用户赋予的,产生于人的大脑之中。因此,计算机针对的是数据,人们认为它处理的是信息。这样,对信息的加工处理也称为数据处理。

1.1.4 数据处理系统

数据处理系统也叫信息处理系统,简称信息系统。

为了实现数据处理的目标,需要将多种资源聚集在一起,例如实现数据采集和输入的输入设备、为处理数据而开发的程序、运行程序所需要的软硬件环境、各种文档,以及所需要的人力资源等。

为实现特定的数据处理目标所需要的所有各种资源的总和称为数据处理系统。一般情况下，数据处理系统主要指硬件设备、软件环境与开发工具、应用程序、数据集合、相关文档。

数据处理系统的开发是指在选定的硬件、软件环境下，设计实现特定数据处理目标的软件系统的过程。目前，在数据处理系统中，最主要、最核心的技术是数据库技术。

1.2 数据管理与数据库技术

人们使用计算机来满足当代数据处理及时、准确、适用、经济四个方面的需要，计算机数据处理过程中涉及大量数据，对数据的管理格外重要。数据管理指对数据的组织、存储、维护、查询和传输。数据库技术是目前最主要的数据管理技术。

1.2.1 数据管理

计算机数据管理技术随着计算机软硬件的发展经历了三个阶段：人工管理阶段、文件管理阶段、数据库管理阶段。

1. 人工管理阶段

早期的计算机主要用于科学计算，计算处理的数据量很小，基本上不存在数据管理的问题。从 20 世纪 50 年代初开始，将计算机应用于数据处理。20 世纪 50 年代中期以前，计算机主要用于科学计算，硬件方面，没有像磁盘这样可随机存取的外部存储设备，外存只有纸带、卡片、磁带等；软件方面，没有操作系统和专门管理数据的软件。数据由人工通过纸带、卡片等存储和管理，要用时输入，用完就撤掉。对数据的管理没有一定的格式，数据依附于处理它的应用程序，数据和应用程序一一对应，互为依赖。

由于数据与应用程序的对应、依赖关系，应用程序中的数据无法被其他程序利用，程序与程序之间存在着大量重复的数据，称为数据冗余；同时，由于数据是对应某一应用程序的，使得数据的独立性很差，如果数据的类型、结构、存取方式或输入输出方式发生变化，处理它的程序必须相应改变，数据结构性差，而且数据不能长期保存。

在人工管理阶段，应用程序与数据之间的关系如图 1-1 所示。

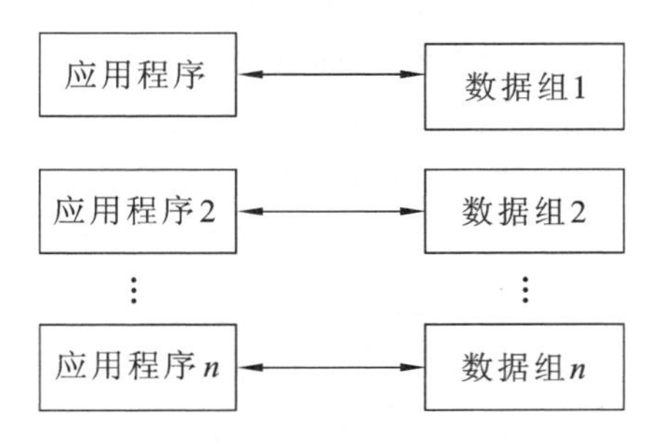

图 1-1 人工管理阶段应用程序与数据之间的关系

2. 文件管理阶段

从 20 世纪 50 年代后期至 60 年代末，磁盘等直接存取设备已经发明，有了操作系统等软件，计算机开始大量用于数据处理，数据管理进入文件管理阶段。

在文件管理阶段，应用程序通过专门管理数据的软件即文件系统来使用数据。由于计算机存储技术的发展和操作系统的出现，同时计算机硬件也已经具有可直接存取的磁盘、磁带及磁鼓等外部存储设备，软件则出现了高级语言和操作系统，而操作系统的一项主要功能是文件管理，因此，数据处理应用程序利用操作系统的文件管理功能，将相关数据按一定的规则构成文件，通过文件系统对文件中的数据进行存取、管理，实现数据的文件管理方式。

文件管理阶段中，用文件系统管理数据，数据可以长期保存。文件系统为程序与数据之间提供了一个公共接口，使应用程序采用统一的存取方法来存取、操作数据，程序与数据之间不再是直接的对应关系，因而程序和数据有了一定的独立性。操作系统中有专门的文件管理模块，使应用软件不必过多考虑数据存储的物理细节。但文件系统只是简单地存放数据，数据的存取在很大程度上仍依赖于应用程序，即数据由应用程序定义，不同程序难以共享同一数据文件，数据独立性较差。此外，由于文件系统没有一个相应的模型约束数据的存储，因而仍有较高的数据冗余，这又极易造成数据的不一致性。

在文件管理阶段，应用程序与数据之间的关系如图 1-2 所示。

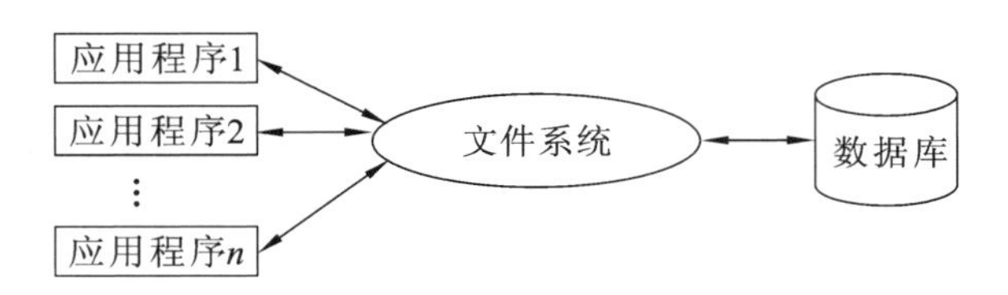

图 1-2 文件管理阶段应用程序与数据之间的关系

3. 数据库管理阶段

20 世纪 60 年代中期以后，文件系统已不能满足实际需要。随着计算机系统性价比的持续提高，软件技术的不断发展，人们克服了文件系统的不足，在文件管理的基础上，开发了统一管理数据的专门软件——数据库管理系统(DBMS，data base management system)。这就产生了数据库技术。运用数据库技术进行数据管理，将数据管理技术推向了数据库管理阶段。

数据库技术使数据有了统一的结构，对所有的数据实行统一、集中、独立的管理，以实现数据的共享，保证数据的完整性和安全性，提高了数据管理效率。数据库也是以文件方式存储数据的，但它是数据的一种高级组织形式。在应用程序和数据库之间，由数据库管理系统 DBMS 把所有应用程序中使用的相关数据汇集起来，按统一的数据模型，以记录为单位存储在数据库中，为各个应用程序提供方便、快捷的查询、使用。

数据库管理系统区别于文件系统的地方在于：数据库中数据的存储是按同一结构进行的，不同的应用程序都可直接操作使用这些数据，应用程序与数据间保持高度的独立性；数据库管理系统提供一套有效的管理手段，保持数据的完整性、一致性和安全性，使数据具有充分的共享性；数据库系统还为用户管理、控制数据的操作，提供了功能强大的操作命令，使用户直接使用命令或将命令嵌入应用程序中，简单方便地实现数据库的管理、控制操作。

在数据库管理阶段，应用程序与数据之间的关系如图 1-3 所示。

随着计算机软硬件技术和网络技术的飞速发展及应用领域的不断扩大，数据管理技术也处于不断发展的过程中，数据库技术也在不断发展和提高。

1.2.2 数据库技术

1. 数据库

什么是数据库？简单地说，数据库(DB，data base)就是存储的相关联、可共享的数据集

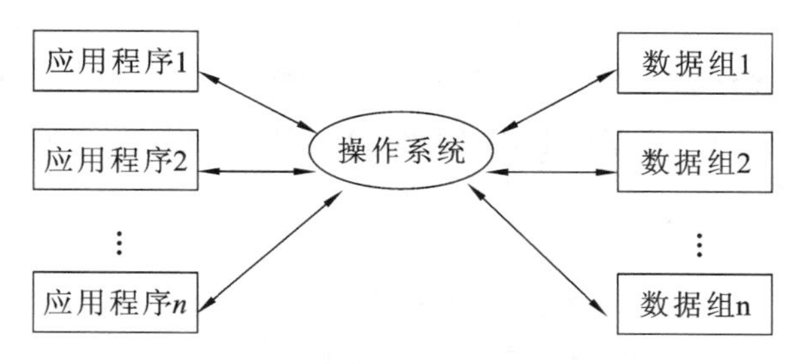

图 1-3　数据库管理阶段应用程序与数据之间的关系

合。数据库中存放着数据处理系统所需要的各种相关数据。数据库是数据处理系统的重要组成部分。

2. 数据库系统

在计算机中建立数据库，加上它所需要的各种资源，就组成了数据库系统（DBS，data base system）。

数据库系统是指在计算机中引入数据库后的系统构成，由计算机硬件（hardware）、数据库管理系统、DB、应用程序（application）以及数据库管理员（DBA，data base administrator）、数据库应用系统（DBAS，data base application system）和数据库用户（data base-user，DBUser）等 7 个方面构成。典型的数据库系统构成如图 1-4 所示。

1）hardware

hardware 是数据库系统赖以存在的物质基础，是存储数据库及运行数据库管理系统 DBMS 的硬件资源，主要包括主机、存储设备、I/O 通道等。大型数据库系统一般都建立在计算机网络环境下。

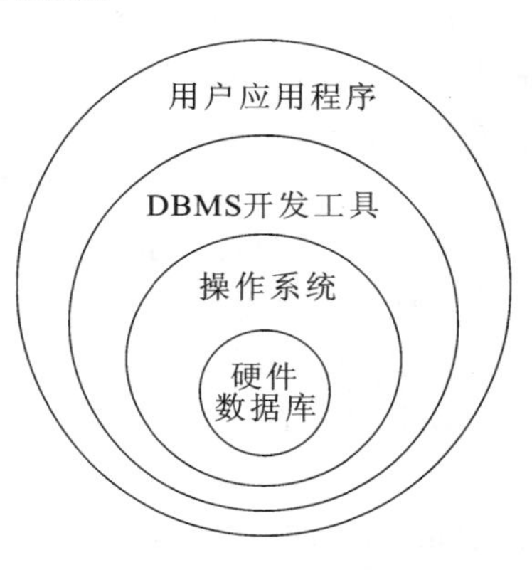

图 1-4　典型的数据库系统构成

为使数据库系统获得较满意的运行效果，应对计算机的 CPU、内存、磁盘、I/O 通道等，采用较高的配置。

2）DBMS

DBMS 是指负责数据库存取、维护、管理的系统软件。DBMS 提供对数据库中数据资源进行统一管理和控制的功能，将用户应用程序与数据库数据相互隔离。它是数据库系统的核心，其功能的强弱是衡量数据库系统性能优劣的主要指标。

DBMS 必须运行在相应的系统平台上，只有在操作系统和相关系统软件的支持下，才能有效地运行。

关于 DBMS，我们在下一章从数据库系统的开发角度再做介绍。

3）DB

DB 是指数据库系统中以一定组织方式将相关数据组织在一起，存储在外部存储设备上所形成的、能为多个用户共享的、与应用程序相互独立的相关数据集合。数据库中的数据也是以文件的形式存储在存储介质中的，它是数据库系统操作的对象和结果。数据库中的数据具有集中性和共享性，所谓集中性是指把数据库看成性质不同的数据文件的集合，其中的数据冗余很小；所谓共享性是指多个不同用户使用不同语言，为了不同应用目的可同时存取数据库中的数据。

数据库中的数据由 DBMS 进行统一管理和控制，用户对数据库进行的各种数据操作都是通过 DBMS 实现的。

4）application

application 是在 DBMS 的基础上，由用户根据应用的实际需要所开发的、处理特定业务的程序。应用程序的操作范围通常仅是数据库的一个子集，也即用户所需的那部分数据。

5）DBA

DBA 是一个负责管理和维护数据库服务器的人。数据库管理员负责全面管理和控制数据库系统。安装和升级数据库服务器（如 Oracle、Microsoft SQL Server），以及应用程序工具。数据库管理员要为数据库设计系统存储方案，并制订未来的存储需求计划。一旦开发人员设计了一个应用，就需要 DBA 来创建数据库存储结构（tables paces）和数据库对象（tables，views，indexes），并根据开发人员的反馈信息，在必要的时候，修改数据库的结构。DBA 的工作还有登记数据库的用户、维护数据库的安全性、保证数据库的使用符合知识产权相关法规、控制和监控用户对数据库的存取访问、监控和优化数据库的性能、制订数据库备份计划、灾难出现时对数据库信息进行恢复、维护适当介质中的存档、备份和恢复数据库、联系数据库系统的生产厂商、跟踪技术信息等。

6）DBAS

DBAS 是在数据库管理系统支持下建立的计算机应用系统。数据库应用系统是由数据库系统、应用程序系统和数据库用户组成的，具体包括数据库、数据库管理系统、数据库管理员、硬件平台、软件平台、应用软件、应用界面等 7 个部分。数据库应用系统的几个部分以一定的逻辑层次结构方式组成一个有机的整体，它们在结构关系上自内向外依次是硬件、应用系统、应用开发工具软件、数据库管理系统、操作系统。例如，以数据库为基础的财务管理系统、人事管理系统、图书管理系统等。无论是面向内部业务和管理的管理信息系统，还是面向外部、提供信息服务的开放式信息系统，从实现技术角度来看，都是以数据库为基础和核心的计算机应用系统。

关于 DBAS，我们在下一节做进一步介绍。

7）DBUser

DBUser 是指管理、开发、使用数据库系统的所有人员，通常包括数据库管理员、应用程序员和终端用户。数据库管理员前面曾介绍，负责管理、监督、维护数据库系统的正常运行；应用程序员（application programmer）负责分析、设计、开发、维护数据库系统中运行的各类应用程序；终端用户（end-user）是在 DBMS 与应用程序的支持下，操作使用数据库系统的普通使用者。

不同规模的数据库系统，用户的人员配置可以根据实际情况有所不同，大多数用户属于终端用户，在小型数据库系统中，特别是在微机上运行的数据库系统中，通常 DBA 由终端用户担任。

3. 数据库系统的特点

数据库系统的出现是计算机数据处理技术的重大进步，它具有以下特点。

1）数据共享

数据共享是指多个用户可以同时存取数据而不相互影响，数据共享包括三个方面：所有用户可以同时存取数据；数据库不仅可以为当前的用户服务，也可以为将来的新用户服务；可以使用多种语言完成与数据库的接口。

2）减少数据冗余

数据冗余就是数据重复，数据冗余既浪费存储空间，又容易产生数据的不一致。在非数据库系统中，由于每个应用程序都有自己的数据文件，所以数据存在着大量的重复。数据库从全局观念来组织和存储数据，数据已经根据特定的数据模型结构化，在数据库中用户的逻辑数据文件和具体的物理数据文件不必一一对应，从而有效地节省了存储资源，减少了数据冗余，增强了数据的一致性。

3）具有较高的数据独立性

所谓数据独立是指数据与应用程序之间的彼此独立，它们之间不存在相互依赖的关系。应用程序不必随数据存储结构的改变而变动，这是数据库一个最基本的优点。在数据库系统中，数据库管理系统通过映像，实现了应用程序与数据的逻辑结构及物理存储结构之间较高的独立性。数据库的数据独立包括物理数据独立和逻辑数据独立两个方面：物理数据独立是指数据的存储格式和组织方法改变时，不影响数据库的逻辑结构，从而不影响应用程序；而逻辑数据独立则是指数据库逻辑结构的变化（如数据定义的修改，数据间联系的变更等）不影响用户的应用程序。数据独立提高了数据处理系统的稳定性，从而提高了程序维护的效益。

4）增强了数据安全性和完整性保护

数据库加入了安全保密机制，可以防止对数据的非法存取。由于实行集中控制，有利于控制数据的完整性。数据库系统采取了并发访问控制，保证了数据的正确性。另外，数据库系统还采取了一系列措施，实现了对数据库破坏的恢复。

1.3 DBAS与MIS

1.3.1 DBAS

数据库系统的开发和建立，大多是为了满足企业或组织的应用需求，这就是我们前面所提及的数据库应用系统 DBAS。

1.3.2 MIS

在各类企业或组织中，管理都必不可少，企业的各类管理部门，需要记载和管理业务数据，并将数据加工处理，产生反映企业生产运营状态的报表，以及支持管理决策的信息，实现其管理的职能。针对企业管理工作开发的信息处理系统称为管理信息系统（MIS，management information system），目前，大多数 MIS 都是数据库系统。

计算机很早就开始应用于企业管理中，最早大约在 1955 年，美国开始将计算机用于企业的工资和人事管理，这就是最早基于计算机的 MIS 雏形。美国学者瓦尔特·肯尼万（Walter T. Kennevan）于 1970 年最早对 MIS 进行定义：以书面和口头的形式，在合适的时间向经理、职员以及外界人员提供过去的、现在的、预测未来的有关企业内部及其环境的信息，以帮助他们进行决策。

此后，随着对 MIS 研究的不断深入，多种有关 MIS 的定义被提出，这些定义的区别和变化反映了 MIS 理论的发展。《中国企业管理百科全书》对 MIS 的定义是："一个由人、计算机等组成的能进行信息的收集、传送、存储、加工、维护和使用的系统。管理信息系统能实测企业的各种运行情况，利用过去的数据预测未来；从企业全局出发辅助企业进行决策；利用信息控制企业的行为；帮助企业实现其规划目标。"

概括 MIS 的基本目标，就是辅助完成企业的日常管理，在适当的时间、适当的地点，以适当的方式，向适当的人提供适当的信息，并辅助决策者完成适当的决策。

按照信息系统各组成要素的特点，可以将 MIS 的组成分为技术组成和社会组成两类。技术组成包括计算机、网络、办公自动化（OA，office automation）设备、应用数据库及 DBMS、系统管理软件及应用软件、模型库及算法库等。社会组成包括单位或组织、用户、系统开发人员与管理人员。

MIS 的核心任务是数据处理，它要实现的数据处理功能包括以下内容。

（1）数据的采集与输入（事务处理数据、多维数据）。

（2）数据的存储（集中、分布）。

（3）数据的管理（安全、并发控制、过滤）。

（4）数据的处理（筛选、概括、数据挖掘、决策）。

（5）数据的检索（个性化、不同的信息）。

（6）数据的传输（内部、外部、代理）。

（7）数据的应用（用户界面、信息属性、表达方式）。

（8）系统及数据的维护处理（及时更新、安全可靠）。

1.4 数据库技术的发展

数据库技术萌芽于 20 世纪 60 年代中期，随着计算机技术的发展和社会的需求，其发展速度很快。

1.4.1 发展简史

（1）20 世纪 60 年代末 70 年代初出现了三个事件，标志着数据库技术日趋成熟，并有了坚实的理论基础。

① 1969 年，IBM 公司研制、开发了数据库管理系统商品化软件 IMS（information management system），IMS 的数据模型是层次结构的。

② 美国数据系统语言协会 CODASYL（conference on data system language）下属的数据库任务组 DBTG（data base task group）对数据库方法进行系统的讨论、研究，提出了若干报告，成为 OBTG 报告。OBTG 报告确定并且建立了数据库系统的许多概念、方法和技术。OBTG 所提议的方法是基于网状结构的，它是网状模型的基础和典型代表。

③ 1970 年，IBM 公司 San Jose 研究实验室的研究员 E. F. Codd 发表了著名的《大型共享系统的关系数据库的关系模型》论文，为关系数据库技术奠定了理论基础。

（2）自 20 世纪 70 年代开始，数据库技术有了很大的发展，表现如下。

① 数据库方法，特别是 OBTG 方法和思想应用于各种计算机系统，出现了许多商品化数据库系统。它们大都是基于网状模型和层次模型的。

② 这些商用系统的运行，使数据库技术日益广泛地应用到企业管理、事务处理、交通运输、信息检索、军事指挥、政府管理、辅助决策等各个方面。数据库技术成为实现和优化信息系统的基本技术。

③ 关系方法的理论研究和软件系统的开发取得了很大的成果。

20 世纪 80 年代开始，几乎所有新开发的数据库系统都是关系数据库系统，随着微型计算机的出现与迅速普及，运行于微机的关系数据库系统也越来越丰富，性能越来越好，功能越来越强，应用遍及各个领域，为人类迈入信息时代起到了推动作用。

1.4.2 数据仓库与数据挖掘

信息技术的高速发展，数据和数据库在急剧增长，数据库应用的规模、范围和深度不断扩大，一般的事务处理已不能满足应用的需要，企业需要在大量信息数据基础上的决策支持(decision support，DS)，数据仓库(data warehousing，DW)技术的兴起满足了这一需求。数据仓库作为决策支持系统(decision support system，DSS)的有效解决方案，涉及三个方面的技术内容：数据仓库技术、联机分析处理(on-line analysis processing，OLAP)技术和数据挖掘(data mining，DM)技术。

1. 数据仓库

什么是数据仓库？数据仓库是面向主题的、集成的、不可更新的、随时间不断扩展的数据的集合，数据仓库用来支持企业或组织的决策分析处理。数据仓库的定义实际上包含了数据仓库的以下4个特点。

1) 数据仓库是面向主题的

主题是一个抽象的概念，是在较高层次上将信息系统中的数据综合、归类并进行分析利用的抽象。传统的数据组织方式是面向处理的具体应用的，对于数据内部的划分并不适合分析的需要。比如一个企业，应用的主题包括零件、供应商、产品、顾客等，它们往往被划分为各自独立的领域，每个领域有着自己的逻辑内涵。

主题在数据仓库中由一系列表实现。基于一个主题的所有表都含有一个称为公共码键的属性，该属性作为主键的一部分。公共码键将一个主题的各个表联系起来，主题下面的表可以按数据的综合内容或数据所属时间进行划分。由于数据仓库中的数据都是同某一时刻联系在一起的，所以每个表除了公共码键之外，在其主键中还应包括时间成分。

2) 数据仓库是集成的

由于操作型数据与分析型数据存在很大差别，而数据仓库中的数据又来自于分散的操作型数据，因此必须先将所需数据从原来的数据库数据中抽取出来，这些数据进行加工与集成、统一与综合之后才能进入数据仓库。原始数据中会有许多矛盾之处，如字段的同名异义、异名同义、单位不一致、长度不一致等，入库的第一步就是要统一这些矛盾的数据。另外，原始的数据结构主要是面向应用的，要使它们成为面向主题的数据还需要进行数据综合和计算。数据仓库中的数据综合工作可以在抽取数据时生成，也可以在进入数据仓库以后再进行综合生成。

3) 数据仓库是不可更新的

数据仓库主要为决策分析提供数据，所涉及的操作主要是数据的查询，一般情况下并不需要对数据进行修改操作。数据在进入数据仓库以后一般不更新，是稳定的。

4) 数据仓库是随时间而变化的

虽然数据仓库中的数据一般是不更新的，但是在数据仓库的整个生存周期中数据集合却是会随着时间的变化而变化的。

2. 数据挖掘

20世纪80年代，数据库技术得到了长足的发展，出现了一整套以数据库管理系统为核心的数据库开发工具，如FORMS、REPORTS、MEHUS、GRAPHICS等，这些工具有效地帮助数据库应用程序开发人员开发出了一些优秀的数据库应用系统，使数据库技术得到了广泛的应用和普及。人们认识到，仅有引擎(DBMS)是不够的，工具同样重要。近年来，发展起来的数据挖掘技术及其产品已经成为数据仓库矿藏开采的有效工具。

数据仓库如同一座巨大的矿藏，有了矿藏而没有高效的开采工具是不能把矿藏充分开采出来的。数据仓库需要高效的数据分析工具来对它进行挖掘。

数据挖掘(data mining，简称 DM)这个概念广义上讲是指从大量数据中发现有关信息，或“发现知识”。具体地说，它主要试图自动从主要存储在磁盘上的大量的数据中发现统计规则和模式。其目的是帮助决策者寻找数据间潜在的关联，发现被经营者忽略的要素，而这些要素对于预测趋势、决策行为可能是非常有用的信息。

数据挖掘技术涉及数据库技术、人工智能技术、机器学习、统计分析等多种技术，它使决策支持系统(DSS)跨入了一个新的阶段。传统的 DSS 通常是在某个假设的前提下，通过数据查询和分析来验证或否定这个假设的。而数据挖掘技术则能够自动分析数据，进行归纳性推理，从中发掘出数据间潜在的模式，数据挖掘技术可以产生联想，建立新的业务模型帮助决策者调整市场策略、找到正确的决策。

有关数据挖掘技术的研究尽管时间不长，但已经从理论走向了产品开发，其发展速度是十分惊人的。在国外，尽管数据挖掘工具产品并不成熟，但其市场份额却在增加，越来越多的大中型企业利用数据挖掘工具来分析公司的数据。能够首先使用数据挖掘工具已经成为能否在市场竞争中获胜的关键所在。

1.4.3 数据库系统新技术

数据库技术发展之快、应用之广是计算机科学其他领域技术无法相比的。随着数据库应用领域的不断扩大和信息量的急剧增长，占主导地位的关系数据库系统已不能满足新的应用领域的需求，如 CAD(计算机辅助设计)/CAM(计算机辅助制造)、CIMS(计算机集成制造系统)、CASE(计算机辅助软件工程)、OA(办公自动化)、GIS(地理信息系统)、MIS(管理信息系统)、KBS(知识库系统)等，都需要数据库新技术的支持。这些新应用领域的特点是：存储和处理的对象复杂，对象间的联系具有复杂的语义信息；需要复杂的数据类型支持，包括抽象数据类型、无结构的超长数据、时间和版本数据等；需要常驻内存的对象管理以及支持对大量对象的存取和计算；支持长事务和嵌套事务的处理。这些需求是传统关系数据库系统难以满足的。

1. 分布式数据库系统

20 世纪 70 年代，由于计算机网络通信的迅速发展，以及地理上分散的公司、团体和组织对数据库更为广泛应用的需求，在集中式数据库系统成熟的基础上产生和发展了分布式数据库系统(DDBS，distributed database system)。它是在集中式数据库系统的基础上发展起来的，是数据库技术与计算机网络技术、分布处理技术相结合的产物。分布式数据库系统是地理上分布在计算机网络不同结点，逻辑上属于同一系统的数据库系统，能支持全局应用，同时存取两个或两个以上结点的数据。

分布式数据库系统由多台计算机组成，每台计算机上都配有各自的本地数据库，各计算机之间由通信网络连接。在分布式数据库系统中，大多数处理任务由本地计算机访问本地数据库来完成。对于少量本地计算机访问本地数据库不能完成的处理任务，由本计算机通过数据通信网络与其他计算机相联系，获得其他数据库中的数据来完成。分布式数据库系统如图 1-5 所示。

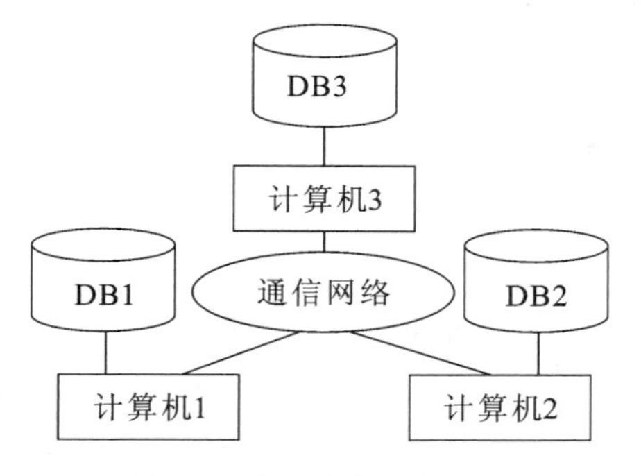

图 1-5 分布式数据库系统

分布式数据库系统的主要特点如下。

(1) 数据是分布的。数据库中的数据分布在计算机网络的不同结点上,而不集中在一个结点,区别于数据存放在服务器中由各用户共享的网络数据库系统。

(2) 数据是逻辑相关的。分布在不同结点上的数据,逻辑上属于同一个数据库系统,数据间存在相互关联,区别于由计算机网络连接的多个独立数据库系统。

(3) 结点的自治性。每个结点都有自己的计算机软硬件资源、数据库、数据库管理系统(即 local data base management system,LDBMS,局部数据库管理系统),因而能够独立地管理局部数据库。

2. 面向对象数据库系统

面向对象数据库系统(object-oriented data base system,OODBS)是将面向对象的模型、方法和机制,与先进的数据库技术有机地结合而形成的新型数据库系统。它从关系模型中脱离出来,强调在数据库框架中发展类型、数据抽象、继承和持久性。它的基本设计思想一方面把面向对象的语言向数据库方向扩展,使应用程序能够存取并处理对象;另一方面,扩展数据库系统,使其具有面向对象的特征,提供一种综合的语义数据建模概念集,以便对现实世界中复杂的应用实体和联系建模。因此,面向对象数据库系统首先是一个数据库系统,具备数据库系统的基本功能,其次是一个面向对象的系统,针对面向对象的程序设计语言的永久性对象存储管理而设计,充分支持完整的面向对象概念和机制。

3. 多媒体数据库系统

多媒体数据库系统(multi-media database system,MDBS)是数据库技术与多媒体技术相结合的产物。在许多数据库应用领域,都涉及大量的多媒体数据,多媒体数据与传统的数字、字符等格式化数据有很大的不同,都是一些结构复杂的对象。

从实际应用的角度考虑,多媒体数据库管理系统(MDBMS)应具有以下基本功能。

(1) 能够有效地表示多种媒体数据,对不同媒体的数据如文本、图形、图像、声音等能够按应用的不同,采用不同的表示方法。

(2) 能够处理各种媒体数据,正确识别和表现各种媒体数据的特征、各种媒体间的空间与时间关联。

(3) 能够像其他格式化数据一样对多媒体数据进行操作,包括对多媒体数据的浏览、查询检索,对不同的媒体提供不同的操纵,如声音的合成、图像的缩放等。

(4) 具有开放功能,提供多媒体数据库的应用程序接口等。

 1.5 常用 DBMS

目前,DBMS 有很多,下面简要介绍几种常用的 DBMS。

1.5.1 Oracle

Oracle 公司目前是世界上第一大数据库供应商。1977 年,Larry Ellison、Bob Miner 和 Ed Oates 成立了 Relational Software Incorporated(RSI)公司,他们使用 C 和 SQL 接口开发了关系数据库管理系统——Oracle。1983 年,RSI 公司改名为 Oracle 公司。

Oracle 公司 1985 年推出 Oracle 5,它使用 SQL. NET,引入了客户机/服务器计算,因此成为 Oracle 发展史上的一个里程碑。它也是第一个突破 640kB 限制的 MS-DOS 产品。

1988 年推出 Oracle 6,引入了低层锁。此时,Oracle 可以运行在许多平台上和操作系统中。1992 年推出 Oracle 7。1997 年推出 Oracle 8,它主要增加了以下三个方面的功能。

(1) 支持超大型数据库。Oracle 8 支持数以万计的并行用户,支持在一个数据库中数千 GB 的存储,创建了若干新的数据类型来支持大容量的多媒体数据。

(2) 支持面向对象。Oracle 8 的面向对象特征将面向对象引入关系数据库中,使 Oracle 8 成为混合型或对象关系型的数据库。Oracle 8 支持所有的关系数据库概念,如表、行、列和关系,同时也支持面向对象的特征,如类、方法和属性的子集。

(3) 增强的工具集。Oracle 8 套件中的 enterprise manager 是数据库管理员不可多得的管理工具。它包括存储管理器、模式管理器、安全管理器、SQL 工作单、数据管理器、备份管理器以及实例管理器等。

1999 年推出了 Oracle 8i。作为世界上第一个全面支持 Internet 的数据库,Oracle 8i 是当时唯一一个具有集成式 Web 信息管理工具的数据库,也是世界上第一个具有内置 Java 引擎的可扩展的企业级数据库平台。它具有在一个易于管理的服务器中同时支持数千个用户的能力,可以帮助企业充分利用 Java 以满足其迅速增长的 Internet 应用需求。通过支持 Web 高级应用所需要的多媒体数据来支持 Web 繁忙站点不断增长的负载需求。Oracle 8i 提供了在 Internet 上运行电子商务所必需的可靠性、可扩展性、安全性和易用性,从而广受用户的青睐,自推出以来市场表现一直非常出色。

随后,Oracle 公司又相继推出了 Oracle 9i、Oracle 10g 和 Oracle 11g 等,成为众多企业特别是大型企业首选的 DBMS。

图 1-6 所示为 Oracle 系统的封面。

图 1-6 Oracle 系统的封面

1.5.2 Microsoft SQL Server

MS SQL Server 是 Microsoft 的大型关系 DBMS 产品,它最初由 Microsoft、Sybase 和 Ashton-Tate 三家公司共同开发,于 1998 年推出第一个基于 OS/2 的版本。在 Windows NT 推出后,Microsoft 公司与 Sybase 公司在 SQL Server 的开发上分道扬镳。Microsoft 公司将 SQL Server 移植到 Windows NT 系统中,专注于开发、推广 SQL Server 的 Windows NT 版本;Sybase 公司则较专注于 SQL Server 在 Unix 操作系统中的应用。

图 1-7 所示为 Microsoft SQL Server 2000 的封面。

图 1-7　Microsoft SQL Server 2000 的封面

使用 SQL Server 2000 的最新增强功能可以开发数据库解决方案。建立在 SQL Server 7.0 可扩展基础上的 SQL Server 2000 代表着下一代 Microsoft. NET enterprise severs（企业服务器）数据库的发展趋势。SQL Server 2000 是为创建可伸缩电子商务、在线商务和数据仓库解决方案而设计的真正意义上的关系数据库管理与分析系统。

2005 年，Microsoft 公司推出整合了其网络开发平台.NET 的新一代 DBMS，即 SQL Server 2005，其性能有了极大提高。目前，Microsoft 公司已经成为第二大数据库产品供应商。

SQL Server 自 6.5 版逐步受到市场好评，随后的 7.0 版、2000 版、2005 版和 2008 版不断改进其功能和性能。目前，SQL Server 2008 版是重要的 DBMS 之一。

随着 SQL Server 2000 中联机分析处理（OLAP）服务的引入，Microsoft 公司成为商务智能解决方案领域的先驱之一。企业需要对来源各异的数据信息进行集成、合并与汇总摘要，而数据仓库则通过使用大型、集中的数据存储来提供上述功能。在这种数据存储中，信息被收集、组织，并可供决策者随时调用。于是，决策者便可洞悉详情、探究规律与趋势、优化商务决策，并预测未来的行动。

SQL Server 针对包括集成数据挖掘、OLAP 服务、安全性服务及通过 Internet 对多维数据进行访问和链接等在内的分析服务提供了新的数据仓库功能。

1.5.3　国产 DBMS 达梦数据库管理系统

达梦数据库管理系统（DM）是中国达梦数据库有限公司公司（以下简称达梦公司）研制的大型关系型 DBMS。达梦公司是从事 DBMS 研发、销售和服务的专业化公司，其前身是华中科技大学数据库与多媒体研究所。

DM 的基础是 1988 年研制完成的我国第一个有自主版权的数据库管理系统 CRDS。1996 年研制成功我国第一个具有自主版权的商品化分布式数据库管理系统 DM2。DM2 应用于多种系统中，获得了良好的社会经济效益。2000 年，达梦公司推出 DM3，在安全技术、跨平台分布式技术、Java 和 XML 技术、智能报表、标准接口等诸多方面，又有重大突破。2004 年 1 月，达梦公司推出 DM4，DM4 吸收了当今国际领先的同类系统及开源系统的技术优点，大胆创新，重新从底层做起，是完全自主开发的大型 DBMS。

DM4 采用新的体系结构，特别加强了对 SMP 系统的支持，更好地利用多 CPU 系统的处理能力，多用户并发处理更平稳、流畅。作为大型通用的 DBMS，DM4 在功能、性能上已经赶上国外同类产品（如 Oracle 9i、SQL Server 2000 等），某些方面还具有优势。DM4 更安全、更易用，具有低成本、高性能和本地化优势，能满足大中小型企业的各种应用需求。

目前，达梦数据库管理系统不断推出新的版本。随着我国政府上网和电子政务工程的大力开展，DM 作为具有完全自主知识产权、安全性高、技术水平先进的国产 DBMS，已被推荐为建立政府网站的主要数据库软件。

DM 除了具有一般 DBMS 所具有的基本功能外，还具有以下特性。

① 通用性。DM 服务器和接口依据国际通用标准开发，支持多种操作系统。

② 高性能。可配置多工作线程处理、高效的并发控制机制、有效的查询优化策略。

③ 高安全性。数据库安全性保护措施是衡量数据库系统的重要指标之一。国外数据库产品在中国的安全级别一般只达到 C 级，DM 的安全级别可达 B1 级，部分达到 B2 级。DM 采用“三权分立”的安全机制，把系统管理员分为数据库管理员、安全管理员、数据库审计员三类，对重要信息的安全性提供了有力的保障。

④ 高可靠性。确保全天候可靠性，主要功能包括故障恢复措施、双机热备份。

有关 DM 的详情可查阅达梦公司网站(http://www.dameng.com/)。

图 1-8 所示为达梦数据库管理系统的封面和安装过程窗口。

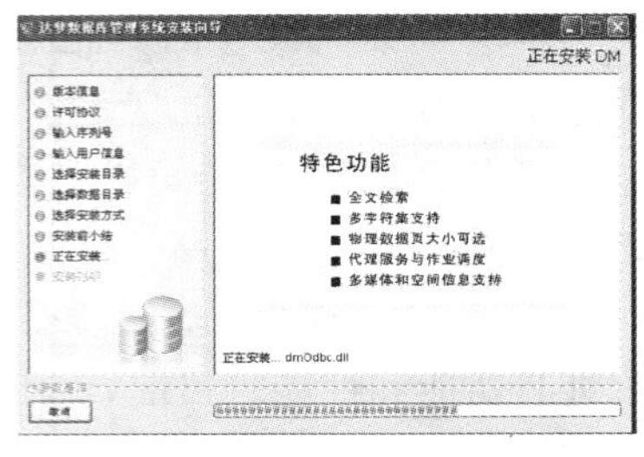

图 1-8　达梦数据库管理系统的封面和安装过程窗口

1.5.4　MySQL

MySQL 是一个开放源码的中小型关系型 DBMS，开发者为瑞典 MySQL AB 公司，该公司已于 2008 年初被 Sun Microsystems 公司收购。目前 Sun Microsystems 公司已并入 Oracle 公司。

MySQL 是一个多用户、多线程的 SQL 数据库，采用客户机/服务器结构，它由一个服务器守护程序 MySQL 和很多不同的客户程序和库组成。

MySQL 设计的主要目标是快速、健壮和易用，它能在廉价的硬件平台上处理与其他厂家提供的数据库在一个数量级上的大型数据库，但速度更快。

MySQL 具有跨平台的特点，可以在不同操作系统环境下运行。MySQL 可以同时处理几乎不限数量的用户，处理多达 5×10^7 以上的记录。

MySQL 的快速和灵活性足以满足一个网站的信息管理工作。目前，MySQL 被广泛地应用在 Internet 上的各种网站中，即 Web 服务器使用 Apache，数据库服务器采用 MySQL，网站开发工具采用 PHP。当然，MySQL 也支持 Microsoft 公司的 Web 服务器 IIS 和 ASP.NET 开发工具。

由于 MySQL 体积小、速度快、总体拥有成本低，尤其是开放源码这一特点，许多中小型网站为了降低网站总体拥有成本而选择 MySQL 作为网站数据库服务器，并且可以根据需要对 MySQL 进行改进。

图 1-9 所示为 MySQL 不同版本安装过程中的广告画面。图 1-10 所示为 MySQL 查询分析器。

图 1-9　MySQL 不同版本安装过程中的广告画面

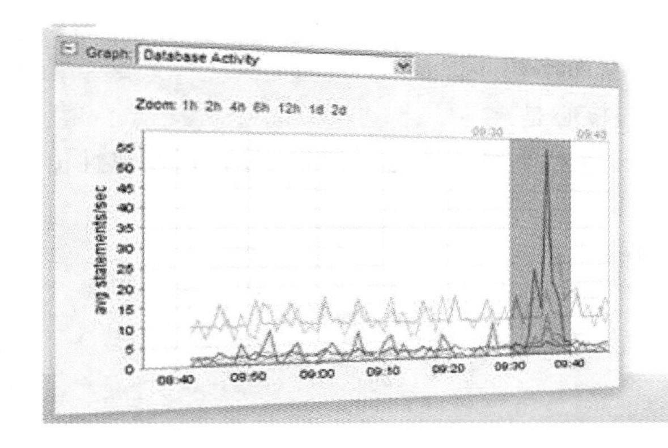

图 1-10　MySQL 查询分析器

本章小结

本章对数据库技术从应用的角度进行了宏观的概括。首先从信息和数据是密切相关的两个概念出发，重点介绍了信息、数据、信息与数据的关系，以及数据处理的含义，阐述了数据库技术是计算机数据管理和数据处理的核心技术。从发展过程看，计算机数据管理经历了人工管理、文件管理和数据库管理三个阶段。数据库系统包括与数据库相关的所有软、硬件和人员组成，其中最核心的是数据库和 DBMS，DBA 是数据库系统中非常重要的成员。

本章的核心是数据库基础概念。读者学习本章，应该对数据库应用的主要环节及内容有一个系统的、整体的了解，为后续学习打下基础。

本章的 1.4 节和 1.5 节可以简单介绍或让学生自行阅读。

习　题　1

一、问答题

(1) 什么是信息？

(2) 什么叫数据处理系统？数据处理系统主要指哪些内容？

(3) 如何理解数据？数据与信息有什么关系？

(4) 简述数据处理的含义。

(5) 计算机数据处理技术经历了哪几个阶段？各阶段的主要特点是什么？

(6) 什么是数据库？什么是数据库管理系统？

(7) 数据共享包括哪些方面？

(8) 试述分布式数据库系统的主要特点。

(9) 面向对象数据库系统的基本设计思想是什么？

(10) 从实际应用的角度考虑，多媒体数据库管理系统应具有哪些基本功能？

二、填空题

(1) 当代企业对信息处理的要求归结为________、________、________、________等四个方面。

(2) 目前，在数据处理系统中，最主要的技术是________。

(3) 数据库中的数据具有________和________。

(4) ________是指多个用户可以同时存取数据而不相互影响。

(5) 数据处理的目的是获取有用的________,核心是________。

(6) 描述和表达特定对象的信息,是通过对这些对象的各属性取值得到的,这些属性值就是________。

(7) ________技术是目前最重要的数据管理技术。

(8) 数据库中,________是最重要的资源。

(9) MDBMS 是________的简称。

三、名词解释

(1) 数据处理系统的开发。

(2) Application。

(3) DBA。

(4) DBAS。

(5) DBUser。

四、单项选择题

(1) 数据库系统的核心是　(　　)

A. 数据模型　B. 数据库管理系统　C. 数据库　D. 数据库管理员

(2) 在计算机中,简写 DBA 表示的是　(　　)

A. 数据库　B. 数据库系统　C. 数据库管理员　D. 数据库管理系统

(3) 在计算机中,简写 MIS 表示的是　(　　)

A. 数据库　B. 数据库系统　C. 管理信息系统　D. 数据库管理系统

(4) 在计算机中,简写 DB 表示的是　(　　)

A. 数据库　B. 数据库系统　C. 数据库管理员　D. 数据库管理系统

(5) 在计算机中,简写 DBMS 表示的是　(　　)

A. 数据库　B. 数据库系统　C. 数据库管理员　D. 数据库管理系统

(6) 拥有对数据库最高的处理权限的是　(　　)

A. 数据模型　B. 数据库管理系统　C. 数据库　D. 数据库管理员

第2章 数据库系统

在计算机信息处理系统中，数据库系统为各种应用提供支持和服务，是当代信息处理的主要技术之一。开发与建设数据库系统，一直是IT研发的重要任务。而数据库在数据库系统中处于核心的位置，所以数据库的设计，又是开发与建设数据库系统的核心内容。

2.1 数据库系统的建立环境

数据库系统操作处理的对象是现实世界的数据描述，现实世界是存在于人脑之外的客观世界。如何用数据来描述、解释现实世界，如何运用数据库技术表示和处理客观事物及其相互关系，这就需要采取相应的方法和手段来进行描述，进而实现最终的操作处理。

计算机信息处理的对象是现实生活中的客观事物，客观事物是信息之源，是设计、建立数据库的出发点，也是使用数据库的最后归宿。在对客观事物实施处理的过程中，首先要经历了解和熟悉客观事物的过程，从观测中抽象出大量描述客观事物的信息，再对这些信息进行整理、分类和规范化，进而将规范化的信息数据化，最终由数据库系统存储、处理。

在这一信息处理过程中，涉及三个层次，经历了两次抽象和转换。

2.1.1 信息处理的三个层次

1. 现实世界

现实世界就是存在于人脑之外的客观世界，客观事物及其相互联系就处于现实世界中。客观事物可以用对象和性质来描述。

2. 信息世界

信息世界就是现实世界在人们头脑中的反映，又称观念世界。客观事物在信息世界中称为实体，反映事物间联系的是实体模型或概念模型。现实世界是物质的，相对而言，信息世界是抽象的。

3. 数据世界

数据世界就是信息世界中的信息数据化后对应的产物。现实世界中的客观事物及其联系，在数据世界中以数据模型描述。相对于信息世界，数据世界是量化的、物化的。

2.1.2 两次抽象和转换

概念模型和数据模型是对客观事物及其相互联系的两种抽象描述，实现了信息处理过程中三个层次间的对应转换，概念模型即实体模型，而数据模型是数据库系统的核心和基础。这些，我们讲完相应的几个概念后就具体介绍。

2.1.3 三级模式结构

数据库系统有比较统一的体系结构。虽然世界上运行的数据库众多，差异很大，但其体系结构基本相同。数据库系统在创建和运行过程中都遵循三级模式结构。

1975 年,美国国家标准协会(ANSI)公布了一个关于数据库的标准报告,提出了数据库三级模式结构(SPARC 分级结构)。这三级模式分别为模式、内模式、外模式,如图 2-1 所示。

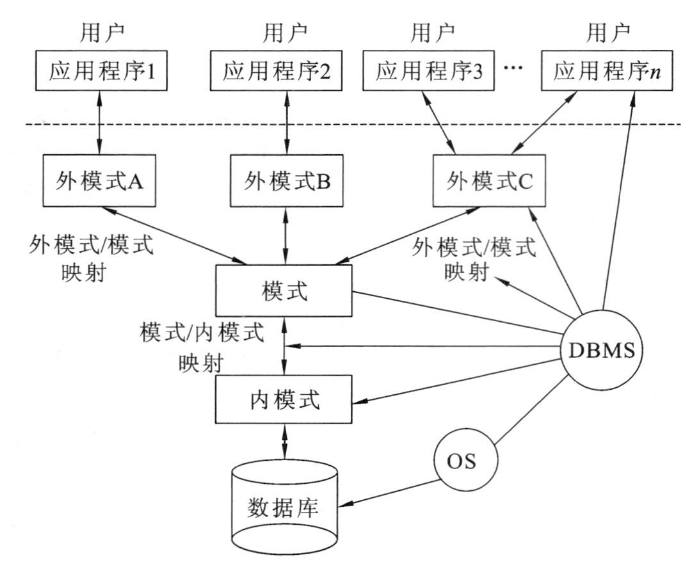

图 2-1　数据库三级模式结构示意图

在三级模式结构中,不同的人员从不同的角度看到的数据库是不同的。

1. 三级模式

(1) 模式。模式又称为概念模式,它是对数据库的整体逻辑描述,并不涉及物理存储,因此被称为 DBA 视图或全局视图,即 DBA 看到的数据库全貌。在后面的第 4 章、第 5 章中的关于教材管理系统的所有表及其关系图结构,即是描述整个数据库的模式。

(2) 内模式。内模式又称存储模式,它是数据库真正在存储设备中存放的结构的描述,包括所有数据文件和联系方法,以及对于数据存取方式的规定,例如 Access 中数据库文件的内部结构以及存储位置、索引定义等。

(3) 外模式。外模式又称子模式,它是某个应用程序中使用的数据集合的描述,一般是模式的一个子集。外模式面向应用程序,是用户眼中的数据库,也称用户视图。

综上所述,模式是内模式的逻辑表示,内模式是模式的物理实现,外模式是模式的部分抽取。这 3 个模式反映了数据库的 3 种观点:模式表示概念级数据库,体现了对数据库的总体观;内模式表示物理级数据库,体现了对数据库的存储观;外模式表示用户级数据库,体现了对数据库的用户观。

2. 二级映射

在三级模式中,只有内模式真正描述数据存储,模式和外模式仅是数据的逻辑表示。用户使用数据库中的数据是通过“外模式/模式”映射和“模式/内模式”映射来完成的。一个数据库中只有一个模式和一个内模式,因此,数据库中的“模式/内模式”映射是唯一的;而每一个外模式都有一个“外模式/模式”映射,从而保证用户程序对数据的正确使用。

在数据库中,三级模式、二级映射的功能由 DBMS 在操作系统的支持下实现。

采用三级模式、二级映射有以下好处。

(1) 方便用户。用户程序看到的是外模式定义的数据库,因此,数据库向用户隐藏了全局模式的复杂性，用户也无须关心数据的实际物理存储细节。

(2) 实现了数据共享。不同的用户程序可使用同一个数据库中的同一个数据。

(3) 有利于实现数据的独立性。数据独立性包括物理独立性和逻辑独立性。如果由于物理设备或存储技术发生改变引起内模式发生变化，但不影响模式结构，这是数据的物理独立性；如果数据库的模式发生变化，但某个应用程序使用的数据没有变化，这样不需要修改该外模式和程序，这是数据的逻辑独立性。

(4) 有利于数据的安全与控制。由于用户通过程序使用数据，而用户程序使用外模式定义的数据，要通过二级映射才能获得真正的物理数据，因此易于实现数据的安全与控制。

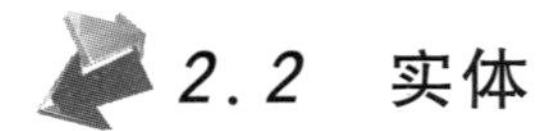

2.2 实体

2.2.1 概念

以上我们提到的客观事物，在信息世界中称为实体(entity)。实体是现实世界中任何可区分、识别的事物。实体可以是具体的人或物，也可以是抽象概念。

下面我们简单介绍关于实体的一些概念。这些概念在后面第3章讲实体联系模型及转化时，将要用到。

1. 实体及属性

实体指现实世界中任何可相互区别的事物。人们通过描述实体的特征(即属性)来描述实体。在建立信息系统概念模型时，实体就是系统关注的对象。

实体所具有的特性称为属性(attribute)。一个实体由若干个属性来刻画或描述。通过给属性取值，可以确定具体的实体。例如，对于“员工”实体，需要描述工号、姓名、性别、生日、职务、薪金等属性。给定{“0301”,“李建设”,“男”,“1978/10/15”,“经理”,￥6650}一组值，就确定了一个实体。所以，实体靠属性来描述。为了表述方便，每个属性都有一个名称，称为属性名，例如“工号”“姓名”等。

通俗地说，一张“学生登记”表，表的每一行填写一个学生，理解成实体；表的栏目学号、姓名、性别等，理解成描述实体的属性。

2. 域

域也称值域(domain)。

每个属性都有特定的取值范围，属性的取值范围就称为域或值域，其类型可以是整数型、实数型、字符型等。

例如，性别的取值范围是{“男”,“女”}，职务的取值范围是{“总经理”,“经理”,“主任”,“组长”,“业务员”,“见习员”}，薪金的取值范围是{1000～10 000}，等等。域是值的集合。

3. 实体型和实体值

信息系统要处理众多的同类实体。例如在销售管理系统中，每个员工都是一个实体，而所有员工实体的属性构成都是相同的。将同类实体的属性构成加以抽象，就得到实体型的概念。用实体名及其属性名的集合来描述同类实体，称为实体型(entity type)。实体型就是实体的结构描述，通常是实体名及其属性名的集合。具有相同属性的实体，有相同的实体型。例如，员工(工号，姓名，性别，生日，职务，薪金)定义了员工实体型。

实体型的取值就是实体值。例如员工“龚书汉”的相关取值：工号0102、性别男、生日

1995/3/20 等，就是一个实体值，可见，“型”是描述同类个体的共性，“值”则是每个个体的具体内容(参见后面的第 3 章表 3-2“员工”表)。

对于同一个对象使用不同的实体型，表明我们所关注的内容不同。同样是员工，当用(工号，姓名，性别，年龄，身高，体重，视力)等属性来表示时，针对的是员工的健康信息；而用(工号，姓名，性别，年龄，职务，政治面貌，工资，电话)等属性来表示时，是对员工档案信息的记载。

4. 实体集

同型实体的集合称为实体集(entity set)。或者说实体集是性质相同的同类实体的集合。例如，一个班的学生，所有员工实体的集合构成员工实体集。

在以后的应用中，无须强调时一般不区分实体型与实体集，都简称为实体。

5. 实体码

实体集中的每个实体都可互相区分，即每个实体的取值不完全相同。用来唯一确定或区分实体集中每一个实体的属性或属性组合称为实体码(entity key)，或称为实体标识符。例如，在员工实体集中指定一个工号值，就可以确定唯一一个员工。所以，工号可作为员工实体集的实体码。

实体码对于数据处理非常重要，如果实体集中不存在这样的属性，设计人员往往会增加一个这样的标识属性。

6. 属性型和属性值

与实体型和实体值相似，实体的属性也有型与值之分。属性型就是属性名及其取值类型，属性值就是属性在其值域中所取的具体值。

2.2.2 实体联系

实体联系即实体集之间的联系。

现实世界中事物不是孤立存在而是相互关联的，事物的这种关联性在信息世界的体现就是实体联系。设计数据库过程中建立的概念模型即实体模型。建立实体模型的一个主要任务就是确定实体之间的联系。

实体集之间的联系方式可以分为 3 类：一对一联系、一对多联系和多对多联系，如图 2-2 所示。

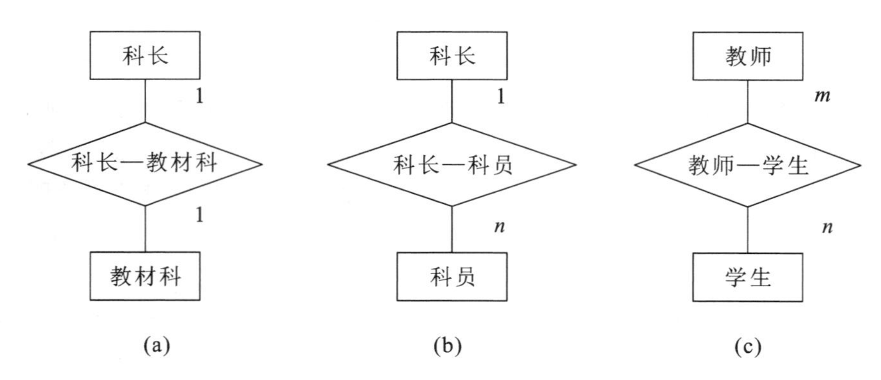

图 2-2 实体集之间的联系方式

1. 一对一联系(1∶1)

两个实体集 A、B，若 A 中的一个实体最多与 B 中的一个实体发生联系，而 B 中的任意一个实体最多与 A 中的一个实体发生联系，则称实体集 A 与实体集 B 有一对一联系，记为 1∶1。例如，乘客实体集与火车票实体集的持有联系，系主任实体集与各系实体集的领导联系等。再如科长与教材科的联系，一个教材科只有一个科长，一个科长对应一个教材科。

2. 一对多联系($1:n$)

两个实体集 A、B，若 A 中至少有一个实体与 B 中一个以上的实体发生联系，而 B 中的任意一个实体最多与 A 中的一个实体发生联系，则称实体集 A 与实体集 B 有一对多联系，记为 $1:n$。例如，学院与专业的设置联系，部门与员工的聘用联系，科长与科员的联系等。再如教材科科长与科员的联系，一个教材科科长对应多个科员，而教材科的每个科员只对应一个教材科科长。

3. 多对多联系($m:n$)

两个实体集 A、B，若 A 中至少有一个实体与 B 中一个以上的实体发生联系，而 B 中至少有一个实体最多与 A 中一个以上的实体发生联系，则称实体集 A 与实体集 B 有多对多联系，记为 $m:n$。例如，学生与课程的选修联系、销售员与商品的销售联系等。再如教师与学生的联系，一位教师为多个学生授课，每个学生也有多位任课教师。

当一个联系发生时，可能会产生一些新的属性，这些属性属于联系而不属于某个实体。例如，学生选修课程会产生成绩属性，销售会产生数量和金额属性等。

联系反映的是实体集之间实体对应的情况。若一个联系发生在两个实体集之间，称为二元联系；若联系发生在一个实体集内部，例如球队集的比赛联系，则称为一元联系或递归联系；联系也可以同时在三个或更多实体集之间发生，称为多元联系。例如，在销售联系中，销售品、商品、顾客通过一个销售行为联系在一起，从而使销售联系成为三元联系。

2.2.3 实体模型

实体模型就是我们前面提到的概念模型，它是反映实体之间联系的模型。数据库设计的重要任务就是建立实体模型，建立概念数据库的具体描述。在建立实体模型时，实体要逐一命名以示区别，并描述它们之间的各种联系。实体模型只是将现实世界的客观对象抽象为某种信息结构，这种信息结构并不依赖于具体的计算机系统，而对应于数据世界的模型，由数据模型描述，数据模型是数据库中实体之间联系的抽象描述即数据结构。数据模型不同，描述和实现方法也不同，相应的支持软件即数据库管理系统 DBMS 也不同。后面我们将介绍常用的对现实世界进行形式化描述的概念模型的建立：E-R(entity-relationship)模型，也称实体联系模型。

2.3 数据模型

数据模型(data model)是对客观世界的事物以及事物之间联系的形式化描述。可以通俗地理解为数据库中数据与数据之间的关系。每一种数据模型都提供了一套完整的概念、符号、格式和方法作为建立该数据模型的工具。

数据库技术自出现以来，主要的数据模型有层次模型、网状模型、关系模型和面向对象数据模型等。

每个 DBMS 都是基于某种数据模型设计开发的。本书介绍的 Access 数据库管理系统就是基于关系模型理论构建的，其数据组织的规定有坚实的理论基础。

在数据库技术发展史上，将数据库所依据的数据模型划分为三代。

2.3.1 层次模型和网状模型

层次模型和网状模型属于第一代数据模型。

第一代数据模型在20世纪60年代出现。依照层次模型和网状模型这两种模型建立的数据库称为层次数据库和网状数据库。IBM公司的早期系统——IMS数据库管理系统是层次模型的代表。DBTG系统则是网状模型的代表。

1. 层次模型

用树形结构表示数据及其联系的数据模型称为层次模型(hierarchical model)。

树形结构由结点和连线组成，结点表示数据集，连线表示数据之间的联系。通常将表示"一"的数据放在上方或左方，称为父结点；而将表示"多"的数据放在下方或右方，称为子结点。树形结构的最高位置只有一个结点，称为根结点。根结点以外的其他结点都有一个父结点与它相连，同时可能有一个或多个子结点与它相连。没有子结点的结点称为叶结点，它处于分枝的末端。树形结构表示的层次数据(纵向)如图2-3所示，树形结构表示的层次数据(横向)如图2-4所示。

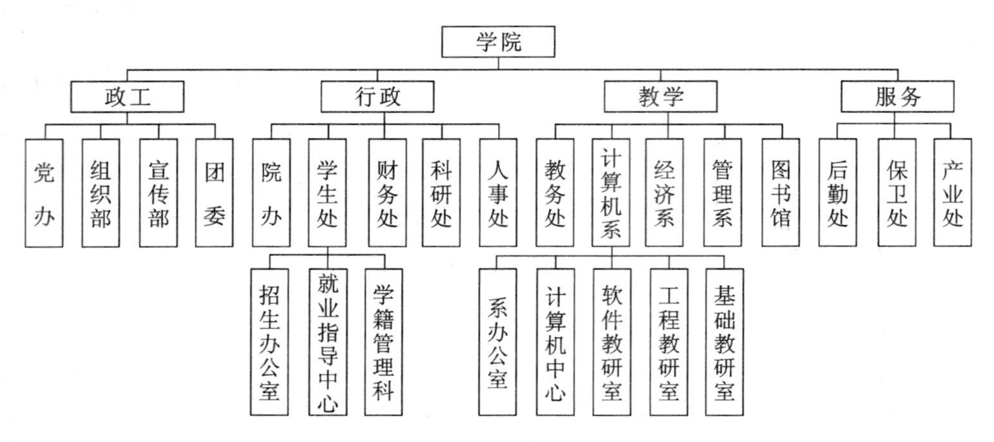

图2-3　树形结构表示的层次数据(纵向)

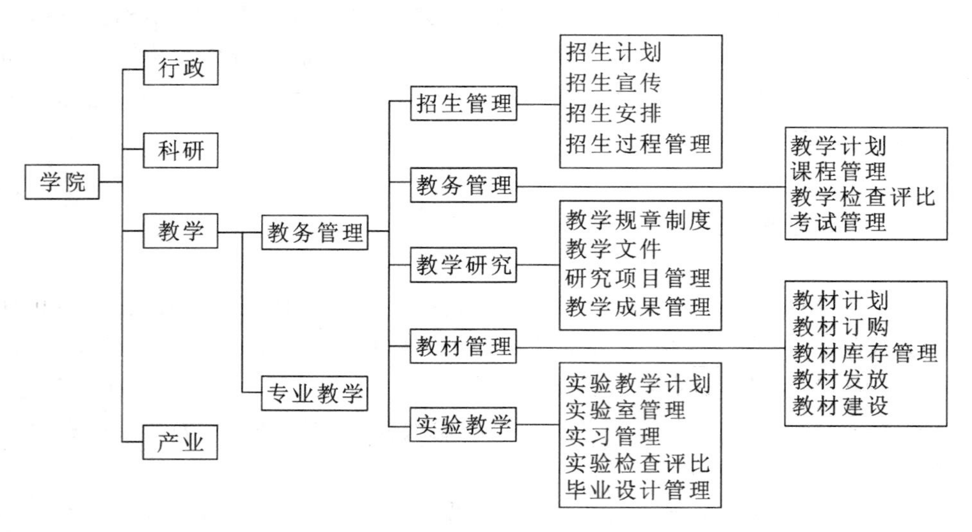

图2-4　树形结构表示的层次数据(横向)

层次模型的基本特点如下。

(1) 有且仅有一个结点无父结点，称其为根结点。

(2) 其他结点有且只有一个父结点。

支持层次模型的 DBMS 称为层次数据库管理系统，在这种系统中建立的数据库是层次数据库。层次模型可以直接方便地表示一对一联系和一对多联系，但不能用它直接表示多对多联系。

2. 网状模型

用网络结构表示数据及其联系的数据模型称为网状模型(network model)。网状模型是层次模型的拓展，网状模型的结点可以任意发生联系，能够表示各种复杂的联系。

网状模型的基本特点如下。

(1) 有一个以上的结点无父结点。

(2) 至少有一个结点有多于一个的父结点。

网状模型和层次模型在本质上是一样的，从逻辑上看，它们都用结点表示数据，用连线表示数据间的联系；从物理上看，层次模型和网状模型都是用指针来实现两个文件之间的联系的。层次模型是网状模型的特殊形式，网状模型是层次模型的一般形式。

支持网状模型的 DBMS 称为网状数据库管理系统，在这种系统中建立的数据库是网状数据库。网状模型可以直接表示多对多联系，这也是网状模型的主要优点。

这两种模型的主要缺陷是表示对象与表示对象间的联系用不同的方法且操作复杂。这两种数据模型目前几乎已经见不到了，但它们在数据库技术发展过程中曾经发挥了重要的作用。

2.3.2 关系模型

第二代数据模型是关系模型(relational model)。

人们习惯用表格形式表示一组相关的数据，既简单又直观，如一张"学生基本情况表"登记若干学生信息就有若干行，每个学生登记他们的学号、姓名、性别、班级，就有 4 列。这种由行与列构成的二维表，在数据库理论中称为关系，用关系表示的数据模型称为关系模型。在关系模型中，实体和实体间的联系都是用关系表示的，也就是说，二维表格中既存放着实体本身的数据，又存放着实体间的联系。关系模型不但可以表示实体间一对多的联系，通过建立关系间的关联，也可以表示实体间多对多的联系。

关系模型是建立在关系代数基础上的，因而具有坚实的理论基础。与层次模型和网状模型相比，具有数据结构单一、理论严密、使用方便、易学易用的特点。因此，目前绝大多数数据库系统的数据模型采用关系模型，关系模型成为数据库应用的主流。

在数据库系统中，早期采用的第一代数据模型即层次模型和网状模型，它们对于数据库技术的诞生和发展起了非常重要的作用。但由于结构复杂、使用不便，这两种数据模型很快被第二代关系模型所取代。

关系模型从 1970 年诞生以来，经过不断完善，于 20 世纪 80 年代成为主流数据模型。由于理论基础坚实、结构简单、使用方便，因而得到广泛应用。可以毫不夸张地说，目前整个计算机信息处理几乎全部建立在关系数据库的基础上。

关系模型也存在它的不足，主要不足的方面如下。

(1) 基本数据类型不能满足需要。

(2) 数据结构简单。

(3) 数据和行为分离。

(4) 一致约束不完全。

(5) 事务并发控制机制简单。

本书要介绍的 Access 和其他目前广泛应用的各种数据库管理系统,都是基于关系模型的关系数据库管理系统。

不做特别说明时,本书所出现的 Access 是指 Access 2010、Office 是指 Microsoft Office 2010、操作系统是指 Windows 7。

2.3.3 新一代数据模型

随着数据库涉及的领域日益广泛,应用日益深入,关系模型的不足体现得越来越明显,于是,人们开始研究新一代数据模型,我们称之为第三代数据模型。

目前,已经有几种新的模型被提出。

面向对象模型(object-oriented model)就是当前研究发展中的一种。面向对象模型不同于层次模型、网状模型、关系模型这些传统的数据模型,面向对象模型是非传统的数据模型。由于面向对象思想在计算机处理中广泛应用并获得成功,基于面向对象思想的面向对象模型成为人们寄予厚望的第三代数据模型。

2.4 数据库系统的工作模式和应用领域

建立起来的数据库为各种应用提供支持和服务。随着技术的发展,数据库应用系统先后产生了主机/终端模式、文件服务器模式、客户机/服务器模式、浏览器/服务器模式等工作模式。而数据库技术开发应用领域,也开始以日常管理业务处理为主,逐步扩展到辅助决策的数据分析领域。

2.4.1 工作模式

最早的数据库系统出现在 20 世纪 60 年代早期的大型主机上。早期的数据库是集中管理、集中使用的。随着数据库的大型化以及网络技术的发展与应用的普及,数据向“集中管理、分散使用;分散管理、分散使用”发展。

20 世纪 80 年代初,个人计算机应运而生,同时,桌面 DBMS 出现。个人计算机和桌面 DBMS 对计算机数据处理的普及意义重大。单机数据库系统成为数据库应用的重要形式。

1. 主机/终端模式

主机/终端(master/terminal)模式与当时的计算机系统相适应,采用宿主机与多个(仿真)终端联网的形式,是由分时操作系统支配主机共享的集成数据库处理结构。

主机/终端模式是集中式体系结构。在这种结构中,DBMS、数据库和应用程序都放在主机中。数据为多用户终端共享,用户通过本地终端或拨号(远程)终端访问数据库,这些终端多是亚终端(即本身没有处理能力),通常只包括一个屏幕、一个键盘以及主机通信的软件。计算机终端则通过仿真终端的形式与主机进行数据通信。

主机/终端模式具有很高的安全性,能够方便地管理存储设备上的庞大数据库,并支持各种各样的并发用户。但这种模式对主机的性能要求高,系统的建设和维护成本高昂。

2. 文件服务器模式

随着计算机网络的发展和普及,到 20 世纪 80 年代,产生了文件服务器模式。

所谓文件服务器模式，是指在网络中，数据库或文件系统以文件形式保存在提供数据服务的服务器中。当用户需要数据时，通过网络向服务器发送数据请求，服务器将整个数据文件传送给用户，再由用户在客户端对数据进行处理。这种模式的数据在服务器中，处理工作在工作站完成。这种模式管理简单、容易实现，扩充了计算机的功能，并使得计算机用户能够共享公共数据。

文件服务器模式主要的缺点是将整个数据库文件传送给用户，导致大量对用户无用数据的传送，大大增加了网络流量、增加了客户端的工作；同时，对于数据的安全存在很大的隐患。

3. 客户机/服务器模式

20世纪80年代末，出现了客户机/服务器(client/server，C/S)模式，根据实现的方式不同，C/S模式分为两层结构和多层结构。

最先出现的两层C/S结构将应用系统分为两个部分，即客户机部分和服务器部分。客户机(前台)指安装在用户计算机上，包括用户操作界面和处理业务的应用程序，负责响应客户请求；服务器(后台)有存储企业数据的数据库，负责数据管理。

当客户端应用程序需要数据时，通过网络向服务器提出数据请求。服务器处理客户端传送的请求并执行相关操作，然后将满足用户要求的数据集合传回客户端。客户端再将数据进行计算并将结果呈现给用户。两层C/S结构在客户端需要有实现全部业务和数据访问功能的程序，通常称为“胖客户机”(fat client)。两层C/S结构的示意图如图2-5所示。

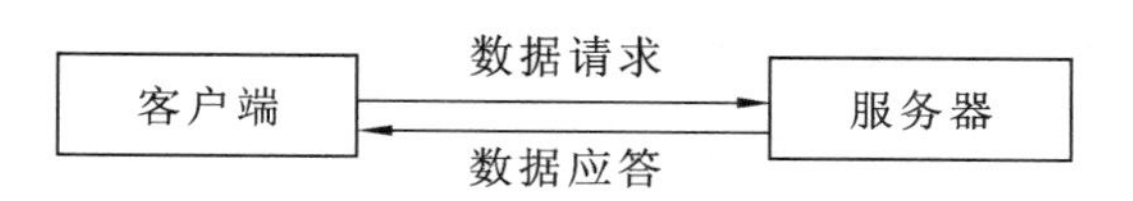

图2-5 两层C/S结构的示意图

这种结构尤其适合于客户端数目较小、复杂程度较低的企业MIS。当应用规模扩大、客户机数量增加时，两层C/S结构的局限性就暴露出来，主要体现为对客户机和用户要求较高、升级和维护工作任务繁重。

为了解决两层C/S结构的不足，三层(或多层)C/S结构成为企业MIS方案的核心，其基本思想是将用户界面与企业逻辑分离，将应用明确分割为3个部分，即表示部分、应用逻辑部分、数据访问部分，使其在逻辑上各自独立，并实现对应客户端、应用服务器、数据库服务器。三层C/S结构的示意图如图2-6所示。

图2-6 三层C/S结构的示意图

其中，客户端接受用户输入和请求，也将结果呈现给用户。应用服务器实现具体业务处理。应用服务器向数据库服务器发送SQL请求进行数据交换，数据库服务器完成数据存储、管理和处理，将应用所需的数据集返回给应用服务器。

三层C/S结构把业务逻辑封装到应用服务器的中间层，能较好地适应企业需求多变的特点。如果企业需要更改业务，只要修改相关中间层即可，可以将企业的所有业务规则及对数据库的访问都封装在中间件中。一旦企业的业务规则发生变化，只要其接口保持不变，客户机软件就不必更新。同时，所有对数据库的操作也封装在中间件中，在很大程度上保证了数据库的安全。

多层 C/S 结构在三层 C/S 结构的基础上，允许中间件服务器可以再访问其他中间件服务器。

C/S 模式较文件服务器模式有很大的优势，大大提高了人机交互效率，显著地减少了网络数据传输量；同时，不同用户的应用程序独立开发，每一部分的修改和替换不影响其他部分，降低了对数据控制的难度，提供了多用户开发特性。

4. 浏览器/服务器模式

随着 Internet/Intranet 技术的兴起，基于浏览器/服务器（browser/server，B/S）模式的信息系统应运而生。B/S 模式维护、扩展方便，应用地点灵活、广泛，越来越多的应用系统开发模式都从 C/S 模式转向 B/S 模式，B/S 模式日益成为应用的主流模式。

B/S 模式是基于 Web 技术的网络信息系统模式，是三层 C/S 结构的一种特殊模式形式。B/S 模式的基本框架如图 2-7 所示，可以实现客户端零代码编程，是一种瘦客户机模式。

图 2-7　B/S 模式的基本框架

在这种结构中，客户端只需安装和运行浏览器软件，而 Web 服务软件和 DBMS 安装在服务器端。B/S 模式提供了一个跨平台、简单一致的应用环境，实现了开发环境和应用环境的分离，避免了为多种不同操作系统开发同一应用的重复工作。

B/S 模式与 C/S 模式的比较如表 2-1 所示。

表 2-1　B/S 模式与 C/S 模式的比较

比较项	B/S 模式	C/S 模式
安装调试	只需在服务器中安装程序和调试	需要在每台计算机中安装软件并调试成功
升级维护	只需对服务器扩充装备和软件升级	需要对服务器和每个客户机的软硬件一一升级
维护费用	只需维护服务器，维护简单，费用低	软件和硬件升级、人员维护费用较高
平台支持	客户端只需浏览器，对网络无特殊要求	客户端需要安装必要软件，对系统有一定要求
用户端数量	基本没有限制	一般来说，都有一定数量级别的限制
系统兼容性	适用于各种类型、版本的操作系统	不同操作系统需开发不同版本的程序，升级代价高
移动办公	位于不同地点可通过互联网、专线等连接，易于资源共享、协同办公	异地办公需要高投入，安装必要设备和软件实现数据和资料的共享和传送
系统整合	非常容易融合 OA、人力资源管理系统、客户关系管理系统、ERP 等	用较复杂的方式才可将企业所需的各个管理系统融合使用
电子商务	主要开发模式，通过互联网或内部广域网与全球客户、各地分支机构相连	需要大量的投入，安装必要设备和软件实现数据和资料共享和传送

2.4.2　应用领域

从数据库的用途来看，目前数据处理大致可以分为两大类，即联机事务处理（on-line transaction processing，OLTP）和联机分析处理（on-line analytical processing，OLAP）。

最初的数据库应用系统都属于 OLTP。所谓事务处理，指的是企业日常的业务处理，例如银行交易、企业销售业务管理等。OLTP 提供的基本功能有业务数据的即时输入与更新、信息查询、数据汇总与计算、业务报表的生成等。通常所讲的信息系统就是指 OLTP。在这一应用领域，关系数据库取得了极大的成功。

随着 OLTP 成功实施，企业积累了大量的数据。人们发现，这些数据中实际蕴含了反映企业经营现状和未来发展趋势的真实信息。问题的关键是如何通过去粗取精、去伪存真，获得支持企业决策的有价值的信息。于是，在 OLTP 基础上出现了 OLAP 应用。

OLAP 的概念最早由 E. F. Codd 于 1993 年提出，是使管理决策人员能够从多角度对数据进行快速、一致、交互地存取，从而获得对数据更深入的了解的一类软件技术，它是数据仓库的主要应用。OLAP 的目标是满足决策支持或者满足在多维环境下特定的查询和报表需求，它的技术核心是“维”(dimension)。

“维”是人们观察客观世界的角度，是一种高层次的类型划分。维一般包含层次关系，这种层次关系有时会相当复杂。通过把一个实体的多项重要属性定义为多个维，可以使用户能对不同维上的数据进行比较。因此，OLAP 也可以说是多维数据分析工具的集合。

例如，一个企业在考虑产品的销售情况时，通常从时间、地区和产品的不同角度来深入观察产品的销售情况。这里的时间、地区和产品就是维。而这些维的不同组合和所考察的度量指标构成的多维数组则是 OLAP 分析的基础。

OLAP 有多种实现方法，可以分为 ROLAP、MOLAP、HOLAP 等。

1. ROLAP

ROLAP 表示基于关系数据库的 OLAP 实现(relational OLAP)。它以关系数据库为核心，以关系型结构进行多维数据的表示和存储。ROLAP 将多维数据库的多维结构划分为两类表：一类是事实表，用来存储数据和维关键字；另一类是维表，即对每个维至少使用一个表来存放维的层次、成员类别等维的描述信息。维表和事实表通过主键和外键联系在一起，形成“星形模式”。对于层次复杂的维，为避免冗余数据占用过大的存储空间，可以使用多个表来描述，这种星形模式的扩展称为“雪花模式”。

2. MOLAP

MOLAP 表示基于多维数据组织的 OLAP 实现(multidimensional OLAP)，以多维数据组织为核心。多维数据在存储中将形成“方立块”(cube)结构。

3. HOLAP

HOLAP 表示基于混合数据组织的 OLAP 实现(hybrid OLAP)，例如低层是关系型的，高层是多维矩阵型的。这种方式具有更好的灵活性。

在数据仓库应用中，OLAP 应用一般是数据仓库应用的前端工具，同时，OLAP 工具还可以和数据挖掘工具、统计分析工具配合使用，增强决策分析功能。

OLAP 与 OLTP 区别明显，表 2-2 比较了 OLTP 与 OLAP 之间的基本特点。

表 2-2　OLTP 与 OLAP 基本特点的比较

比较项目	OLTP	OLAP
用户	操作人员、低层管理人员	决策人员、高级管理人员
功能	日常操作处理	分析决策
DB 设计	面向应用	面向主题

续表

比较项目	OLTP	OLAP
数据	当前的、细节的、二维的、分立的	历史的、聚集的、多维的、集成的、统一的
存取读/写	数十条记录	可读上百万条记录
工作单位	简单事务	复杂查询
用户数	可多至数千、数万个	一般不超过上百个
DB 大小	100 MB～1 GB	100 GB～1 TB
时间	实时或短时间响应	延时或间隔较长时间

2.5 数据库系统开发方法

2.5.1 概述

开发与建设数据库系统，是为了满足用户的信息处理需求。用户的信息处理需求一般可分为功能需求和信息需求两大类。

1. 信息需求

信息需求指用户需要信息系统处理和获得的信息的内容与特性。用户获得的信息有赖于系统所存储、管理的数据。

2. 功能需求

功能需求指用户要求系统完成的对数据和业务的处理功能，以及相关的对处理的响应时间、处理方式、操作方式等的要求。

信息需求涉及的数据由数据库管理，由信息需求可以导出数据库中需要存储、管理的数据对象；而功能需求通过编写程序实现。

此外，用户需求还涉及对于信息和信息处理的安全性、完整性、可操作性要求。因此，开发数据库系统，应该是数据库和应用程序紧密结合在一起的综合开发。并且，这样的系统通常规模较大、功能复杂。数据库系统开发应该遵循科学的方法。

数据库系统开发方法的研究历经几十年的发展变化，目前主要的开发方法有结构化设计方法、原型设计方法、面向对象设计方法。

2.5.2 结构化设计方法

结构化设计方法也称为“生命周期方法”，它是较早出现的系统开发方法。结构化设计方法的开发过程可以看作系统的生命周期。通常，信息系统开发的生命周期包括系统规划与调查、系统分析、系统设计、系统实现与调试、系统运行评测和维护等几个大的阶段，每个阶段又包括若干具体的开发步骤。

结构化设计遵循“瀑布模型”，它要求每个阶段都有完善、规范的文档作为本阶段的设计结果，并将设计结果作为下一阶段的起点。结构化的主要含义是指严格的开发过程、文档的标准化、工具的规范化等。结构化设计方法体现了系统观点和方法的应用，强调系统性、结构性和整体性，由系统的总体特征入手，自上而下地逐步分析和解决问题。

结构化设计的基本指导思想可概括为以下 3 个要素。

(1) 以业务流程为分析的切入点，对系统进行抽象，确定用户需求。

(2) 以结构化方法分析和设计系统。

(3) 以信息系统生命周期来组织和管理系统的开发过程。

通过对业务进行分析，确定用户需求，从而确定信息系统的边界和范围。然后以此为基础，建立描述全系统的模型。为了使模型设计准确，采取多层设计思想，先建立与具体实现无关的逻辑模型，在确认逻辑模型无误的前提下，再设计面向实现的物理模型。逻辑模型用于描述系统的本质，即主要分析业务流程和系统需求，集中解决系统做什么的问题，与系统如何实施无关。物理模型不仅描述系统是什么、做什么，而且描述系统是如何从物理上实施的。因此，设计物理模型要结合具体的技术方案和将要采用的开发工具。

两种模型在系统开发的过程中承担着不同的角色，这样容易实现物理系统的正确设计并实现原系统到新系统的转换。

在开发过程中结构化设计方法贯穿始终，体现在以下几个方面。

(1) 开发过程阶段化。开发过程阶段化指严格的开发步骤、任务、结果。

(2) 开发工具标准化。开发工具标准化指采用数据流程图、结构图、数据字典、Petri 网等。

(3) 开发文档规范化。开发文档规范化指统一对格式、内容和功能的表述要求。

(4) 开发方法层次化。开发方法层次化指运用自顶向下分析(逐层分解)、自底向上设计。

(5) 开发的系统结构化、模块化。开发的系统结构化、模块化指按照功能独立等原则分解模块，构建子系统。

结构化设计方法过程严谨，减少了开发的随意性，适合大型系统的开发。结构化设计方法的目标之一是尽量避免将前期开发过程中产生的错误留到开发的后期，因为错误产生得越早，以后发现时纠正的成本越高，可称之为“纠错成本倍增”原理。与之相关联，如果有可能，尽量将系统实现的阶段往后移，期望在开始实施时弄清楚全部需求，这称之为“推迟实现”。这些特性造成了结构化设计方法的一些局限性，主要体现在以下方面。

(1) 基本单向的开发流程，不允许失败，要求事先定义完整、准确的需求，即要求在需求分析时获得全部的需求信息，这实际上很难做到。

(2) 对用户要求高，用户难以和开发者沟通。在开始阶段用户看不到开发的结果，等到看到结果时，系统已处于生命周期的中、后期，如果要改动，成本很高。

(3) 开发周期长，每一阶段都要求详细的文档，使文档很复杂，难以适应需求的变动。

(4) 不利于使用快速的开发工具。

结构化设计方法建立在对系统需求完整、准确定义的基础上，但是由于用户在开店初期对系统的理解程度有限，造成与开发者之间难以实现快速和准确的沟通，所以，实际上这样的基础常常难以真正实现。这就严重影响了信息系统的开发质量，并造成了开发人员和使用者之间的矛盾和冲突。

另外，系统分析的逻辑模型和系统实施的物理模型之间的分离，造成两种模型之间存在过渡的差异和困难。同时，系统要同时实现用户信息需求和功能需求，但在开发时，这两者在设计上处于分离状态，这也为系统开发真正满足用户需求造成负面影响。

为此，人们对结构化设计方法不断进行改进，也产生了一些新的开发方法。

2.5.3 原型设计方法

与结构化设计方法“推迟实现”相反，原型设计方法期望让用户很早就看到系统开发的结果。其基本方法是，在开发时首先构造一个功能相对简单的原型系统（初始模型），然后通过对原型系统的逐步求精、不断扩充完善得到最终的软件系统（工作模型）。

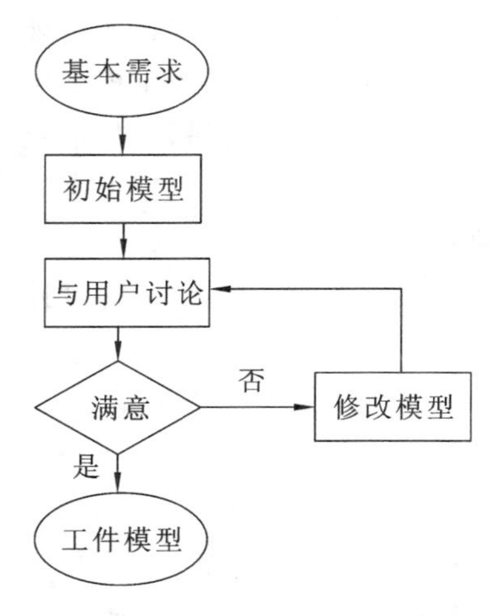

图 2-8 原型设计方法的开发流程

原型设计方法的开发流程如图 2-8 所示。

原型设计方法符合人们认识事物的基本探索过程，首先构造系统的大致框架，然后通过试探和逐步逼近的方法获得最后的设计结果。该方法借助于快速开发工具，提高了开发速度。

原型设计方法是开发者和用户一起对开发的系统进行探索的过程。原型就是进行研究、改造的模型。最初的原型是待构建的实际系统简化的、缩小比例的模型，但是保留了实际系统的大部分功能。这个模型可以在运行中被检查、测试、修改，直到它的性能满足用户需求为止。因此，这个工作模型很快就能转换成实际的目标系统。

与结构化设计方法相比，原型设计方法有以下特点。

（1）允许试探和重复，是一个不断迭代、逐渐逼近、积累知识的过程。

（2）不需要预先完整、准确地定义系统需求。

（3）迭代过程是对开发对象认识的不断深入、需求不断清晰的过程，也是系统功能不断实现和完善的过程，体现了分析和设计过程的统一。

原型设计方法具有以下优点。

（1）无论是开发者还是用户，对系统的认识过程都随着原型的建立和不断改进逐渐深入，更符合人类对不熟悉事物的认识规律。

（2）原型设计方法是一种支持用户参与开发的方法，使得用户在系统生命周期的分析和设计阶段起到积极的作用。

（3）能减少系统开发的风险，特别是在不确定性大的项目开发中，由于对项目需求的分析难以一次完成，使用原型设计方法效果更明显。

（4）充分利用可视化的开发工具提高开发效率，减少培训时间和成本。

（5）原型设计方法的概念既适用于新系统的开发，也适用于原系统的修改。

原型设计方法对开发人员和开发工具的要求比较高，容易忽视对文档的撰写和整理，或者由于经常修改，使得文档的管理变得复杂，从而影响后期的系统维护。

一般来说，原型设计方法适用于系统规模不大、业务不太复杂的系统。通常将原型设计方法与生命周期方法结合起来使用，在系统开发初期设计一个简单的原型，以便于用户尽可能参与需求分析和逻辑设计等阶段的活动，达到提高开发效率、更好地满足用户需求的目标。

2.5.4 面向对象设计方法

随着面向对象（object oriented，OO）思想和对象模型的推广应用，面向对象的系统开发得到了飞速发展，成为目前重要的开发方法之一。统一建模语言（unified modeling language，UML）是面向对象设计方法的有力工具。

现实世界是由无数个相互关联的事物（实体）构成的。人们在认识世界时总是首先认识每个独立的事物，然后分析事物之间的联系，从而认识事物变化的规律和过程。面向对象设计方法正是基于认识客观世界思想的基本方法。

面向对象设计方法的开发模型如图 2-9 所示。

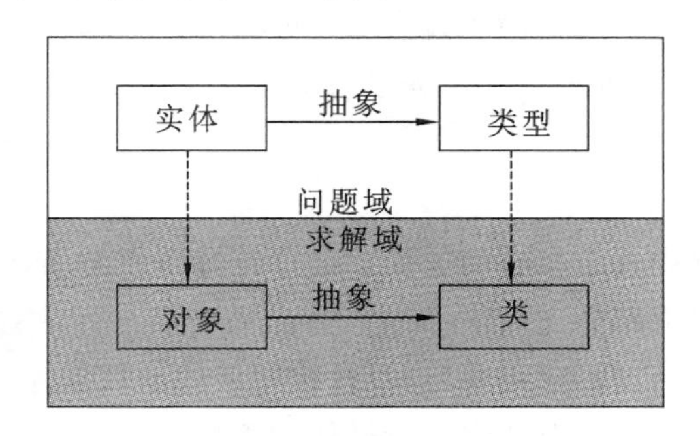

图 2-9　面向对象设计方法的开发模型

面向对象设计方法的核心是对象。对象用于模拟客观世界中的实体。对象的概念包括对象、类以及类的继承等，被称为面向对象设计方法的三大要素。

1. 对象

对象是由描述事物当前状态的静态特征和描述事物行为的动态特征组成的综合体。对象的静态特征用“属性”加以描述，动态特征由“操作”描述。

属性的取值反映了事物当前的状态，取值的改变意味着状态的变化。操作又称为方法或服务，它描述了对象执行的功能，通过完成这一功能的过程代码实现。另外，通过消息传递，操作还可以被其他对象使用。

2. 类

类是一组具有相同数据结构和相同操作的对象的集合，包括一组数据属性和在数据上的一组合法操作。类定义可以视为一个具有类似特性和共同行为的对象的模板，可用来产生对象。每个对象都是类的一个实例。

3. 类的继承

继承是在已存在类的基础上建立新类，既能够增加新的特性，又通过继承自动获得所依赖的原有特性。

4. 通信和消息

对象连接通过消息驱动实现，从而构建对象之间的联系。系统分析的关键之一在于找到和描述对象及其联系。系统的运行通过对象之间的通信来驱动，如果没有对象之间的通信则无法完成系统。消息是一个对象与另一个对象的通信单元。

在信息系统分析设计中，面向对象设计方法中问题域（现实世界中的业务过程）和求解域（计算机世界中的信息系统）之间的映射关系，表达了面向对象系统开发方法的基本概念。

不同企业和组织的业务流程多种多样，但究其本质，在对象和对象的类型上有很多相似之处，因此对象可以作为组装系统的可重复使用的部件。而且，对象固有的封装性和信息隐藏性等特性使得对象内部的实现与外界隔离，具有较强的独立性。

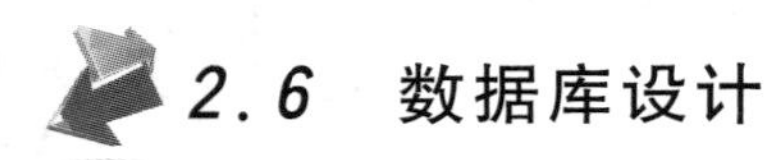

2.6 数据库设计

数据库在数据库系统中处于核心的位置，所以数据库的设计又是开发与建设数据库系统的核心内容。

用户建立自己的数据库是为了满足自身的要求，当现有的数据处理手段和方法不能满足用户的业务、管理的实际需要时，用户就需要开发新的数据处理系统。如果采用数据库作为数据管理技术，则开发的数据处理系统就是数据库系统。

2.6.1 定义

数据库在数据库系统中处于核心的位置。设计符合用户需求、性能优异的数据库，成为开发数据库系统的重要组成部分。

数据库设计是指对于给定的应用环境，设计构造最优的数据库结构，建立数据库及其应用系统，使之能有效地存储数据，对数据进行操作和管理，以满足用户各种需求的过程。

2.6.2 设计步骤

数据库设计普遍采用结构化设计方法。

我们知道，结构化设计方法，将开发过程看成一个生命周期，因此也称为生命周期方法。其核心思想是将开发过程分为若干个步骤，主要包括系统需求的调查与分析、概念设计、逻辑设计、物理设计、实施与测试、运行维护等。

1. 系统需求的调查与分析

在这一步骤，设计人员要调查现有系统的情况，了解用户对新系统的信息需求和功能需求，对系统要处理的数据收集完整，并进行分析整理和分类组织，写出需求分析报告。

2. 概念设计

在系统需求分析的基础上设计出全系统的面向用户的概念模型，作为用户和设计人员之间的“桥梁”。这个模型既能够清晰地反映系统中的数据及其联系，又能够方便地向计算机支持的数据模型转化。

3. 逻辑设计

将概念模型转化为DBMS支持的数据模型，但该模型并不依赖于特定的DBMS。目前，数据库一般都使用关系模型。

4. 物理设计

将逻辑设计的数据模型与选定的DBMS结合，设计出能在计算机上实现的数据库模式。

5. 实施与测试

应用DBMS，在计算机上建立物理数据库，通过测试之后投入实际运行。

6. 运行维护

对数据库的日常运行进行管理维护，以保障数据库系统的正常运转。

数据库设计的基本目标是建立信息系统的数据库，而在计算机上建立数据库必须由

DBMS 来完成，目前几乎所有的 DBMS 都是基于关系模型的。因此，在数据库设计过程中，最主要的是正确掌握用户需求，然后在此基础上设计出关系模型。

然而，关系模型面向 DBMS，它与实际应用领域所使用的概念和方法有较大的距离。用户对关系模型不一定了解，而数据库设计人员也不一定熟悉用户的业务领域，因此，这两类人员之间存在沟通问题。并且，应用领域很复杂，往往要经过反复的调查、分析才能弄清用户需求，因此，根据用户需求一步到位地建立关系模型较为困难。

由于用户是开发数据处理系统的提出者和最终使用者，为保证设计正确和满足用户要求，用户必须参与系统的开发设计。因此，在建立关系模型前，应先建立一个概念模型。

概念模型使用用户易于理解的概念、符号、表达方式来描述事物及其联系，它与任何实际的 DBMS 都没有关联，是面向用户的；同时，概念模型易于向 DBMS 支持的数据模型转化。概念模型也是对客观事物及其联系的抽象，也是一种数据模型。概念模型是现实世界向计算机的数据世界转化的过渡，目前，常用的概念模型为实体联系模型。因此，概念设计成为数据库设计过程中非常重要的环节。

用户可以用 3 个世界来描述数据库设计的过程。用户所在的实际领域称为现实世界；概念模型以概念和符号为表达方式，所在的层次为信息世界；关系模型定位于数据世界。

通过对现实世界的调查分析，建立起信息系统的概念模型，就从现实世界进入信息世界；通过将概念模型转化为关系模型，进入数据世界；然后由 DBMS 建立起最终的物理数据库。数据库设计过程示意图如图 2-10 所示。

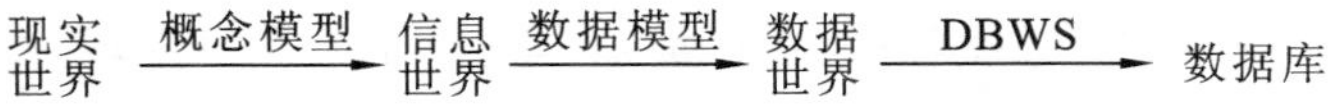

现实世界 —概念模型→ 信息世界 —数据模型→ 数据世界 —DBWS→ 数据库

图 2-10　数据库设计过程示意图

2.6.3　举例

【例 2-1】　我们运用 DBMS——Access 2010 创建 DBAS——教学管理数据库。

首先，在计算机上安装包含 Access 2010 的 Office 2010 套件，并已建立教学管理数据库(参见后面第 4 章、第 5 章的数据库和表的创建)。

接着要建立数据库文件。

设教学管理数据库的存储文件为教学管理. accdb，已经建立，双击启动 Access，打开教学管理数据库。该数据库中存储了某高校的学院、专业、学生、课程和成绩信息。

依次双击“学院”“专业”“学生”“课程”和“成绩”，打开各表。单击“课程”选项卡，如图 2-11 所示。

可以看到，数据库中是用若干个表来组织各种数据并进行存储和管理的。表对象是 Access 中最重要的对象。本例有 5 个表：“学院”表、“专业”表、“学生”表、“课程”表和“成绩”表。

每个表由行与列组成，所有表的结构特征完全相同。在 Access 中，表的行又称为记录(record)，表的列又称为字段(field)。记录是相同结构的数据，字段表示表的构成。

“学院”表储存学院信息，包括学院编号、学院名称、院长、办公电话等字段。

“专业”表包括专业编号、专业名称、专业类别和所属学院等字段。一个专业属于一个学院，一个学院可以有若干个专业。

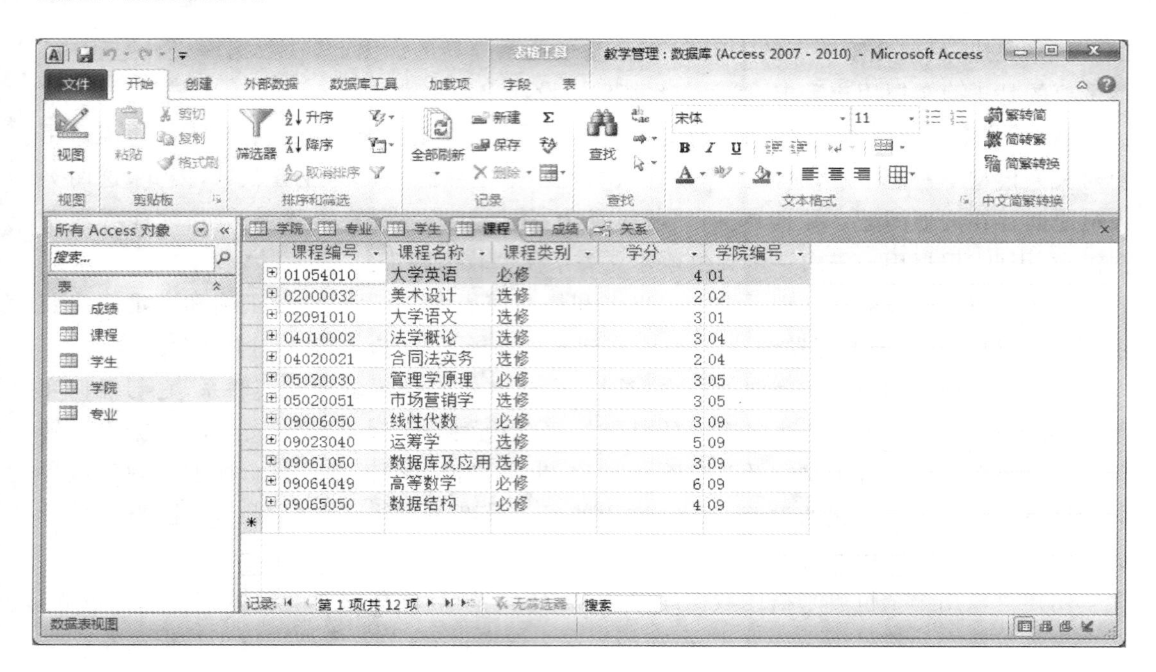

图 2-11　教学管理数据库中的“课程”表

“学生”表包括学号、姓名、性别、生日、民族、籍贯、简历、登记照和专业编号等字段。每名学生主修一个专业。

“课程”表包括课程编号、课程名称、课程类别、学分、学院编号字段，每门课程由一个学院开设。

学生选修的每门课程获得一个成绩。“成绩”表包括学号、课程编号和成绩字段。

在数据库中，为了数据处理的需要，除最基本的表以外，Access 还包括其他几种对象。Access 共有 6 种对象，分别是表对象、查询对象、窗体对象、报表对象、宏对象和模块对象。本书在后续章节将详细介绍 Access 6 种对象的概念和应用。

本例所涉及的数据库的设计方法，我们在下一章以关系数据库为例，进一步做具体的介绍，见第 3 章例 3-14。

2.7　DBMS

前面第 1 章我们曾提及数据库管理系统 DBMS，这里从数据库设计的角度再做 DBMS 基本功能的介绍。

数据库设计的目标是建立在计算机上运行的数据库，这必须借助于数据库管理系统才能完成。DBMS 是数据库系统的关键部分，是用户和数据的接口，用户程序及任何对数据的操作都通过 DBMS 进行。

通常，DBMS 主要具有以下基本功能。

1. 数据定义功能

DBMS 提供数据描述语言 DDL(data description language)定义数据库的模式、内模式、外模式，实现模式之间的映射，定义完整性规则，定义用户口令与存取权限等。这些信息都存放在数据库的数据字典中，供 DBMS 管理时参照使用。

2. 数据库操纵功能

DBMS 提供数据操纵语言 DML(data manipulation language)实现对数据库的操作,共有 4 种基本的数据库操作,即查询、插入、修改和删除。

3. 支持程序设计语言

大部分用户通过应用程序使用和操作数据库,任何 DBMS 均支持某种程序设计语言。

4. 数据库维护功能

数据库维护功能指数据库的初始装入、数据库转储、数据库重组、登记工作日等,以保证数据库数据的正确与完整,使数据库能正常运行。

由于不同 DBMS 的目标各异,功能、规模等相差很大,因此适用的领域也各不相同。诸如 Access 属于微机环境下的桌面数据库管理系统,在易用性、成本等方面有优势,但建立网络环境的大型数据库系统必须使用大型的数据库管理系统。

目前,各种 DBMS 有很多,我们在前面第 1 章 1.5 节曾简要介绍了几种常用 DBMS。

本章小结

本章介绍数据库系统的基本知识和数据库系统设计的方法和实例。

数据模型是数据库技术的基础。数据库技术发展至今,第一代数据模型为层次模型、网状模型,第二代为关系模型,目前正在研究新一代基于面向对象思想的数据模型。

数据库设计遵循结构化设计方法,分为需求调查与分析、概念设计、逻辑设计、物理设计、实施与测试及运行维护等步骤。本章还介绍了数据库系统的模式、内模式、外模式三级体系结构,介绍了数据库管理系统的基本功能。

习 题 2

一、名词解释

(1) 模式。

(2) 内模式。

(3) 外模式。

(4) 信息世界。

(5) 实体码。

(6) 属性型。

(7) 属性值。

(8) 多元联系。

(9) 实体模型。

(10) 数据模型。

二、简答题

(1) 简述数据处理的三个层次。

(2) 简述模式、内模式和外模式三者之间的关系。

(3) 简述数据模型的含义和作用。

(4) 数据库中采用三级模式、二级映射的好处有哪些?

(5) 关系模型存在的主要不足有哪些方面?

(6) 网状模型的基本特点有哪些?

(7) 层次模型的基本特点有哪些?

(8) 与层次模型和网状模型相比,关系模型有哪些特点?

(9) 什么叫文件服务器模式?

(10) 文件服务器模式有哪些优点?

(11) 文件服务器模式的主要缺点是什么?

(12) 用户的信息需求指什么?

三、单项选择题

(1) 实体所具有的特性称为 ( )

A. 属性 B. 单元 C. 元组 D. 集合

(2) 存在于人脑之外的客观世界是 ( )

A. 信息世界 B. 数据世界 C. 现实世界 D. 观念世界

(3) 信息世界又称 ( )

A. 客观世界 B. 数据世界 C. 现实世界 D. 观念世界

(4) 信息世界中的信息数据化后对应的产物是 ( )

A. 客观世界 B. 数据世界 C. 现实世界 D. 观念世界

(5) 乘客集与飞机机票集的持有联系属于 ( )

A. 一对一联系 B. 一对多联系 C. 多对一联系 D. 多对多联系

(6) 教师与学生的师生联系属于 ( )

A. 一对一联系 B. 一对多联系 C. 多对一联系 D. 多对多联系

(7) 学生与课程的选修联系属于 ( )

A. 一对一联系 B. 一对多联系 C. 多对一联系 D. 多对多联系

(8) 以下不属于实体集之间的联系方式的是 ( )

A. 有与无联系 B. 一对一联系 C. 一对多联系 D. 多对多联系

(9) 若一个联系发生在两个实体集之间,称为 ( )

A. 一元联系 B. 二元联系 C. 三元联系 D. 多元联系

(10) 若联系发生在一个实体集内部,称为 ( )

A. 递归联系 B. 二元联系 C. 三元联系 D. 多元联系

四、填空题

(1) 我们提到的客观事物,在信息世界中称为________。

(2) 属性的取值范围称为________。

(3) 在三级模式中,只有________真正描述数据存储。

(4) 在数据库中,三级模式、二级映射的功能由 DBMS 在________的支持下实现。

(5) ________是性质相同的同类实体的集合。

(6) 树形结构只能表示________的联系。

(7) B/S 模式是基于 Web 技术的网络信息系统模式,是________的一种特殊模式形式。

(8) 从数据库的用途来看,目前数据处理大致可以分为两大类,即联机事务处理和________。

(9) 用户的信息处理需求一般可以分为功能需求和________两大类。

(10) 面向对象方法是基于人们________的基本方法。

第3章 关系数据模型基本理论

目前,数据库领域应用最广泛的基础理论是关系数据理论。常用的 DBMS 基本上都是关系型的。关系数据理论的核心是关系数据模型。

关系数据理论于 1970 年由 IBM 公司的研究员 E. F. Codd 首先提出,其核心是关系数据模型,经过数十年的研究、发展,并在实践应用中不断完善,逐步建立起完整的关系数据理论体系。关系数据理论非常简洁,易于理解。它建立在集合论之上,有严格的数学基础。这一理论提出后立即得到广泛的应用,发展成为过去数十年、现在和将来相当长时间内占主导地位的数据库技术。下面我们从直观的角度、简洁地讨论关系模型。

3.1 关系模型的三要素

完整描述关系模型需要以下 3 个要素。

(1) 数据结构。数据结构表明该模型中数据的组织和表示方式。

(2) 数据操作。数据操作指对通过该模型表达的数据的运算和操作。

(3) 数据约束。数据约束指对通过该模型表达的数据的限制和约束,以保证存储数据的正确性和一致性。

在关系模型中,数据结构只有一种,即关系,也就是二维表。无论是表达对象,还是表达对象的联系,都通过关系来表达。

理论上,关系模型中实现数据操作的运算体系有关系代数和关系谓词演算。这两种运算体系是等价的。我们在后面简要介绍关系代数。在实际的关系型 DBMS 中,通过结构化查询语言 SQL 实施对数据库的操作。

在关系模型中,数据约束包括 4 种完整性约束规则,分别是实体完整性规则、参照完整性规则、域完整性规则和用户定义的完整性规则。

3.2 关系及关系的特点

3.2.1 关系

关系模型中最重要的概念就是关系。所谓关系(relation),直观地看,就是由行和列组成的二维表,一个关系就是一张二维表。

通常将一个没有重复行、重复列的二维表看成一个关系,每个关系都要命名一个关系名。例如,表 3-1"部门"表和表 3-2"员工"表就代表两个关系,"部门关系"及"员工关系"则为各自的关系名。

在 Access 中,一个关系对应于一个表文件,简称为表,关系名则对应于表文件名或表名。表 3-1 和表 3-2 是武汉学院教材管理系统数据库中八个关系中的两个关系(两张表)。武汉学院教材管理系统数据库是本书的整体性代表举例,本书后面会逐步介绍。

表 3-1 “部门”表

部门号	部门名	办公电话
01	教材科	027－87786459
03	办公室	027－87181826
04	财务室	027－87786477
07	书库	027－87560027
11	订购和服务部	027－87013311
12	教材发放部	027－87013312

表 3-2 “员工”表

工号	姓名	性别	生日	部门号	职务	薪金
0102	龚书汉	男	1995/3/20	01	科长	8000.01
0301	蔡义明	男	1998/10/15	03	主任	7650.00
0402	谢忠琴	女	1999/8/30	04	处级督办	8200.00
0404	王丹	女	1999/1/12	04	处级督办	8200.00
0704	孙小舒	女	1999/11/11	07	总库长	8100.00
1101	陈娟	女	1999/5/18	11	总会计师	8200.02
1103	陈琴	女	1998/7/10	11	订购总长	7960.00
1202	颜晓华	男	1998/10/15	12	发放总指挥	7260.00
1203	汪洋	男	1998/12/14	12	业务总监	7260.00
1205	杨莉	女	1999/2/26	12	服务部长	7960.00
1206	徐敏	女	1999/10/5		部监	8500.00
1207	赵曙光	男	1998/3/5		部监	8500.00
1208	雷顺妮	女	1999/12/31		部监	8500.00

关系中的一列称为关系的一个属性(attribute)，一行称为关系的一个元组(tuple)。

一个元组是由相关联的属性值组成的一组数据。例如员工关系的一个元组就是描述一个员工基本信息的数据。同一个关系中，每个元组在属性结构上是相同的。关系由具有相同属性结构的元组组成，所以说关系是元组的集合。一个关系中元组的个数称为该关系的基数。

为了区分各个属性，关系的每个属性都要命名一个名称，称为属性名。一个关系的所有属性反映了关系中元组的结构。一个关系中属性的个数称为关系的度或目数(degree)。一个元组的各属性值称为该元组在各属性上的分量。

每个属性都从一个有确定范围的域(domain)中取值。域是值的集合。例如，员工关系中的“性别”属性的取值范围是{男，女}。

有些元组的某些属性值如果事先不知道或没有，根据情况，可以取空值(null)。

在很多时候，对关系的处理是以元组为单位的，这样就必须能够在关系中区分每一个元组。一个关系中有的属性或属性组的值在各个元组中都不相同，这种属性或属性组就可以作为区分各元组的依据。例如，部门关系中的“部门号”，员工关系中的“工号”等。而有些属性则没有这样的特性，如员工关系中的“姓名”属性。因为员工可能同名，则根据姓名可能得不到唯一的员工元组，故“姓名”属性不能作为区分员工元组的依据。

在一个关系中，可以唯一确定每个元组的属性或属性组，我们称它为候选键(candidate key)，候选键也称候选码或候选关键字。从候选键中挑选一个作为该关系的主键(primary key)，主键也称主码或主关键字。一个关系中，主关键字是唯一的，其属性值不能为空。原则上，每个关系都有主键。

有些属性在不同的关系中都出现，有时一个关系的主键也是另一个关系的属性，并作为这两个关系联系的纽带。一个关系中存放的另一个关系的主键称为外键(foreign key)或外部关键字。如表 3-2 员工关系中的“部门号”，是表 3-1 部门关系的主键，在员工关系中是外键。

3.2.2 关系的特点

并不是任何的二维表都可以称为关系。关系具有以下特点。

关系必须规范化，规范化是指关系模型中每个关系模式都必须满足一定的要求，最基本的要求是关系必须是一张二维表，每个属性值必须是不可分割的最小数据单元，即表中不能再包含表。

在同一关系中不允许出现相同的属性名。

关系中的每一列属性都是原子属性，即属性不可再分割。

关系中的每一列属性都是同质的，即每一个元组的该属性的取值都表示同类信息。

关系中的属性没有先后顺序。

在同一关系中元组及属性的顺序可以任意，关系中的元组没有先后顺序。

关系中不能有相同的元组(有些 DBMS 对此不加限制，但如果关系指定了主键，则每个元组的主键值不允许重复，从而保证了关系的元组不相同)。

任意交换两个元组(或属性)的位置，不会改变关系模式。

以上是关系的基本性质，也是衡量一张二维表格是否构成关系的基本要素。在这些基本要素中，有一点是关键，即属性不可再分割，通俗地说，是指表中不能套表。

归结起来，关系的特点如下。

(1) 关系中的每一列属性都是原子属性，即属性不可再分。

(2) 关系中的每一列属性都是同质的，即每个元组的该属性的取值都来自同一个域。

(3) 关系中的属性没有先后顺序。

(4) 关系中的元组没有先后顺序。

(5) 关系中不应该有相同的元组(在 DBMS 中，若表不指定主键，则允许有相同的行数据存在)。

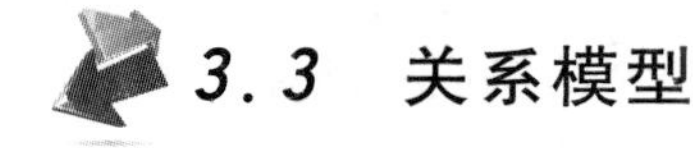

3.3 关系模型

3.3.1 概念

一个关系，是由元组值组成的集合，而元组是由属性值构成的。属性的结构确定了一个关系的元组结构，也就是关系的框架。关系框架看上去就是表的表头结构。如果一个关系框架确定了，则这个关系就被确定下来。虽然关系的元组值根据实际情况经常在变化，但其属性结构却是固定的。关系框架反映了关系的结构特征，称为关系模型或关系模式(relation schema)。

关系模型是关系的型。在同一个关系模型下，可以有很多不同的关系。例如，一个学校的学生可以都在同一个关系中，但若按专业划分，则可以有数十个学生关系，所有这些关系的模型是相同的。

实际应用时，在不影响理解的情况下，关系模型有时也简称为关系。

3.3.2 关系模型与关系数据库

对于一个数据库来说，会涉及多种对象，需要用多个关系来表达，而这些关系之间会有多种联系。关系模型，就是对一个关系中所有的数据对象的数据结构的形式化描述。将一个系统中所有不同的关系模式描述出来，就建立了该系统的关系模型。

关系模型与具体的计算机软件无关，是描述数据及数据间联系的理论。而计算机上的DBMS则是依据数据模型的理论设计出来的数据库系统软件。

简单地说，以关系模型建立的数据库就是关系数据库(relation data base)。关系数据库是目前各类数据处理系统中采用最普遍的数据库类型。依照关系理论设计的DBMS，称为关系型DBMS。通过关系型DBMS，就可以建立关系数据库。目前我们见到和使用的数据库主要DBMS都是关系型的，它们都支持关系模型。

关系数据库中包含若干个关系，每个关系都由关系模式确定，每个关系模式包含若干个属性和属性对应的域。所以，定义关系数据库就是逐一定义关系模式，对每一个关系模式逐一定义属性及其对应的域。

一个关系就是一张二维表格，表格由表格结构与数据构成，表格结构对应关系模式，表格每一列对应关系模式的一个属性，该列的数据类型和取值范围就是该属性的域。因此，定义了表格就定义了对应的关系。

如果要在计算机上创建一个关系数据库，首先要将该数据库的关系模型设计出来，即关系模型的描述。

3.3.3 关系模型的描述

要完整描述一个关系模型，必须包括关系模式名、关系模式的属性构成、关系模式中所有属性涉及的域以及各属性到域的对应情况。

前面我们说，关系模式是关系的型，而关系本身是由符合关系模式规定的各种取值的不同元组组成的。在同一个关系模式下，可以有很多不同的关系。例如，如果一个单位员工很多，为了方便，按部门分别表示员工，一个部门的员工是一个关系，则有几个部门就会有几个关系，但所有这些关系的模式都是相同的。再如，建立学校学生管理数据库，档案按班级存放，每个班级为一个档案关系，这样就会有很多档案关系，但它们的关系模式都相同。

实际应用中，由于在DBMS中域通常是规定好的数据类型，而当属性确定后，属性到域的对应也是明确的，所以在关系模式的表示中，往往将域和属性到域的对应省略掉。这样，在描述关系模式时，若R是关系模式名，$A_1,A_2,\cdots,A_n$表示属性，则关系模式可以表示为：

$$R(A_1,A_2,\cdots,A_n)$$

【例3-1】 写出表3-1和表3-2所示的《武汉学院教材管理系统》数据库中的两个关系对应的关系模型。(下划线表示主键)

(1) 表3-1所示的关系对应的关系模型：部门(<u>部门号</u>，部门名，办公电话)。

(2) 表3-2所示的关系对应的关系模型：员工(<u>工号</u>，姓名，性别，生日，部门号，职务，薪金)。

其中,带有下划线的属性表示主键,要放在前面。

【例 3-2】 武汉学院教材管理系统数据库中八个关系中的另外六个关系对应的关系模型如下。

① 出版社(出版社编号,出版社名,地址,联系电话,联系人)。

② 教材(教材编号,ISBN,教材名,作者,出版社编号,版次,出版时间,教材类别,定价,折扣,数量,备注)。

③ 订购单(订购单号,订购日期,工号)。

④ 订购细目(订购单号,教材编号,数量,进价折扣)。

⑤ 发放单(发放单号,发放日期,工号)。

⑥ 发放细目(发放单号,教材编号,数量,售价折扣)。

上述表示中的下划线用于标明主键。

根据这些关系模式,结合实际确定相应的元组,就可以得到实际的关系,如表 3-1 和表 3-2 就是部门关系和员工关系(其他 6 个关系在本节后面给出)。然后借助 DBMS,就可以在计算机上创建物理数据库了。

为了保持概念的完整性和可区分性,在关系理论与关系型 DBMS 中分别使用了不同的术语,但这两者之间可以一一对应,不同层次的术语对照表如表 3-3 所示。

表 3-3 不同层次的术语对照表

实体联系模型	关 系 模 型	Access DBMS
实体集	关系	表
实体型	关系模式	表结构
实体	元组	记录(行)
属性	属性	字段(列)
域	域	数据类型
实体码	候选键、主键	不重复索引、主索引
联系	外键	外键(关系)

本表在后面还会出现,其内容还会用到。

3.3.4 关系模型的主要优点

关系模型的主要优点有以下 3 点。

1) 数据结构单一

关系模型中,不管是实体还是实体之间的联系,都用关系来表示,而关系都对应一张二维数据表,数据结构简单、清晰。

2) 关系规范化,并建立在严格的理论基础上

关系中每个属性不可再分割,构成关系的基本规范。同时,关系是建立在严格的数学概念基础上的,具有坚实的理论基础。

3) 概念简单,操作方便

关系模型最大的优点就是简单,用户容易理解和掌握,一个关系就是一张二维表格,用户只需用简单的查询语言就能对数据库进行操作。

3.4 关系代数

在关系数据库中查询用户所需数据时，需要对关系进行一定的关系运算。关系运算是建立在集合运算和关系代数基础上的。

3.4.1 关系运算

一个关系是一张二维表。通常，一个数据库中会包括若干个有关联的表。在数据库中，关系是数据分散和静态的存放形式，各关系中的数据经常要进行操作。对关系的操作称为关系运算。由于关系是元组的集合，所以集合的并、交、差、笛卡儿积等运算也适用于关系。此外，关系还可以进行选择、投影和连接运算。这些运算总称为关系代数。

我们先介绍传统集合运算：关系的并、交、差、笛卡儿积。

集合的并、交、差等运算适用于关系时，要求参与运算的关系必须满足以下两个条件。

(1) 关系的度数相同(即属性个数相同)。

(2) 对应属性取自相同的域(即两个关系的属性构成相同)。

在实际运用时，这两项条件可以理解为参与运算的关系具有相同的关系模式。

1. 关系并运算

并：∪(union)，运算的结果是两个关系中所有元组的集合，并即合并。设有关系 R、S 满足前述参与运算的两个条件，定义 R 与 S 的并运算：求出由出现在 R 或出现在 S 中所有元组(去掉重复元组)的集合组成的关系。记作 R∪S。结果由 R 与 S 中所有的元组组成，如图 3-1 所示。

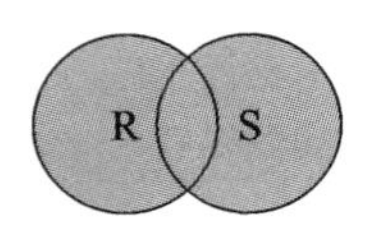

图 3-1　R∪S

【例 3-3】 表 3-4 和表 3-5 做并运算，结果是合并成表 3-6。

表 3-4　关系 R

A	B	C
a1	b1	c1
a2	b3	c2
a2	b2	c1

表 3-5　关系 S

A	B	C
a2	b1	c2
a1	b1	c1
a2	b3	c1
a1	b2	c2

表 3-6 R∪S

A	B	C
a1	b1	c1
a2	b3	c2
a2	b2	c1
a2	b1	c2
a2	b3	c1
a1	b2	c2

2. 关系交运算

交：∩(intersection)，运算的结果是两个关系中所有重复元组的集合。设有关系 R、S 满足前述参与运算的两个条件，定义 R 与 S 的交运算：求出由同时出现在 R 和 S 中的相同元组的集合组成的关系。记作 R∩S。结果由 R 与 S 中都有的元组组成，如图 3-2 所示。

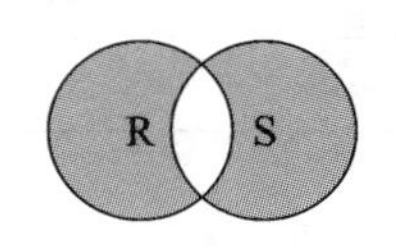

图 3-2 R∩S

【例 3-4】 表 3-4 和表 3-5 做交运算，结果是仅保留两表相同的项，如表 3-7 所示。

表 3-7 R∩S

A	B	C
a1	b1	c1

3. 关系差运算

差：—(differnce)，运算的结果是两个关系中除去重复的元组后，第一个关系中的所有元组。设有关系 R、S 满足前述参与运算的两个条件，定义 R 与 S 的差运算：求出由只出现在 R 中而未在 S 中出现的元组的集合组成的关系。记作 R－S。结果由 R 中有而 S 中没有的元组组成，如图 3-3 所示。

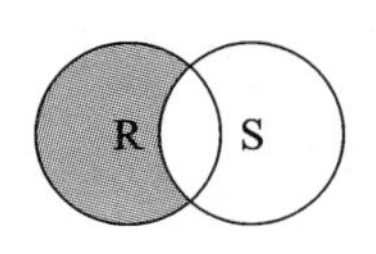

图 3-3 R—S

【例 3-5】 表 3-4 和表 3-5 做差运算，结果是表 R 中减去了两表相同的元组，生成表 3-8。

表 3-8 R∪S

A	B	C
a2	b3	c2
a2	b2	c1

4. 关系笛卡儿积运算

笛卡儿积：×(cartesian product)，设 R 是度数(列)为 m 的关系，R 的基数(行)为 $M1$；S 是度数为 n 的关系，S 的基数为 $M2$，则这两个关系的笛卡儿积运算 R×S 的度数是 $m+n$，基数为 $M1\times M2$，由 R 中的每一个元组(作为 R×S 元组的前 m 个分量)，与 S 中的每一个元组(作为 R×S 元组的后 n 个分量)两两相连，合并为 R×S 的元组。即结果关系的元组由 R 的所有元组与 S 的所有元组两两互相配对拼接而成。

【例 3-6】 已知关系 R、S 如表 3-9 和表 3-10 所示，则关系 R×S 如表 3-11 所示。

表 3-9 关系 R

A1	A2
1	1
2	3

表 3-10 关系 S

X	Y	Z
x2	y1	z2
x1	y1	z1
x2	y3	z3

表 3-11 关系 R×S

A1	A2	X	Y	Z
1	1	x2	y1	z2
1	1	x1	y1	z1
1	1	x2	y3	z3
2	3	x2	y1	z2
2	3	x1	y1	z1
2	3	x2	y3	z3

关系模型中的每个关系就是一个笛卡儿积的子集。

集合论关系代数的关系运算在关系数据库中，可以理解为我们下面要介绍的选择、投影和连接（也写作联接）运算。这些运算在数据库系统中都由相应的命令来完成。

3.4.2 选择、投影和联接

以下我们介绍关系运算中主要的选择、投影和联接三种运算。

选择（selection）运算是从关系中查找符合指定条件元组的操作。

投影（projection）运算是从关系中选取若干个属性的操作。

联接（join）运算是将两个关系模式的若干属性拼接成一个新的关系模式的操作，对应的新关系中，包含满足联接条件的所有元组。

1. 选择

选择运算是从关系中查找符合指定条件元组的操作。是从一个关系中选取满足条件的元组组成结果关系。这个运算只有一个运算对象，运算的结果关系和原关系具有相同的关系模式。

选择运算的结果构成原关系的一个子集，其元组是原关系中的部分元组，其关系模式不变。

直观地说，选择运算是从二维表格中选取若干行的操作，或者选取若干个记录。

选择运算的表示方法是：$\sigma_{条件表达式}$（关系名）。

在选择运算的条件表达式中，条件的基本表示方法是：<属性>θ<值>。

其中θ是以下运算符之一：{ =，≠，>，≥，<，≤ }。条件成立，运算结果为真(true)；条件不成立，结果为假(false)。有时候，一个选择运算需要同时用到多个单项条件，这时，应将各单项条件根据要求用逻辑运算符 NOT(求反)、AND(并且)、OR(或者)连接起来(逻辑代数)。运算式中若有多个逻辑运算符，其优先运算顺序是：NOT→AND→OR。相同逻辑运算符按从左到右顺序运算，括号可改变运算顺序。逻辑运算结果如表3-12所示。

表 3-12 逻辑运算结果

X	Y	NOT X	X AND Y	X OR Y
true	true	false	true	true
true	false	false	false	true
false	true	true	false	true
false	false	true	false	false

【例 3-7】 查询武汉学院教材管理系统(参见表 3-2)中工号为"0404"的员工信息，查询所有女性处级督办的数据。

查询工号为"0404"的员工信息的运算式是：$\sigma_{工号=\text{“0404”}}$(员工)。

结果如表 3-13 所示。

表 3-13 查询工号的运算结果

工号	姓名	性别	生日	部门号	职务	薪金
0404	王丹	女	1999/1/12	04	处级督办	8200.00

查询所有女性处级督办的数据的运算式是：$\sigma_{性别=\text{“女”}\ AND\ 职务=\text{“处级督办”}}$(员工)。

结果如表 3-14 所示。

表 3-14 查询女性处级督办的运算结果

工号	姓名	性别	生日	部门号	职务	薪金
0402	谢忠琴	女	1999/8/30	04	处级督办	8200.00
0404	王丹	女	1999/1/12	01	处级督办	8200.00

2. 投影

投影运算是从关系中选取若干个属性的操作。投影运算从关系中选取若干属性形成一个新的关系，其关系模式中属性个数比原关系少，或者排列顺序不同，同时也可能减少某些元组。因为排除了一些属性后，特别是排除了原关系中的关键字属性后，所选属性可能有相同值，出现相同的元组，而关系中必须排除相同元组，从而有可能减少某些元组。

直观地说，投影是从二维表格中选取若干列的操作，或者选取若干个字段。

投影运算的表示方法是：$\pi_{属性表}$(关系名)。

运算式中的属性表即是投影运算指定的要保留的属性。

【例 3-8】 求表 3-2 员工关系中员工姓名、职务和薪金信息。

求员工姓名、职务和薪金信息的运算式是：$\pi_{姓名,职务,薪金}$(员工)。

运算结果如表 3-15 所示。

表 3-15 求员工姓名、职务和薪资信息的运算结果

姓　名	职　务	薪　金
龚书汉	科长	8000.01
蔡义明	主任	7650.00
谢忠琴	处级督办	8200.00
王丹	处级督办	8200.00
孙小舒	总库长	8100.00
陈娟	总会计师	8200.02
陈琴	订购总长	7960.00
颜晓华	发放总指挥	7260.00
汪洋	业务总监	7260.00
杨莉	服务部长	7960.00
徐敏	部监	8500.00
赵曙光	部监	8500.00
罗顺妮	部监	8500.00

3. 联接

联接运算是将两个关系模式的若干属性拼接成一个新的关系模式的操作，对应的新关系中，包含满足联接条件的所有元组。联接过程是通过联接条件来控制的，联接条件中将出现两个关系中的公共属性名，或者具有相同语义、可比的属性。这就是说，联接运算是根据给定的联接条件将两个关系中的所有元组一一进行比较，符合连接条件（使连接条件式为true）的元组组成结果关系。结果关系包括两个关系的所有属性。

连接运算在关系代数中的表示式为：关系 1 $\underset{条件}{\bowtie}$关系 2。

连接条件的基本表示方法是：<关系 1 属性>θ<关系 2 属性>。

其中，θ 为连接条件，是以下运算符之一：{ =，≠，<，≤，>，≥ }。当有多个连接条件时，用逻辑运算符 NOT、AND 或者 OR 连接起来。

【例 3-9】 对于关系 R（见表 3-16）和 S（见表 3-17），求：$R \underset{R.B>S.B}{\bowtie} S$。结果如表 3-18 所示。

表 3-16 关系 R

A	B	C
a1	1	c1
a2	3	c2
a3	2	c1
a2	4	c2
a1	3	c3

表 3-17　关系 S

B	D
2	d1
3	d2
4	d1

表 3-18　$R \underset{R.B>S.B}{\bowtie} S$

A	R. B	C	S. B	D
a2	3	c2	2	d1
a2	4	c2	2	d1
a2	4	c2	3	d2
a1	3	c3	2	d1

由于一个关系中不允许属性名相同，所以在结果关系中针对相同的属性，在其前面加上原关系名前缀“关系名.”，如 R. B、S. B。

直观地说，联接是将两个二维表格中的若干列，按同名等值的条件拼接成一个新二维表格的操作，即将两个表的若干字段，按指定条件拼接生成一个新的表。

连接条件 θ 如果使用“＝”进行相等比较，这样的连接称为等值连接。

还有一种自然连接(natural join)。

等值连接并不要求进行比较的属性是相同属性，只要两个属性可比即可。由于关系一般都是通过主键和外键建立联系的，这样对两个有联系的关系依照主键和外键相等进行连接就是连接运算中最普遍的运算。这样，在结果关系中由原关系的主键和外键得到的属性必然是重复的。为此，特地从连接运算中规定一种最重要的运算，称其为自然连接。与一般的连接相比，自然连接有以下两个特点。

(1) 自然连接是将两个关系中相同的属性进行相等比较的。

(2) 结果关系应去掉重复的属性。

自然连接运算无须写出连接条件，其表示方法是：关系 1 ⋈ 关系 2。

【例 3-10】　对于关系 R(见表 3-16)、S(见表 3-17)，求：R ⋈ S。结果如表 3-19 所示。

表 3-19　R ⋈ S

A	B	C	D
a2	3	c2	d2
a3	2	c1	d1
a2	4	c2	d1
a1	3	c3	d2

3.4.3　关系数据库设计过程

现在我们可以理解，所谓数据模型，就是对客观世界的事物以及事物之间联系的形式化描述。每一种数据模型，都提供了一套完整的概念、符号、格式和方法，作为建立该数据模型的工具。

目前广泛使用的是关系模型，按照关系模型建立的数据库是关系数据库。

因此，要建立数据处理系统的数据库，必须先将系统涉及的对象数据按照关系模型的要求进行表述。但是，关系模型是面向计算机和 DBMS 的，它与现实社会的实际应用领域所使用的概念和方法有较大的距离。用户对关系模型不一定了解，而数据库设计人员也不一定熟悉用户的业务领域，因此，参与建立数据处理系统的两类人员，即数据库设计人员和用户之间存在沟通问题。而且应用领域很复杂，往往要经过反复的调查、分析，才能弄清用户的需求。因此，根据用户要求一步到位地建立数据系统的关系模型较为困难。

由于用户是开发数据处理系统的提出者和最终使用者，为保证设计正确和满足用户要求，用户必须参与系统的开发设计。因此，在建立关系模型之前，先应建立一个概念模型。

概念模型的建立也叫概念结构设计。

概念模型使用用户易于理解的概念、符号、表达方式来描述事物及其联系，它与任何实际的 DBMS 都没有关联，是面向用户的；同时，概念模型又易于向 DBMS 支持的数据模型转化。概念模型也是对客观事物及其联系的抽象，也是一种数据模型。概念模型是现实世界向面向计算机的数据世界转变的过渡。目前，常用的概念模型有实体联系模型。

在此，将数据库设计的过程以数据描述为主线用分层转换的形式表现出来：将用户所在的实际领域称为现实世界；概念模型以概念和符号为表达方式，所在的层次为信息世界；关系模型（或 DBMS 所依赖的其他模型）位于数据世界。

通过对现实世界的调查分析，并建立起数据处理系统的概念模型，就从现实世界进入信息世界；通过将概念模型转化为关系（数据）模型进入数据世界；然后由 DBMS 建立起最终的物理数据库。关系数据库设计过程如图 3-4 所示。

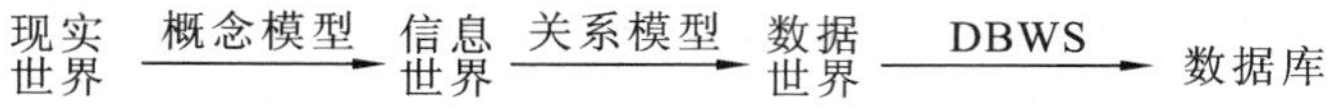

现实世界 —概念模型→ 信息世界 —关系模型→ 数据世界 —DBWS→ 数据库

图 3-4　关系数据库设计过程

3.5　E-R 模型及其转化

建立关系模型是建立关系数据库系统的关键。而建立一个模型的过程就是对事物及其相互联系进行抽象和描述的过程。为了便于与用户沟通，首先要建立一个概念模型。当前常用的、对现实世界进行形式化描述的概念模型是实体-联系（E-R，entity-relationship）模型，即 E-R 模型，也写为 ER 模型或实体联系模型。

E-R 模型或实体联系模型有一套基本的概念、符号和表示方法，它面向用户，同时，也很方便向其他数据模型转化。

1976 年，P. P. Chen 提出实体-联系方法，用实体-联系图来表示实体联系模型。由于实体-联系图简便直观，这种表示方法得到了广泛使用。

依照按需要建立的原则，E-R 图可以方便地转换为关系模型。

在 E-R 模型中，主要包括实体、属性、域、实体集、实体标识符及实体联系等概念。这些概念我们在第 2 章讲实体时曾做过介绍。

3.5.1 E-R 图

E-R 图即实体-联系图。

完成 E-R 模型的 E-R 图中，只用到很少几种符号。在画系统 E-R 图时，将所有的实体型及其属性、实体间的联系全部画在一起，便得到了系统的 E-R 模型。

表 3-20 所示为 E-R 图使用的符号及含义。

表 3-20 E-R 图使用的符号及含义

符 号	含 义
实体名（矩形框）	矩形框中写上实体名，表示实体
联系（菱形框）	菱形框中写上联系名，用连线将其与相关实体连起来，并注明联系类别：1∶1、1∶n 或 m∶n
属性（椭圆框）	椭圆框中写上属性名，在实体和它的属性间连上连线，作为实体标识符的属性，主键下画一条下划线。
——（连线）	连接以上三种图形，构成具体的概念模型

如果一个系统的 E-R 图中的实体和属性较多，为了简化最终的 E-R 图，可以将各实体及其属性单独画出，在联系图中只画上实体间的联系，这种联系就是我们前面提到的 1∶1、1∶n 和 m∶n 三种。

例如，我们分析现实世界中的武汉学院教材管理系统，建立其 E-R 模型，即建立概念模型或概念结构设计。

第一步，确定武汉学院教材管理系统内的实体类别以及它们各自的属性构成，定义实体标识符，并规范属性名，避免同名异义与异名同义。

直观看，实体是现实世界中确定的对象。本系统中可以确定的实体类别有部门、员工、出版社、教材、订购单、发放单及书库。

部门实体的属性：部门号、部门名、办公电话。

员工实体的属性：工号、姓名、性别、生日、部门号、职务、薪金。

出版社实体的属性：出版社编号、出版社名、地址、联系电话、联系人。

教材实体的属性：教材编号、ISBN、教材名、作者、出版社编号、版次、出版时间、教材类别、定价、折扣、数量、备注。

订购单实体的属性：订购单号、订购日期、工号。

发放单实体的属性：发放单号、发放日期、工号。

还有书库，这里假定只有一个书库，这样书库的属性可以不考虑。

这里要注意的是，实体的属性很多，我们要根据系统的需要来选取。比如教材，教材属于图书，通常人们觉得图书的纸质、印张、页数等，都是图书的属性。但图书大多在出版时才用到这些属性，因此这些属性是与"出版"联系的属性，在我们的武汉学院教材管理系统中的教材实体中无效。当 E-R 模型转换为关系模型后会发现，将这些属性理解为"教材"的属性，不会影响实际的数据处理。

第二步，分析实体之间的联系。

部门与员工发生聘用联系。这里规定一个员工只能在一个部门任职，因此部门与员工之间是 1:n 联系，即一个部门有若干个员工。当联系发生时，产生职务、薪金等属性。

出版社与教材发生出版联系。一种教材只能在一家出版社出版，出版社与教育之间是 1:n联系。当联系发生时，产生 ISBN、版次、出版时间、定价、教材类别等属性。

教材与书库发生保存联系。如果有多个书库，就要区分某种教材保存在哪个编号的书库中。这里假定只有一个书库，所以所有的教材都保存在一个地点。所以书库与教材之间是 1:n 的联系。保存联系产生教材的数量、折扣、备注等属性。

将以上的分析用 E-R 图表示，得到如图 3-5 所示的实体及其属性图，以及如图 3-6 和图 3-7 所示的实体和实体联系图。

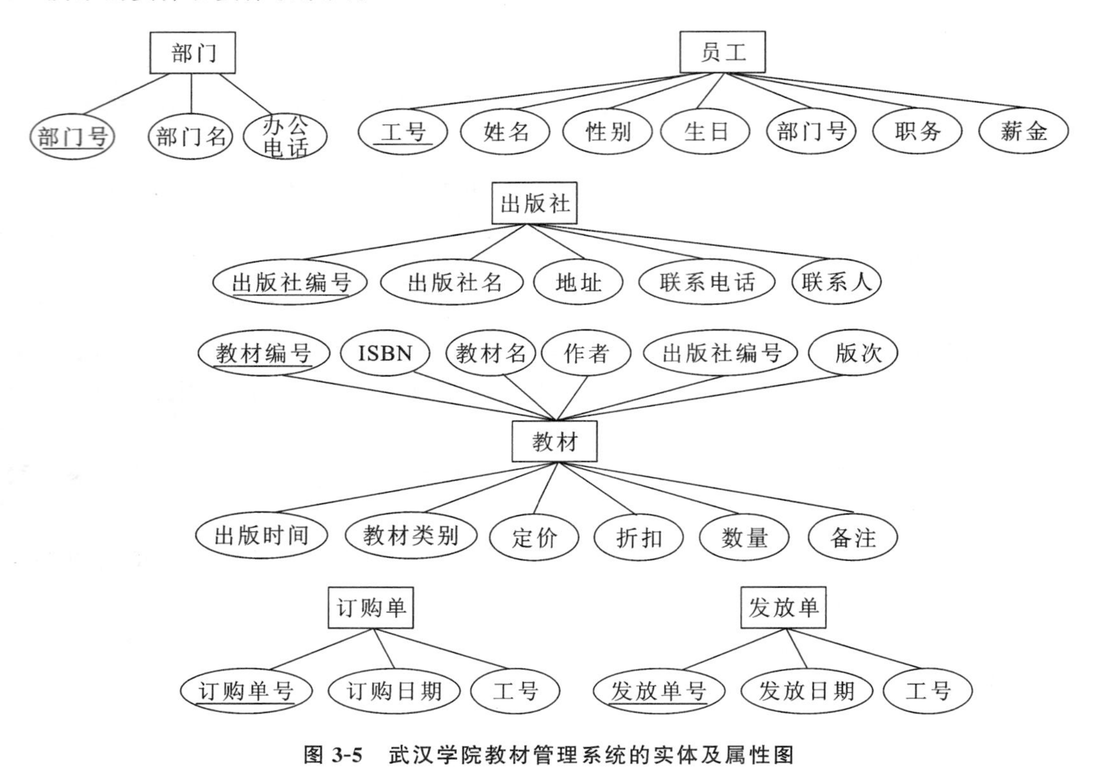

图 3-5　武汉学院教材管理系统的实体及属性图

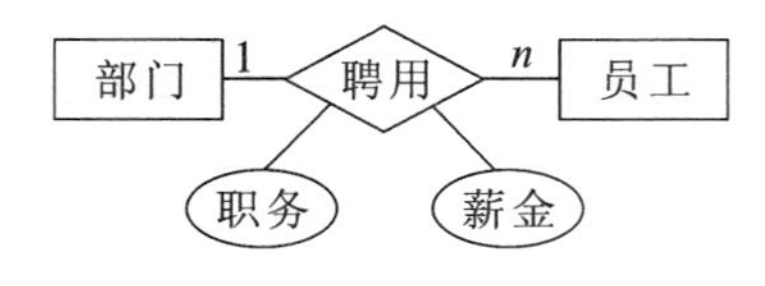

图 3-6　部门与员工联系图

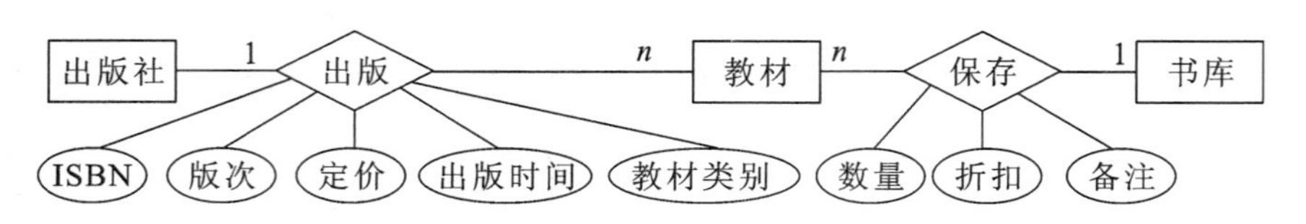

图 3-7　教材与出版社、教材与书库联系图

另外，当发生订购教材业务时，员工与教材发生订购联系，订购单就是员工与教材订购

联系产生的属性。当发生发放业务时,员工与教材发生发放联系,发放单就是员工与教材发放联系产生的属性。

以发放教材为例,当员工在发放教材时,由于一个员工可以发放多种教材,一种教材可以从多名员工那里发放,因此员工与教材的发放联系是 $m:n$,发放联系产生发放单属性。图 3-8 所示为员工与教材发放联系的 E-R 图,图中略去员工和教材实体的属性。

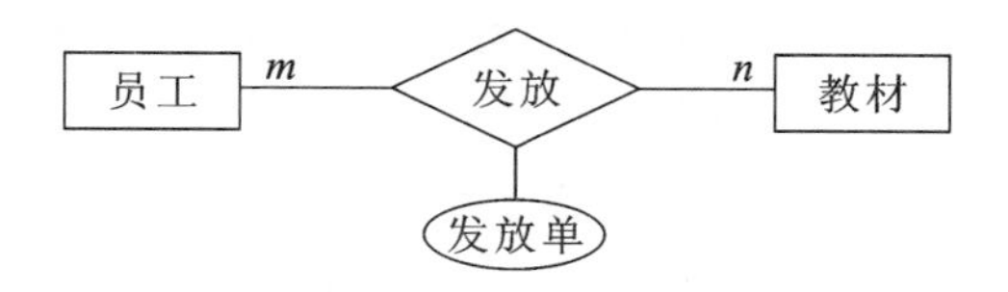

图 3-8　员工与教材发放联系的 E-R 图

将上述的各实体联系图进行汇总,略去所有属性,我们可以得到武汉学院教材管理系统的 E-R 图,如图 3-9 所示。这是一个大体上的图,E-R 图的画法不是唯一的。

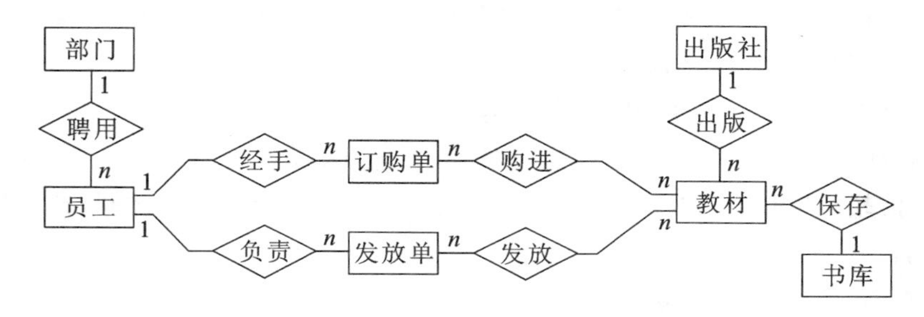

图 3-9　武汉学院教材管理系统的 E-R 图

E-R 模型是面向用户的概念模型,是数据库设计过程中概念设计的结果。以 ER 模型为基础,将其转化为关系模型是数据库设计的下一步。

3.5.2　E-R 模型转化为关系模型

关系模型的建立,也称逻辑结构设计。这一步实际上是将概念模型转化为关系模型,即关系模型的建立。

E-R 模型需转化为关系模型,才能为 DBMS 所支持。

1. 转化方法

E-R 模型转化为关系模型的转化方法可以归纳为以下几点。

(1) 每个实体型都转化为一个关系模型。即给该实体型取一个关系模式名,实体型的属性成为关系模型的属性。实体标识符成为关系模型的主键。

(2) 实体间的每一种联系都转化为一个关系模型。转化的方式是:给联系取一个关系模型名,与联系相关的各实体的标识符成为该关系模型的属性,联系自身的属性成为该关系模型其余的属性。

(3) 对以上转化后得到的关系模型结构按照联系的不同类别进行优化。联系有三种类型,转化为关系模型后,可与其他关系模型进行合并优化。

对于 1:1的联系,一般不必要单独成为一个关系模型,可以将它与联系中的任何一方实体转化成的关系模型合并(一般与元组较少的关系模型合并)。

对于 $1:n$ 的联系,也没有必要单独作为一个关系模型,可将其与联系中的 n 方实体转化成的关系模型合并。

$m:n$ 的联系必须单独成为一个关系模型，不能与任何一方实体合并。

2. 举例

【例 3-11】 把武汉学院教材管理系统的 E-R 模型转化为关系模型。

首先，将每个实体型转化为一个关系模式，即将 E-R 图中的联系转化为关系模式。于是分别得到部门、员工、出版社、教材、订购单、订购细目、发放单、发放细目等 8 个关系模式，关系的属性就是实体图中的属性。书库不需要单独列出。

在这些联系中，由 $1:n$ 联系得到的关系模式可以考虑与 n 方实体转化成的关系模式合并，合并时注意属性的唯一性。这样，聘用与员工合并，出版、保存与教材合并，经手与订购单合并，负责与发放单合并。合并时重名的不同属性要改名，关系模式名和其他属性名也可酌情修改。

保留订购和发放联系的模式，并结合需求分析改名为“订购细目”和“发放细目”。

这样得到如下一组关系模式，这些就构成了武汉学院教材管理系统的关系模式。

（1）部门（部门号，部门名，办公电话）。

（2）员工（工号，姓名，性别，生日，部门号，职务，薪金）。

（3）出版社（出版社编号，出版社名，地址，联系电话，联系人）。

（4）教材（教材编号，ISBN，教材名，作者，出版社编号，版次，出版时间，教材类别，定价，折扣，数量，备注）。

（5）订购单（订购单号，订购日期，工号）。

（6）订购细目（订购单号，教材编号，数量，进价折扣）。

（7）发放单（发放单号，发放日期，工号）。

（8）发放细目（发放单号，教材编号，数量，售价折扣）。

根据这些关系模式，结合实际确定相应的元组，就可以得到实际的关系，表 3-1 和表 3-2 所示即部门关系和员工关系（其他 6 个关系表在本节后面给出）。然后借助 DBMS，就可以在计算机上创建物理数据库了。

相对于 E-R 模型中有实体、实体间的联系，在关系模型中都是用关系这一种方式来表示，所以关系模型的数据表示和数据结构都十分简单。

关系模型的另一个优点是将各实体信息分别放在各自的关系中，而不是放在一个综合的关系内，这使数据存储的重复程度减小到最低。如员工、教材等关系中存放各自的数据，发放单和发放细目中只存放工号、教材编号等，通过工号和教材编号与各实体发生联系，这样数据存储的冗余度最小，也便于数据库的维护和保持数据的一致。

要注意，在不同关系中的同一个属性既可采用相同的属性名，如果需要也可以使用不同的属性名。

在确定关系模式后，根据实际情况载入相应的数据，就可以得到对应于关系模式的关系了。一个关系模式下可以有一个到多个关系。本例每个关系模式下只有一个关系，直接用模式名作为关系名，然后加入元组数据。前面的表 3-1、表 3-2 所示分别为部门关系和员工关系，下面的表 3-21 所示为出版社关系，表 3-22 所示为教材关系，表 3-23 所示为订购单关系，表 3-24 所示为订购细目关系，表 3-25 所示为发放单关系，表 3-26 所示为发放细目关系。

表 3-21　出版社关系

出版社编号	出版社名	地　　址	联系电话	联系人
1002	高等教育出版社	北京市东城区沙滩街	010—64660880	王祝
1003	科学出版社	北京市东黄城根北路 16 号	010—62138978	陈晓萍
1115	人民邮电出版社	北京市丰台区成寿寺路 11 号	010—81055256	武恩玉
1010	清华大学出版社	北京市海淀区清华大学学研大厦 A 座	010—62770175	闫红梅
1113	中国铁道出版社	北京市西城区右安门西街 8 号	010—63583215	徐海英
2703	湖北科学技术出版社	湖北省武汉市武昌区黄鹤路	027—87808866	赵守富
2680	华中科技大学出版社	湖北省武汉市洪山区珞瑜路	027—81321815	曹胜亮
1307	武汉大学出版社	武昌珞珈山	027—68752971	黄金文
5005	中国财政经济出版社	北京市海淀区埠成路甲 28 号	010—88190406	容丽华
5100	中国水利电力出版社	北京市海淀区玉渊潭南路	010—82562819	杜威

表 3-22　教材关系

教材编号	ISBN	教材名	作者	出版社	版次	出版时间	教材类别	定价	折扣	数量	备注
5031247689	ISBN 978-7-5005-0575-2	汇编语言程序设计	何友鸣	1005	1	1989.6	财经信息	2.6		5000	
5561247604	ISBN 978-7-5023-2191-8	电脑应用与打字排版技术实用教程	高俊 何友鸣	5023	1	1994.9	管理学	25		4000	
5601455407	ISBN 978-7-300-03045-9	计算机应用基础学习指导	刘腾红 何友鸣	1300	1	2000.8	计算机	20	0.6	5550	
5661247578	ISBN 978-7-5352-1741-9	计算机操作与文字数据处理	田胜立 何友鸣	5352	3	1998.8	管理学	22		7300	
5661247583	ISBN 978-7-5352-1197-6	计算机基础理论与操作技能	方辉云 何友鸣	5352	1	1993.10	管理学	12		5000	
5031233289	ISBN 978-7-03-006306-6	C＋＋语言程序设计	何友鸣	1003	1	2001.6	信息	22		4000	
5661247534	ISBN 978-7-5352-2773-2	VC/MFC 应用程序开发	何友鸣	5352	1	2002.7	信息	35		3000	
5661247578	ISBN 978-7-03-011672-0	信息系统分析与设计	刘腾红 何友鸣	1003	1	2003.8	信息	24		5000	
5661247595	ISBN 978-7-03-011672-7	信息系统分析与设计	刘腾红 何友鸣	1003	2	2008.3	信息	30		14000	
7001233236	ISBN 978-7-5680-0329-2	大学计算机基础	何友鸣	5680	1	2014.9	管理学	49		12000	
7001233237	ISBN 978-7-5680-0327-8	大学计算机基础实践教程	何友鸣	5680	1	2014.9	管理学	28		12000	
7031200330	ISBN 978-7-302-15581-2	大学计算机基础	刘腾红 何友鸣	1010	1	2007.8	计算机	30		8000	
7031200331	ISBN 978-7-302-15552-2	大学计算机基础实验指导	刘腾红 何友鸣	1010	1	2007.8	计算机	18		8000	

续表

教材编号	ISBN	教材名	作者	出版社	版次	出版时间	教材类别	定价	折扣	数量	备注
7031200332	ISBN 978-7-302-15580-5	计算机组成与结构	何友鸣 方辉云	1010	1	2007.10	计算机信息	18		3000	
7031233105	ISBN 978-7-03-014833-9	C/C++/Visual C++程序设计	方辉云 何友鸣	1003	1	2005.1	计算机	33.8		8000	
7031233106	ISBN 978-7-900146-96-2	C/C++/Visual C++程序设计光盘	方辉云 何友鸣	1003	1	2005.1	计算机	5.8		8000	
7031233107	ISBN 978-7-03-014789-8	C/C++/Visual C++程序设计实践教程	方辉云 何友鸣	1003	1	2005.1	计算机	19.9		8000	
7031233230	ISBN 978-7-115-33849-5	数据库原理及应用	何友鸣	1105	1	2014.2	信息	45		2000	
7031233231	ISBN 978-7-115-33850-1	数据库原理及应用实践教程	何友鸣	1105	1	2014.2	信息	28		2000	
7031234444	ISBN 978-7-115-23876-4	大学计算机基础	何友鸣	1105	1	2010.10	信息	38		2000	
7031234445	ISBN 978-7-115-23905-1	大学计算机基础实践教程	何友鸣	1105	1	2010.10	信息	19		2000	
7031241119	ISBN 978-7-307-05657-2	计算机文化基础	刘永祥 何友鸣	1307	1	2007.8	计算机科学	33		5000	
7031241120	ISBN 978-7-307-05775-3	计算机文化基础上机指导教程	胡西林 何友鸣	1307	1	2007.9	计算机科学	33		5000	
7031247511	ISBN 978-7-81114-665-3	现代信息技术	何友鸣	8114	1	2007.11	管理学	39		8000	
7031247578	ISBN 978-7-302-15380-1	计算机程序设计基础	何友鸣	1010	1	2007.8	计算机	36		5000	
7031247689	ISBN 978-7-307-04941-4	汇编语言程序设计	何友鸣	1307	1	2006.3	计算机科学	21		5000	
7201115329	ISBN 978-7-5005-5212-2	计算机应用基础	刘腾红 何友鸣	1005	1	2001.8	计算机	35	0.6	5550	
7201115330	ISBN 978-7-5005-5212-2	计算机应用基础修订本	刘腾红 何友鸣	1005	2	2003.6	计算机	33	0.6	5550	
7201455330	ISBN 978-7-5005-6667-0	计算机应用基础学习指导	刘腾红 何友鸣	1005	2	2003.8	计算机	20	0.6	5550	

表 3-23 订购单关系

订购单号	订购日期	工号
1	2011/2/10	1203
2	2011/2/13	0102
3	2011/6/11	1103
4	2011/6/15	1103
5	2012/2/5	0301

表 3-24 订购细目关系

订购单号	教材编号	数量	进价折扣
1	21020023	250	1.0
2	11010311	10	0.3
3	11010311	300	0.8
4	10001232	400	0.8
5	11010312	15	1.0
6	70111214	200	0.7

表 3-25 发放单关系

发放单号	发放日期	工号
1	2010/2/5	0102
2	2010/2/6	0704
3	2011/2/6	1202
4	2011/2/8	1202
5	2011/8/26	1205
6	2011/8/27	0402
7	2011/8/29	0402
8	2012/2/3	0404
9	2012/2/8	1202
10	2012/2/9	1203

表 3-26 发放细目关系

发放单号	教材编号	数量	售价折扣
1	11012030	50	0.7
2	10001232	200	0.8
3	70111214	30	0.7
5	70111213	20	0.7
6	11010312	6	0.8
7	21010023	10	1.0
8	11010311	30	0.8
9	65010121	3	0.25
10	11010313	5	0.8

建立数据处理系统的关系模型是数据库逻辑设计的成果。建立了关系模型，标志着数据库设计进入面向计算机的数据世界。

设计好关系模型后，借助具体的 DBMS，就可以在计算机上建立起物理关系数据库。我们将在下面的章节具体介绍武汉学院教材管理系统的数据库在 Access 上的实现。

3.5.3 实例

下面我们看几个 E-R 模型及其转化的实例。

【例 3-12】 已知：每个仓库可以存放多种零件，而每种零件也可在多个仓库中保存，在每个仓库中保存的零件都有库存数量，仓库的属性有仓库号（唯一）、地点和电话号码，零件的属性有零件号（唯一）、名称、规格和单价。请完成以下任务。

（1）根据上述语义画出 E-R 图。

（2）将 E-R 模型转化成关系模型，要求标注关系的主键和外键。

根据题意，可以画出 E-R 图，如图 3-10 所示。

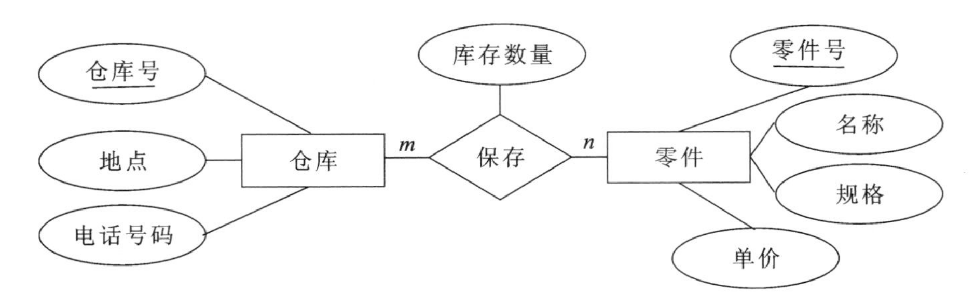

图 3-10　例 3-12 的 E-R 图

转化的关系模型如下，带下划线的为主键，仓库号、零件号为外键。

仓库（<u>仓库号</u>，地点，电话号码）。

零件（<u>零件号</u>，名称，规格，单价）。

保存（<u>仓库号</u>，<u>零件号</u>，库存数量）。

【例 3-13】 建立电影信息数据库，其中有电影和演员实体。电影实体包括的属性有：影片编号、片名、制作日期、制作单位。演员实体包括的属性有：演员编号、姓名、性别、生日、地址。演员和电影发生演出联系，一部电影需要多名演员参演，一名演员可以演多部电影。演员在演出电影中拥有角色名、角色类别（主角或配角）。请完成以下任务。

（1）根据上述语义画出 E-R 图。

（2）将 E-R 模型转化成关系模型，要求标注关系的主键和外键。

根据题意，可以画出 E-R 图，如图 3-11 所示。

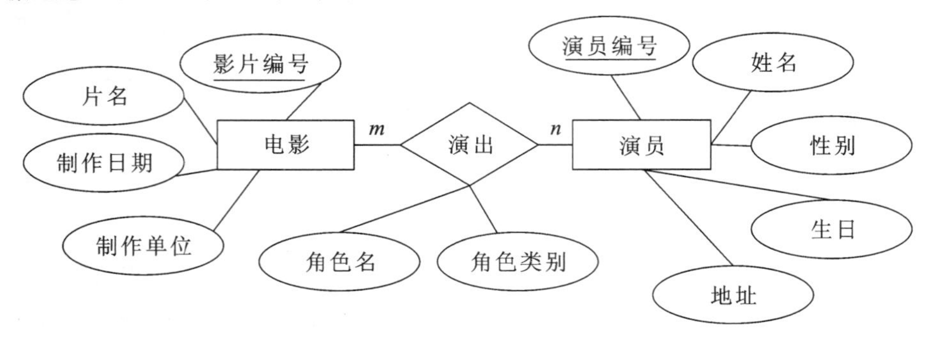

图 3-11　例 3- 13 的 E-R 图

转化的关系模型如下,带下划线的为主键,影片编号、演员编号为外键。

电影(影片编号,片名,制作日期,制作单位)。

演员(演员编号,姓名,性别,生日,地址)。

演出(影片编号,演员编号,角色名,角色类别)。

【例 3-14】 对于上一章例 2-1 创建 DBAS 教学管理数据库,首先设计出教学管理数据库的 E-R 图。

识别实体类别。实体是独立存在的对象,教学管理系统中的实体包括学院、专业、学生、课程。

学院实体的属性:学院编号、学院名称、院长、办公电话。

专业实体的属性:专业编号、专业名称、专业类别、学院编号。

学生实体的属性:学号、姓名、性别、生日、民族、籍贯、专业编号、简历、登记照。

课程实体的属性:课程编号、课程名称、课程类别、学分、学院编号。

学院与专业发生 1:n 联系,一个专业只由一个学院设置,一个学院可以有若干个专业。

学院与课程发生 1:n 联系,一门课程只由一个学院开设,一个学院开设多门课程。

专业与学生发生 n:1联系,每名学生主修一个专业,一个专业有多名学生就读。

课程与学生发生 m:n 联系,一名学生可选修多门课程,并获得成绩,一门课程有多名学生选修。

教学管理系统的 E-R 图如图 3-12 所示。

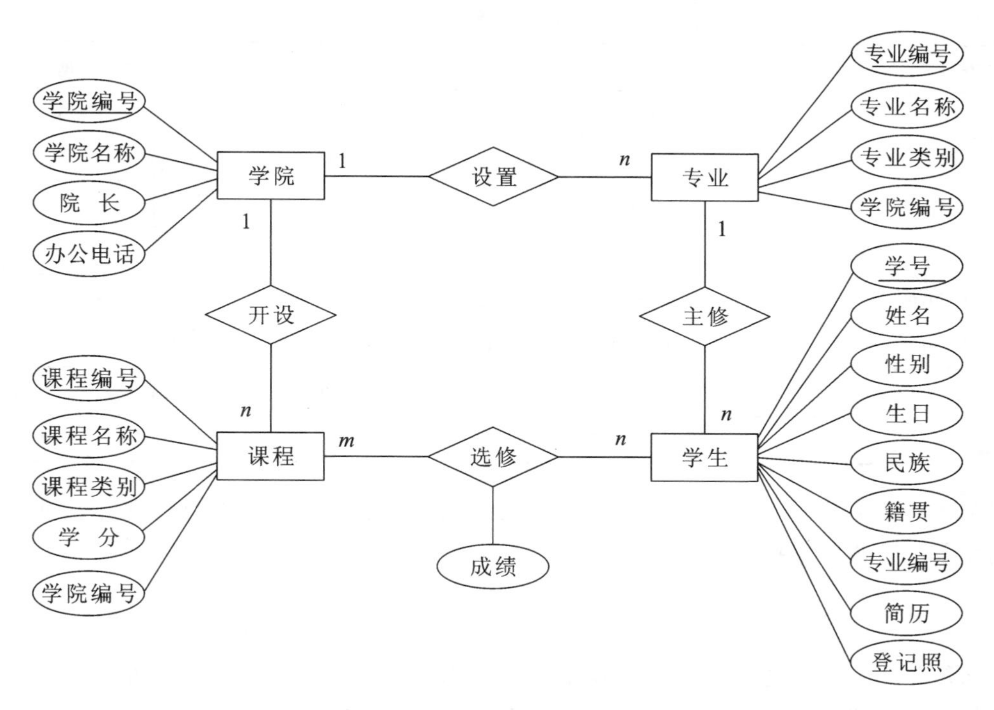

图 3-12 教学管理系统的 E-R 图

在 E-R 图中,每类实体只出现一次,实体名不可重复。

接着,要写出教学管理数据库对应的关系模型。

教学管理数据库对应的关系模型由 5 个关系组成,它们的关系模式如下。

① 学院(学院编号,学院名称,院长,办公电话)。

② 专业(专业编号,专业名称,专业类别,学院编号)。

③ 课程(课程编号,课程名称,课程类别,学分,学院编号)。

④ 学生(学号,姓名,性别,生日,民族,籍贯,专业编号,简历,登记照)。

⑤ 成绩(学号,课程编号,成绩)。

上述表示中的下划线用于标明主键。根据这些关系模式,结合实际确定相应的元组,就可以得到实际的关系,表 3-27 和表 3-28 所示就是学院关系和专业关系。

表 3-27　学院关系

学院编号	学院名称	院长	办公电话
01	外国语学院	叶秋宜	027-88381101
02	人文学院	李容	027-88381102
03	经济学院	王汉生	027-88381103
04	法学院	乔亚	027-88381104
05	工商管理学院	张绪	027-88381105
07	数学与统计学院	张一非	027-88381107
09	信息学院	杨新	027-88381109

表 3-28　专业关系

专业编号	专业名称	专业类别	学院编号
0201	新闻学	人文	02
0301	金融学	经济学	03
0302	投资学	经济学	03
0403	国际法	法学	04
0501	工商管理	管理学	05
0503	市场营销	管理学	05
0902	信息管理	管理学	09
0904	计算机科学与技术	工学	09

结合具体关系 DBMS,这里使用 Access 2010 进行物理设计后,就可以在计算机上创建数据库了。这些操作我们在第 4 章、第 5 章继续介绍。

3.5.4　设计 E-R 模型的进一步探讨

当信息系统比较复杂时,设计正确的 E-R 模型非常必要,但也是较为困难的事情。基本方法是从局部到整体,先将每个局部应用的 E-R 图设计出来,然后再进行优化集成。

设计 E-R 模型的关键是识别初始的实体和联系。一般而言,在现实世界中独立存在的对象就是实体,一般用名词命名;而反映企业或用户业务、行为的对象,大多涉及不同的实体,一般用动词命名,这就是联系。

实体或联系一般都需要属性来描述。根据前述 ER 模型转化为关系模型的例子可知,实体或联系的属性要转化为关系的属性。在关系模型中,属性是不可分的原子属性,因此,在 ER 模型中的属性也是不可分的。

但在初始 E-R 模型中,实体或联系的属性可能不是原子属性,对于这类属性,必须进行处理和转换。

对于实体或联系的属性,根据其取值的特点可进行以下分类。

(1) 简单属性和复合属性。简单属性也称原子属性,是指不能再分为更小部分的属性。而复合属性是指有内部结构、可以进一步划分为更小组成部分的属性。

(2) 单值属性和多值属性。如果某属性在任何时候都只能有单独的一个值,则称该属性为单值属性,否则为多值属性。

(3) 允许取空值属性和不允许取空值属性。允许取空值属性指允许实体在某个属性上没有值,这时使用空值来表示。NULL 表示属性值未知或不存在。不允许取空值属性,则意味着所有实体在该属性上都有确定的取值。

(4) 基本属性和派生属性。派生属性的值是由其他相关属性的值计算出来的。

在最终 E-R 图中,必须消去多值属性和复合属性。多值简单属性可以转化为多个单值属性(适合值较少的情况),或者将多值属性转化为实体对待;复合属性则需要转化为实体来处理。

3.6 关系数据库的建立

现在我们回过头来思考一下,关系数据库的建立可以归结为以下几个部分。

3.6.1 关系数据库设计

关系数据库的设计或建立分为三个阶段:概念结构设计、逻辑结构设计和物理结构设计,如表 3-29 所示。

表 3-29 关系数据库的建立

步骤	概念结构设计	逻辑结构设计	物理结构设计
概念	即建立概念模型。从概念上把对象表示出来,如实体、属性、联系等,主要是画 E-R 图	关系模型的建立。这一步实际上是将概念模型转化为关系模型,把实体转换为关系,即描述数据库的逻辑结构	在具体数据库系统中实现
方法	用 E-R 模型即实体-联系模型来实现	为一个确定的逻辑模型选择一个最适合应用要求的物理结构	选定支撑的数据库管理系统 DBMS,如 Access 等
说明	建立 E-R 模型与数据库的具体实现技术无关。E-R 模型描述的是系统内的信息处理情况	具体数据库系统能接收的逻辑数据模型,如关系模型等	为一个确定的逻辑数据模型选择一个最适合应用要求的物理结构的过程,即合适的数据库管理系统的选择

3.6.2 不同层次的术语

数据库设计的过程,经过了从 E-R 模型到关系模型再到利用实际 DBMS(如 Access)建立计算机上物理数据库的各个环节。通过本章的介绍，读者可以对数据库及其应用有一个整体宏观的认识。

在数据库设计的各个不同的环节，为了保持概念的独立性和完整性，分别使用了不同的术语，这里给出常用的术语对照表(见表 3-30)，便于读者进行比较。

本书除 E-R 模型和关系理论部分，其他部分都使用 Access 数据库中的术语，Access 的术语从第 4 章开始讲。

表 3-30　常用的术语对照表

E-R 实体联系模型	关系模型	Access 数据库
实体集	关系	表
实体型	关系模式	表结构
实体	元组	记录
属性	属性	字段
域	域	数据类型
实体码	候选键、主键	不重复索引、主键
联系	外键	外键(关系)

3.7　关系数据库的完整性

数据是数据库系统最为重要的资源，如何保证输入和存放的数据的正确性，对数据库而言是至关重要的。

一个关系数据库可以包含多个关系。一般来讲，关系模型在一段时间内会保持稳定(不会有重大修改)，但关系中的元组数据却是经常变化的。例如：武汉学院教材管理系统数据库中，某段时间会每天产生大量的入库、出库数据；商场销售管理数据库中，营业期的每天会增加大量的销售数据。这些数据库中的数据时时都在变化。

数据库系统通过各种方式来保证数据库中数据的正确性、完整性和相容性。数据的正确性很直观，是指存储在数据库中的所有数据都应符合用户对数据的语义要求；数据的完整性是指数据的正确性和一致性；数据的相容性也叫一致性，我们知道，一个数据库可以包括多个关系，相容性是指存放在不同关系中的同一个数据必须是一致的。

在数据库输入和存放数据时，最主要的是要满足四类数据完整性约束规则：实体完整性规则、参照完整性规则、用户定义的完整性规则和域完整性规则。

3.7.1　主键与外键

通俗地说，一个表的主键(primary key)或主码，指本字段取值不可为空也不可重复。比如说，学生的姓名、性别、出生年月、成绩等，取值都可能重复，但学号是不能重复的。对于描述学生的表来说，学号可以是主键。

在有多个表的数据库中，表与表之间通常是有联系的。一个表的字段在另外一个表中是主键，这个字段就称为外键(foreign key)。

关于主键、外键和键的概念，我们在后面还要较详细地介绍。

3.7.2 实体完整性规则

在关系中,如果定义了主键,则指定主键的属性值,就能够确定唯一的元组。

如表 3-31 所示的学生关系,学号是主键,其中第 2 个元组的学号为空值(NULL),这样在关系数据库中就存在问题:由于主键是唯一标识各元组的属性,因此没有学号值意味着存在不可识别的学生元组(实体),这是不允许的。

表 3-31 学生关系

学号	姓名	性别	生日	系号
10102008	程 展	男	1993/04/10	102
NULL	叶盛佳	男	1993/12/02	102
12204009	李艳文	女	1994/04/20	204
12307021	王鹏	男	1992/11/23	307
12307025	许梦雅	女	1993/08/03	NULL

实体完整性规则:定义了主键的关系中,不允许任何元组的主键属性值为空值。

因为关系中的一个元组对应实体联系模型中的一个实体,所以实体完整性规则保证数据库中关系的每个元组(即实体)都是可以区分的。

3.7.3 参照完整性规则

参照完整性规则也叫引用完整性规则。关系模型的基本特点就是一个数据库中的多个关系之间存在引用和被引用的关系,关系模型的这种特点使得在关系数据库中,一种数据只需存储一次,凡是需要该数据的位置都采用引用的方式。这样,可以最大限度地降低数据冗余存储,保障数据的一致性。

在表 3-31 所示的学生关系中,系号属性存放的是学生所在系的编号,对应的系的信息存放在系关系,如表 3-32 所示。系号为系关系的主键。在学生关系中,系号是外键,即另一个关系的主键。在学生关系中,对系号的取值有何要求呢?

表 3-32 系关系

系号	系名	系主任
102	工商管理系	吴勤堂
204	外国语系	王达金
307	信息系	何友鸣
408	法律系	郑祝君

参照完整性规则:关系 S 的主键作为外键出现在关系 R 中,它在 R 中的取值只能符合两种情形之一,或者为空值(NULL),或者在关系 S 的主键中存在对应的值。

这里,关系 R 称为参照关系,关系 S 称为被参照关系。R 和 S 也可以是同一个关系。

当学生关系中的系号取值为空时,表示该学生尚未在任何系注册;已经在某一系注册的学生,其系号的取值一定能在表 3-32 所示的系关系的系号属性中找到对应的值。

这一规则用来防止对不存在的数据的引用。

下面的例子说明参照关系和被参照关系可以是同一个关系。

设员工关系模式是:员工(工号,姓名,性别,生日,部门,领导人工号)。在这个模式中,工号是主键,而领导人工号是引用同一关系中的工号属性(员工表中另外的记录)。在输入员工元组时,如果该值为空,表示该员工所在的部门尚无领导;如果有领导,则这里的领导人工号一定也是某个员工工号。这个例子也说明,主键和外键不一定非要用相同属性名不可。

3.7.4 用户定义的完整性规则

在实际数据库应用中,很多数据都有实际的要求。例如,招聘数据库中存有"拟招聘人员名单"表的数据,要求年龄在35周岁以下(或转换为对生日的要求:某年某月某日之后出生),岗位要求招聘特定性别的员工,学历要求大专以上等。再如,在会计账簿数据库中,每记一笔账,借方金额之和必须与贷方金额之和相等。这样的例子举不胜举。

用户定义的完整性规则:用户根据实际需要对数据库中的数据或者数据间的相互关系可以定义约束条件,所有这些约束构成了用户定义的完整性规则。

用户定义的完整性规则,一般通过定义反映用户语义的逻辑运算表达式来表达。

3.7.5 域完整性规则

关系中每一列的属性都有一个确定的取值范围,即域。在用户定义的完整性规则中,比较重要的一种称为域完整性的约束。

在数据库实现时,域对应数据类型的概念。对属性实现域约束的方法包括指定域(即数据类型),指定是否允许取空值、是否允许重复取值、是否有默认值等。

但即便确定了域(可以看到,在数据库实现时,域对应数据类型的概念),在实际的数据取值时,仍然常常会对取值的范围做进一步的明确和限制。比如在"员工"表中,"薪金"字段为货币型,但由于有最低工资的约束,所以薪金必须是大于等于最低工资取值。为防止输入无意义的数据,应该对"薪金"字段的数据做进一步的限制。再如,"性别"字段虽然是字符类型,但只能取"男"或"女"等。这些用户约束只针对一个属性的取值范围加以限定,不涉及属性间的相互联系。

域完整性规则:用户对于关系中单个属性取值范围定义的约束条件。

关系 DBMS 都提供了完整性约束的实现机制,Access 就提供了自动实现上述完整性的检验功能。在数据库中定义表时,通过定义表的主键自动实现实体完整性约束;通过定义外键和指定参照表自动进行参照完整性检验;在定义每个字段时指定域检验的条件(数据类型、宽度、一个逻辑表达式的检验等),实现域完整性约束。

对于用户定义的其他完整性约束,DBMS 通过触发器等机制,由数据库设计者编制完整性检验程序代码,在进行数据更新时自动执行这些程序代码来实现检验。

当数据库刚刚定义完毕时,数据库是满足完整性要求的。当数据库有数据变化时,有可能破坏完整性,而正常情况下数据库的变化只在发生数据的增加、删除、更改操作时出现。因此,只要有数据更新操作发生,DBMS 就会自动进行完整性检查,凡是会破坏数据库数据完整性的更新都会被自动拒绝。

在数据库创建之后,其完整性检验机制就对数据的输入和更新进行监管,保证存储在数据库中的数据都符合用户要求,而违反数据完整性约束的数据都会被自动拒绝。

3.8 关系规范化理论

3.8.1 概念

关系规范化理论用来判断关系数据库设计的好与坏。

我们从前面的内容可以看到，通过E-R模型得到的关系模型将各实体分别放在不同关系中，实体间的联系通过外键来实现。由于数据分别存放，因此若要了解完整的信息，就必须对有关联的关系进行自然连接，例如教材管理系统中部门与员工、教材与出版社就是这样。为何不将这些相关的数据一开始就存放在同一个关系中呢？

请看表3-33，这是一个将学生、专业、成绩等放在一起的学生信息关系。

表3-33 学生信息关系

学号	姓名	性别	生日	专业编号	专业名	课程编号	课程名	学分	成绩
1510203	王二小	男	1990/03/10	070202	工商管理	7765372	管理学通论	2	85
1510204	张大勇	男	1989/04/08	070202	工商管理	7765372	管理学通论	2	90
1510204	刘小三	女	1992/05/08	070202	工商管理	2016222	英语	6	77
1510204	赵军	男	1993/11/12	070202	工商管理	3056421	高等数学	5	93
1534444	郭小清	女	1991/02/10	030201	新闻学	2016222	英语	6	86
1509009	罗媛媛	女	1993/03/03	080904	信息管理	3056421	高等数学	5	89
1509009	吴小霞	女	1994/12/12	080904	信息管理	1325667	计算机语言	4	85
1521891	江城子	男	1995/02/05	080904	信息管理	8085788	计算机原理	3	86
1521891	甘霞	女	1996/11/10	080904	信息管理	1325667	计算机语言	4	80
1521021	程淑芳	女	1997/02/23	080904	信息管理	3056421	高等数学	5	90

这张表符合关系的特点，是一个关系，但该关系存在很多问题。

(1) 数据冗余度大。相同数据在不同行反复出现，数据冗余度大，浪费存储空间。

(2) 数据修改异常。重复存储的数据在修改时，不同位置的同一个数据都必须修改，很容易造成不一致。同时，连带数据也要同步修改，如学生转专业，则多行数据都要修改。若一个数据只存储一次，则可避免修改异常。

(3) 数据插入异常。由于关系完整性约束的要求。有些有用的数据不能存储到关系中。例如，如果准备为某专业学生开设一门课程，课程信息无法添加到该关系中，因为该关系的主键是“学号”和“课程编号”。仅有课程编号的数据是不能存入的，否则会违反实体完整性的要求。同理，仅有学生信息的数据也无法存入。在一个关系中，发生应该存入的数据不能存入的情况，称为数据插入异常。

(4) 数据删除异常。与数据插入异常对应，假定某学生选修了某课程，数据已存入，但其后他又放弃选修，在删除他选修的课程数据时，由于已没有主键值(课程编号)，这名学生的档案数据也不能继续存在于学生信息关系中，也须删除。这种删除无用数据导致有意义的数据被删除的情况，称为数据删除异常。

以上四个问题中，第 1 个是关系的存储特性异常，其余 3 个为操作特性异常。存储特性异常和操作特性异常一般会交织在一起同时出现。

评价关系模型设计的好坏，就在于关系是否出现存储特性异常和操作特性异常。

将一个系统中的所有数据根据情况存放在不同的关系中，这是关系规范化的要求，即使这些数据是相互关联的。关系规范化理论是数据库设计的指导理论。

在关系规范化理论中，将关系划分为不同的规范层级，并对每一层级规定了不同的判别标准。用来衡量这些层级的概念叫范式(NF，normal form)。级别最低的层级为第一范式，记为 1NF。如果有关系 R 满足 1NF 的要求，记为 R∈1NF。

仅达到 1NF 要求的关系在实用中存在许多问题。在 1NF 基础上，通过对关系逐步加上更多的限制，可使它们分别满足 2NF、3NF、BCNF、4NF、5NF 的要求。这一过程就是关系规范化的过程。目前最高级别的范式为 5NF。

为弄清楚关系规范化，必须首先了解关系中属性间数据依赖的概念。

3.8.2 函数依赖与键

通过全面建立的关系模型，我们已经了解到，在一个关系中，不同的属性具有一些不同的特点。例如，在员工关系中，每个元组的工号都不相同。换言之，当给定一个工号，如果员工关系中有该工号，则一定可以在员工关系中确定唯一的一个元组，同时这个元组中所有其他的属性值也就都确定下来。但是员工关系中的其他属性如姓名、性别、生日等则没有这一特性。

关系内属性间的这种相互关系是由数据的内在本质所决定的，反映这种相互关系的概念是数据依赖。数据依赖有不同种类，其中最重要的是函数依赖。

1. 函数依赖

对于关系中的函数依赖(function dependency)，定义如下。

设 R(U)是一个关系模式，属性集 U，X、Y 均为 U 的子集。若对于 R(U)上任意一个关系 S，在 S 中不可能有任意的两个元组在 X 中的属性值相等，而在 Y 中的属性值不等，则称 X 函数决定 Y，或称 Y 函数依赖于 X，记为：X→Y。

另一种直观的等价定义是：对于一个关系 S，X、Y 是 S 上的两个属性或属性组，如果对于 X 的每一个取值，都有唯一一个确定的 Y 值与之对应，则称属性(组)X 函数决定属性(组)Y，或称属性(组)Y 函数依赖于属性(组)X。这里，X 是函数依赖的左部，称为决定因素，Y 是函数依赖的右部，称为依赖因素。

根据定义可知，对于关系 S 中任意的属性或属性组 X，如果有 X'⊆X(即 X'是 X 的一部分，或者 X'就是 X 本身)，X→X'都是成立的，这种函数依赖被称为平凡的函数依赖。其他的函数依赖称为非平凡的函数依赖。

一般情况下只讨论非平凡的函数依赖。

【例 3-15】 以下是一个将学生档案、学习成绩等放在一起的学生信息关系(见表3-34)，分析各属性间的函数依赖关系。

表 3-34　例 3-15 的学生信息关系

学号	姓名	性别	生日	所在系	系主任	课程号	课程名	学分	成绩
12102001	刘大新	男	1992/04/10	工商管理系	吴勤堂	102004	管理学概论	2	90
12102003	曾晓	女	1993/10/18	工商管理系	吴勤堂	102004	管理学概论	2	80
12102003	曾晓	女	1993/10/18	工商管理系	吴勤堂	204002	英语	6	75
12102003	曾晓	女	1993/10/18	工商管理系	吴勤堂	307101	高等数学	5	91
12204009	吴敏	女	1993/04/20	外语系	王达金	204002	英语	6	95
12307010	李艳文	女	1993/04/03	信息管理系	何友鸣	307101	高等数学	5	88
12307010	李艳文	女	1993/04/03	信息管理系	何友鸣	307010	程序设计	4	84
12307021	王鹏	男	1992/11/23	信息管理系	何友鸣	307001	计算机原理	3	86
12307021	王鹏	男	1992/11/23	信息管理系	何友鸣	307010	程序设计	4	82
12307021	王鹏	男	1992/11/23	信息管理系	何友鸣	307101	高等数学	5	92

在该学生信息关系中，确定了学号，就可以确定学生的姓名、性别、生日、所在系以及主任；确定了所在系，就确定了系主任。同样，确定了课程号，就确定了课程名、学分；而成绩属性是由学号、课程号两个属性决定的，所以有：

学号→(姓名，性别，生日，所在系，系主任)；

所在系→系主任；

课程号→(课程名，学分)；

(学号，课程号)→ 成绩。

(说明：根据表 3-34 的数据可知，学号和学生姓名、所在系和系主任是一一对应的。但该表的语义并未规定人的姓名一定是不同的，所以，不能得出姓名→学号、系主任→所在系的结论。另外，由于课程名是人们规定的，如果明确规定不同的课程一定不同名，则可以得出：课程名→课程号。但实际上一般不考虑这样的函数依赖，因为人们在书写或输入课程名时，不一定很严格，有时会简写，这样就可能出现相同的课程在不同的地方文字表达不同从而被当成不同的课程，这也是为什么信息处理中要使用编号的主要原因。)

2. 键

前面我们已经介绍过关系的主键的概念。

能决定一个关系中每个元组的属性或属性组的字段称为候选键，而主键是从候选键中指定的、唯一的一个字段。比如“学生”表中，编号和学号的取值都具有唯一性，是候选键。主键只能指定一个，我们可以选定学号为主键。

为了简便，在这里将一个关系的所有候选键都简称为键(key)。有了函数依赖的概念，可以重新定义键的概念。

定义：设 R(U)是一个关系模式，属性集 U，X 为 U 的子集。若对于 R(U)上任意关系 S，都有 X→U 成立，但对于 X 的任意子集 X’，X’→U 都不成立，则称 X 是 S 的键。

一个关系中键可以不止一个。一个关系中所有键的属性称为关系的主属性，其他的属性为非主属性。

【例 3-16】　对于例 3-15 学生信息关系(见表 3-34)，试确定其键并列出所有主属性。

根据【例 3-15】的分析可知，没有任何一个属性可以决定所有属性，但将学号、课程号组合起来可以决定所有的属性，如：确定了学号和课程号是(12307021，307001)，就决定了其他属性的值(王鹏,男,1992/11/23,信息管理系,何友鸣,计算机原理,3,86)。所以该关系的键是(学号,课程号),学号、课程号是主属性。

3. 函数依赖的分类

通过对例3-15的学生信息关系的分析可知,该关系中,(学号,课程号)是关系的键。即由学号和课程号可以决定其他的属性。但是,考察所有非主属性可以看出,它们并非都依赖于全部主属性,比如姓名、性别等只依赖于学号,课程名、学分只依赖于课程号。这种非主属性只依赖于主属性组合中的部分属性的情形被称为部分函数依赖。但成绩属性则必须由学号和课程号共同决定,这种情形被称为完全函数依赖。

部分函数依赖的定义:设S是关系模式R(U)中的关系,若在S中有X→Y,并且有X'是X的真子集,X'→Y也成立(即Y只由X中的部分属性决定),则称Y部分函数依赖于X,记为 $X \xrightarrow{p} Y$。

完全函数依赖的定义:设S是关系模式R(U)中的关系,若在S中有X→Y,并且对于X的任意真子集X',X'→Y都不成立(即Y不能由X中的任意的部分属性决定),则称Y完全函数依赖于X,记为 $X \xrightarrow{f} Y$。

可以看出,如果一个函数依赖的决定因素是单属性,则这个依赖一定是完全函数依赖。

另外,具体分析学生信息关系的依赖情况,根据语义可以知道,系主任属性实际上并不直接依赖于学号,因为一个系的系主任是在该学院任职的,当一个学生在该学院注册时,函数依赖的意思是通过该学生的学号,可以确定他所在系的值,从而可以确定系主任的值。而假如这个学生不是在这个系注册的,并不影响通过该系来确定系主任的值。因此,说学号决定系主任,其实是通过学号确定所在系,通过所在系确定系主任,这种函数依赖被称为传递函数依赖。

传递函数依赖的定义:设S是关系模式R(U)中的关系,若在S中有X→Y、Y→Z(不能是平凡的函数依赖),则X→Z成立,这种函数依赖被称为传递的函数依赖,记为 $X \xrightarrow{t} Z$。

这样,在例3-15的学生信息关系中,可以将各种情形的函数依赖表述如下:

(学号,课程号) $\xrightarrow{f}$ 成绩;

(学号,课程号) $\xrightarrow{p}$ (姓名,性别,生日,所在系,系主任);

(学号,课程号) $\xrightarrow{p}$ (课程名,学分);

所在系→系主任;

学号 $\xrightarrow{t}$ 系主任。

当关系中存在非主属性部分或传递依赖于键时,这样的关系在信息存储和关系操作中存在许多问题,规范化程度低。关系规范化就是通过消去关系中非主属性对键的部分函数依赖和传递函数依赖,来提高关系的范式层级。

3.8.3 关系范式

1. 1NF

在第1章中介绍了关系的几个特点,换言之,一张二维表只有符合了关系的这些特点才能被称为关系。其中最重要的是第一点,即关系中属性是不可再分的。这是二维表称为关系的基本条件,也是1NF的基本要求。

定义:如果一个关系R(U)的所有属性都是不可分的原子属性,则R∈1NF。

可以看出，表 3-34 所示的学生信息关系是满足 1NF 要求的。

如果一个关系仅达到 1NF，则它在实际应用中会产生数据冗余度大、数据修改异常、数据插入异常、数据删除异常等问题。

2. 2NF

要解决只达到 1NF 的关系在实际应用中的问题，必须提高关系规范化的程度。

定义：若关系 R∈1NF，并且在 R 中不存在非主属性对键的部分函数依赖，即它的每一个非主属性都完全函数依赖于键，则 R∈2NF。

要使关系范式从 1NF 变为 2NF，就要消去 1NF 关系中非主属性对键的部分函数依赖。采用关系分解方法，即将一个 1NF 关系通过投影运算分解为多个 2NF 的关系。

【例 3-17】 将例 3-15 的学生信息关系（见表 3-34）从 1NF 提升为 2NF 的关系。

对学生信息关系进行投影运算，依赖于学号的所有非主属性作为一个关系，依赖于课程号的所有非主属性组成另一个关系，完全函数依赖于键的属性组成单独的关系。这样，一个关系变为以下三个关系：

学生（学号，姓名，性别，生日，所在系，系主任）；

课程（课程号，课程名，学分）；

成绩单（学号，课程号，成绩）。

这三个关系中，均不存在部分函数依赖，它们都满足 2NF 的要求。已经证明，这种关系分解属于无损连接分解。所谓关系的无损连接分解，是指关系分解不会丢失原有信息，通过自然连接运算仍能恢复原有关系的所有信息。虽然关系由一个变为三个，学号、课程号在不同关系中重复出现，但它们是所谓的连接属性（即在成绩单关系中是外键），在学生档案、课程关系中，数据的冗余度大大降低。

通过对以上三个关系的分析，可以发现在学生关系中，所在系和系主任数据仍重复。

比如，某个系的系主任发生了变动，则与之相关的学生元组都要修改。关于系的插入、删除异常的问题仍然没有解决。所以属于 2NF 的关系还存在与 1NF 类似的问题。

3. 3NF

仅仅满足 2NF 的关系在实际应用中仍有问题。考察【例 3-17】中产生的三个关系，可以发现，只有学生关系存在上述问题。它与课程关系、成绩单关系的区别是，学生关系中存在传递函数依赖，而在其他关系中不存在。

定义：若关系 R∈2NF，并且在 R 中不存在非主属性对键的传递函数依赖，则R∈3NF。

可以证明，属于 3NF 的关系一定满足 2NF 的条件。

属于 2NF 的关系，如果消去了非主属性对键的传递函数依赖，则成为属于 3NF 的关系。2NF 提升为 3NF 的方法依然是对关系进行投影分解。

【例 3-18】 将例 3-17 中产生的关系提升为 3NF 的关系。

由于只有学生关系中存在传递函数依赖，对学生关系进行投影分解，变为档案关系和系关系，为保持信息的一致性，引入系号属性。它们的关系模式是：

档案（学号，姓名，性别，生日，系号）

系（系号，系，系主任）

这种关系分解仍然是无损分解。这样系、系主任的数据在系关系中只出现一次。如果某个系换了系主任，只需修改系关系中的一个元组。另外，新建立的系在系关系中增加一个元组即可。学生毕业，删除档案关系和成绩单关系中有关的数据即可。这样就彻底解决了 1NF 和 2NF 中存在的问题。

因此，从表 3-34 的一个仅符合 1NF 的学生信息关系分解为符合 3NF 的四个关系，它们的关系模式如下：

① 档案(学号,姓名,性别,生日,系号)；

② 系(系号,系,系主任)；

③ 课程(课程号,课程名,学分)；

④ 成绩单(学号,课程号,成绩)。

除 3NF 外,目前更高级别的范式还有 BCNF、4NF、5NF,这些范式之间是一种包含关系,即高一级的范式一定符合下一级的范式规定。属于 3NF 的关系已经能够满足绝大部分的实际应用。因此,一般要求关系分解到 3NF 即可。

直观地看,1NF 和 2NF 关系的缺陷是在一个关系中存放了多种实体,使得属性间的函数依赖呈现多样性。解决之道是使关系单纯化,采用关系分解的方法,通过投影运算,做到“一表(关系)一主题(实体)”,而实体间的联系通过外键或联系关系来实现。在应用中,需要综合多个关系的信息时通过连接运算来实现。

关系规范化理论是进行数据库设计的指导思想,数据模型的设计应符合规范化的要求。当然,就实用而言,并不是范式层级越高越好。因为高层级范式使得数据库操作时要增加大量连接操作,这降低了数据库的处理速度。因此,应根据实际要求来设计数据库,变化小的关系可以适当降低范式层级。但一般来说,数据库中各关系应符合 3NF 的要求。

本章小结

本章的核心内容是关系数据库基本理论,包括关系、关系模型、关系数据库、关系数据库的完整性以及关系规范化理论。数据模型包括 3 个要素,即数据结构、数据操作、数据约束,在关系模型中分别是关系、关系代数和完整性约束规则。投影、选择、连接是关系操作的核心运算。

关系数据库设计的指导理论是关系规范化理论。本章介绍了函数依赖及其分类、候选键与主属性和非主属性的概念,并在此基础上介绍了关系范式的概念以及 1NF、2NF 和 3NF 的定义。从低范式提升到高范式的方法是投影分解。

所述关系数据库的设计方法、关系数据库的完整性和关系规范化等,都是关系数据库系统的重要内容。读者通过本章的学习,对关系数据库理论及应用的主要环节及内容有一个系统、整体的了解,为后续学习打下基础。

习　题　3

一、简答题

(1) 什么是关系？关系和二维表有什么异同？

(2) 关系有哪些基本特点？

(3) 什么是关系模式？

(4) 概念设计、逻辑设计、物理设计各有何特点？

二、单项选择题

(1) 以下范式中,级别最高的是　　(　　)

A. 1NF　　B. 2NF　　C. 3NF　　D. BCNF

(2) 若关系 R∈1NF，并且在 R 中不存在非主属性对键的传递函数依赖，则 ( )

A. R∈1NF B. R∈2NF C. R∈3NF D. R∈BCNF

(3) 如果一个关系 R(U)的所有属性都是不可分的原子属性，则 ( )

A. R∈1NF B. R∈2NF C. R∈3NF D. R∈BCNF

(4) 已经能够满足绝大部分的实际应用的范式是(一般要求关系分解到此即可) ( )

A. 1NF B. 2NF C. 3NF D. BCNF

(5) 在 E-R 图中，用以表示实体属性的图形符号是 ( )

A. 矩形框 B. 椭圆框 C. 菱形框 D. 三角形框

(6) 根据给定的条件将两个关系中的所有元组一一进行比较，符合条件的元组连接组成结果关系的运算是 ( )

A. 投影 B. 自然连接 C. 选择 D. 连接

(7) 乘客集与飞机机票集的持有联系属于 ( )

A. 一对一联系 B. 一对多联系 C. 多对一联系 D. 多对多联系

(8) 从一个关系的候选键中唯一地挑选出的一个，称为 ( )

A. 外键 B. 内键 C. 候选键 D. 主键

(9) 在 E-R 图中，用以表示实体的图形符号是 ( )

A. 矩形框 B. 椭圆框 C. 菱形框 D. 三角形框

(10) 在 E-R 图中，用以表示联系的图形符号是 ( )

A. 矩形框 B. 椭圆框 C. 菱形框 D. 三角形框

三、计算题

(1) 设关系 R 与 S 如表 3-35 和表 3-36 所示，写出关系运算 R∪S 的结果(结果以表格的形式给出)。

表 3-35 关系 R

A	B	C
1	1	C1
2	3	C2
2	2	C1

表 3-36 关系 S

A	B	C
2	1	C2
1	1	C1
2	3	C2
2	2	C1

(2) 设关系 R 与 S 如表 3-35 和表 3-37 所示，写出关系运算 R∩S 的结果(结果以表格的形式给出)。

(3) 设关系 R 与 S 如下表 3-35 和表 3-38 所示，写出关系运算 R－S 的结果(结果以表格的形式给出)。

表 3-37 关系 S

A	B	C
2	1	C2
1	1	C1
2	3	C2
1	2	C2

表 3-38 关系 S

A	B	C
2	1	C2
1	1	C1
2	3	C1
1	2	C2

(4) 设关系 R 与 S 如表 3-39 和表 3-40 所示，写出关系运算 R×S(笛卡尔积)的结果(结果以表格的形式给出)。

表 3-39　关系 R

A1	A2
1	1
2	3

表 3-40　关系 S

X	Y	Z
2	1	C2
1	1	C1

四、设计题

(1) 工厂需要采购多种材料，每种材料可由多个供应商提供。每次采购材料的单价和数量可能不同；材料的属性有材料编号(唯一)、品名和规格；供应商的属性有供应商号(唯一)、名称、地址、电话号码；采购的属性有日期、单价和数量。请：

① 根据上述语义画出 E-R 图；

② 将 E-R 模型转换成关系模型，要求标注关系的主键和外键。

(2) 某工厂生产多种产品，每种产品又要使用多种零件；一种零件可能装在各种产品上；每种零件由一种材料制造；每种材料可用于不同零件的制作。有关产品、零件、材料的数据字段如下：

产品：产品号(GNO)，产品名(GNA)，产品单价(GUP)

零件：零件号(PNO)，零件名(PNA)，单重(UP)

材料：材料号(MNO)，材料名(MNA)，计量单位(CU)，单价(MUP)

以上各产品需要各零件数为 GQTY，各零件需用的材料数为 PQTY。

请绘制产品、零件、材料的 E-R 图。

五、填空题

(1) 对关系的操作称为________。

(2) 关系模型包括三个要素，即：________、________和________。

(3) 每个属性都有一个取值范围的限定，属性的取值范围称为________。

(4) 同型实体的集合称为________。

(5) ________指现实世界中任何可相互区别的事物。

第4章 Access 预备知识

我们这里介绍微机上运行的、Access 众多版本中当前最为常见的小型关系数据库管理系统 Access 2010 中文版的知识和使用方法。以 Access 2010 为 DBMS 工具，介绍数据库系统设计、实施、应用的相关知识。所设定的操作系统环境为 Windows 7 及以上版本。

 4.1 Access 概述

Access 是微软(Microsoft)公司 Office 办公套件中重要的组成部分，是目前最流行的桌面数据库管理系统。

我们先简单介绍 Access 的发展历程，然后讲 Access 2010 中文版的安装和工作界面。

4.1.1 Access 的发展

我们知道，微软公司以开发微机上的操作系统著称，Windows 操作系统被广泛使用。后来，它又进军办公软件、数据库等其他领域的研制和开发，Office 办公软件包很成功，且不断地升级，像 Word、Excel、PowerPoint 等工具都很流行，后面的 Office 版本中添加了 Access 数据库管理系统。

Office 第 1 版于 1989 年发布，这时的操作系统是 Windows 3.0。

而最早的 Access 1.0 版发布于 1992 年 11 月。起初，Access 并未作为 Office 中的一员出现，而是作为一个单独的软件产品进行销售的。后来，微软公司认为将 Access 捆绑在 Office 中一起发售更为有利。于是，在 1996 年 12 月发布 Office 97 时，Access 开始被捆绑到 Office 中，成为其重要一员。自此直到现在，Access 已是 Office 办公套件中不可缺少的部件。

随着 Windows 操作系统的不断升级，Office 办公软件包也不断地更新，新的版本相继推出，其功能变得日益强大。

Microsoft 公司在 1999 年 1 月发行 Office 2000，在 2001 年 5 月发行 Office XP(2002)，在 2002 年 11 月发行 Office 2003。Office 2003 在我国的应用极为广泛。

2006 年底，Microsoft 公司发布全新的 Office 2007 版。本版本对以前的版本有重大更改：设计了新的操作界面，对 Office 组件进行了重新整合。2010 年对 Office 2007 又进行诸多改进，发布我们在这里介绍的 Office 2010 版。

目前，还有 Office 2013 等版本。

Access 自 1992 年开始发行以来，特别是 1996 年进入 Office 后，已成为最流行的桌面 DBMS，应用领域十分广泛。目前，不管是处理公司客户订单数据，还是管理个人通讯录，或者记录和处理大量科研数据，以及作为中小型网站的数据库服务器，人们都在利用 Access 来完成大量数据的管理工作。Access 已成为办公室中不可缺少的数据处理软件之一。

4.1.2 Access 的主要特点

作为微机上运行的关系型 DBMS，Access 的界面友好、易学易用、开发简单、访问灵活。其主要特点如下。

(1) 强大的数据处理功能。在一个工作组级别的网络环境中,使用 Access 开发的多用户数据库系统具有传统的 XBase(DBase、FoxPro 等的统称)数据库系统所无法实现的客户机/服务器(C/S 结构,Client/Server)结构和相应的数据库安全机制,Access 具备了许多先进的大型数据库管理系统所具备的特征,如事务处理/出错回滚能力等。

(2) 可视性好。可以方便地生成各种数据处理对象,利用存储的数据建立窗体和报表。

(3) 完善地管理各种数据库对象。具有强大的数据组织、用户管理、安全检查等功能。

(4) 作为 Office 套件的一部分,与 Office 其他成员集成,实现无缝连接。并可利用 ODBC、OLEDB 等数据库访问接口,与其他软件进行数据交换。

(5) 能够利用 Web 检索和发布数据,实现与 Internet 的连接。Access 主要适用于中小型应用系统,或作为 C/S 系统(客户机/服务器系统)中的客户端数据库,也适合作为中小型网站的数据库服务器。

4.1.3 Access 2010 的安装

Access 是 Office 套装软件的一员,一般情况下随 Office 一起安装。以下简要介绍 Office 2010 的安装过程。

1. 版本介绍

Office 2010 共有 6 个版本,分别是初级版、家庭及学生版、家庭及商业版、标准版、专业版和专业增强版。Office 2010 支持 32 位和 64 位 Windows Vista 及 Windows 7。对于 Windows XP,仅支持 32 位 Windows XP,不支持 64 位 Windows XP。

各版本包含的组件如表 4-1 所示。

表 4-1 Office 2010 各版本包含的组件

版本 组件	初级版	家庭及学生版	家庭及商业版	标准版	专业版	专业增强版
Word 2010	√	√	√	√	√	√
Excel 2010	√	√	√	√	√	√
PowerPoint 2010	×	√	√	√	√	√
OneNote 2010	×	√	√	√	√	√
Outlook 2010	×	×	√	√	√	√
Publisher 2010	×	×	×	√	√	√
Access 2010	×	×	×	×	√	√
InfoPath 2010	×	×	×	×	×	√
SharePoint Workspace 2010	×	×	×	×	×	√
Communicator	×	×	×	×	×	√

注:√ 表示拥有,× 表示不包含

2. 安装过程

在 Windows 7 下安装 Office 2010 专业增强版或专业版的基本过程如下。

(1) 获得的 Microsoft Office 2010 系统安装程序,可能是光盘或压缩包。如果是压缩包，解压后的主要文件及文件夹如图 4-1 所示。

(2) 打开 setup. exe 文件(双击)，启动安装过程，系统自动进入安装界面，如图 4-2 所示。按照屏幕提示，用户进行必要的设置和操作即可。

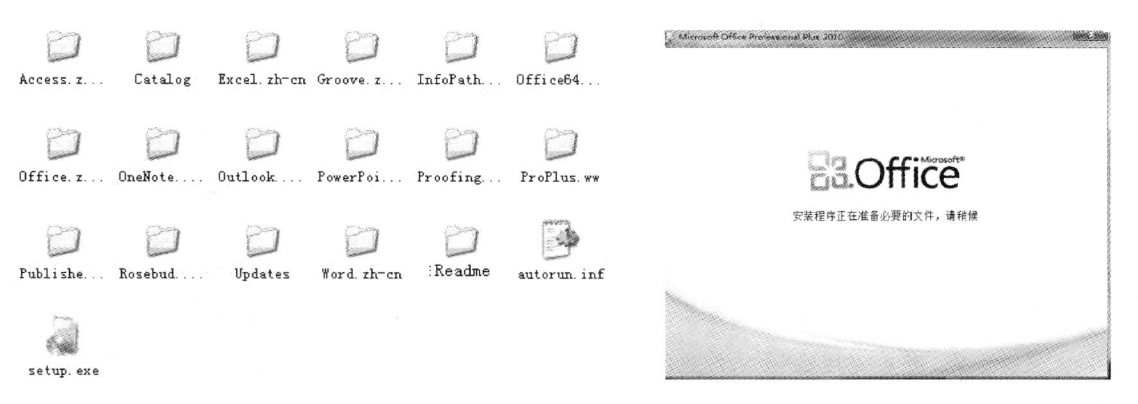

图 4-1　Microsoft Office 2010 压缩包解压后的主要文件及文件夹

图 4-2　安装界面

(3) 接着，进入"阅读 Microsoft 软件许可证条款"界面，如图 4-3 所示。选中"我接受此协议的条款"选项，单击"继续"按钮。

(4) 进入"选择所需的安装"界面，如图 4-4 所示。这里有任选其一的两种选择。

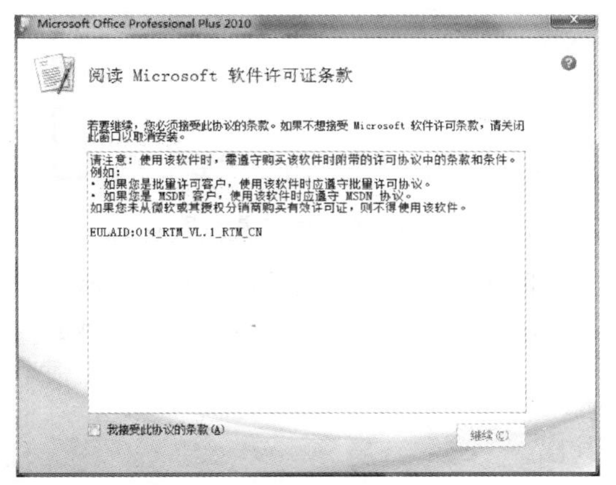

图 4-3　阅读"Microsoft 软件许可证条款"界面

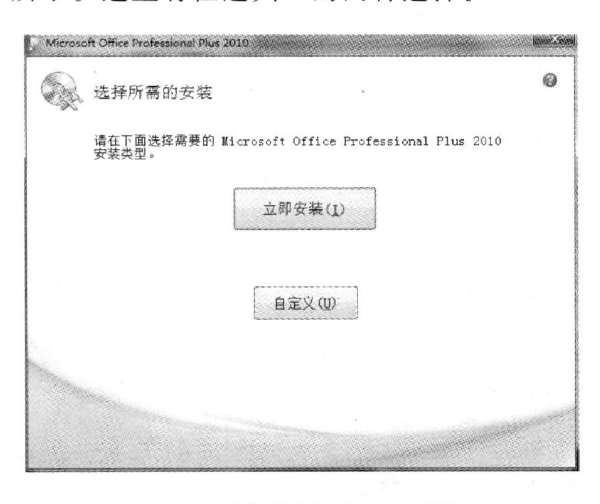

图 4-4　选择"所需的安装"界面

第一种选择：单击"立即安装"按钮。进入"安装进度"界面，如图 4-5 所示，所有执行的安装设置都遵循默认设置。

第二种选择：单击"自定义"按钮则进入有 3 个选项卡的界面："安装选项"选项卡、"文件位置"选项卡和"用户信息"选项卡。

先进入"安装选项"选项卡，如图 4-6 所示。在该页面设置安装的组件。可单击项目前的"+"展开项目，进行是否安装的选择。默认为全选即全部安装。

再进入"文件位置"选项卡，如图 4-7 所示。在该页面设置安装的位置路径。默认为 Windows 7 系统所在盘的 Program Files\Microsoft Office 文件夹。

然后进入"用户信息"选项卡，设置用户有关信息，默认为 Windows 用户信息。再单击"立即安装"按钮。开始安装并显示"安装进度"界面，如图 4-5 所示。

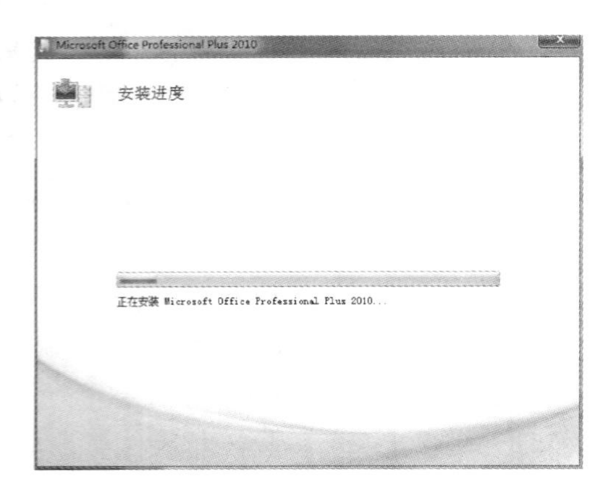

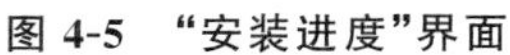
图 4-5 “安装进度”界面

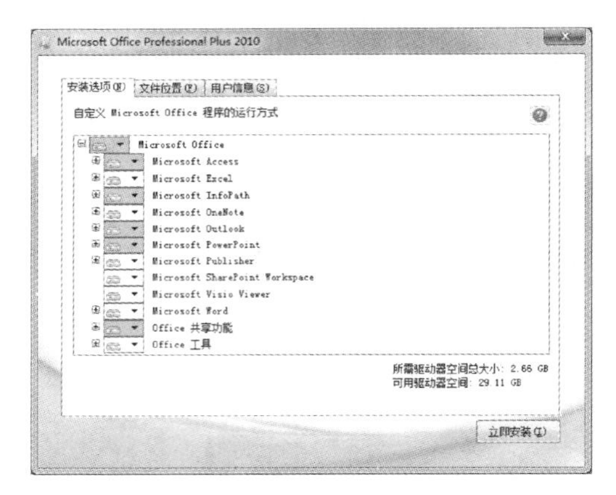

图 4-6 “安装选项”选项卡

安装完成，进入完成提示对话框，如图 4-8 所示。单击【关闭】按钮，结束程序安装。

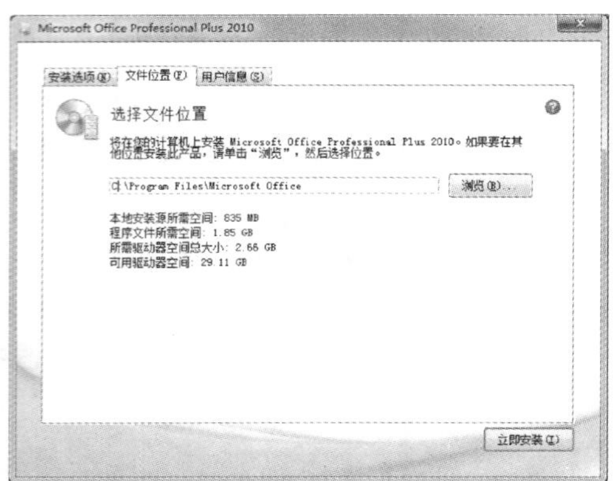

图 4-7 “文件位置”选项卡

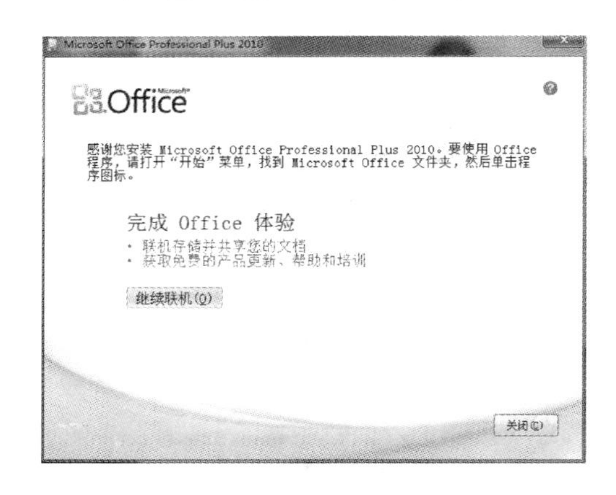

图 4-8 安装完成提示框

图 4-9 Office 2010 功能模块

基于 Windows 7 下的完全安装成功后，“开始”→“所有程序”菜单下的“Microsoft Office”下 Office 2010 功能模块如图 4-9 所示。

4.1.4 启动与退出

Access 的启动和退出与其他 Windows 应用程序类似。

1. 启动

按照 Windows 启动应用程序的一般方法启动 Access。以下任一方法都可启动或进入 Access 环境。

(1) 通过“开始”菜单的“所有程序”项。“开始”→“所有程序”→“Microsoft Office”→“Microsoft Access 2010”，单击。如图 4-10 所示。

(2) 通过桌面的 Access 快捷图标。如果桌面创建有 Access 快捷图标(见图 4-11)。双击桌面快捷图标即可进入 Access 环境。

(3) 从中找到 Access 系统所在的盘和文件夹，双击 Access 应用程序 MSACCESS(见图 4-12)，将自动启动 Access 并进入工作环境。

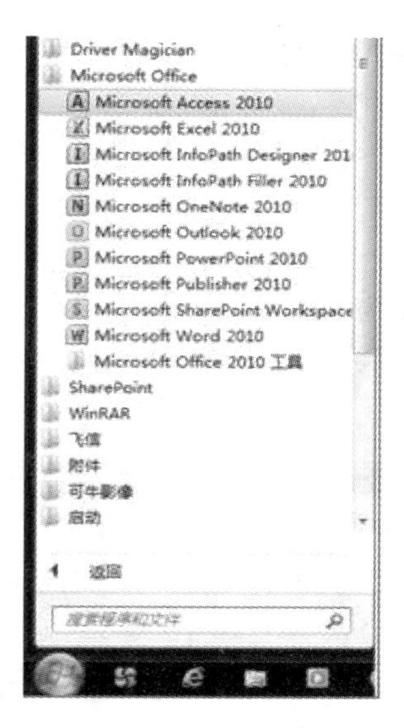

图 4-10　通过“开始”菜单的“所有程序”项启动 Access

图 4-11　Access 快捷图标

以上 3 种方式都是启动 Access 但未打开数据库，通过这些启动方式启动 Access 后，将进入 Backstage 视图，如图 4-13 所示。

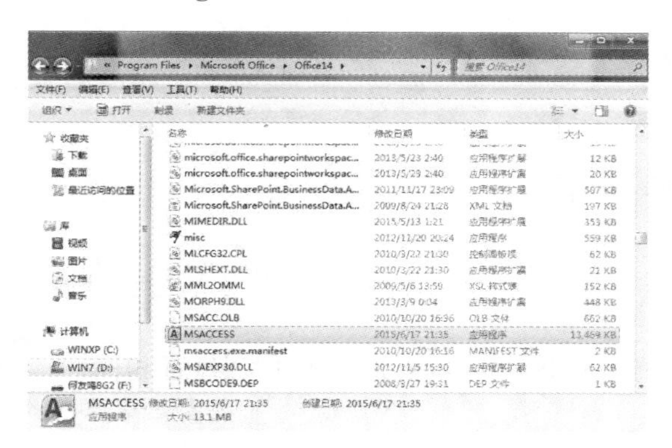

图 4-12　双击 Access 应用程序 MSACCESS

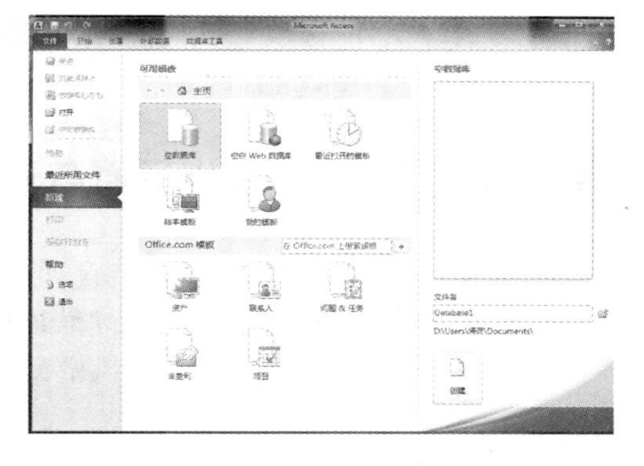

图 4-13　Backstage 视图

后面我们可以看到，Backstage 视图有直接启动 Access 进入的 Backstage 视图和打开已有数据库再进入的 Backstage 视图两种，这在下一节要讲到。这里出现的是前一种 Backstage 视图。

(4) 通过双击与 Access 关联的数据库文件(.accdb 文件)图标(见图 4-14)，启动 Access 并进入 Access 程序窗口工作界面。在 Access 下创建的数据库文件默认文件名为 Databese1.accdb。默认存储在“文档库”中，如图 4-15 所示。

图 4-14　.accdb 文件图标

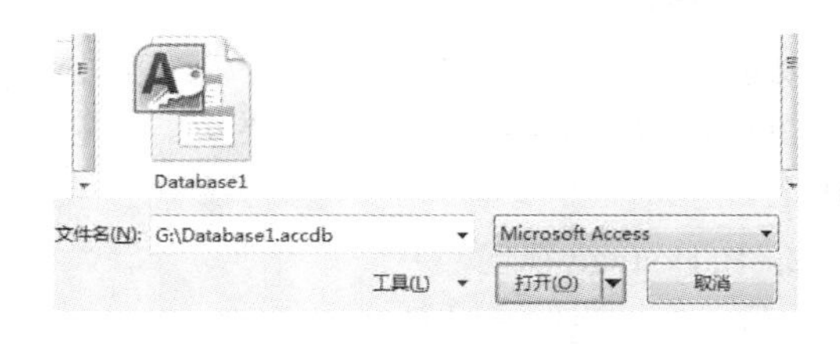

图 4-15　在 Access 下创建的数据库文件

(5) 双击.accdb 数据库文件图标或进入 Backstage 视图后再打开数据库文件，都能进入

Access 程序窗口工作界面，如图 4-16 所示，这是操作 Access 的工作环境。后面我们要详细介绍这个用户界面环境。

2. 退出

退出 Access 前，应关闭所有的 Access 对象窗口。

退出 Access 有如下几种方式。

(1) 单击 Access 的工作环境窗口右端的关闭窗口按钮。

(2) 单击 Access 主窗口标题栏左端控制菜单图标，在弹出的控制菜单中选择“关闭”菜单项(单击)，如图 4-17 所示。

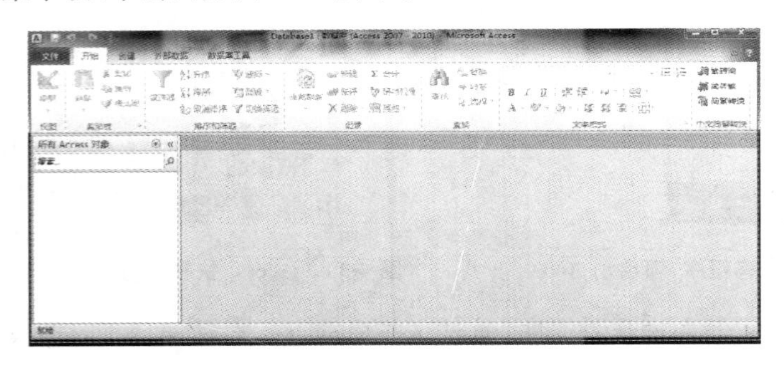

图 4-16　Access 程度窗口工作界面

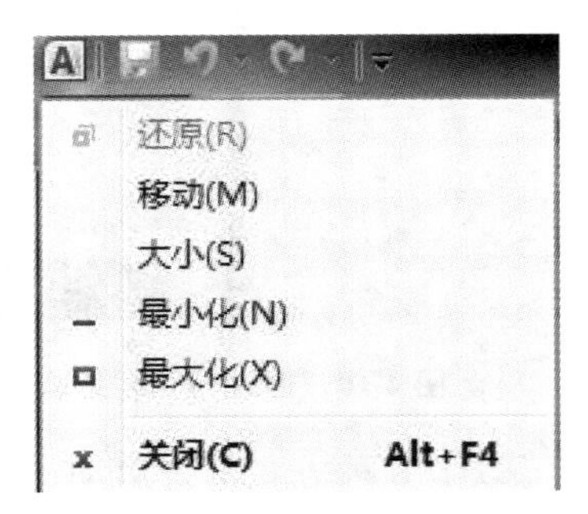

图 4-17　控制菜单

(3) 选择“文件”选项卡(单击)，在出现的 Backstage 视图中选择“退出”选项卡(单击)。

(4) 按 ALT+F4 组合键。

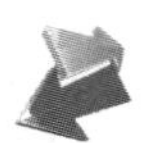

4.2　Access 工作界面与基本操作

进入 Access 后，工作界面即主窗口的基本构成如图 4-16 所示。横跨程序窗口顶部的带状选项卡区域即是功能区。左边是导航窗格。

可见 Access 窗口是 Windows 风格窗口，布局和操作与 Windows 应用程序都相同。

4.2.1　Access 工作界面概述

Access 2010 与其他 Office 2010 工具软件一样，其用户界面比起 2003 版及以前的版本有重大改变。在一般 Windows 程序窗口中，典型的界面元素包括菜单栏和工具栏。在 Office 2007 及 Office 2010 中对此进行了大幅度改动，引入了功能区和导航窗格。而在 Office 2010 各软件中，不仅对功能区进行了多处更改，而且还新引入了第三个用户界面组件 Backstage 视图。

Access 2010 用户界面的三个主要组件功能如下。

1. 功能区

功能区是一个包含多组命令且横跨程序窗口顶部的带状选项卡区域，替代 Access 以前版本中存在的菜单和工具栏的主要功能。它主要由多个选项卡组成，这些选项卡下有多个按钮组。

2. Backstage 视图

Backstage 视图是功能区“文件”选项卡下显示的命令集合。

3. 导航窗格

导航窗格是 Access 程序窗口左侧的窗格，用以组织和在其中使用数据库对象。

这三种界面元素提供了供用户创建和使用数据库的环境。

4.2.2 Backstage 视图

上一节我们曾提及，Backstage 视图有直接启动 Access 进入的 Backstage 视图和打开已有数据库再进入的 Backstage 视图两种，以下分别做介绍。

1. “新建”命令项的 Backstage 视图

直接启动 Access 而不打开数据库，或在“文件”选项卡下选择“新建”命令项(单击)，出现新建空数据库的 Backstage 视图，如图 4-13 所示。

在这种 Backstage 视图窗口左侧，列出了可以执行的命令项。灰色命令项表示在当前状态下不可选用。

“打开”命令项用于打开已创建的数据库，其下的数据库列表是曾打开过的数据库，选择某个数据库(单击)可直接打开。

“最近所用文件”命令项用于列出用户最近访问过的数据库文件。

“新建”命令项用于建立新的数据库，右侧列出了多种模板，便于帮助用户按照模板快速建立特定类型的数据库。也可以选择“空数据库”模板，这样由用户一步步去建立一个全新的数据库。

“帮助”命令项进入帮助界面，用于激活产品、获取帮助等。

“选项”命令项用于对 Access 进行设置。

2. 打开已有数据库的 Backstage 视图

若已打开数据库，如打开了“教材管理. accdb”数据库后，单击“文件”选项卡，进入当前数据库的 Backstage 视图，如图 4-18 所示。

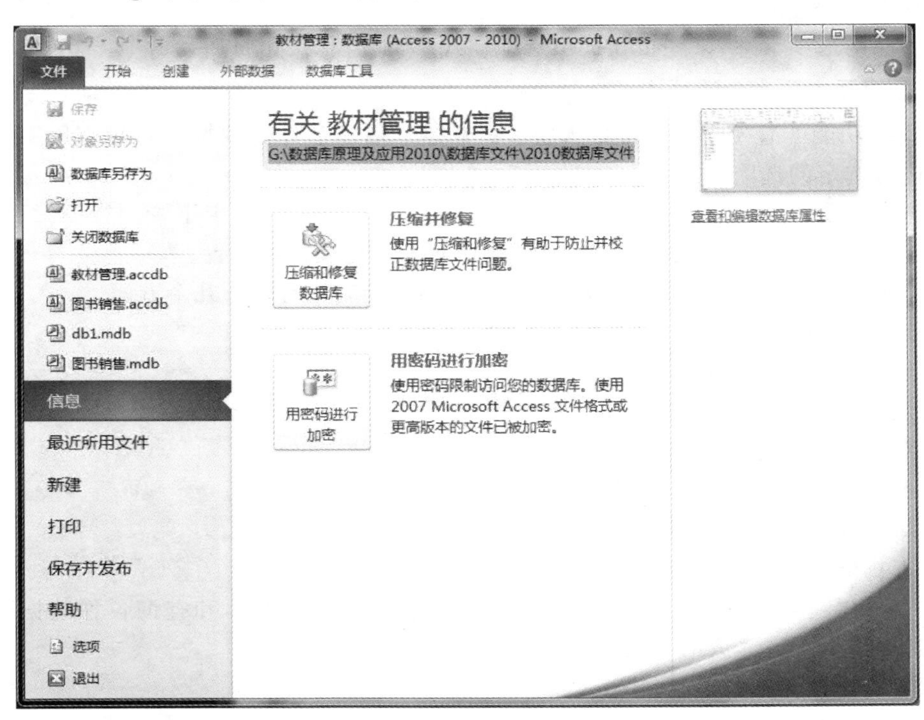

图 4-18　打开数据库的 Backstage 视图

原来一些不可选的命令项变为可选。如:“数据库另存为”命令项可将当前数据库重新另外存储。

“关闭数据库”用于关闭当前数据库。

“信息”命令项显示可对当前数据库进行“压缩并修复”“用密码进行加密”的操作。

“打印”命令项可实现对象打印输出操作。

“保存并发布”命令项可进行“另存为”、保存为“模板”、通过网络实现共享等多种操作。

一些命令的具体操作在后续章节做进一步的介绍。

4.2.3 功能区

打开数据库文件，进入 Access 程序窗口工作界面，横跨程序窗口顶部的带状选项卡区域即是功能区，如图 4-16 所示。

功能区是早期版本中的菜单和工具栏的主要替代者，提供了 Access 2010 中主要的命令。功能区的主要特点之一是，将早期版本的需要使用菜单、工具栏、任务窗格和其他用户界面组件才能显示的任务或入口点集中在一个地方。这样，用户只需在一个位置查找命令，而不用四处查找命令。在数据库使用过程中，功能区是用户经常使用的区域。

功能区包括将相关常用命令分组存放在一起的主选项卡、只在使用时才出现的上下文选项卡，以及快速访问工具栏（可以自定义的小工具栏，可将用户常用的命令放入其中）。

功能区主选项卡包括“文件”“开始”“创建”“外部数据”和“数据库工具”。每个选项卡都包含多组相关命令，这些命令组展现了其他一些新的界面元素（例如样式库，它是一种新的控件类型，能够以可视方式表示可供选择的目标）。

功能区中提供的命令还反映了当前活动对象。某些功能区选项卡只在某些情形下出现。例如，只有在“设计”视图中已打开对象的情况下，“设计”选项卡才会出现。因此，功能区的选项卡是动态的。

在功能区选项卡下，某些按钮提供选项样式库，而其他按钮将启动命令。

1. 功能区主要命令选项卡

Access 功能区有 4 个主要命令选项卡：“开始”“创建”“外部数据”和“数据库工具”。通过单击进入选定的选项卡。

在每个选项卡下，都有不同的操作工具。例如，在“开始”选项卡下，有“视图”组、“字体”组等，用户可以通过这些组中的工具，对数据库对象进行操作和设置。

（1）利用“开始”选项卡下的工具，可以完成的功能主要有以下几个方面。

① 选择不同的视图。

② 从剪贴板复制和粘贴。

③ 设置当前的字体格式、字体对齐方式。

④ 对备注字段应用 RTF 格式。

⑤ 操作数据记录（刷新、新建、保存、删除、汇总、拼写检查等）。

⑥ 对记录进行排序和筛选。

⑦ 查找记录。

（2）利用“创建”选项卡下的工具，用户可以创建数据表、窗体和查询各种数据库对象。“创建”选项卡下可以完成的功能主要有以下几个方面。

① 插入新的空白表。

② 使用表模板创建新表。

③ 在 SharePoint 网站上创建列表，在链接至新创建的列表的当前数据库中创建表。

④ 在设计视图中创建新的空白表。

⑤ 基于活动表或查询创建新窗体。

⑥ 创建新的数据透视表或图表。

⑦ 基于活动表或查询创建新报表。

⑧ 创建新的查询、宏、模块或类模块。

(3) 利用“外部数据”选项卡下的工具,可以完成的功能主要有以下几个方面。

① 导入或链接到外部数据。

② 导出数据。

③ 通过电子邮件收集和更新数据。

④ 使用联机 SharePoint 列表。

⑤ 将部分或全部数据库移至新的或现有的 SharePoint 网站。

(4) 利用“数据库工具”选项卡下的工具,可以完成的功能主要有以下几个方面。

① 启动 Visual Basic 编辑器或运行宏。

② 创建和查看表关系。

③ 显示/隐藏对象相关性或属性工作表。

④ 运行数据库文档或分析性能。

⑤ 将数据移至 Microsoft SQL Server 或 Access 数据库(仅限于表)。

⑥ 运行链接表管理器。

⑦ 管理 Access 加载项。

⑧ 创建或编辑 VBA 模块。

2. 上下文命令选项卡

有一些选项卡属于上下文命令选项卡,即根据用户正在使用的对象或正在执行的任务而显示的命令选项卡。例如,当用户在创建表进入数据表的设计视图时,会出现“表格工具”下的“设计”选项卡;在报表设计视图中创建一个报表时,会出现“报表布局工具”下的 4 个选项卡:“设计”“排列”“格式”和“页面设计”。如图 4-19 所示。

有关的选项卡和它们的功能及应用,将在后续章节中进一步介绍。

3. 快速访问工具栏

快速访问工具栏是出现在窗口顶部 Access 图标右边显示的标准工具栏,默认为:。它将最常用的操作命令(如“保存”和“撤销”等命令)按钮显示在这里,用户可单击按钮进行快速操作。用户可以定制该工具栏。

如图 4-20 所示,单击快速访问工具栏右边向下的三角箭头,拉出“自定义快速访问工具栏”菜单,用户可以在菜单中选择命令项(单击),将其设置为快速访问工具栏中显示的图标。

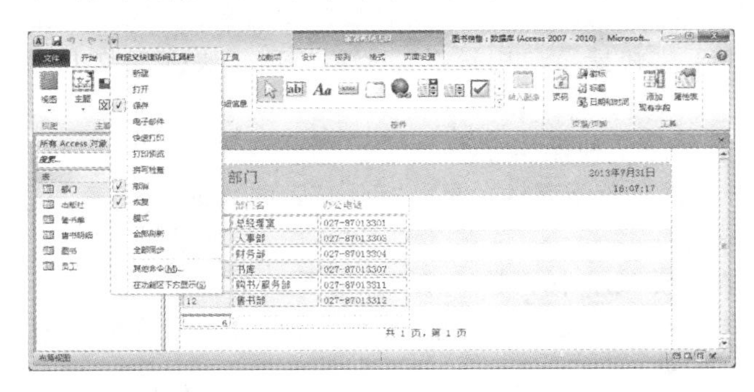

图 4-19 功能区的上下文命令选项卡

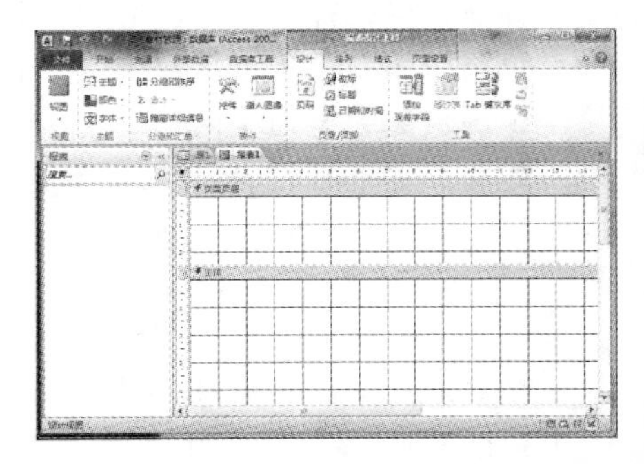

图 4-20 自定义快速访问工具栏

4. 快捷键

执行命令的方法有多种。最快速、直接的方法是使用与命令关联的键盘快捷方式。在功能区中可以使用键盘快捷方式。Access 早期版本中的所有键盘快捷方式仍可继续使用。在 Access 2010 中，“键盘访问系统”取代了早期版本的菜单加速键。此系统使用包含单个字母或字母组合的小型指示器，这些指示器在用户按下“Alt”键时显示在功能区中。这些指示器显示用什么键盘快捷方式激活下方的控件。

有关键盘快捷方式的详细信息，请参阅 Access 键盘快捷方式。

4.2.4 导航窗格

导航窗格位于 Access 窗口的左侧，如图 4-21 所示。

导航窗格用于组织归类数据库对象。在打开数据库或创建新数据库时，数据库对象的名称将显示在导航窗格中。数据库对象包括表、查询、窗体、报表、宏和模块。导航窗格是打开或更改数据库对象设计的主要入口。导航窗格取代了 Access 2007 之前 Access 版本中的数据库窗口。

导航窗格将数据库对象划分为多个类别，如表和相关视图、创建日期、修改日期等。各个类别中又包含多个组。某些类别是预定义的，可以从多种组织选项中进行选择，还可以在导航窗格中创建用户自定义组织方案。默认情况下，新数据库使用“对象类型”类别，该类别包含对应于各种数据库对象的组。

单击导航窗格右上方的小箭头，拉出“浏览类别”菜单，如图 4-22 所示。可以选择不同的查看对象方式。如仅查看表，就选择“表”菜单项(单击)。

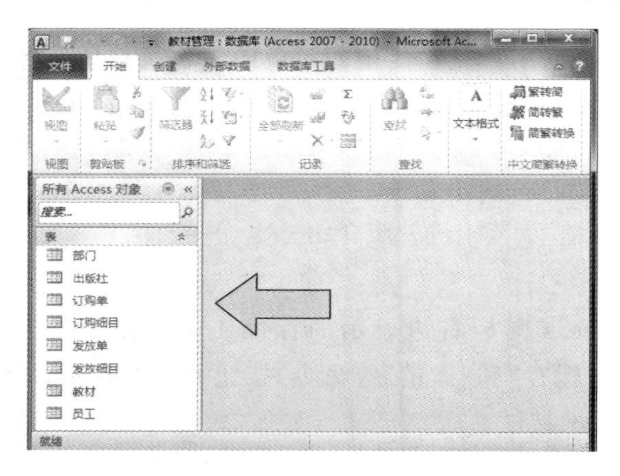

图 4-21　导航窗格

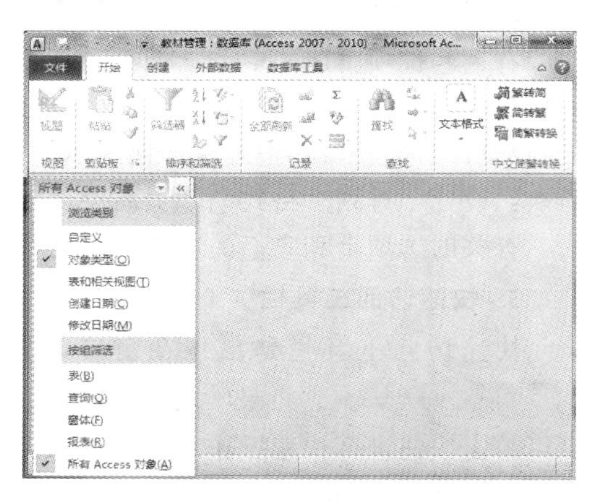

图 4-22　导航窗格“浏览类别”菜单

导航窗格是操作数据库对象入口。若要打开数据库对象或对数据库对象应用命令，在导航窗格中用右键单击该对象，然后从上下文快捷菜单中选择一个菜单项。快捷菜单中的菜单项因对象类型而不同。

如要显示“部门”表，通过导航窗格，有如下多种操作方法。

(1) 在导航窗格打开“部门”表(双击)，就在右侧窗格中显示“部门”表的数据。

(2) 选择“部门”表，然后按“Enter”键。

(3) 选择“部门”表，单击右键，然后在快捷菜单中单击“打开”菜单项。

在处理数据库对象时，可以根据需要显示或隐藏导航窗格，方法是：重复单击导航窗格右上角的按钮 « 或按“F11”键。

对于导航窗格，还可以进行定制。操作方法如下。

（1）打开数据库后，单击“文件”选项卡，进入 Backstage 视图。

（2）单击“选项”命令项，启动“Access 选项”对话框，如图 4-23 所示。

（3）选择“当前数据库”命令项，如图 4-24 所示，这里是“用于当前数据库的选项”界面。

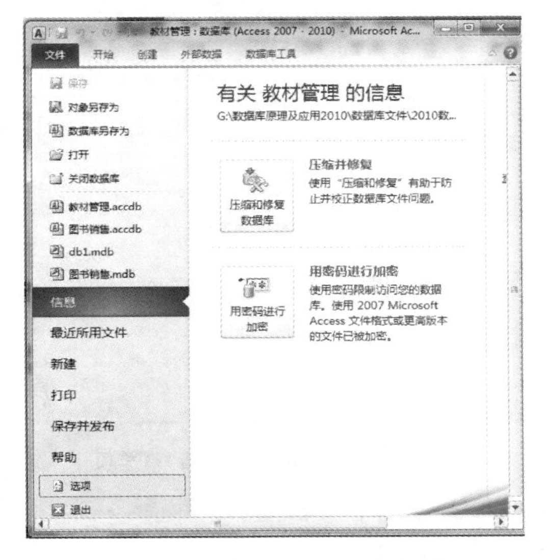

图 4-23　启动“Access 选项”对话框

图 4-24　“当前数据库”命令

（4）目前在打开数据库时默认显示导航窗格，若取消勾选“显示导航窗格”复选框，则打开数据库时将不再看到导航窗格。要想重新显示导航窗格，只有进入该选项重新设置。

（5）单击“导航选项...”按钮，弹出“导航选项”对话框，如图 4-25 所示。在该对话框中可以对导航的类别、对象和打开方式等进行设置。

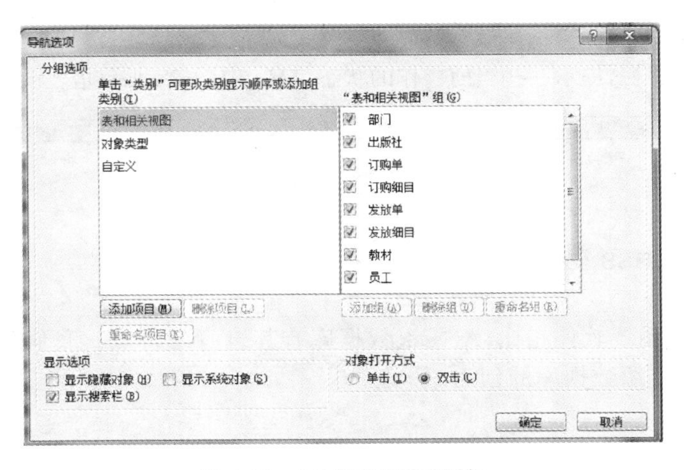

图 4-25　“导航选项”对话框

注意，导航窗格在 Web 浏览器中不可用。若要将导航窗格与 Web 数据库一起使用，必须先使用 Access 打开该数据库。

4.2.5　其他界面

Access 主窗口中，不同对象有不同的界面类型。

1. 选项卡式文档

选项卡式文档即采用选项卡的方式显示的文档。当打开多个对象后，Access 默认将表、查询、窗体、报表以及关系等对象的显示设置为“选项卡式文档”采用选项卡的方式显示，如图 4-26 所示。图4-27所示即选择“选项卡式文档”单选项。

图 4-26　采用选项卡的方式显示数据库表对象

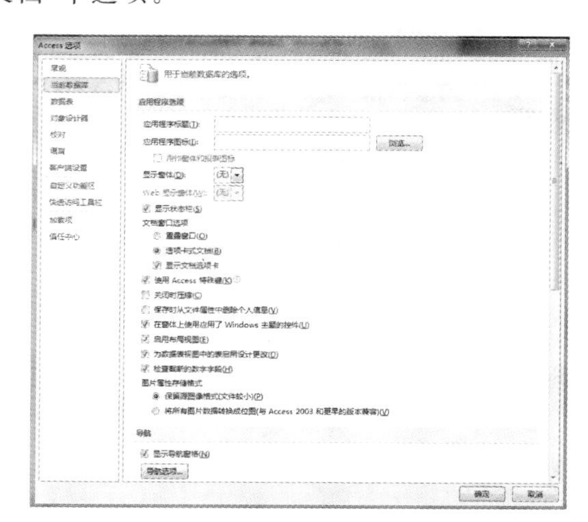

图 4-27　选择“选项卡式文档”单选项

实际上可以通过设置 Access 选项来更改显示方式。其操作方法如下。

(1) 打开数据库后，单击“文件”选项卡，进入 Backstage 视图。

(2) 单击“选项”命令项，启动“Access 选项”对话框。选择“当前数据库”命令项。

(3) 在“文档窗口选项”下选择“重叠窗口”单选项，单击“确定”按钮。这样可以用重叠窗口来代替选项卡式文档显示数据库对象。不过，如果要更改选项卡式文档设置，则必须关闭数据库然后重新打开，新设置才能生效。

注意，“显示文档选项卡”设置针对单个数据库。必须为每个数据库单独设置此选项。

2. 状态栏

窗口下部为状态栏，提示一些当前操作的状态信息。图 4-28 所示是表设计时的状态提示。

图 4-28　状态栏

4.3　Access 数据库

与其他数据库系统软件相比，Access 数据库有其自身的特点。我们先来初步介绍一下 Access 数据库，再介绍数据库的创建。

4.3.1　基本知识

Access 突出的特点，就是作为一个桌面数据库管理系统，Access 将开发数据库系统的众多功能集成在一起，提供了可视化交互操作方式。因此，Access 不仅仅是一个 DBMS，也是一个数据库系统的开发工具，功能完备、强大，而且使用简单。

1. Access 数据库对象

Access 将一个数据库系统的组成部分分成 6 种数据库对象，这 6 种对象共同组成 Access 数据库。因此，在 Access 中，数据库是一个容器，是其他数据库对象的集合，也是这些对象的总称。

Access 数据库的 6 种对象是：表、查询、窗体、报表、宏、模块。

(1) 表。数据库首先是数据的集合。表是实现数据组织、存储和管理的对象,数据库中的所有数据,都是以表为单位进行组织管理的,数据库实质上是由若干个相关联的表组成的。表也是查询、窗体、报表等对象的数据源,其他对象都是围绕着表对象来实现相应的数据处理功能的。因此,表是 Access 数据库的核心和基础。

建立一个数据库,首先是定义该数据库的各种表。数据库表之间相互关联,建立表也要定义表之间的关系。

(2) 查询。查询是实现数据处理的对象。查询的对象是表,查询的结果也是表的形式。因此,可以针对查询结果继续进行查询。实现查询要使用数据库语言,关系数据库的语言为结构化查询语言(SQL)。将定义查询的 SQL 语句保存下来,就得到查询对象。

因为查询结果是表的形式,所以查询对象也可以作为进一步处理的对象。但查询对象并不真正存储数据,因此,查询对象可以理解为“虚表”,是对表数据的加工和再组织。这种特点改善了数据库中数据的可用性和安全性。

(3) 窗体。窗体用来作为数据输入、输出的界面对象。在 Access 中虽然可以直接操作表,但表的结构和格式往往不满足应用的要求,并且表中的数据往往需要进一步处理。将设计好的窗体保存下来便于重复使用,就得到窗体对象。

窗体的基本元素是控件,可以设计任何符合应用需要的各种格式的简单、美观的窗体。窗体中可以驱动宏和模块对象,即可以编程,从而根据要求任意地处理数据。

(4) 报表。报表对象用来设计实现数据的格式化打印输出,在报表对象中也可以实现对数据的统计运算处理。

(5) 宏。宏是一系列操作命令的组合。为了实现某种功能,可能需要将一系列的操作组织起来,作为一个整体执行。事先将这些操作命令组织好,命名保存,这就是宏。宏所使用的命令都是 Access 已经预置好的,按照命令的格式使用即可。

(6) 模块。模块是利用程序设计语言 VBA(visual basic application)编写的实现特定功能的程序集合,可以实现任何需要程序才能完成的功能。

以上 6 种对象共同组成 Access 数据库(早期版本的 Access 有 7 个对象,在 Access 2010 中取消了页对象)。其中,表和查询是关于数据组织、管理和表达的,而表是基础,因为数据通过表来组织和存储;查询则实现了数据的检索、运算处理和集成。窗体可查看、添加和更新表中数据。报表以特定版式分析或打印数据。窗体和报表实现了数据格式化的输入输出功能。宏和模块是 Access 数据库的较高级功能,实现对数据的复杂操作和运算、处理。

本书后续分章介绍各对象的应用方法。

当然,开发一个数据库系统时,并不一定要同时使用到所有这些对象。

2. Access 数据库存储

数据库对象都是逻辑概念,而 Access 中数据和数据库对象以文件的形式存储,称为数据库文件,文件的扩展名是“. accdb”。(2007 版之前版本的 Access,数据库文件扩展名是“. mdb”),一个数据库保存在一个文件中。

这样存储,提高了数据库的易用性和安全性,用户在建立和使用各种对象时无须考虑对象的存储格式。

4.3.2 创建 Access 数据库

使用 Access 建立数据库系统的一般步骤如下。

(1) 进行数据库设计,完成数据库模型设计。

(2) 创建数据库文件,作为整个数据库的容器和工作平台。

（3）建立表对象，以组织、存储数据。

（4）根据需要建立查询对象，完成数据的处理和再组织。

（5）根据需要设计创建窗体、报表，编写宏和模块的代码，实现输入、输出界面设计和复杂数据处理功能。

对于一个具体系统的开发来说，以上步骤并非都必须要有，但数据库文件和表的创建是必不可少的。

创建数据库的基本工作是，选择好数据库文件要保存的路径，并为数据库文件命名。在Access中创建数据库的方法，一是直接创建空数据库，二是使用模板。

1. 创建空数据库

创建空数据库是建立一个数据库系统的基础，是数据库操作的起点。

【例 4-1】 创建空的教材管理系统数据库，生成相应的数据库文件。

首先，在Windows下为数据库文件的存储准备好文件夹。这里的文件路径是：G:\教材管理。

然后，启动Access，进入Backstage视图，如图4-13所示。

在左侧命令窗格中选择“新建”命令项（单击），接着，在中间窗格中选择“空数据库”（单击）。

选择窗口右下侧的“文件名”文本框右边的文件夹浏览按钮（单击），打开“文件新建数据库”对话框，如图4-29所示。在这里选择G盘、“教材管理”文件夹，在“文件名”文本框中输入“教材管理”。

单击“确定”按钮，返回Backstage视图，如图4-30所示。

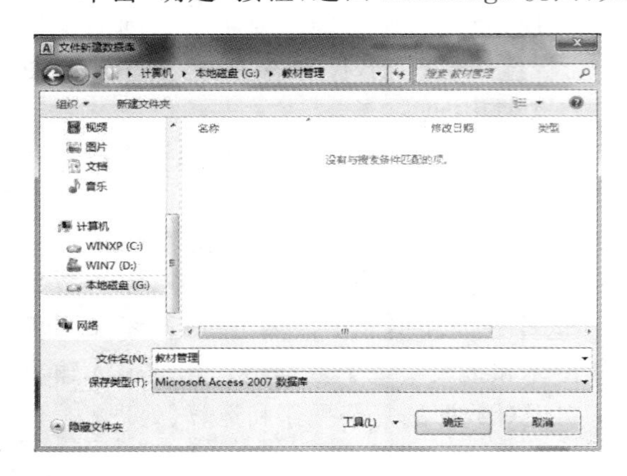

图 4-29 “文件新建数据库”对话框

图 4-30 确定后返回 Backstage 视图

在这里，单击右下角的“创建”按钮，空数据库“教材管理”建立起来了，如图4-31所示。然后，就可以在新建的数据库容器中建立其他数据库对象了，当然首先要建立表对象。

2. 其他创建数据库的方法

在Access中，还有其他创建数据库的方法。

1）创建新的Web数据库

进入Backstage视图，单击“新建”命令项。

在“可用模板”下，单击“空白Web数据库”。在右侧的“空白Web数据库”下，在“文件名”文本框中键入数据库文件的路径和名称，或选择“文件名”文本框右边的文件夹浏览按钮（单击），打开“文件新建数据库”对话框，选择路径和输入文件名，单击“确定”按钮返回Backstage视图，单击“创建”按钮。

这样创建了一个新的Web数据库，并且在数据表视图中打开一个新的表。

Web 数据库和普通数据库不同，是基于网络浏览器的，后面我们要讲到。

2）根据样板示例模板新建数据库

Access 2010 产品附带有很多模板，也可以从 Office. com 下载更多模板。

Access 模板是预先设计的数据库，它们含有专业设计的表、窗体和报表。模板可为用户创建新数据库提供很大便利。

操作方法如下。

（1）进入 Backstage 视图，单击“新建”命令项。

（2）单击“样本模板”，然后浏览可用模板，如图 4-32 所示。

图 4-31　建立空数据库教材管理. accdb

图 4-32　浏览可用模板

（3）找到要使用的模板如“学生”，然后单击该模板。

（4）在右侧的“文件名”文本框中，键入路径和文件名，或者使用文件夹浏览按钮查找设置路径和文件名。

（5）单击“创建”按钮。

Access 将按照模板创建新的数据库并打开该数据库。这时，模板中已有的各种表和其他对象都会自动建好。用户根据需要修改数据库对象。如图 4-33 所示。

3）根据 Office. com 模板新建数据库

可以在 Backstage 视图中，直接从 Office. com 下载更多 Access 模板。

从 Office. com 模板创建新数据库，应使计算机与 Internet 相连，其操作如下。

（1）进入 Backstage 视图，单击“新建”命令项。

（2）在“Office. com 模板”窗格下，单击类别，然后当该类别中的模板出现时，单击一个模板。可以使用提供的搜索框搜索模板。如单击“项目”类别。这时可从 Office. com 上下载模板，如图 4-34 所示。

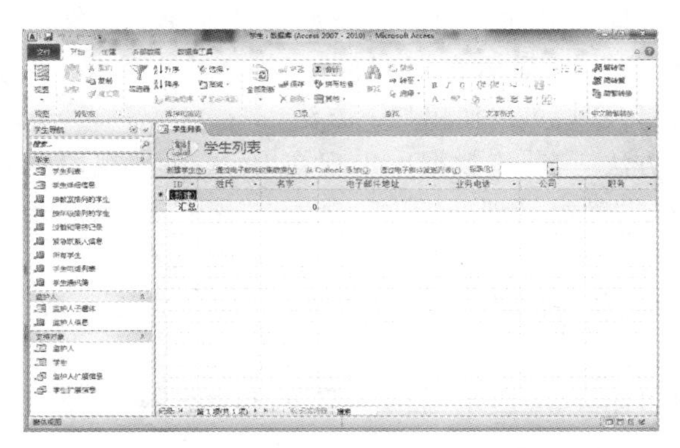

图 4-33　按照模板创建新的数据库并打开

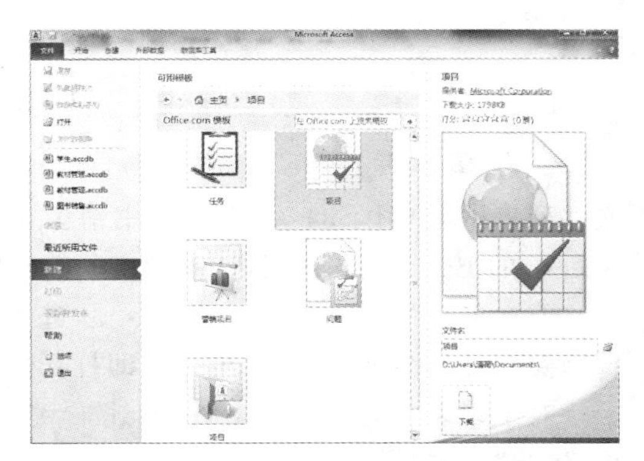

图 4-34　Office. com 上的项目模板

(3) 在右下侧的"文件名"文本框中，键入路径和文件名，或者使用文件夹浏览按钮查找设置路径和文件名。

(4) 单击"下载"按钮。

Access 将自动下载模板，根据该模板创建新数据库，将该数据库存储到用户定义的文件中，然后打开该数据库。

注意，用户使用模板建库可以简化创建数据库的操作，但前提是用户必须很熟悉模板的结构，并且模板与自己要建立的数据库有很高的相似性，否则，依据模板建立的数据库需要大量修改，不一定能提高操作效率。

4.4 数据库管理

数据库是集中存储数据的地方。对于信息处理来说，数据是最重要的资源，随着时间的推移，数据库中存储的数据越来越多。因此，对数据库的管理非常重要。

4.4.1 数据库的打开与关闭

已经建立好的数据库以文件形式存储在外存中，每次使用时首先要打开。Access 提供了多种打开数据库的方法。作为桌面数据库，一般不会长时间地不间断操作使用，因此，操作完毕，应及时关闭数据库。

1. 打开数据库文件

可用多种方式打开数据库。

方法一，若在 Windows 中找到数据库文件，直接双击该文件，将启动 Access 并打开数据库。

方法二，操作如下。

(1) 启动 Access，进入 Backstage 视图，如图 4-13 所示。

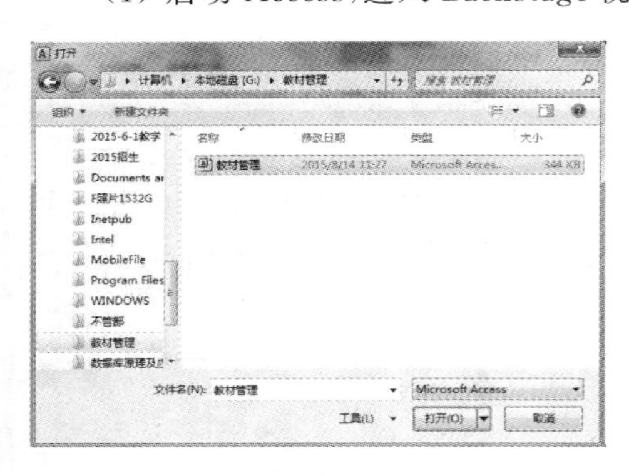

图 4-35 "打开"对话框

(2) 单击"打开"命令项，弹出"打开"对话框，如图 4-35 所示。

(3) 查找指定的文件夹路径，选择要打开的数据库文件，单击"打开"按钮，打开数据库，并进入数据库窗口。

当一个数据库通过创建或打开后，Access 会将该数据库的文件名和位置添加到最近使用文件的内部列表中，显示在 Backstage 视图中。这样，下次再打开时，可以使用如下方法。

方法三，若该数据库出现在 Backstage 视图的文件列表中，如图 4-34 左侧的"图书销售. accdb""教材管理. accdb""学生. accdb"等，则进入 Access 的 Backstage 视图，选择列出的数据库文件单击，即可打开选定的数据库文件。

或者单击"最近使用文件"命令项，进入"最近使用的数据库"列表窗口，如图 4-36 所示。选择要打开的数据库文件(单击)，即打开数据库。

对于列表中的数据库文件，单击右键，弹出图 4-37 所示的快捷菜单，可根据菜单命令项，进行相应的操作。

图 4-36 “最近使用的数据库”列表窗口

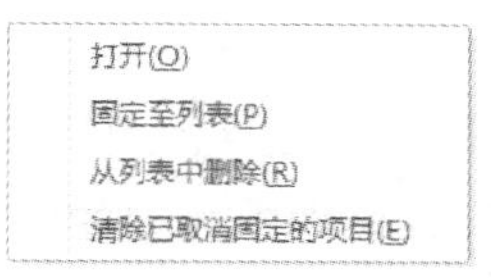

图 4-37 右键快捷菜单

2. 数据库文件默认路径设置

文件处理是经常做的工作。无论是创建数据库文件还是打开数据库，都需要查找文件路径。Access 或其他 Office 软件都有默认文件夹，一般是“我的文档”(my document)。一般来说，用户总是将自己定义的文件放在指定的文件夹中的。因此，有必要修改文件的默认路径和默认文件夹，以提高工作效率。

在 Backstage 视图中单击“选项”命令项，进入“Access 选项”对话框，选择“常规”命令项，如图 4-38 所示。

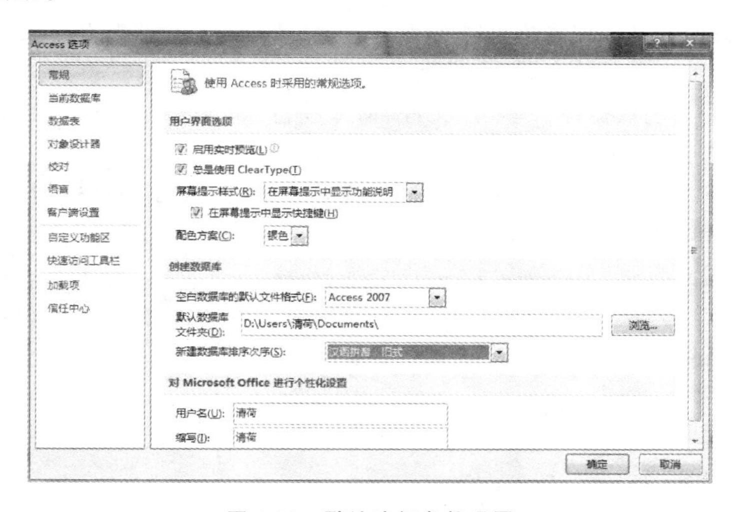

图 4-38 默认路径参数设置

在“默认数据库文件夹”文本框中，键入要作为 Access 默认文件夹的路径，如输入“G:\教材管理\”，单击“确定”按钮。这样，下次再启动 Access 时，“G:\教材管理\”就成为默认路径。

3. 关闭数据库文件

数据库使用完毕应及时关闭。Access 一次只能操作一个数据库。关闭数据库有以下几种方法。

(1) 在 Backstage 视图中单击“关闭数据库”命令项，关闭当前数据库。

(2) 打开一个新数据库文件的同时，就先行关闭了当前数据库。

(3) 退出 Access 的时候，将关闭当前的数据库。

4.4.2 数据库管理

前面第 3 章我们曾介绍过关系数据库的完整性，在数据库使用过程中，对于数据库的完整性和安全性的管理非常重要。数据库的完整性是指在任何情况下，都能够保证数据库的正确性和可用性，不会由于各种原因而受到损坏。数据库的安全性指数据库应该由具有合法权限的人来使用，防止数据库中的数据被非法泄露、更改和破坏。Access 提供了必要的方法来保证数据库的完整性和安全性。本节先介绍数据库的备份与恢复。有关数据库安全性管理的内容，我们在后面介绍。

1. 数据库的备份与恢复

对于数据库中数据的完整性保护，最简单和有效的方法是进行备份。备份即将数据库文件在另外一个地方保存一份副本。当数据库由于故障或人为原因被破坏后，将副本恢复即可。不过要注意，一般的事务数据库，其中的数据经常在变化，例如银行储户管理数据库，每天都有很大变化，所以，数据库备份不是一次性的而是经常和长期要做的工作。

对于大型数据库系统，应该有很完善的备份恢复策略和机制。Access 数据库一般是中小型数据库，因此备份和恢复比较简单。

最简单的方法，当然是利用操作系统的文件拷贝功能。用户可以在数据库修改后，立即将数据库文件拷贝到另外一个地方存储。若当前数据库被破坏，再通过拷贝将备份文件恢复即可。

另外，Access 本身也提供了备份和恢复数据库的方法。

【例 4-2】 备份教材管理系统数据库到“G:\数据库备份”文件夹中。

首先在 G 盘创建“数据库备份”文件夹。

打开教材管理系统数据库。单击“文件”命令项进入 Backstage 视图。单击“保存并发布”命令项，然后选择“备份数据库”，如图 4-39 所示。

单击右下侧的“另存为”按钮，弹出“另存为”对话框，定位到“G:\数据库备份”文件夹，如图 4-40 所示。单击“保存”按钮，实现备份。

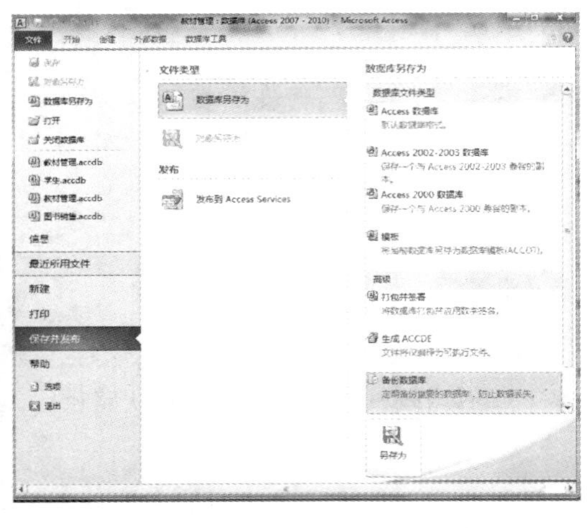

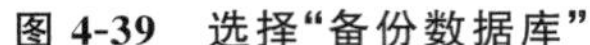
图 4-39 选择“备份数据库”

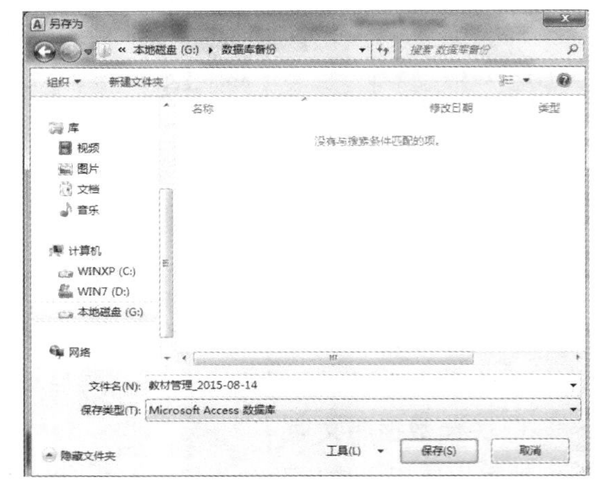

图 4-40 实现备份

备份文件实际上是将当前数据库文件加上日期后另外存储一个副本。一般来说，副本的文件位置不应与当前数据库文件在同一磁盘上。如果同一日期有多次备份，则自动命名会再加上序号。

当需要使用备份的数据库文件恢复还原数据库时，将备份副本拷贝到数据库文件夹中。如果需要改名，重新命名文件即可。

如果用户只需要备份数据库中的特定对象，如表、报表等，可以在备份文件夹中先创建一个空的数据库作为备份数据库，然后通过导入/导出功能，将需要备份的对象导入到备份数据库中即可。导入/导出方法我们在后面的章节介绍。

2. 查看和编辑数据库属性

对于打开的数据库，可以查看数据库的相关信息，并编辑相应的说明信息。

查看及编辑的操作方法如下。

(1) 打开数据库，进入当前数据库的 Backstage 视图，如图 4-18 所示。

(2) 单击右侧"查看和编辑数据库属性"命令项，弹出数据库属性对话框，如图 4-41 所示。通过该对话框，可以了解当前数据库的信息，在"摘要"选项卡下编辑关于当前数据库的说明文字。

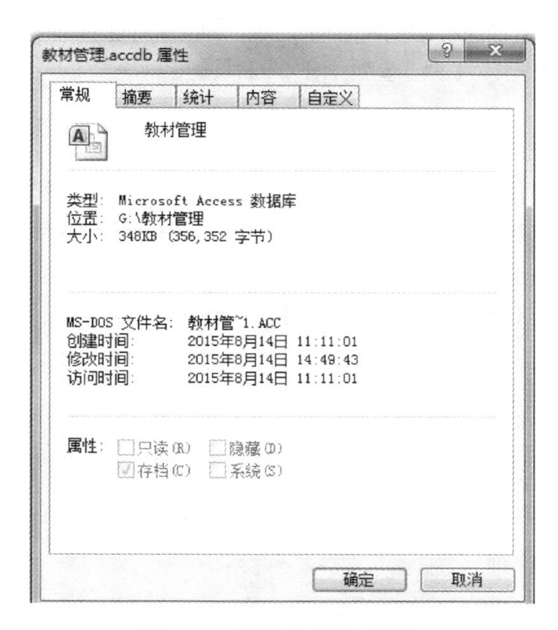

图 4-41　数据库属性对话框

本章小结

本章简要介绍了 Access 的特点、Microsoft Office 软件的安装。介绍了 Access 2010 的启动和工作界面，以及数据库文件的概念、存储、创建及打开数据库、关闭数据库等，和数据库的管理操作。

Access 2010 的界面主要由 Backstage 视图、功能区和导航窗格组成。

Access 数据库是数据及相关对象的容器。Access 2010 数据库包含 6 种对象，分别是表、查询、窗体、报表、宏和模块。定义好的对象和数据都存储在一个数据库文件中。

要使用数据库对象，首先应该建立数据库文件。

数据库是计算机信息处理中最核心的资源，保证数据库的完整和安全是极其重要的。要及时对数据库进行备份，加以保护。

习　题　4

一、问答题

(1) Access 是什么套装软件中的一部分？其主要功能是什么？

(2) Access 的主要特点有哪些？

(3) 如何启动 Access？

(4) 如何退出 Access？

(5) 有哪两种 Backstage 视图？各有什么特点？

(6) 简述功能区的主要特点。

(7) 利用功能区“开始”选项卡下的工具，可以完成的功能主要有哪几个方面？

(8) 利用功能区“创建”选项卡下的工具，可以完成的功能主要有哪几个方面？

(9) 利用功能区“外部数据”选项卡下的工具，可以完成的功能主要有哪几个方面？

(10) 利用功能区“数据库工具”选项卡下的工具，可以完成的功能主要有哪几个方面？

二、填空题

(1) 功能区上提供的命令反映了__________对象。

(2) 组成 Access 数据库的 6 个对象是：表、查询、窗体、报表、宏、________。

(3) 进入 Access，横跨程序窗口顶部的带状选项卡区域即是________。

(4) Access 功能区 4 个主要命令选项卡是：“开始”“创建”“外部数据”和“________”。

(5) 执行命令的方法有多种。最快速、直接的方法是使用________方式。

三、单项选择题

(1) Access 是新一代关系数据库管理系统，其推出公司是　　(　　)

A. IBM 公司　　B. SUN 公司

C. Microsoft 公司　　D. Appear 公司

(2) Access 2010 是　　(　　)

A. 大型数据库管理系统

B. 微型计算机上的层次数据库管理系统

C. 微型计算机上的关系数据库管理系统

D. 微型计算机上的网状数据库管理系统

(3) Access 2010 是 Microsoft 公司推出的微型计算机上的　　(　　)

A. 新一代表格处理软件　　B. 新一代办公系统

C. 新一代关系数据库管理系统　　D. 新一代数据处理系统

(4) 在使用 Access 时，如果要退出系统，以下操作中正确的是　　(　　)

A. 在命令窗口中输入命令 CLEAR

B. 选择“文件”选项卡的“关闭”命令项

C. 选择“文件”选项卡(单击)，在 Backstage 视图中选择“退出”项

D. 在命令窗口中输入命令 CANCEL

(5) 以下不能进入 Access 主窗口的操作是　　(　　)

A. 启动 Access　　B. 新建一个数据库

C. 打开已有数据库　　D. 关闭 Access

四、名词解释题

（1）导航窗格。

（2）功能区。

（3）Backstage 视图。

（4）快速访问工具栏。

实 验 题 4

实验题 4-1 在机器上基于 Windows 7，启动和退出 Access 2010。

实验题 4-2 了解和熟悉 Access 2010 主窗口。

请观察 1：Access 2010 主窗口的功能区和导航窗格。

请观察 2：功能区的作用和所包括的功能项。

请观察 3：导航窗格的应用。

请观察 4：Access 2010 主窗口的快速访问工具栏。

实验题 4-3 认识两种方式的 Backstage 视图。

实验题 4-4 创建图书销售系统数据库。

在 Access 中创建图书销售系统数据库的方法，一是直接创建空数据库，二是使用模板。

请用第一种方法创建空的图书销售系统数据库，生成相应的数据库文件图书销售.accdb 存于 E:\图书销售管理。

实验题 4-5 创建教材管理系统数据库。

在 Access 中，创建教材管理系统数据库，所创建起来的教材管理系统数据库请妥善保存，后面各章都要使用。

实验题 4-6 用模板创建数据库。

在 Access 中创建数据库的方法，一是直接创建空数据库；二是使用模板。

请用第二种方法创建空的学生数据库，生成相应的数据库文件学生.accdb，存于 E:\BOOKSALE。

实验题 4-7 从 Office.com 下载 Access 创建数据库的模板。直接从 Office.com 下载更多的 Access 创建数据库的模板，更方便地创建数据库。

实验题 4-8 利用 Access 提供的备份和恢复数据库的方法，备份图书销售系统数据库到“F:\数据库备份”文件夹下。

第5章 表对象

第4章我们曾介绍，Access数据库由6个对象组成。这6个对象是：表、查询、窗体、报表、宏、模块。它们都保存在数据库文件.accdb中。

从本章开始的以下各章，我们逐一介绍这6个对象的意义和用法。

我们首先介绍数据库中6个对象里最基本和最重要的对象——表(table)对象。

因为数据库中的所有数据，都是以表为单位进行组织管理的，所以数据库实质上是由若干个相关联的表组成的。表也是查询、窗体、报表、宏、模块等对象的数据源，其他对象都是围绕着表对象来实现相应的数据处理功能的，因此，表是Access数据库的核心和基础。

5.1 表对象的定义

表对象是数据库中最基本和最重要的对象，是其他对象的基础。Access是基于关系数据模型的，表就对应于关系模型中的关系。

5.1.1 表的基本概念

一个数据库内可有若干个表，每个表都有唯一的表名。

表是满足一定要求的、由行和列组成的、规范的二维表，表中的行称为记录(record)，列称为字段(field)。

表中所有的记录都具有相同的字段结构。

一般来说，表的每个记录不重复。为此，表中要指定用于记录的标识，称为表的主键(primary key)。主键是一个字段或者多个字段的组合。一个表的主键取值是绝不重复的。如"部门"表的主键是"部门号"，"教材"表的主键是"教材编号"。

表中的每列字段都有一个字段名，字段名在一个表内不能相同，在不同表内可以重名。

字段只能在事先规定的取值集合内取值，同一列字段的取值集合必须是相同的。

在Access中用来表示字段取值集合的基本概念是"数据类型"。此外，字段的取值还必须符合用户对于每个字段的值的实际约束规定。

一个数据库中多个表之间通常相互关联。一个表的主键在另外一个表中，作为将两个表关联起来的字段，称为外键(foreign key)。外键与主键之间，必须满足参照完整性的要求。如"教材"表中，"出版社编号"就是外键，对应"出版社"表中，"出版社编号"是主键。

5.1.2 表的创建方法简介

创建表的工作包括确定表名、字段结构、表之间的关系，以及为表输入数据记录。

Access 2010提供了建立数据表的多种方式，以满足用户不同的需求。具体来说，有6种方式建立表。

第一种和Excel一样，直接在数据表中输入数据。Access会自动识别存储在该表中的各列数据的数据类型，并据此设置表的字段属性。

第二种是通过"表"模板，应用Access内置的表模板来建立新的数据表。

第三种是通过“SharePoint 列表”，在 SharePoint 网站建立一个列表，再在本地建立一个新表，然后将其连接到 SharePoint 列表中。

第四种是通过表的“设计视图”创建表。该方法需要完整设置每个字段的各种属性。

第五种是通过“字段”模板设计建立表。

第六种是通过导入外部数据建立表。

用户可以根据自己的实际情况选择适当的方法，来建立符合要求的 Access 表对象。

创建表的这些方法中，最基本的方法是在表的设计视图中创建。其他方法中，有的在已建立表的情况下，还需要在设计视图中对表的结构进行修改调整。

作为初学者，要首先熟悉和掌握在表的设计视图中创建表这种基本的方法。我们在讲完数据类型之后，将首先重点介绍在设计视图中创建表这种基本的方法。

5.2 数据类型

数据类型是数据处理的重要概念。DBMS 事先将其所能够表达和存储的数据进行了分类，一个 DBMS 的数据类型的多少是该 DBMS 功能强弱的重要指标，不同的 DBMS 在数据类型的规定上各有不同。

5.2.1 Access 数据类型

在 Access 中创建表时，可以选择的数据类型如图 5-1 所示。

数据类型规定了每一类数据的取值范围、表达方式和运算种类。所有数据库中要存储和处理的数据，都应该有明确的数据类型。因此，创建一个表的主要工作之一，就是为表中的每个字段指定其数据类型。

有一些数据，比如“员工编号”，可以归类到不同的类型，既可以指定其为“文本型”，也可以指定其为“数字型”，因为它是全数字编号。这样的数据到底应指定为哪种类型，要根据它自身的用途和特点来确定。

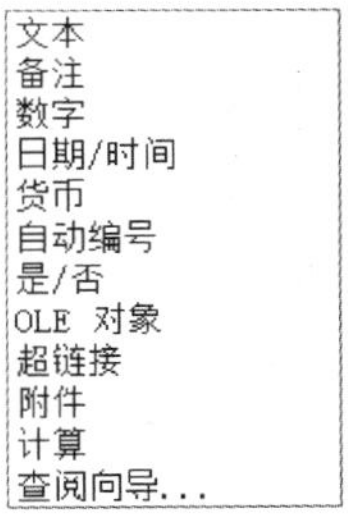

文本
备注
数字
日期/时间
货币
自动编号
是/否
OLE 对象
超链接
附件
计算
查阅向导...

图 5-1 Access 数据类型

有些不能算作基本数据类型，如“计算”“查阅向导”等。

因此，要想最合理地管理数据，就要深入理解数据类型的意义和规定。

5.2.2 Access 数据类型规定

在 Access 中关于数据类型规定的说明如表 5-1 所示。其中，数字类型可进一步细分为不同的子类型。不特别指明，这些类型的存储空间以字节为单位。

(1) 文本型和备注型。文本型用来处理文本字符信息，可以由任意的字母、数字及其他字符组成。在表中定义文本字段时，长度以字符为单位，最多 255 个字符，由用户定义。备注型也是文本，主要用于在表中存储长度差别大或者大段文字的字段。备注型字段最多可存储 65 535 个字符。

(2) 数字型和货币型。数字型和货币型数据都是数值，由 0～9、小数点、正负号等组成，不能有除 E 以外的其他字符。数字型又进一步分为字节、整型、长整型、单精度型、双精度型、小数等，不同子类型的取值范围和精度有区别。货币型用于表达货币。

数值表达有普通表示法和科学计数法。普通表示如 123、－3456.75 等。科学计数法用

E表示指数，如1.345×10³²表示为：1.345E+32等。数值和货币值在显示时可以设置不同的显示格式。

自动编号型相当于长整型，一般只在表中应用。该类型字段在添加记录时自动输入唯一编号的值，且不能更改。很多时候自动编号型字段作为表的主键。

自动编号型字段可以有三种类型的编号方式：每次增加固定值的顺序编号、随机编号及“同步复制ID”（也称作GUIDs，全局唯一标识符）。最常见的自动编号方式为每次增加1；随机自动编号将生成随机号，且该编号对表中的每条记录都是唯一的。“同步复制ID”的自动编号用于数据库同步复制，可以为同步副本生成唯一的标识符。

所谓数据库同步复制是指建立Access数据库的两个或更多特殊副本的过程。副本可同步化，即一个副本中数据的更改，均被送到其他副本中。

表5-1　Access数据类型规定的说明

<table>
<tr><th colspan="2">数据类型名</th><th>存储空间</th><th>说　　明</th></tr>
<tr><td colspan="2">文本</td><td>0～255</td><td>处理文本数据，可由任意字符组成。在表中由用户定义长度</td></tr>
<tr><td colspan="2">备注</td><td>0～65 536</td><td>用于长文本，例如注释或说明</td></tr>
<tr><td rowspan="7">数字</td><td>字节</td><td>1</td><td rowspan="7">在表中定义字段时首先定义为数字，然后在“字段大小”属性中进一步定义具体的数字类型。各类型数值的取值范围如下。
字节：0～255，是0和正数。
整型：－32 768～32 767。
长整型：－2 147 483 648～2 147 483 647。
单精度：$-3.4\times10^{38}\sim3.4\times10^{38}$。
双精度：$-1.797\times10^{308}\sim1.797\times10^{308}$。
同步复制：自动。
小数：1～28位数，其中小数位0～15位</td></tr>
<tr><td>整型</td><td>2</td></tr>
<tr><td>长整型</td><td>4</td></tr>
<tr><td>单精度</td><td>4</td></tr>
<tr><td>双精度</td><td>8</td></tr>
<tr><td>同步复制</td><td>16</td></tr>
<tr><td>小数</td><td>8</td></tr>
<tr><td colspan="2">日期/时间</td><td>8</td><td>用于日期和时间</td></tr>
<tr><td colspan="2">货币</td><td>8</td><td>用于存储货币值，并且计算期间禁止四舍五入</td></tr>
<tr><td colspan="2">自动编号</td><td>4/16</td><td>用于在表中自动插入唯一顺序（每次递增1）或随机编号。一般存储4个字节，用于“同步复制ID”时存储16个字节</td></tr>
<tr><td colspan="2">是/否</td><td>1 bit</td><td>用于“是/否”“真/假”“开/关”等数据。不允许取NULL值</td></tr>
<tr><td colspan="2">OLE对象</td><td>≤1 GB</td><td>用于使用OLE协议的在其他程序中创建的OLE对象（如Word文档、Excel电子表格、图片、声音或其他二进制数据）</td></tr>
<tr><td colspan="2">超链接</td><td>≤64 000</td><td>用于超链接。超链接可以是UNC路径或URL</td></tr>
<tr><td colspan="2">附件</td><td>—</td><td>—</td></tr>
<tr><td colspan="2">计算</td><td>—</td><td>根据表达式求值</td></tr>
<tr><td colspan="2">查阅向导</td><td>4</td><td>用于创建允许用户使用组合框选择来自其他表或来自值列表的值的字段。在数据类型列表中选择此选项，将会启动向导进行定义</td></tr>
</table>

(3) 日期/时间型。可以同时表达日期和时间，也可以单独表示日期或时间数据。

如2013年8月8日表示为2013-8-8；

晚上8点8分0秒表示为20:8:0，其中0秒可以省略；

两者合起来，表示为2013-8-8 20:8。

日期、时间之间用空格隔开。日期的间隔符号还可以用"/"。日期/时间型数据在显示的时候，也可以设置多种格式。

(4) 是/否型。用于表达具有真或假的逻辑值，或者相对两个值。作为逻辑值的常量，可以取的值有 true 与 false、on 与 off、yes 与 no 等。这几组值在存储时实际上都只存一位。true、on、yes 存储的值是−1，false、off 与 no 存储的值为 0。

(5) OLE 对象型。用于存放多媒体信息，如图片、声音、文档等。例如，要将员工的照片存储，要将某个 Microsoft Word 文档整个存储，就要使用 OLE 对象。

在应用中若要显示 OLE 对象，可以在界面对象如窗体或报表中使用合适的控件。

(6) 超链接型。用于存放超链接地址。定义的超链接地址最多可以有四个部分，各部分间用数字符号(＃)分隔，含义是：显示文本＃地址＃子地址＃屏幕提示。

下面的例子中包含"显示文本""地址"和"屏幕提示"，省略了"子地址"，但用于子地址的分隔符＃不能省略：

清华大学出版社＃http://www.tup.tsinghua.edu.cn/＃＃出版社网站

若超链接字段中存放上述地址，字段中将显示"清华大学出版社"；光标指向该字段时屏幕会提示"出版社网站"；单击，将进入 http://www.tup.tsinghua.edu.cn/网站。

(7) 附件型。Access 2010 新增的一种类型，它可以将图像、电子表格文件、文档、图表等任何受操作系统支持的文件类型作为附件附加到数据库记录中。

(8) 计算型。引用表中其他字段的表达式，由其他字段的值计算本字段的值。

(9) 查阅向导型。不是一种独立数据类型，是应用于文本型、数字型、是/否型三种类型字段的辅助工具。当定义"查阅向导"字段时，就会自动弹出一个向导，由用户设置查阅列表。查阅列表是将来输入记录的字段值，供用户参考，可以从表中选择一个值的列表，起提示作用。

5.3 创建表

前面我们说，Access 提供多种创建表的方法，有的先输入数据，然后设定表结构；有的先定义结构，然后再输入数据。但无论哪种方式，创建表时都应事先完成表的物理设计，即将表的表名、各字段的名称及类型，以及字段及表的全部约束规定，包括表之间的关系都设计出来，在实际创建表时遵循物理设计的规定。这样创建的数据库才是符合用户要求的。

5.3.1 物理设计

设计所有表的物理结构以及表之间的相互关系。按照结构化设计方法，物理设计是指在逻辑设计的基础上，结合 DBMS 的规定，设计可上机操作的表结构。

1. 表的结构

表是数据库中唯一的组织数据存储的对象。当建立了一个数据库文件后，紧接着就应该建立这个数据库中的表对象。

1) 表的理解

对于 Access 的表，首先必须对它的结构有完整和深入的理解。图 5-2 所示是教材管理系统数据库中的"出版社"表。

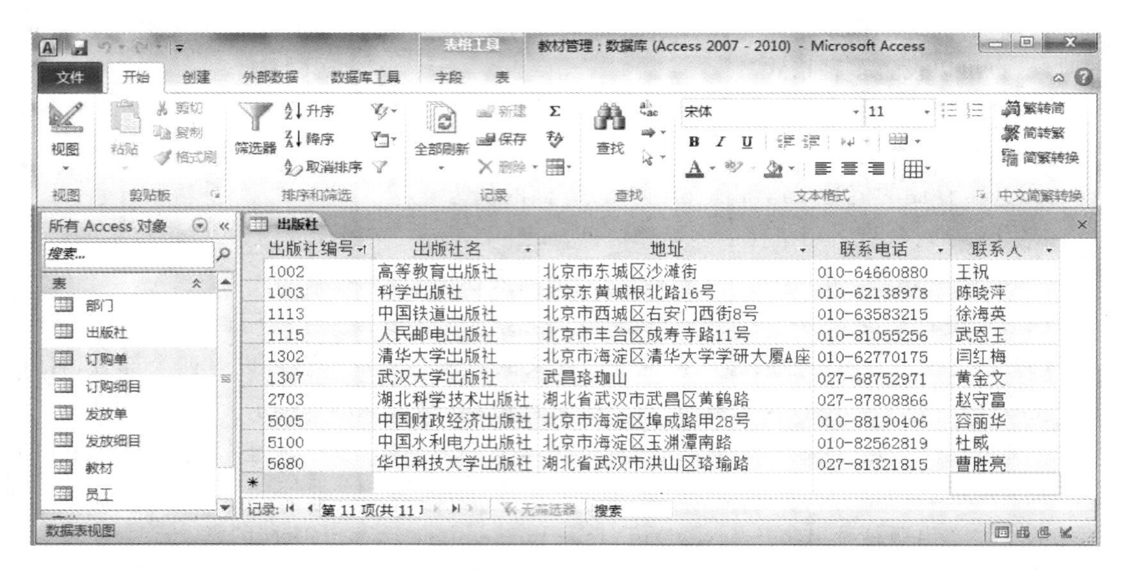

出版社编号	出版社名	地址	联系电话	联系人
1002	高等教育出版社	北京市东城区沙滩街	010-64660880	王祝
1003	科学出版社	北京东黄城根北路16号	010-62138978	陈晓萍
1113	中国铁道出版社	北京市西城区右安门西街8号	010-63583215	徐海英
1115	人民邮电出版社	北京市丰台区成寿寺路11号	010-81055256	武恩玉
1302	清华大学出版社	北京市海淀区清华大学学研大厦A座	010-62770175	闫红梅
1307	武汉大学出版社	武昌珞珈山	027-68752971	黄金文
2703	湖北科学技术出版社	湖北省武汉市武昌区黄鹤路	027-87808866	赵守富
5005	中国财政经济出版社	北京市海淀区埠成路甲28号	010-88190406	容丽华
5100	中国水利电力出版社	北京市海淀区玉渊潭南路	010-82562819	杜威
5680	华中科技大学出版社	湖北省武汉市洪山区珞瑜路	027-81321815	曹胜亮

图 5-2　教材管理数据库中的出版社

(1) 表名。一个数据库内可有若干个表,每个表都有唯一的名字,即表名。如出版社、教材等。

(2) 数据类型、记录和字段。表是满足一定要求的由行和列组成的二维表,表中的行称为记录,列称为字段。

表中所有的记录都具有相同的字段结构,表中的每一列字段都具有唯一的取值集合,也就是数据类型。对于每一个字段,规定其实际需要的数据类型,是很重要的。

(3) 主键。主键的概念在第 1 章出现,在第 3 章我们曾介绍过。一般来说,表的每个记录都是独一无二的,也就是说记录不重复。为此,表中要指定用来区分各记录的标识,称为表的主键或主码。主键是一个字段或者多个字段的组合。一个表主键的取值是绝不重复的。如"教材"表的主键是"教材编号","员工"表的主键是"工号"。同时,定义了主键的关系中,不允许任何元组的主键属性值为空值。

(4) 外键。外键的概念我们在第一章也曾介绍过。一个数据库中多个表之间通常是有关系的。一个表的字段在另外一个表中是主键,作为将两个表关联起来的字段,称为外键。外键与主键之间,必须满足参照完整性的要求。如"教材"表中,"出版社编号"就是外键,对应"出版社"表的主键。

(5) 字段的取值。表中字段的取值,必须符合事先指定的数据类型的规定,另外,如果用户还有其他要求,可以对字段进行专门的约束,如是否可以取空值,是否必须满足特定条件等。

2) 关系模型

按照结构化设计方法,物理设计是在逻辑设计的基础上,结合 DBMS 的规定,设计出可以在机器上实现的表结构的。

根据第 3 章例 3-11,把武汉学院教材管理系统的 E-R 模型转化为关系模型,教材管理系统数据库中八个关系对应的关系模型如下(下划线用于标明主键)。

(1) 部门(部门号,部门名,办公电话)。

(2) 员工(工号,姓名,性别,生日,部门号,职务,薪金)。

(3) 出版社(出版社编号,出版社名,地址,联系电话,联系人)。

(4) 教材(教材编号,ISBN,教材名,作者,出版社编号,版次,出版时间,教材类别,定价,折扣,数量,备注)。

(5) 订购单(订购单号,订购日期,工号)。

(6) 订购细目(订购单号,教材编号,数量,进价折扣)。

(7) 发放单(发放单号,发放日期,工号)。

(8) 发放细目(发放单号,教材编号,数量,售价折扣)。

3) 设计结构表

【例 5-1】 对武汉学院教材管理系统进行数据库及其表对象设计。

数据库文件名:教材管理。

数据库中各表名:部门、员工、出版社、教材、订购单、订购细目、发放单、发放细目。

各表结构及表的关系的设计,如表 5-2 到表 5-9 所示。

表 5-2 部门结构

字段名	类型	长度	小数位	主键/索引	参照表	约束	NULL 值
部门号	文本型	2		↑(主)			
部门名	文本型	20					
办公电话	文本型	18					√

表 5-3 员工结构

字段名	类型	长度	小数位	主键/索引	参照表	约束	NULL 值
工号	文本型	4		↑(主)			
姓名	文本型	10					
性别	文本型	2				男或女	
生日	日期/时间型						
部门号	文本型	2		↑	部门		√
职务	文本型	10					√
薪金	货币型					≥800	

表 5-4 出版社结构

字段名	类型	长度	小数位	主键/索引	参照表	约束	NULL 值
出版社编号	文本型	4		↑(主)			
出版社名	文本型	26					
地址	文本型	40					
联系电话	文本型	18					√
联系人	文本型	10					√

表 5-5　教材结构

字段名	类型	长度	小数位	主键/索引	参照表	约束	NULL 值
教材编号	文本型	13		↑(主)			
ISBN	文本型	22					
教材名	文本型	60					
作者	文本型	30					
出版社编号	文本型	4			出版社		
版次	字节型					≥1	
出版时间	文本型	7					
教材类别	文本型	12					
定价	货币型		2			>0	
折扣	单精度型		3				√
数量	整型					≥0	
备注	备注型						√

表 5-6　订购单结构

字段名	类型	长度	小数位	主键/索引	参照表	约束	NULL 值
订购单号	自动编号型	10		↑(主)			
订购日期	日期/时间型						
工号	文本型	4			员工		

表 5-7　订购细目结构

字段名	类型	长度	小数位	主键/索引	参照表	约束	NULL 值
订购单号	长整型			↑	订购单		
教材编号	文本型	13			教材		
数量	整型						
进价折扣	单精度型		3			0.0～1	√

表 5-8　发放单结构

字段名	类型	长度	小数位	主键/索引	参照表	约束	NULL 值
发放单号	自动编号型	10		↑(主)			
发放日期	日期/时间型						
工号	文本型	4			员工		

表 5-9　发放细目结构

字段名	类型	长度	小数位	主键/索引	参照表	约束	NULL 值
发放单号	长整型			↑	发放单		
教材编号	文本型	13			教材		
数量	整型						
售价折扣	单精度型		3			0.0～1	√

以上各表设计，除字段名外，其他都属于约束，包括各字段的类型和长度，指定表的主键、索引，外键及其参照表，是否取空值，以及表达式约束等。因此，物理设计指明了数据库的约束要求。

在设计表中，用户需要给表和字段命名。Access 对于表名、字段名和其他对象的命名制定了相应的规则。命名一般规定如下。

名称长度最多不超过 64 个字符，名称中可以包含字母、汉字、数字、空格及特殊的字符（除句号（.）、感叹号（!）、重音符号（`）和方括号（[ ]）之外）的任意组合，但不能包含控制字符（ASCII 值为 0 到 31 的控制符）。首字符不能以空格开头。

在 Access 项目中，表、视图或存储过程的名称中不能包括双引号（" "）。

在命名时要注意，虽然字段、控件和对象名等名称中可以包含空格，也可以用非字母、汉字开头，但是由于 Access 数据库有时候要在应用程序中使用，或者导出为其他 DBMS 的数据库，而其他 DBMS 的命名更严格，这样，在这些应用中可能会出现名称错误。

因此，一般情况下，命名的基本原则是：以字母或汉字开头，由字母、汉字、数字以及下划线等少数几个特殊符号组成，不超过一定的长度。

另外，对象命名时不应和 Access 保留字相同。所谓保留字，就是 Access 已使用的词汇。否则，会造成混淆或发生处理错误。例如词汇“name”，是控件的属性名，如果有对象也命名为“name”，那么在引用时就可能出现系统理解错误，而达不到预期结果。

2. 创建表对象

选定一个数据库管理系统 DBMS，这里指的是 Access。

启动 Access，可以在建立数据库文件后立即开始创建表对象，也可以以后随时创建。若在以后创建表，首先必须先在 Access 中打开数据库文件。打开数据库的操作我们在前面已讲到。

现在我们打开相应的数据库文件，这里的数据库文件指的是上一章（第 4 章）创建的数据库：教材管理.accdb。然后完成这个数据库文件中表对象的创建。

在 Access 下，做表的所有字段的定义，包括指定各字段的名称、数据类型，以及进一步的字段属性细节描述，确定各字段是否有有效性的约束。接着指定表的主键、索引等。然后给表命名保存。如果新定义的表和其他表之间有关系，还要建立表之间的关系。这些都是创建表的结构。

3. 录入记录

创建表的结构后，就要给表输入数据记录。每一条记录所输入的数据必须满足所有对于表的约束。

稍后，我们用具体实例来说明以上操作方法在 Access 2010 中的具体实现。

5.3.2 应用设计视图创建表

启动设计视图创建表的基本步骤如下。

(1) 进入 Access 窗口，选择功能区“创建”(单击)，进入“创建”选项卡，如图 5-3 所示。

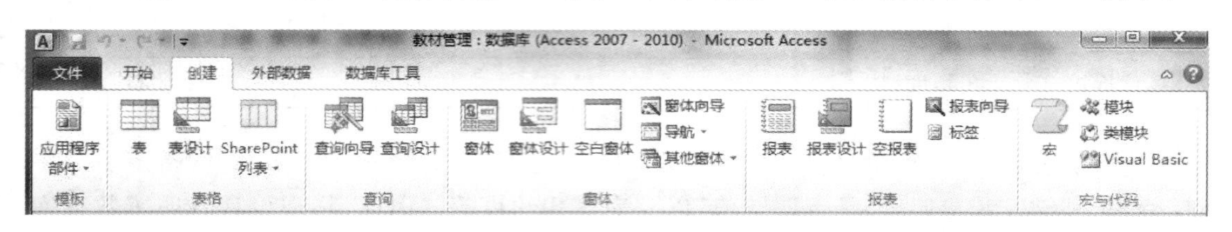

图 5-3 “创建”选项卡

(2) 选择“表设计”按钮(单击)，启动表设计视图，如图 5-4 所示。

【例 5-2】 根据例 5-1 对教材管理系统数据库的物理设计，在设计视图中创建表。

以下以“教材”表为例，介绍用设计视图方式创建表的过程。

根据事先完成的物理设计，依次在字段名称栏中输入“教材”表的字段，选择合适的数据类型，并在各字段的“字段属性”部分做进一步的设置。如图 5-5 所示。

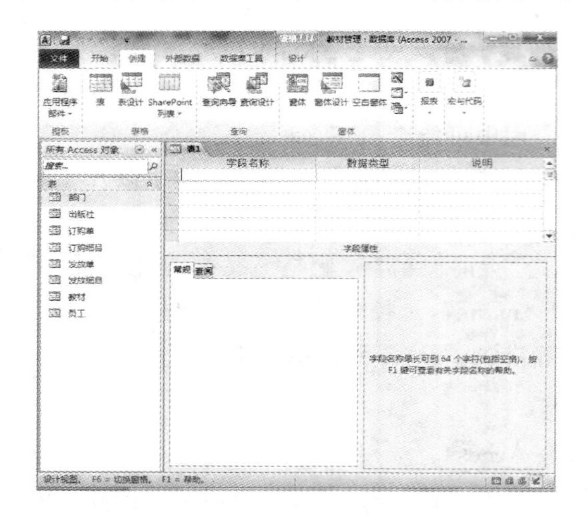

图 5-4 创建表的表设计视图

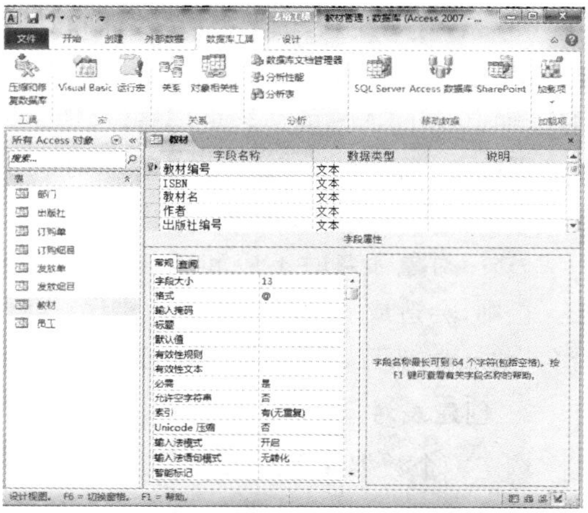

图 5-5 在设计视图中创建“教材”表

在定义表结构时，应该清楚了解设计视图中的各个栏目。

设计视图分为上下两部分。上部定义字段名称、数据类型，并对字段进行说明。字段名称前的方块按钮称为“字段选择器”。下部用来对各字段属性进行详细设置，不同数据类型的字段属性有一些差异。

给字段选择数据类型时，有一些字段只有一种选择，但有些字段可以有多种选择，这个时候就要根据该字段要存放的数据的处理特点加以选择。在确定数据类型后，就要在下部的“字段属性”栏对该字段做进一步设置。

下部的“字段属性”部分有两个选项卡：“常规”和“查阅”。

“常规”选项卡用于设置属性。对于每个字段的字段属性，由于数据类型不同，需要设置的属性也有差别，有些属性每类字段都有，有些属性只针对特定的字段。表 5-10 列出了字段属性的主要选项及设置说明。部分属性后面有进一步的应用说明。

表 5-10　字段属性的主要选项及设置说明

属　性　项	设置说明
字段大小	定义文本型长度、数字型的子类型、自动编号的子类型
格式	定义数据的显示格式和打印格式
输入掩码	定义数据的输入格式
小数位数	定义数字型和货币型数值的小数位数
标题	在数据表视图、窗体和报表中替代字段名显示
默认值	指定字段的默认取值
有效性规则	定义对于字段存放数据的检验约束规则，是一个逻辑表达式
有效性文本	当字段输入或更改的数据没有通过检验时，要提示的文本信息
必需	选择“是”或“否”，指定字段是否必须有数据输入
允许空字符串	对于文本、备注、超链接类型字段，是否允许输入长度为 0 的字符串
索引	指定是否建立单一字段索引。可选择无索引、可重复索引、不可重复索引
Unicode 压缩	对于文本、备注、超链接类型字段，是否进行 Unicode 压缩
新值	只用于自动编号型字段，指定新的值产生的方式：递增或随机
输入法模式	定义焦点移至字段时，是否开启输入法
智能标记	定义智能标记。是/否型字段和 OLE 对象没有智能标记
文本对齐	定义数据在表中的对齐方式，包括常规、左、居中、右、分散

“查阅”选项卡是只应用于“文本”“数字”“是/否”三种数据类型的辅助工具，用来定义当有“查阅向导”时作为提示的控件类别，用户可以从“文本框”“组合框”“列表框”(是/否型字段使用“复选框”)指定控件。

对于“教材”表字段的定义及其属性设置，应依照教材管理系统数据库的物理设计来完成。

“教材编号”是教材唯一的编码，全部由数字组成，起标识和区分教材的作用。“教材编号”可以定义为数字型或文本型。考虑到“教材编号”不需要做算术运算，并且编码一般是分层设计的，因此这里定义为文本型。根据最长编码，定义其“字段大小”为 13。

“ISBN”“教材名”“作者”“出版社编号”“教材类别”等都定义为文本型，字段大小根据各自实际取值的最大长度定义。“出版社编号”是外键，必须与对应主键在类型和大小上一致。根据设计，这些字段都不允许取 NULL 值，即“必需”栏为“是”。

“出版时间”虽然表示日期，但一般以月份为单位，所以不能采用日期/时间型字段，只能采用文本型字段。其格式为“××××.××”，长度为 7 位。

“版次”“折扣”“数量”都是数值，定义为数字型。由于“版次”字段是不太大的自然数，因此定义为字节型，从 1 开始；“数量”字段是整数，定义为整型，但不能为负数；“折扣”字段存放百分比，是小数，可以定义为单精度型或小数型，允许取 NULL 值。

“定价”定义为货币型，且大于 0。关于取值的约束在有效规则中通过定义表达式实现。

“备注”用来存储关于教材的说明文字信息，文字的长度无法事先确定，且可能超过 255

个字符，因此采用备注型字段。允许取 NULL 值。

这样，依次在设计视图中设置，完成字段定义。

然后，定义主键。单击“教材编号”字段，然后单击“表设计”工具栏中的主键按钮，在表设计器中最左边的字段选择器上出现主键图标（见图 5-5）。

单击快速工具栏的保存按钮，弹出“另存为”对话框，如图 5-6 所示。输入“教材”，单击“确定”按钮。这样，“教材”表的结构就建立起来了。

另外，当创建空数据库时，Access 会自动创建一个初始表“表 1”。在“开始”选项卡下，选择“视图”按钮（单击），下拉一个视图切换列表，如图 5-7 所示。

单击“设计视图”，弹出图 5-6 所示的“另存为”的表名定义对话框，用户为表命名后，单击“确定”按钮，这样，就会进入该表的设计视图。

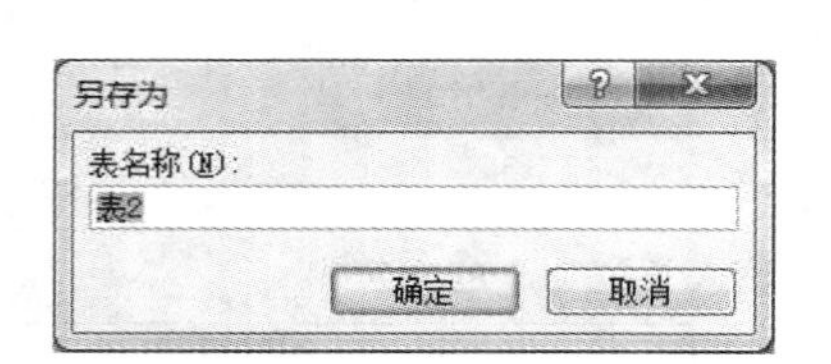

图 5-6 “另存为”对话框

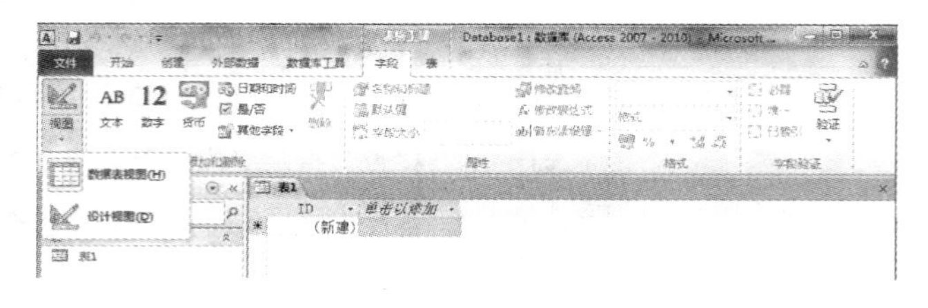

图 5-7 初始表进入设计视图

采用同样的方式，创建物理设计中的所有表，这样，数据库框架就建立起来了。

5.3.3 创建表的重要概念

1. 主键

主键是表中最重要的概念之一。主键有以下几个作用。

(1) 唯一标识每条记录，因此作为主键的字段不允许有重复值和取 NULL 值。

(2) 主键可以被外键引用。

(3) 定义主键将自动建立一个索引，可以提高表的处理速度。

每个表在理论上都可以定义主键。一个表最多只能有一个主键。主键可以由一个或几个字段组成。如果表中没有合适字段做主键，那么可以使用多个字段的组合，或者特别增加一个记录 ID 字段。

当建立新表时，系统会自动给定首字段 ID，ID 字段是自动编号型，是主键；用户如果在后面删除了 ID 字段，就要定义主键。

当使用多个字段建立主键时，操作步骤如下。

按住“Ctrl”键，依次单击要建立主键的字段的字段选择器，选中所有主键字段，然后单击主键按钮。

作为主键定义的标志是在主键的字段选择器上显示一把钥匙，如图 5-5 所示。

主键是一种数据约束。主键实现了数据库中实体完整性的功能，同时可作为参照完整性中的被参照对象。定义一个主键，同时也是在主键字段上建立了一个无重复索引。

2. 索引

索引是一个字段属性。给字段定义索引有以下两个基本作用。

(1) 利用索引可以实现一些特定的功能，如主键就是一个索引。

（2）建立索引可以明显提高查询效率，更快地处理数据。

当一个表中建立了索引时，Access 就会将索引信息保存在数据库文件中专门的位置。一个表可以定义多个索引。索引中保存每个索引的名称、定义索引的字段项和各索引字段所在的对应记录编号。索引本身在保存时会按照索引项值的从小到大即升序（ascending）或从大到小即降序（descending）的顺序排列，但索引并不改变表记录的存储顺序。索引存储的结构示意如图 5-8 所示。

索引名称 1		……	索引名称 m	
索引项 1	物理记录	……	索引项 m	物理记录
索引值 1	对应记录 1		索引值 1	对应记录 1
索引值 2	对应记录 2		索引值 2	对应记录 2
……	……	……	……	……
索引值 n	对应记录 n		索引值 n	对应记录 n

图 5-8　索引存储的结构示意

由于索引字段是有序存放的，当查询该字段时，就可以在索引中进行，这比没有索引的字段只能在表中查询快很多。由于数据库最主要的操作是查询，因此，索引对于提高数据库操作速度是非常重要和不可缺少的手段。但要注意，索引会降低数据库更新操作的性能，因为修改记录时，如果修改的数据涉及索引字段，Access 会自动地同时修改索引，这样就增加了额外的处理时间，所以对于更新操作多的字段，要避免建立索引。在建立索引时，Access 分为有重复索引和无重复索引。无重复索引的意思就是建立索引的字段是不允许有重复值的。当用户希望不允许某个字段取重复值时，就可以在该字段上建立无重复索引。

在 Access 中，可以为一个字段建立索引，也可以将多个字段组合起来建立索引。

（1）建立单字段索引。在该表的设计视图中，选中要建立索引的字段，在“字段属性”的“索引”栏中选择“有（有重复）”或者“有（无重复）”即可。

有重复索引字段允许重复取值。无重复索引字段的值都是唯一的，如果在建立索引时已有数据记录，但不同记录的该字段数据有重复，则不可再建立无重复索引，除非先删掉重复的数据。

（2）多字段索引。进入表的设计视图，然后单击“设计”选项卡下的“索引”按钮，选择“索引”菜单项，弹出“索引”对话框。将光标定位到“索引”窗口的“索引名称”列第一个空白栏中，键入多字段索引的名称，然后在同一行的“字段名称”列的组合框中选择第 1 索引字段，在“排序次序”列中选择“升序”或“降序”；在下面紧接的行中，分别在“字段名称”列和“排序次序”列中选择第 2 索引字段和次序、第 3 索引字段和次序……直到字段设置完毕为止。最后设置索引的有关属性。

【例 5-3】　在“教材”表中为“教材类别”和“出版时间”创建索引。

在导航窗格中选中“教材”表，单击右键，弹出快捷菜单，如图 5-9 所示。

选择“设计视图”（单击），启动设计视图。在设计视图中单击“设计”功能区内的“索引”按钮，弹出图 5-10 所示的“教材”表的“索引”对话框。

在“索引名称”中输入该索引的名称。索引名称最好能够反映索引的字段特征，这里定为“教材类别时间”。然后在“字段名称”中依次选择“教材类别”“出版时间”，并分别设置排序次序为“升序”，以保证排序。

图 5-9　表的快捷菜单

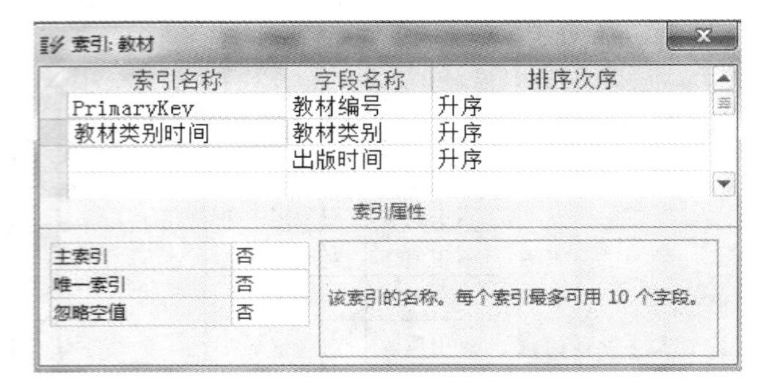

图 5-10　“教材表”的索引对话框

注意：这个索引不是主索引。也不能定义为唯一索引(即无重复索引)，因为“教材类别”和“出版时间”两项合起来，可能会有重复值。

单击☒按钮关闭窗口。退出表设计视图时，Access 会提示保存，如图 5-11 所示。

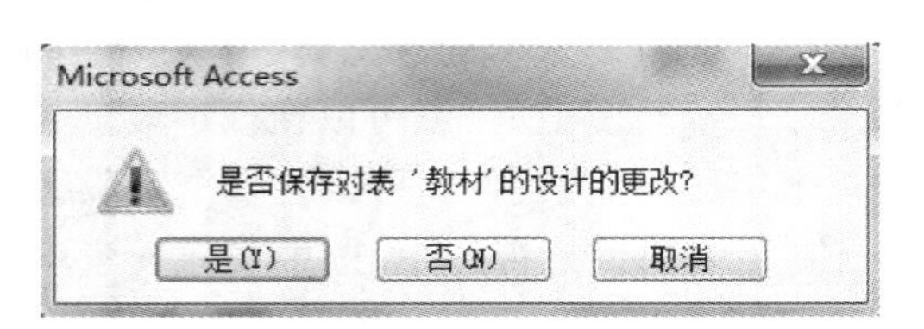

图 5-11　创建索引保存提示

回答“是”，这样，索引就建立起来了。

索引对话框中还可以定义主键索引、单字段索引，可以定义索引为有重复索引或无重复索引。所以主键也可以通过这个对话框定义。

删除主键的操作方法如下。

在表设计视图中选中主键字段，单击功能区主键按钮，即撤销主键的定义。但是如果主键被其他建立了关系的表作为外键引用，则无法删除，除非先取消关系。

删除索引的操作方法如下。

删除单字段索引直接在表设计视图中进行。选中建立了索引的字段，然后在“字段属性”的“索引”栏中选择“无”，然后保存，索引即被删除。

删除多字段索引，首先进入索引对话框，选中索引行，单击右键，在快捷菜单中单击“删除行”菜单项。关闭对话框，保存，索引就被删除了。

也可以通过索引对话框删除主键和单字段索引，操作方法类似。

另外，在索引对话框中还可以修改已经定义的索引，在其中增加索引字段或减少索引字段。

3. 定义约束

为了保证数据库数据的正确性和完整性，关系数据库中采用了多种数据完整性约束规则。实体完整性通过主键来实现，参照完整性通过建立表的关系来实现，而域完整性和其他由用户定义的完整性约束，是在进行 Access 表定义时，通过多种字段属性来实施的，与之相关的字段属性有“字段大小”“默认值”“有效性规则”“有效性文本”“必需”“允许空字符串”等。“索引”属性也有约束的功能。

(1)“字段大小”属性。在 Access 中，很多数据类型的存储空间大小是固定的，由用户定义或选择“字段大小”属性的数据类型，包括文本型、数字型和自动编号型。

文本型字段的长度最长可达 255 个字符。应根据文本需要的最大可能长度定义。对于数字型，“字段大小”属性有 7 个选项，其名称、大小如表 5-1 所示，默认类型是长整型。对于自动编号型，“字段大小”属性可以设置为长整型或同步复制 ID。

“字段大小”属性值的选择应根据实际需要而定，但应尽量设置尽可能小的“字段大小”属性值。因为较小的字段运行速度较快并且节约存储空间。

(2)“默认值”属性。除了自动编号、OLE 对象和附件等类型的字段以外，其他基本数据类型的字段可以在定义表时定义一个默认值。默认值是与字段的数据类型相匹配的任何值。如果用户不定义，有些字段类型自动有一个默认值，如数字和货币型字段“默认值”属性设置为 0，文本和备注型字段设置为 NULL。

使用默认值的作用，一个是提高输入数据的速度。当某个字段的取值经常出现同一个值时，就可以将这个值定义为默认值，这样在输入新的记录时就可以省去输入，默认值会自动加入到记录中。第二，用于减少操作的错误，提高数据的完整性与正确性。当有些字段不允许无值时，默认值就可以帮助用户减少错误。

例如，在“员工”表中，如果女性比男性多，那么可以为“性别”字段设置“默认值”属性“女”。这样，当添加新记录时，如果是女员工，对于“性别”字段可直接按回车键。

(3)“必需”属性。规定字段中是否允许有 NULL 值。如果数据必须被输入到字段中，即不允许有 NULL 值，则应设置该属性值为“是”。Access 默认“必需”属性值为“否”。

(4)“允许空字符串”属性。该属性针对文本、备注和超链接等类型的字段，规定是否允许空字符串("")输入。所谓空字符串是长度为 0 的字符串。要注意应把空字符串和 NULL 值区别开。Access 默认“允许空字符串”属性值为“是”。

(5)“有效性规则”和“有效性文本”属性。这是相关的两个属性。“有效性规则”属性允许用户定义一个表达式来限定将要存入字段的值。

所谓表达式，是指数据处理中用来完成计算求值的运算式。Access 的表达式主要由字段名、常量、运算符和函数组成。根据计算结果值的类型不同，可分为文本(或字符)型表达式、数值(包括货币)表达式、日期时间表达式和逻辑(即是/否型)表达式等。

所谓常量，就是出现在表达式中明确的值。不同类型的常量值的表示方式不同。文本型常量由定界符 ASCII 码的单引号或双引号前后括起来。数字型常量直接写出，日期时间型常量用“#”前后括起来，是否型常量用 0 或 -1 表示。

有效性规则是一个逻辑表达式。一般情况下，由比较运算符和比较值构成，默认用当前字段进行比较。比较值是常量或其他字段。如果省略运算符，默认运算符是“=”。多个比较运算要通过逻辑运算符连接，构成较复杂的有效性规则。关于表达式的进一步讨论见后续章节。

可以直接在“有效性规则”栏内输入表达式，也可以使用 Access“表达式生成器”。

当定义了一个有效性规则后，用户针对该字段的每一个输入值或修改值都会带入表达式中运算，只有运算结果为“是”的值才能够存入字段；如果运算结果为“否”，界面将弹出一个提示对话框提示输入错误，并要求重新输入。

“有效性文本”属性允许用户指定提示的文字。所以“有效性文本”属性只与“有效性规则”属性配套使用。如果用户不定义“有效性文本”属性，Access 提示默认文本。

【例 5-4】 在“教材”表中为“折扣”和“数量”定义有效性规则和有效性文本。

设置“折扣”字段。“折扣”字段的类型是单精度型，但取值应该在 1%到 100%之间。因此，在定义“折扣”字段时，在“有效性规则”栏中输入“>=.01 And <=1”。

在“有效性文本”栏中输入文字：折扣必须在 1%(0.01)到 100%(1.00)之间。如图 5-12 所示。

设置“数量”字段。书的数量是整数，这里的类型是整型。但数量不能为负数。所以“有效性规则”应该是：>=0。“有效性文本”可输入文字：存书数量不能为负数。

除了直接输入外，还可以采用“表达式生成器”。以“折扣”字段为例。在“教材”表设计视图中选中“折扣”字段，在“字段属性”的“有效性规则”栏右边单击[...]按钮，弹出“表达式生成器”对话框，如图 5-13 所示。

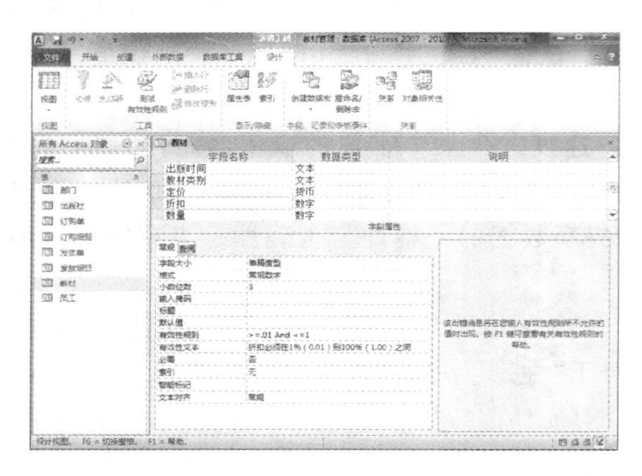

图 5-12 定义有效性规则和有效性文本

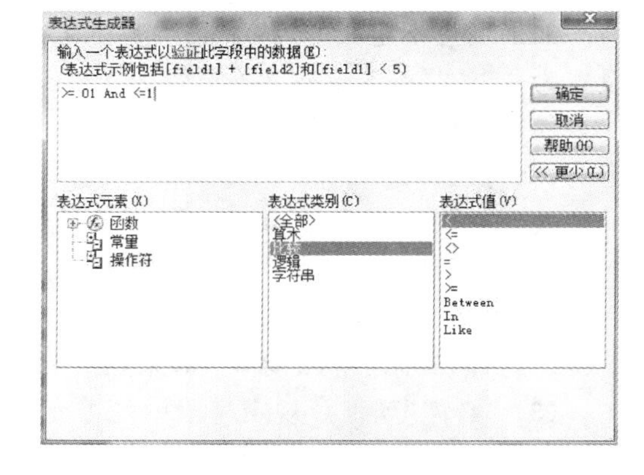

图 5-13 “表达式生成器”对话框

在左上的文本框中输入“>=.01 And <=1”。

其中，运算符可以通过单击相应按钮输入。然后单击“确定”按钮，设置完成。

4. “格式”属性

当用户打开表时，就可以查看整个表的数据记录。每个字段的数据都有一个显示的格式，这个格式是 Access 为各类型数据预先定义的，也就是数据的默认格式。但不同的用户有不同的显示要求，因此，提供“格式”属性，用于定义字段数据的显示和打印格式，允许用户为某些数据类型的字段自定义“格式”属性。

“格式”属性适用于文本、备注、数字、货币、日期/时间和是/否等数据类型。Access 为设置“格式”属性提供了特殊的格式化字符，不同字符代表不同的显示格式。

设置“格式”属性只影响数据的显示格式而不会影响数据的输入和存储。

1）文本和备注型字段的“格式”属性

文本和备注数据类型字段的自定义“格式”属性最多由两部分组成，各部分之间需用分号分隔。第一部分用于定义文本的显示格式，第二部分用于定义空字符串及 NULL 值的显示格式。表 5-11 列出了文本和备注型字段的格式化字符。

表 5-11　文本和备注型字段的格式化字符

格式化字符	用　途
@	字符占位符。用于在该位置显示任意可用字符或空格
&	字符占位符。用于在该位置显示任意可用字符。如果没有可用字符要显示，Access 将忽略该占位符
<	使所有字符显示为小写
>	使所有字符显示为大写
-、+、$、()、空格	可以在“格式”属性中的任何位置使用这些字符，并且将这些字符原文照印
"文本"	可以在“格式”属性中的任何位置使用双引号括起来的文本。文本原文照印
\	将其后跟随的第一个字符原文照印
!	用于执行左对齐
*	将其后跟随的第一个字符作为填充字符
[颜色]	用方括号中的颜色参数指定文本的显示颜色。有效颜色参数为黑色、蓝色、绿色、青色、红色、紫红色、黄色和白色。颜色参数必须与其他字符一起使用

【例 5-5】　为“出版社”表中的“联系电话”定义显示格式为红色的 Tel(010)-6466-0880。

进入“出版社”表设计视图，在“联系电话”字段的“格式”属性中输入：

"Tel"(@@@)@@@@@-@@@@[红色]

关闭设计视图并保存。然后打开“出版社”表，这时，在表的数据视图的“联系电话”字段中显示红色的数据，格式如：Tel(010)-6466-0880。

2）数字和货币型字段的“格式”属性

Access 预定义的数字和货币型字段的“格式”属性，如表 5-12 所示。

表 5-12　数字和货币型字段预定义的“格式”属性

格式类型	输入数字	显示数字	定义格式
常规数字	87 654.321	87 654.321	＃＃＃＃＃＃.＃＃＃
货币	876 543.21	￥876 543.21	￥＃,＃＃0.00
欧元	876 543.21	€876 543.21	€＃,＃＃0.00
固定	87 654.32	87 654.32	＃＃＃＃＃＃.＃＃
标准	87 654.32	87 654.32	＃＃＃,＃＃＃.＃＃
百分比	0.876	87.6%	＃＃＃.＃＃%
科学记数	87 654.32	8.765 432E+04	＃.＃＃＃＃E+00

如果没有为数值或货币值指定“格式”属性，Access 便以“常规数字”格式显示数值，以“货币”格式显示货币值。

用户若自定义“格式”属性，自定义的“格式”属性最多可以由四个部分组成，各部分之间需用分号分隔。第一部分用于定义正数的显示格式，第二部分用于定义负数的显示格式，第三部分用于定义零值的显示格式，第四部分用于定义 NULL 值的显示格式。

表 5-13 列出了数字和货币数据类型字段的格式化字符。

表 5-13 数字和货币数据类型字段的格式化字符

格式化字符	用　　途
.	用来显示放置小数点的位置
,	用来显示千位分隔符的位置
0	数字占位符。如果在该位置没有数字输入，则 Access 显示 0
#	数字占位符。如果在该位置没有数字输入，则 Access 忽略该数字占位符
一、+、$、()、空格	可以在"格式"属性中任何位置使用这些字符并且将这些字符原文照印
"文本"	可以在"格式"属性中任何位置使用双引号括起来的文本并且原文照印
\	将其后跟随的第一个字符原文照印
*	将其后跟随的第一个字符作为填充字符
%	将数值乘以 100，并在数值尾部添加百分号
!	用于执行左对齐
E－或 e－	用科学记数法显示数字。在负指数前显示一个负号，在正指数前不显示正号。它必须同其他格式化字符一起使用。例如：0.00E-00
E＋或 e＋	用科学记数法显示数字。在负指数前显示一个负号，在正指数前显示正号。它必须同其他格式化字符一起使用。例如：0.00E＋00
[颜色]	用方括号中的颜色参数指定显示颜色。有效颜色参数为黑色、蓝色、绿色、青色、红色、紫红色、黄色和白色。颜色参数必须与其他字符一起使用

【例 5-6】 为"教材"表中的"折扣"定义百分比和红色显示格式。

进入"教材"表设计视图，在"折扣"字段的"格式"属性中输入：#.#%[红色]。

3）日期/时间型字段的"格式"属性

Access 为日期/时间型字段预定义了 7 种"格式"属性，如表 5-14 所示。

如果没有为日期/时间型字段设置"格式"属性，Access 将以"常规日期"格式显示日期/时间值。

若用户自定义日期/时间型字段的"格式"属性，自定义的"格式"属性最多可由两部分组成，它们之间需用分号分隔。第一部分用于定义日期/时间的显示格式，第二部分用于定义 NULL 值的显示格式。表 5-15 列出了日期/时间型字段的格式化字符。

表 5-14 "日期/时间"型字段预定义的"格式"属性

格式类型	显示格式	说　　明
常规日期	2013-8-18 18:30:36	前半部分显示日期，后半部分显示时间。如果只输入了时间没有输入日期，那么只显示时间；反之，只显示日期
长日期	2013 年 8 月 18 日	与 Windows 控制面板的"长日期"格式设置相同
中日期	13-08-18	以 yy-mm-dd 形式显示日期
短日期	2013-8-18	与 Windows 控制面板"短日期"格式设置相同
长时间	18:30:36	与 Windows 控制面板的"长时间"格式设置相同
中时间	下午 6:30	把时间显示为小时和分钟，并以 12 小时时钟方式计数
短时间	18:30	把时间显示为小时和分钟，并以 24 小时时钟方式计数

表 5-15 日期/时间型字段的格式化字符

格式化字符	说　明
:	时间分隔符
/	日期分隔符
c	用于显示常规日期格式
d	用于把某天显示成一位或两位数字
dd	用于把某天显示成固定的两位数字
ddd	显示星期的英文缩写(sun～sat)
dddd	显示星期的英文全称(sunday～saturday)
ddddd	用于显示"短日期"格式
dddddd	用于显示"长日期"格式
w	用于显示星期中的日(1～7)
ww	用于显示年中的星期(1～53)
m	把月份显示成一位或两位数字
mm	把月份显示成固定的两位数字
mmm	显示月份的英文缩写(jan～dec)
mmmm	显示月份的英文全称(january～december)
q	用于显示季节(1～4)
y	用于显示年中的天数(1～366)
yy	用于显示年号后两位数(01～99)
yyyy	用于显示完整年号(0100～9999)
h	把小时显示成一位或两位数字
hh	把小时显示成固定的两位数字
n	把分钟显示成一位或两位数字
nn	把分钟显示成固定的两位数字
s	把秒显示成一位或两位数字
ss	把秒显示成固定的两位数字
tttt	用于显示"长时间"格式
AM/PM、am/pm	用适当的 AM/PM 或 am/pm 显示 12 小时制时钟值
A/P、a/p	用适当的 A/P 或 a/p 显示 12 小时制时钟值
AMPM	采用 Windows 控制面板的 12 小时时钟格式
－、＋、$、()、空格	可以在"格式"属性中的任何位置使用这些字符并且将这些字符原文照印
"文本"	可以在"格式"属性中的任何位置使用双引号括起来的文本并且原文照印
\	将其后跟随的第一个字符原文照印
!	用于执行左对齐
*	将其后跟随的第一个字符作为填充字符
[颜色]	用方括号中的颜色参数指定文本的显示颜色。有效颜色参数为黑色、蓝色、绿色、青色、红色、紫红色、黄色和白色。颜色参数必须与其他字符一起使用

【例 5-7】 将“员工”表中的“生日”定义为长日期并以红色显示。

进入“员工”表设计视图，在“生日”字段的“格式”属性中输入：

dddddd[红色]

4）是/否型字段的“格式”属性

Access 为是/否数据类型字段预定义了 3 种“格式”属性，如表 5-16 所示。

表 5-16 是/否型字段预定义的“格式”属性

格式类型	显示格式	说明
是/否	yes/no	系统默认设置。Access 在字段内部将 yes 存储为－1，no 存储为 0
真/假	true/false	Access 在字段内部将 true 存储为－1，false 存储为 0
开/关	on/off	Access 在字段内部将 on 存储为－1，off 存储为 0

Access 还允许用户自定义是/否型字段的“格式”属性。自定义的“格式”属性最多可以由三部分组成，它们之间用分号分隔。第一部分空缺；第二部分用于定义逻辑“真”的显示格式，通常为逻辑真值指定一个包括在双引号中的字符串（可以含有[颜色]格式字符）；第三部分用于定义逻辑“假”的显示格式，通常为逻辑假值指定一个包括在双引号中的字符串（可以含有[颜色]格式字符）。

例如，若“性别”字段定义为是/否型，“yes”代表“男”，“no”代表“女”。为了直观显示“男”“女”，可为“性别”字段设置如下“格式”属性：

"男"[蓝色];"女"[绿色]

这样，数据表窗口中可以看到用红色显示的“男”，用绿色显示的“女”。

5. “输入掩码”属性

“输入掩码”属性可用于文本、数字、货币、日期/时间、是/否、超链接等类型。定义“输入掩码”属性有如下两个作用。

（1）定义数据的输入格式。

（2）输入数据的某一位上允许输入的数据类型。

如果某个字段同时定义了“输入掩码”和“格式”属性，那么在为该字段输入数据时，“输入掩码”属性生效；在显示该字段数据时，“格式”属性生效。

“输入掩码”属性最多由三部分组成，各部分之间用分号分隔。第一部分定义数据的输入格式。第二部分定义是否按显示方式在表中存储数据，若设置为 0，则按显示方式存储；若设置为 1 或将第二部分空缺，则只存储输入的数据。第三部分定义一个占位符以显示数据输入的位置。用户可以定义一个单一字符作为占位符，默认占位符是一个下划线。

表 5-17 列出了用于设置“输入掩码”属性的输入掩码字符。

表 5-17 输入掩码字符

输入掩码	说明
0	数字占位符。必须输入数字（0～9）到该位置，不允许输入“＋”或“－”符号
9	数字占位符。数字（0～9）或空格可以输入到该位置，不允许输入“＋”或“－”符号。如果在该位置没有输入任何数字或空格，Access 将忽略该占位符
#	数字占位符。数字、空格、“＋”和“－”符号都可以输入到该位置。如果在该位置没有输入任何数字，Access 认为输入的是空格

续表

输入掩码	说明
L	字母占位符。必须输入字母到该位置
?	字母占位符。字母能够输入到该位置。如果在该位置没有输入任何字母，Access 将忽略该占位符
A	字母数字占位符。必须输入字母或数字到该位置
a	字母数字占位符。字母或数字能够输入到该位置。如果在该位置没有输入任何字母或数字，Access 将忽略该占位符
&	字符占位符。必须输入字符或空格到该位置
C	字符占位符。字符或空格能够输入到该位置。如果在该位置没有输入任何字符，Access 将忽略该占位符
.	小数点占位符
,	千位分隔符
:	时间分隔符
/	日期分隔符
<	将所有字符转换成小写
>	将所有字符转换成大写
!	使“输入掩码”从右到左显示。可以在“输入掩码”的任何位置放置惊叹号
\	用来显示其后跟随的第一个字符
"text"	可以在“输入掩码”属性中任何位置使用双引号括起来的文本并且原文照印

【例 5-8】 为“出版社”表的“出版社编号”字段定义“输入掩码”属性。

“出版社编号”是全数字文本型字段，位数固定。所以在“出版社编号”的“输入掩码”属性栏输入：9999。表示必须输入共四位 0～9 的数字。

除了可以使用表 5-17 列出的输入掩码字符自定义“输入掩码”属性以外，Access 还提供了“输入掩码向导”引导用户定义“输入掩码”属性。单击“输入掩码”属性栏右边的…按钮即启动“输入掩码向导”，最终定义的效果与手动定义相同。

6. 其他属性

(1)“标题”属性。“标题”属性是一个辅助性属性。当在数据表视图、报表或窗体等界面中需要显示字段时，直接显示的字段标题就是字段名。如果用户觉得字段名不醒目或不明确，希望用其他文本来标示字段，可以通过定义“标题”属性来实现。用户输入的“标题”属性的文本将在显示字段名的地方代替字段名。

在实际应用中，一般使用英文或拼音定义字段，然后定义“标题”属性来辅助显示。

(2)“小数位数”属性。“小数位数”属性仅对数字和货币型字段有效。小数位的数目为 0～15，这取决于数字或货币型字段的大小。

对于“字段大小”属性为字节、整型或长整型字段，“小数位数”属性值为 0。对于“字段大小”属性为单精度型字段，“小数位数”属性值可以设置为 0～7 位小数。对于“字段大小”属性为双精度型字段，“小数位数”属性值可以设置为 0～15 位小数。

如果用户将某个字段的数据类型定义为货币型，或在该字段的“格式”属性中使用了预定义的货币格式，则小数位数固定为两位。但是用户可以更改这一设置，在“小数位数”属性中输入不同的值即可。

（3）“新值”属性。“新值”属性用于指定在表中添加新记录时，自动编号型字段的递增方式。用户可以将“新值”属性设置为“递增”，这样表每增加一条记录，该自动编号型字段值就加 1；也可以将“新值”属性设置为“随机”，这样，每增加一条记录，该自动编号型字段值被指定为一个随机数。

（4）“输入法模式”属性。“输入法模式”属性仅适用于文本、备注、日期/时间型字段，用于定义当焦点移至字段时是否开启输入法。

（5）“Unicode 压缩”属性。“Unicode 压缩”属性用于定义是否允许对文本、备注和超链接型字段进行 Unicode 压缩。

Unicode 是一个字符编码方案，该方案使用两个字节编码代表一个字符。因此它比使用一个字节代表一个字符的编码方案需要更多的存储空间。为了弥补 Unicode 字符编码方案所造成的存储空间开销过大，尽可能少地占用存储空间，可以将“Unicode 压缩”属性设置为“是”。“Unicode 压缩”属性值是一个逻辑值，默认值为“是”。

（6）“文本对齐”属性，设置数据在数据表视图中显示时的对齐方式。默认为“常规”，即数字型数据右对齐，文本型等其他类型为左对齐。用户可设置的对齐方式有“常规”“左”“右”“居中”和“分散”等。

7. “查阅”选项卡与“显示控件”属性的使用

除上述字段属性外，Access 还在“查阅”选项卡下设置了“显示控件”属性。该属性仅适用于文本、是/否和数字型字段。“显示控件”属性用于设置这三类字段的显示方式，将这三种字段与某种显示控件绑定以显示其中的数据。表 5-18 列出了这三种数据类型所拥有的“显示控件”属性值。

表 5-18 “显示控件”属性值

数据类型 \ 显示控件	文本框	复选框	列表框	组合框
文本	√（默认）		√	√
是/否	√	√（默认）		√
数字	√（默认）		√	√

其中，文本和数字型字段，可以与文本框、列表框和组合框控件绑定，默认控件是文本框；是/否型字段，可以与文本框、复选框和组合框控件绑定，默认控件是复选框。至于要将某个字段与何种控件绑定，主要应从方便使用的角度去考虑。

使用文本框，用户只能在这个文本框中输入数据，但对于一些字段，它的数据可能在一个限定的值集合中取值，这样，就可以采用其他列表框等其他控件辅助输入。

【例 5-9】 为“员工”表的“性别”字段定义“男”；“女”值集合的列表框控件绑定。

“性别”字段只在“男”“女”两个值上取值。

（1）进入“员工”表的设计视图，选中“性别”字段，单击“查阅”选项卡，如图 5-14 所示。

（2）设置“显示控件”栏。包括文本框、列表框、组合框。这里选择列表框。

（3）设置“行来源类型”。包括表/查询、值列表、字段列表。选择值列表。

（4）设置“行来源”。由于行来源类型是值列表，在这里输入取值集合：“男”；“女”。

（5）单击快速工具栏的“保存”按钮保存表的设计。

单击功能区的“视图”下拉按钮，拉出下拉列表，单击“数据表视图”，将设计视图切换到数据表视图。

数据表视图中，在“员工”表的数据表视图中输入或修改记录时，“性别”字段将自动显示“值列表”，用户只能在列出的值中选择，如图 5-15 所示，具有提高输入效率和避免输入错误的作用。

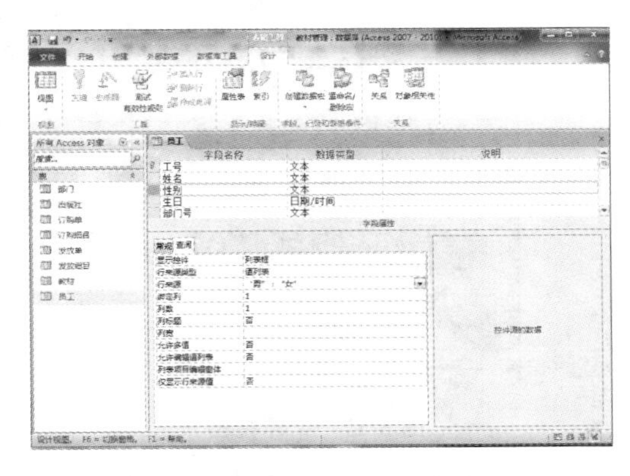

图 5-14 “性别”字段的查阅选项卡

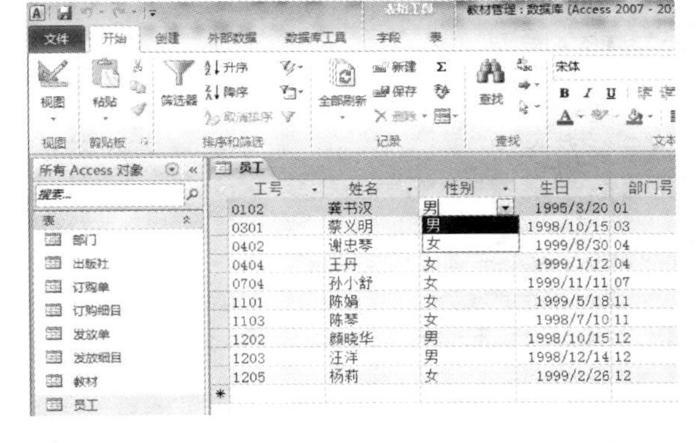

图 5-15 绑定了显示控件的数据表视图

【例 5-10】 为图书销售系统中的“售书单”表的“工号”字段定义显示控件绑定。

“售书单”表的“工号”字段是一个外键，只能在“员工”表列出的工号中取值。为了提高输入速度和避免输入错误，可以利用查阅属性将“工号”与“员工”表的“工号”字段绑定，当输入售书单数据时，对“工号”字段进行限定和提示，立即选取。

本例作为上机实验题，请参阅实验题 5-4。

8. 表属性的设置与应用

以上介绍的是对某个表的各个字段进行设置，以下介绍对表的设置。

当表的所有字段设置完成后，有时候需要对全表进行设置。对整个表的设置在“表属性”对话框中进行。在表的设计视图中单击功能区的“属性表”按钮，弹出图 5-16 所示的“表属性”对话框。

“表属性”对话框主要栏的基本意义和用途如下。

“子数据表展开”栏定义在数据表视图显示本表数据时是否同时显示与之关联的子表数据。“子数据表高度”栏定义其显示子表时的显示高度，0 cm 是指采用自动高度。

“方向”栏定义字段显示的排列顺序是从窗口的左向右还是从右向左。

“说明”栏可以填写对表的有关说明性文字。

“默认视图”是在表对象窗口中双击该表时，默认的显示视图，一般是直接显示该表所有记录的数据表。另外，在这里可以更改默认视图，用户可以在下拉列表中选择“数据透视表”或“数据透视图”视图。

9. 表设计的 4 种视图

当一个表完成设计之后，共有 4 种视图供切换打开，如图 5-17 所示。其中的“设计视图”用于表结构的设计修改，其他视图用于表数据的显示。在功能区表的“开始”与“设计”选项卡下都可以进行切换操作。

属性表

所选内容的类型：表属性

常规

断开连接时为只读	否
子数据表展开	否
子数据表高度	0cm
方向	从左到右
说明	
默认视图	数据表
有效性规则	
有效性文本	
筛选	
排序依据	
子数据表名称	[自动]
链接子字段	
链接主字段	
加载时的筛选器	否
加载时的排序方式	是

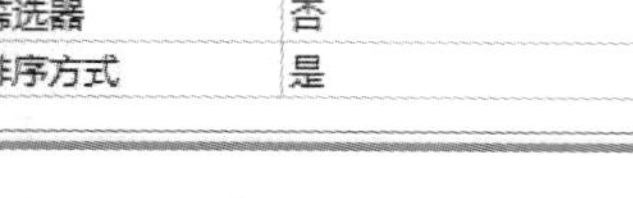

图 5-16 “表属性”对话框

图 5-17 4 种视图

“有效性规则”和“有效性文本”栏与字段属性类似，用于用户定义的完整性约束设置，区别是字段属性定义的只针对一个字段，而如果要对字段间的有效性进行检验，就必须在“有效性规则”栏进行设置。这里的“有效性规则”可以引用表的任何字段。

“筛选”和“排序依据”栏用于对表显示记录时进行限定，本章后面有介绍。

与子数据表有关的栏目参见下节的内容。

与链接有关的栏目参见有关链接表的内容。

5.3.4 创建表的其他方式

创建表的方法，除上面介绍的使用表设计视图外，Access 还提供了其他创建表的方法。以下做简介。

1. 使用数据表视图创建表

数据表视图是以行列格式显示来自表或查询的数据的窗口，是表的基本视图。本方法是直接进入表的数据表视图输入数据，然后根据数据的特点来设置调整各字段的类型。这种方法适合已有完整数据的表的创建。

基本操作方法如下。

(1) 创建新的空数据库时，会自动建立一个“表 1”的初始表并进入其数据表视图。或者，用户在功能区单击“创建”进入“创建”选项卡，如图 5-3 所示，单击“表”按钮，Access 将创建一个新表(可能暂命名为“表 2”等)，并进入数据表视图，如图 5-18 所示。

(2) 直接在空白格里输入数据。输入完毕按“Enter”键或“Tab”键，将自动在其右添加新的空白格。直到本行输入结束。而第 1 列的 ID 值，Access 会自动填入。

(3) 转到下一行，接着输入即可。在输入时，Access 会根据输入的数据，自动设置一个数据类型。当后续行的类型和前面行有不匹配的情况时，Access 会提示用户进一步处理。

(4) 输入完毕后，当单击快速工具栏的“保存”按钮，或者关闭数据库，或者退出 Access 时，系统都提示要命名、存储表，用户命名，单击“确定”按钮保存即可。

(5) 若用户需要修改表结构，打开保存的表，通过视图切换到设计视图做进一步修改即可。

2. 使用字段模板创建表

在上述数据表视图创建表的过程中，可以应用 Access 新增的字段模板，在添加字段的同时，对字段的数据类型等做进一步设置。

基本操作方法如下。

(1) 创建一个新的空白表(新建数据库时自动创建的"表 1"，或者用户在功能区的"创建"选项卡下单击"表"按钮创建一个新表)，并进入数据表视图，如图 5-18 所示。

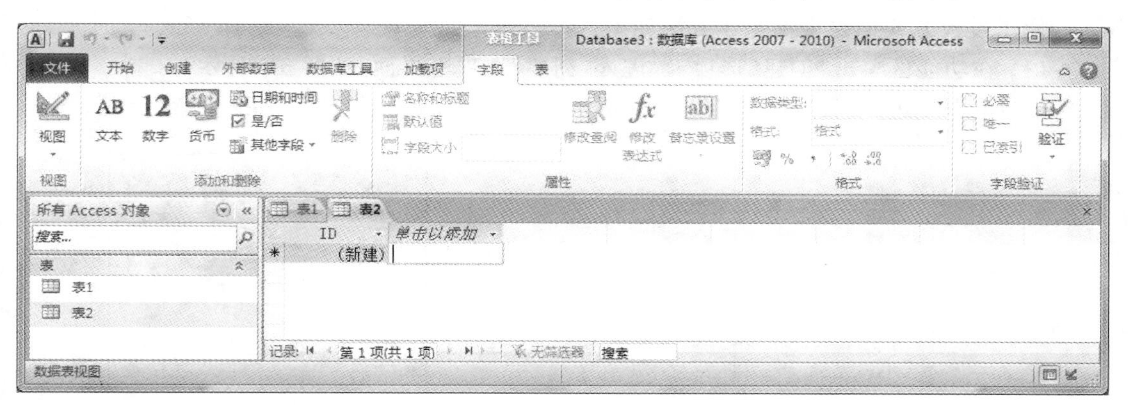

图 5-18　新表的数据表视图

(2) 单击"表格工具"下的"字段"选项卡，在"添加和删除"组中，单击"其他字段"右侧的下拉按钮，弹出要建立的字段模板，如图 5-19 所示。

(3) 选择其中最适合当前字段的数据类型(单击)，在表中将把当前字段的类型改为用户所设类型，并给字段命名为"字段 1""字段 2"(依次增加)，然后在后面又增加一列"单击以添加"列。

(4) 用户若想同时给字段命名，可以选中字段，快速地在字段名上单击两次，或者单击右键，弹出快捷菜单，如图 5-20 所示，选择"重命名字段"菜单项(单击)，这时，进入字段名的编辑状态，用户可输入字段名。

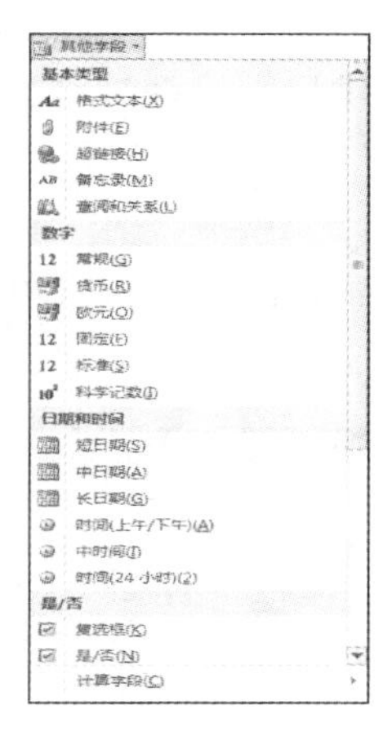

图 5-19　字段模板

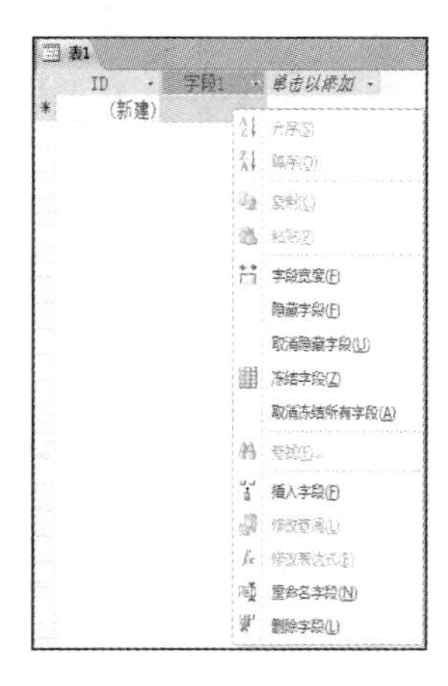

图 5-20　字段快捷菜单

(5) 用户也可以直接在新增字段上指定类型。在"单击以添加"列上单击，下拉出数据类型列表，如图 5-21 所示。选择其中合适的字段类型(单击)，则当前新添字段就设定为所选类型。

(6) 依次确定表的所有字段,然后输入数据存盘即可。

按照该方法,可以快速确定表的基本结构和输入数据。不过,用户一般都需要进一步修改调整表结构。下一步进入设计视图做进一步修改即可。

3. 使用 Access 内置的表模板创建表

Access 内置了一些表的模板,若用户要创建的表与某个模板接近,可先通过模板直接创建,然后再修改调整。

使用模板方式创建表的操作方法如下。

(1) 在功能区单击“创建”选项卡,进入“创建”选项卡界面,如图 5-3 所示。

(2) 单击左边“模板”组的“应用程序部件”按钮,下拉出模板列表,如图 5-22 所示。

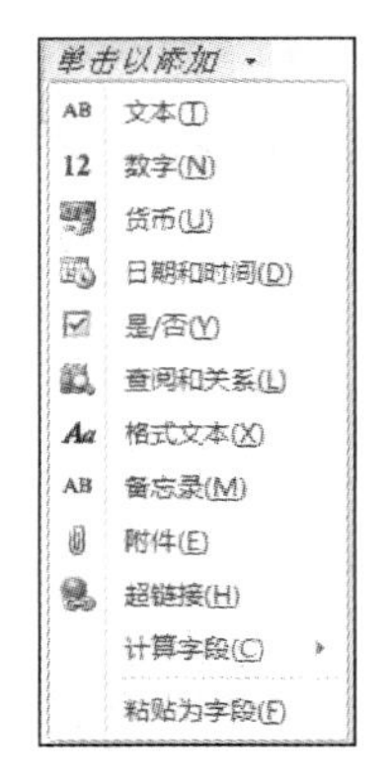

图 5-21 新增字段的数据类型列表

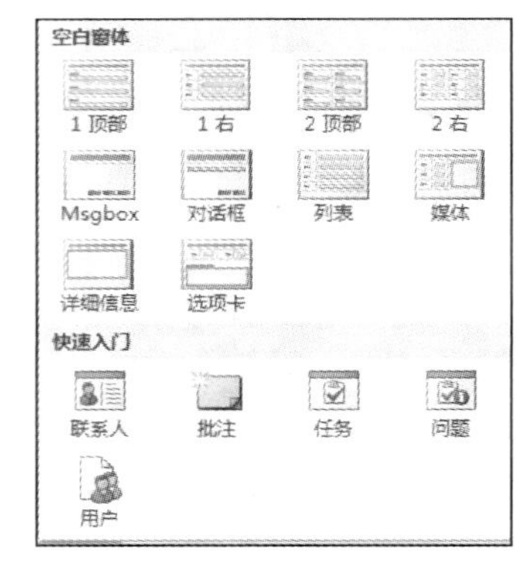

图 5-22 模板列表

(3) 选择模板,如单击“用户”,则自动添加用户表。由于这里显示的模板是综合了表、查询、窗体等多种对象的应用程序部件,因此,在添加表的同时还会添加模板中包含的各种部件。

(4) 用户根据需要,对各种对象进行进一步的修改。

4. 通过导入或链接外部数据创建表

在计算机上,以二维表格形式保存数据的软件很多,其他的数据库系统、电子表格等,这些二维表都可以转换成 Access 数据库中的表。Access 提供导入或链接表方式创建表的功能,从而可以充分利用其他系统产生的数据。

导入或链接表方式创建表的基本操作步骤如下。

(1) 进入 Access 数据库的工作界面,选择功能区“外部数据”选项卡(单击),如图 5-23 所示。

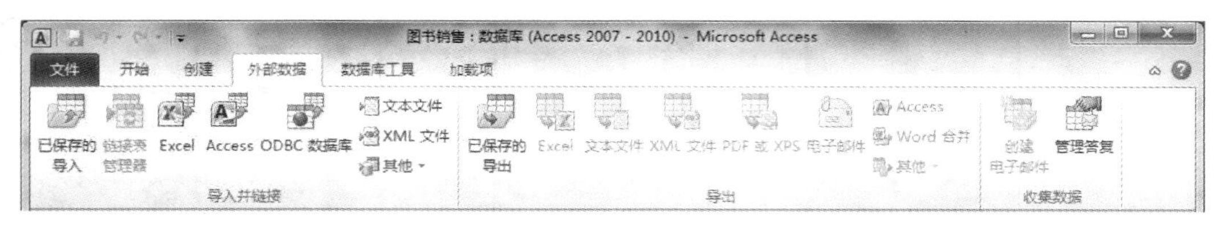

图 5-23 “外部数据”选项卡

可以看出,可以将 Excel 表、其他 Access 数据库、文本文件、XML 文件,以及支持 ODBC 的数据库等多种数据源的数据导入或链接到 Access 中。

(2) 根据数据源的类型,选中相应的按钮(单击),启动导入/链接向导。

(3) 根据向导提示,一步步进行相应的设置,就可将外部数据导入或链接到当前数据库中。

导入与链接的区别是:导入是将外部数据源的数据复制到当前数据库中,然后与数据源没有任何关系了;链接方式并不将外部数据复制过来,而是建立与数据源的链接通道,从而可以在当前数据库中获取外部源数据。所以链接表方式能够反映源数据的任何变化。如果源数据对象被删除或移走,则链接表也无法使用。

当链接表创建后,对链接表的操作都会转换成对源表的操作,所以有一些操作将受到限制。

5.4 表间关系

按照关系数据库理论,一个数据库中的表应该尽量只存放一种实体的数据,不同表之间通过主键和外键进行联系,这样数据的冗余最小。按照这样的模式设计数据库,在一个数据库中就会有多个表,这些表之间有很多是有关系的。

表之间建立关系之后,主键和外键应该满足参照完整性规则的约束。因此,数据库的建立,不仅仅是定义表,还要定义表之间的关系,使其满足完整性的要求。

在两个要建立关系的表之间,作为被引用的主键的表,决定了数据的取值范围,被称为父表;父表中主键对应的、作为外键所涉及的表,只能在父表主键已有值的范围内取值,这个表被称为子表。参照完整性就是对建立了"父子"关系的表之间实施的数据一致性的约束。

例如,教材管理系统数据库中,"出版社"表和"教材"表都有"出版社编号"字段,但两者地位不同,"出版社"表的"出版社编号"字段是主键字段,它规定数据库中使用的所有出版社的编号的取值集合;"教材"表的"出版社编号"是外键,只能在"出版社"表中已经出现的编号集合中取值。这就是参照完整性的基本内容。

只有建立了关系的表才能够实现这种完整性,Access 提供了建立关系的方法。

5.4.1 表间关系的建立

根据父表和子表中相关联字段的对应关系,表之间的关系可以分为两种:一对一关系和一对多关系。

1. 一对一关系

在一对一关系中,父表中的每一条记录最多只与子表中的一条记录相关联。在实际工作中,一对一关系使用得很少,因为存在一对一关系的两个表可以简单地合并为一个表。

若要在两个表之间建立一对一关系,父表和子表发生关联的字段都必须是主键或无重复索引字段。

2. 一对多关系

一对多关系是最普通和常见的关系。在这种关系中,父表中的每一条记录都可以与子表中的多条记录相关联。但子表中的记录只能与父表中的一条记录相关联。

若要在两个表之间建立一对多关系,父表必须对关联字段建立主键或无重复索引。

关系表之间的关联字段,可以不同名,但必须在数据类型和字段属性设置上相同。

以下我们以实例来介绍数据库中的表之间的关系的建立。

【例 5-11】 根据数据库的设计，建立教材管理系统数据库中表之间的关系。

设教材管理系统数据库中各表已创建完成。

进入教材管理系统数据库窗口，单击“数据库工具”选项卡，如图 5-24 所示。

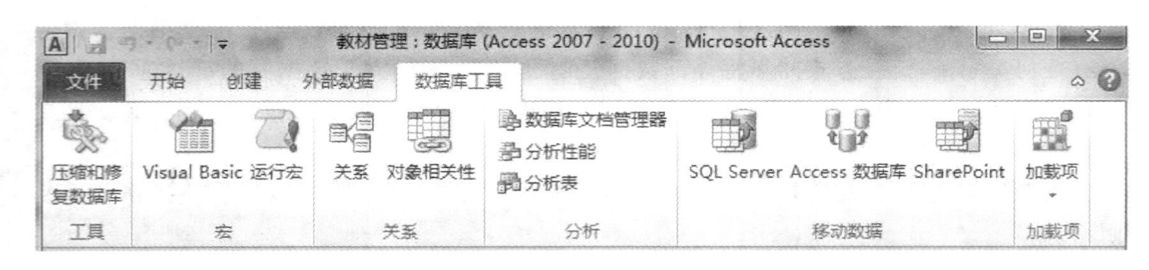

图 5-24 “数据库工具”选项卡

单击“关系”按钮，启动“关系”操作窗口，同时弹出“显示表”对话框，如图 5-25 所示（如果没有弹出“显示表”对话框，则在“关系”窗口中单击右键，再在快捷菜单中选择“显示表”菜单项(单击)）。

添加有关表(这里是全部 8 张表)添加，关闭“显示表”对话框。

用鼠标左键按实际情况整理拖动布置局面，包括表对象的大小。

从父表中选中被引用的字段拖动到子表对应的外键字段上。比如选中“部门”表的“部门号”字段拖动到“员工”表的“部门号”上，这时弹出“编辑关系”对话框，如图 5-26 所示。

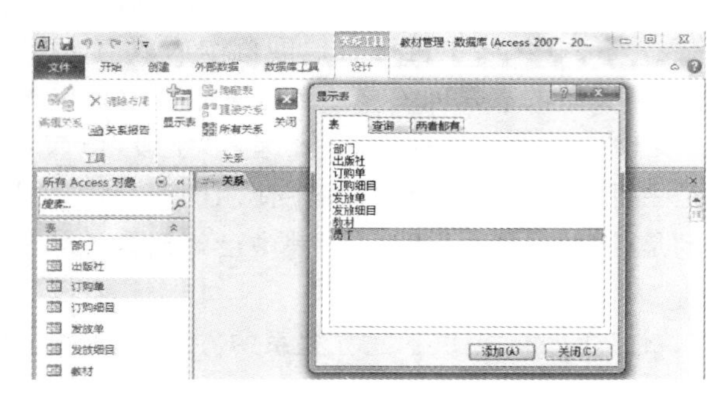

图 5-25 “显示表”对话框

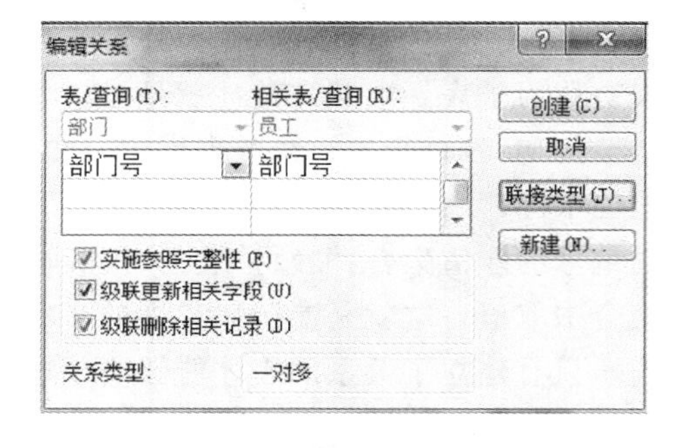

图 5-26 “编辑关系”对话框

在“编辑关系”对话框中，左边的表是父表，右边的相关表是子表。下拉列表中列出发生联系的字段，关系类型是“一对多”。

要全面实现参照完整性，共包含以下几项内容。

1）实施参照完整性——针对子表数据的操作

选中“实施参照完整性”复选框。这样，在子表中添加或更新数据时，Access 将检验子表新加入的外键值是否满足参照完整性。如果外键值不符合与之对应的主键值，Access 将拒绝添加或更新数据。

2）级联更新相关字段——针对父表数据的操作

在选中“实施参照完整性”复选框的前提下，可选“级联更新相关字段”复选框。含义是，当父表修改主键值时，如果子表中的外键有对应值，外键的对应值将自动级联更新。

如果不选“级联更新相关字段”复选框，那么当父表修改主键值而子表中的外键有对应值时，则 Access 拒绝修改主键值。

3）级联删除相关记录——针对父表数据的操作

在选中“实施参照完整性”复选框的前提下，可选“级联删除相关记录”复选框。含义是，当父表删除主键值时，如果子表中的外键有对应值，外键所在的记录将自动级联删除。

如果不选“级联删除相关记录”复选框，那么当父表删除主键值而子表中的外键有对应值时，则 Access 拒绝删除主键值。

如果不选“实施参照完整性”复选框，虽然在“关系”窗口中也会建立两个表之间的关系连线，但 Access 将不会检验输入的数据，即不强制实施参照完整性约束。

当设置完毕后，单击“创建”按钮，就建立了“部门”表和“员工”表之间的关系。

按照以上类似的操作方法，可依次建立所有有联系的表的关系。这样，整个数据库的全部关系就建立起来了。图 5-27 所示就是教材管理系统数据库的全部关系。

定义了表之间的关系，使其满足完参照整性的要求。

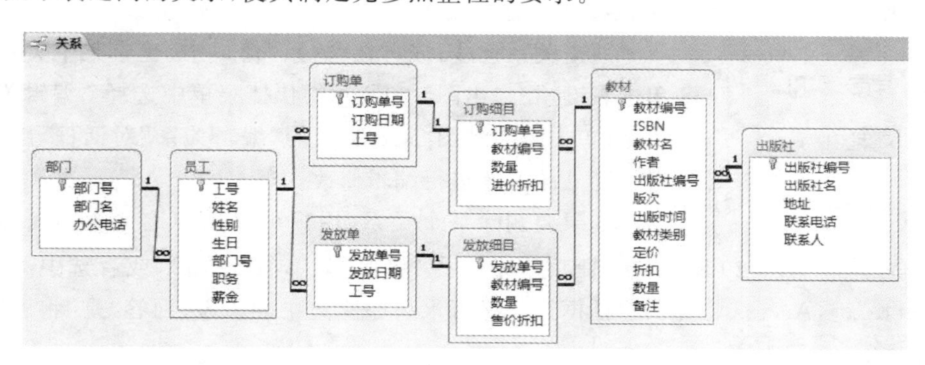

图 5-27　教材管理系统数据库的全部关系

在以后的数据库操作中，Access 将按照用户设置严格实施参照完整性。

由于完整性约束与数据库数据的完整和正确息息相关，因此，用户应该在创建数据库时预先设计好所有的完整性约束要求。在定义表时，应同时定义主键、约束和有效性规则、外键和参照完整性。这样，当输入数据记录时，所有设置的规则将发挥作用，最大限度保证数据的完整和正确。

如果用户先输入数据再修改表的结构并定义完整性约束，若存在数据不能满足约束要求，则完整性约束将建立不起来。

5.4.2　编辑关系

已经建立了关系的数据库，如果需要可以对关系进行修改和维护。

1. 在“关系”窗口中隐藏或显示表

在“关系”窗口中，当表很多时，可以隐藏一些表和关系的显示以突出其他表和关系。在需要隐藏的表上单击右键，弹出快捷菜单，如图 5-28 所示，选择“隐藏表”菜单项（单击），被选中的表及其关系都会从“关系”窗口中消失。

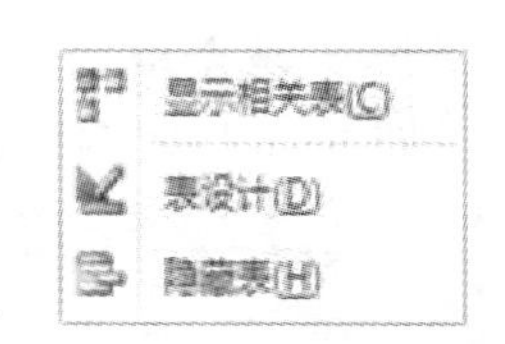

图 5-28　快捷菜单

要重新显示隐藏的表及其关系，可以在“关系”窗口中选中某个表，单击右键，弹出图 5-28 所示的快捷菜单，选择“显示相关表”菜单项（单击），将重新显示与该表建立了关系而被隐藏的所有表和关系。

另外，单击功能区中的“所有关系”按钮，被隐藏的所有表及其关系都重新显示在“关系”窗口中。

2. 添加或删除表

将新的表添加到"关系"窗口中的操作如下。

在"关系"窗口的空白处单击右键,在弹出的快捷菜单中单击"显示表"菜单项,或者单击功能区"设计"选项卡下"显示表"按钮,弹出图 5-25 所示的"显示表"对话框,用户可以将需要添加的表选中,单击"添加"按钮。

对于在"关系"窗口中不需要显示的表,选中表,按"Delete"键即可。要注意的是,有关系的父表是不能被删除的,必须先删除关系;删除有关系的子表将同时删除关系。

3. 修改或删除已建立的关系

要修改某个关系的设置,可以按如下方法操作。

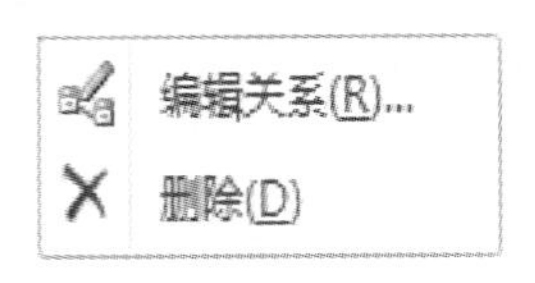

图 5-29 编辑关系快捷菜单

双击关系连线;或者在"关系"窗口中,选中某个关系连线,单击右键,在弹出图5-29所示的快捷菜单中选择"编辑关系"菜单项(单击),启动图 5-26 所示的"编辑关系"对话框,用户可以对已建立的关系进行编辑修改。

如果要删除某个关系,用户可以选中该关系连线(单击),然后单击右键,在图 5-29 所示的快捷菜单中选择"删除"菜单项(单击),或者选中关系连线后按"Delete"键,Access 将弹出对话框询问是否永久删除选中的关系,回答"是"将删除已经建立的关系。

5.5 表的操作

当表建立后,就可以按照需要对表进行各种操作。

在 Access 数据库中,数据表视图是用户操作表的主要界面,可以随时输入记录、编辑记录、浏览表中已有的记录,还可以查找和替换记录以及对记录进行排序和筛选。数据表视图是可格式化的,用户可以根据需要改变记录的显示方式,如改变记录的字体、字形及字号,调整字段显示次序,隐藏或冻结字段等。

5.5.1 录入记录

1. 数据表视图及操作

1) 环境介绍

图 5-30 所示为"图书"表的数据表视图。

图书

图书编号	ISBN	书名	作者	出版社编号	版次	出版时间	图书类别	定价	折扣	数量	备注
7031233232	ISBN7-03-123323-X	高等数学	同济大学数学教研室	1002	2	2004.06	数学	¥30.00	.65	300	
7043452021	ISBN7-04-345202-X	英语句型	荷比	1002	1	2004.12	语言	¥23.00	.7	23	
7101145324	ISBN7-1011-4532-4	数据挖掘	W.Hoset	1010	1	2006.11	计算机	¥80.00	.85	34	
7201115329	ISBN7-2011-1532-7	计算机基础	杨小红	2705	3	2012.02	计算机	¥33.00	.6	550	
7203126111	ISBN7-203-12611-1	运筹学	胡权	1010	1	2009.05	数学	¥55.00	.8	120	
7204116232	ISBN7-2041-1623-7	电子商务概论	朱远华	2120	1	2011.02	管理学	¥26.00	.7	86	
7222145203	ISBN7-2221-4520-X	会计学	李光	2703	3	2007.01	管理学	¥27.50	.65	500	
7302135632	ISBN7-302-13563-2	数据库及其应用	肖勇	1010	2	2013.01	计算机	¥36.00	.7	800	
7302136612	ISBN7-302-13661-2	数据库原理	施丁乐	2120	2	2010.06	计算机	¥39.50	.8	150	
7405215421	ISBN7-405-21542-1	市场营销	张万芬	2703	1	2010.01	管理学	¥28.50	.75	80	
9787302307914	ISBN978-7-30230-791-4	数据库开发与管理	夏才达	1010	1	2013.02	计算机	¥39.50	1	15	
9787811231311	ISBN978-7-81123-131-1	数据库设计	朱阳	2120	1	2007.01	计算机	¥33.00	.8	20	

记录: 第 6 项(共 12 项) 无筛选器 搜索

记录选择器

浏览记录按钮

图 5-30 "图书"表的数据表视图

在数据表视图中，每一行显示一条记录，每列头部显示字段名。如果定义表时为字段设置了“标题”属性，那么“标题”属性的值将替换字段名。

数据表视图设置有记录选择器、记录浏览按钮，以及右边和右下的记录滚动条、字段滚动条。记录选择器用于选择记录以及显示当前记录的工作状态。记录浏览按钮包含 6 个控件（首记录、上一记录、记录号框、下一记录、尾记录、新记录），用于指定记录。

在数据表视图左边记录选择器上可看到三种不同的标记：深色标记“当前记录”；“编辑记录”标记 表明正在编辑当前记录；“新记录”标记✳指明输入新记录的位置。

2）展开指示器

在数据表视图中，如果打开的表与其他表存在一对多的表间关系，Access 将会在数据表视图中为每条记录在第一个字段的左边设置一个展开指示器（＋号），单击（＋号）可以展开显示与该记录相关的子表记录。在 Access 中，这种多级显示相关记录的形式可以嵌套，最多可以设置 8 级嵌套。

由图 5-27 可见，在教材管理.accdb 中，部门表和员工表建立的是 1∶1的关系，所以从部门表可以展开员工表，如图 5-31 所示。

由图 5-27 可见，在教材管理.accdb 中，与员工表建立关系的有订购单和发放单两个表，建立的是 1∶n 的关系，所以从员工表继续展开时，系统将出现询问窗口，要求用户选择展开的表名，如图 5-32 所示。选择订购单表，可继续展开，如图 5-33 所示。

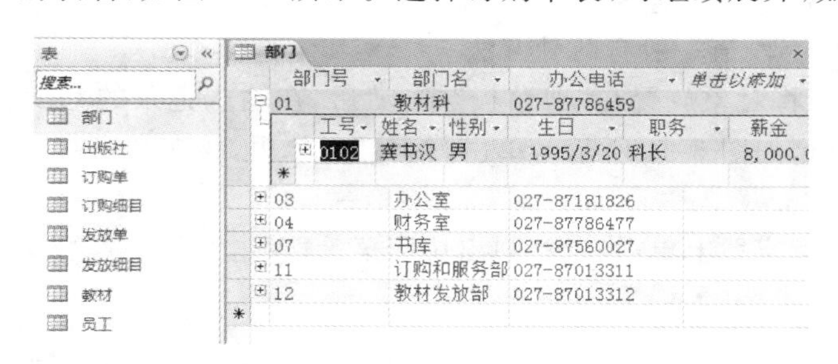

图 5-31　从部门表展开员工表

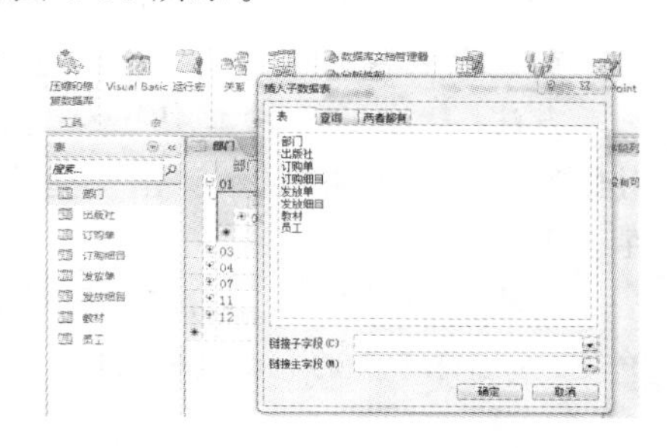

图 5-32　从员工表继续展开

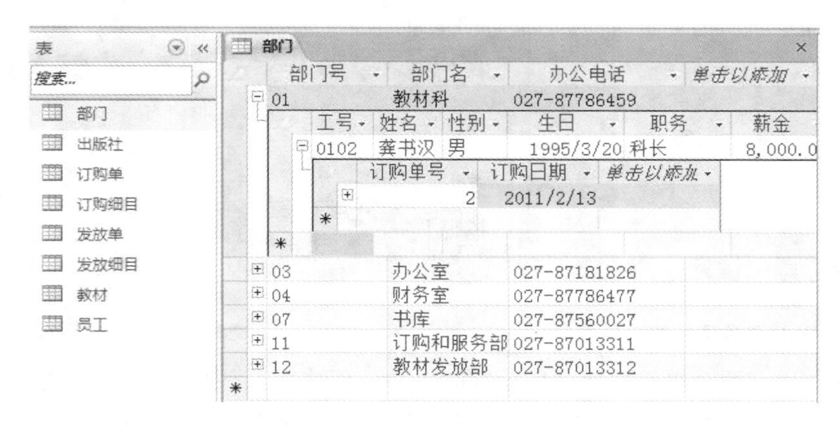

图 5-33　选择订购单表继续展开

3）添加新记录

在数据表视图中，若要为表添加新记录，应首先单击数据表视图中的“新记录”按钮，Access 即将光标定位在新记录行上。新记录行的记录选择器上显示“新记录”标记✳。一旦用户开始输入新记录，记录选择器上将显示“编辑记录”标记 ，直到输入完新记录光标移动到下一行。

若要输入多条记录，每输入完毕一条记录，直接下移就可以继续输入。

输入完毕，关闭窗口保存，或者单击快速工具栏的“保存”按钮。

在实际应用 Access 数据库时，要存入表的数据都是实际发生的数据。对于实际应用来说，数据的正确性和界面友好(符合用户的习惯格式)是很重要的。所以 Access 应用系统一般会根据实际设计符合用户习惯的输入界面，同时还要进行输入检验，保证数据输入的正确，提高输入速度，这个功能由 Access 的窗体对象实现。窗体的知识，我们在后面的第 7 章介绍。

由于 Access 的设计特点是可视化、易于交互操作，所以很多用户直接操作数据表视图，本章前面介绍的“查阅显示控件”就是输入记录时非常重要的一种手段。

对于某些字段，尽量设置“输入掩码”“有效性规则”“默认值”等属性，将极大地提高输入速度和正确性。

如果输入的记录值中有外键字段，必须注意字段值要满足参照完整性约束。

2. OLE 对象字段的输入

作为 OLE 对象型字段，可以存储的对象非常多。例如，如果在“图书”表中增加“图书封面”字段，这是一幅图片；增加“图书简介”字段，可能是一篇 Word 文档；增加“电子课件”字段，可能是 PPT 文档，这些都可以是 OLE 对象型字段。

在数据表视图中输入“OLE 对象”字段值一般有两种方法。

方法一，首先利用“剪切”或“复制”将对象放置在“剪贴板”中，然后，在输入记录的 OLE 对象型字段上单击右键，弹出快捷菜单，如图 5-34 所示。单击“粘贴”菜单项，该对象就保存在表中。

方法二，在输入记录的 OLE 对象型字段上单击右键，弹出快捷菜单，单击“插入对象”菜单项，弹出图 5-35 所示的对话框。

图 5-34 输入 OLE 对象字段的快捷菜单

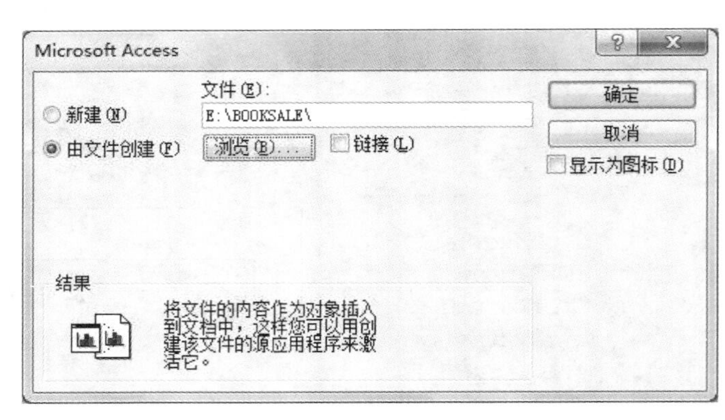

图 5-35 文件创建对象对话框

对话框左边有两个单选按钮：“新建”和“由文件创建”。选中“由文件创建”，即该对象已经作为文件事先存储在磁盘上。单击“浏览”按钮，查找到要存储的文件，单击“确定”按钮，文件就作为一个“包”存储到 Access 表记录中。如果选择“链接”复选框，则 Access 采用链接方式存储该“包”对象。

如果选“新建”，则在中间的“对象类型”列表中选择要建立的对象，单击“确定”按钮，Access 将自动启动与该对象有关的程序来创建一个新对象。如选择“Microsoft Excel 工作表”，Access 将自动启动 Excel 程序，用户可以创建一个 Excel 电子表，退出 Excel 时，这个电子表就保存在 Access 表的当前记录中了。

对于所有 OLE 对象值的显示与处理，都使用创建和处理该对象的程序。

3. 附件字段的输入

附件字段，是将其他文件以附件的形式保存在数据库中的字段。输入附件字段的操作方法如下。

在输入记录的附件型字段上单击右键，弹出快捷菜单，如图 5-36 所示。单击"管理附件"菜单项，弹出图 5-37 所示的"附件"对话框。

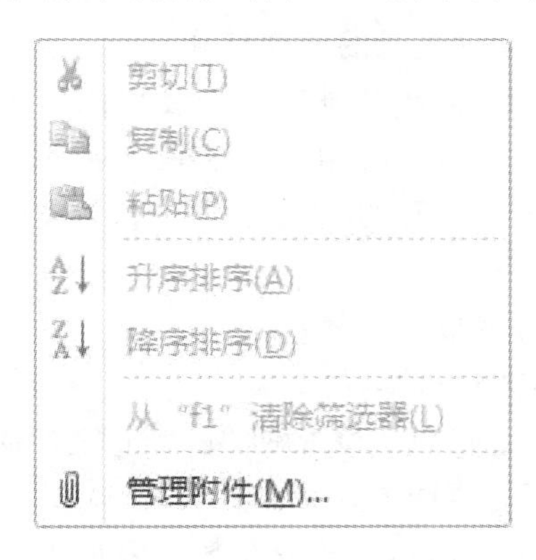

图 5-36　输入附件字段的快捷菜单

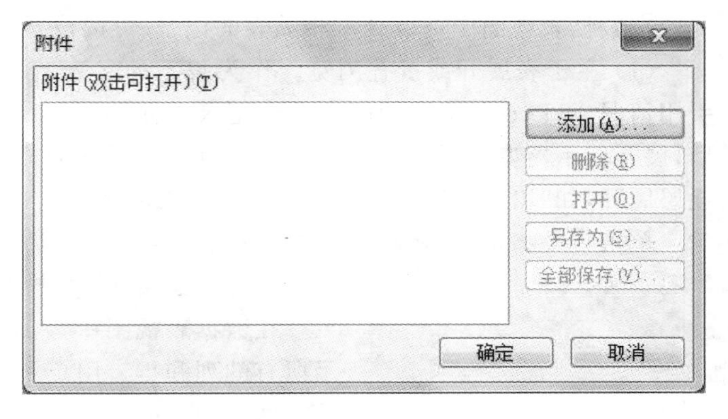

图 5-37　"附件"对话框

单击"添加"按钮，弹出"选择文件"对话框，用户找到需要存储的文件后，单击"打开"按钮，将文件置于"附件"列表中。可以添加多个文件。

然后单击"确定"按钮，所有文件将保存到数据库中。

5.5.2　记录的修改和删除

对于实际应用的数据库系统来说，存储于表中的记录，都是实际业务或管理数据的体现。由于实际情况经常变化，所以相应的数据也不断改变。Access 允许用户修改和删除表中的数据。

可在数据表视图中修改或删除数据记录。在数据表视图中，对于要处理的数据，用户必须首先选择它，然后才能进行编辑。

(1) 用新值替换某一字段中的旧值或删除旧值。首先将光标指向该字段的左侧，此时光标变为✚字形，单击鼠标选择整个字段值。此时键入新值即可替换原有旧值或按"Delete"键删除整个字段值。

(2) 替换或删除字段中的某一个字。将光标放置在该字上，双击选择该字，被选择的字被高亮显示。此时键入新值即可替换原有字或按"Delete"键删除该字。

(3) 替换或删除字段中的某一部分数据。将光标放置在该部分数据的起始位置，然后拖曳鼠标选择该部分数据。键入新值即可替换原有数据或按"Delete"键删除。

(4) 要在字段中插入数据。将光标定位在插入位置，进入插入模式。键入的新值被插入，其后的所有字符均右移。按退格键将删除光标左边的字符，按"Delete"键删除光标右边的字符。

在开始编辑修改记录时，该记录最左边的记录选择器上出现笔形"编辑记录"标记；直到编辑修改完该记录并将该记录写入表中，"编辑记录"标记才会消失。

(5) 可以使用"Esc"键来取消对记录的编辑修改。按一次"Esc"键可以取消最近一次的编辑修改；连续按两次“Esc”键将取消对当前记录的全部修改。

(6) 在记录选择器上选中某记录，单击右键，在快捷菜单中选择“删除记录”菜单项，或者选中记录后按“Delete”键，可删除记录。注意，被引用的记录不能删除。

5.5.3 对表的其他操作

对表的进一步操作，主要包括浏览数据记录，对记录进行查找、排序、筛选。

1. 浏览表记录及格式设置

在数据表视图中可以浏览相关表的记录、可以设置多种显示记录的外观格式。

(1) 主子表展开或折叠浏览。作为关系的父表，在浏览时如果想同时了解被其他表的引用情况，可以在数据表视图中单击记录左侧的展开指示器(＋)查看相关的子表。展开之后，展开指示器变成折叠指示器(－)。有多个子表时需要选择查看的子表。多层主子表可逐层展开，如“出版社”表—“图书”表—“售书明细”表。

单击折叠指示器，将收起已展开的子表数据，同时“－”号变成“＋”号。

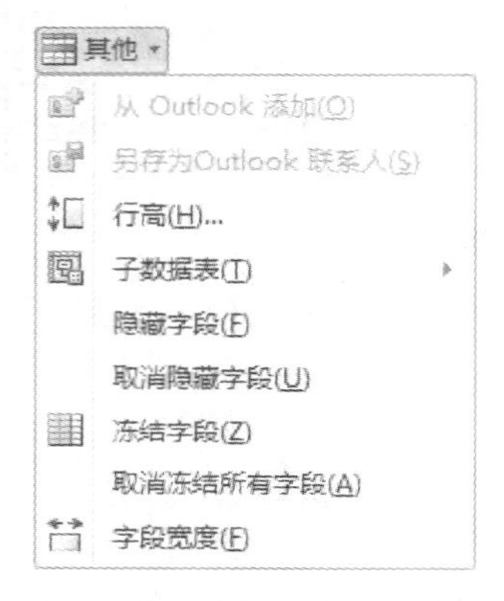

图 5-38 下拉命令列表

(2) 改变“数据表”视图列宽和行高。

在数据表视图中，Access 通常以默认的列宽和行高来显示所有的列和行。用户可根据需要调整列宽和行高。

调整列宽的一种方法是，把鼠标指针放置在数据表视图顶部字段选择器分隔线上，指针变成双向箭头，拖曳鼠标即可任意调整字段列宽度。同样，把鼠标指针放置在左侧记录选择器分隔线上，指针变成双向箭头，拖曳鼠标即可调整记录行的高度。

使用鼠标调整列宽或行高操作方便，但精度不高。可按如下方法精确调整列宽或行高。

① 选择“开始”选项卡功能区中的“其他”按钮(单击)，下拉图 5-38 所示列表。

② 单击“行高”命令项，弹出图 5-39 所示对话框，设置行高，单击“确定”按钮；或者，单击“字段宽度”命令项，弹出图 5-40 所示对话框，设置列宽，单击“确定”按钮完成设置。

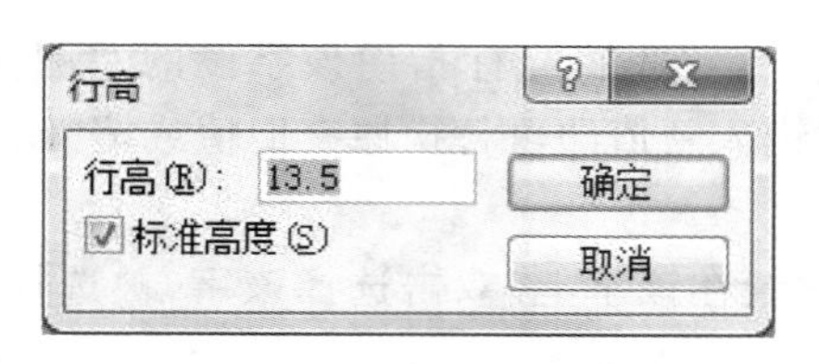

图 5-39 “行高”对话框

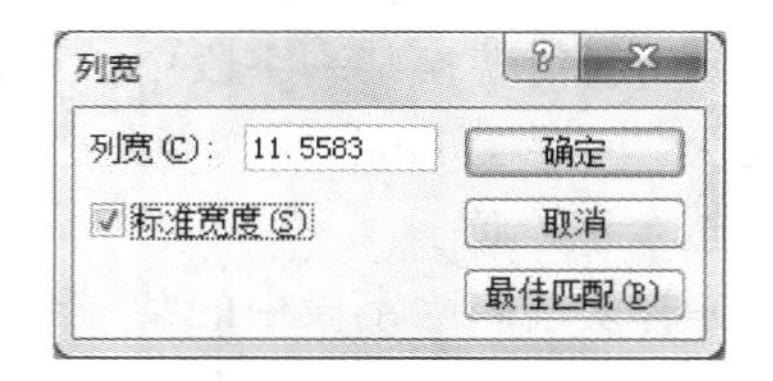

图 5-40 “列宽”对话框

在“列宽”对话框中，如果选中“标准宽度”复选框，Access 将把该列设置为默认的宽度。如果单击“最佳匹配”按钮，Access 就会把宽度设置成适合该字段列最大显示数据长度的列宽。

(3) 重新编排列的显示次序。在数据表视图中，字段默认按照定义顺序从左到右显示。用户可以重新编排，改变字段显示顺序。操作步骤如下。

① 单击字段选择器选择要移动的字段列。若在字段选择器上拖曳鼠标，将选择多列。Access 以高亮显示选择的列。

② 在选择的字段列的选择器上按住鼠标，然后拖曳鼠标。

③ 到达目的地后放开鼠标，字段的显示顺序即被改变。

(4) 隐藏和显示列。若表中字段较多或数据较长，部分字段就会在数据表视图中直接看不到，需要移动字段滚动条才能看到窗口外的某些列。如果用户不想浏览表中的所有字段，则可以把一些字段列隐藏起来。

隐藏列的一个简单方法是，将鼠标放置在某一字段选择器的右分隔线上，指针变为双向箭头，然后向左拖曳鼠标到该字段的左分隔线处，放开鼠标，该列即消失。

也可以首先选择要隐藏的一列或多列，然后单击功能区“开始”选项卡下的“其他”按钮，在图 5-38 所示的下拉命令列表中选择“隐藏字段”(单击)，则所选字段被隐藏。

被隐藏的列并没有从表中删除，只是在数据表视图中暂时不显示而已，用户可以在图5-38所示的下拉命令列表中选择“取消隐藏字段”(单击)，弹出对话框设置即可。

(5) 冻结列。当记录比较长时，数据表视图只能显示记录的一部分。如果所有字段都要显示不能隐藏，则需要移动字段滚动条来浏览或编辑记录的其余部分。这时，向后移动导致前面的列移出窗口。用户有时候需要某些列保留在当前窗口中，采取冻结字段方式可以做到这一点。

操作方法是，首先选择要冻结的一列或连续的多列(不连续的多列可以先重新排列)，然后选择图 5-38 所示的下拉命令列表中的“冻结字段”(单击)，Access 即把选择的列移到窗口最左边并冻结它们，冻结的列始终在视图中显示。当单击字段滚动条向右或向左滚动记录时，被冻结的列始终固定显示在最左边。

选择“取消冻结所有字段”命令项(单击)，将释放所有冻结列。

(6) 设置字体、字形、字号、网格线、对齐方式等。

在表的数据表视图“开始”选项卡下功能区的“文本格式”组内，可以设置数据表的字体、字形、字号、字体颜色、网格线、对齐方式等。

2. 记录数据的查找和替换

实际应用的表中往往会存储非常多的数据记录。如一段时间内书店会有数以万计的图书销售记录。这时，要在数据表视图中查找特定的记录就不是一件容易的事情。

为了快速查找指定的记录，Access 提供了查找功能。另外，与查找功能相关联，有时需要批量修改某类数据，Access 提供了快速替换数据的替换功能。

从大量记录中查找指定记录，需要有标识记录的特征值，如在图书表中查找特定的作者，作者姓名就是特征值。查找就是通过特征值来完成的。

查找操作的基本步骤如下。

① 在数据表视图中，选择特征值所在的字段。

② 在功能区“开始”选项卡下的“查找”组内，单击“查找”按钮，弹出“查找和替换”对话框，如图 5-41 所示。

③ 在对话框“查找内容”组合框中键入查找特征值，然后设置查找范围、匹配模式、搜索范围等。

④ 单击“查找下一个”按钮，Access 从当前记录处开始查找。如果找到要找的数据，Access 将定位在该数据所在的记录处。

若继续单击“查找下一个”按钮，Access 将重复查找动作。若没有找到匹配的数据，Access 提示已搜索完毕。单击“取消”按钮退出查找。

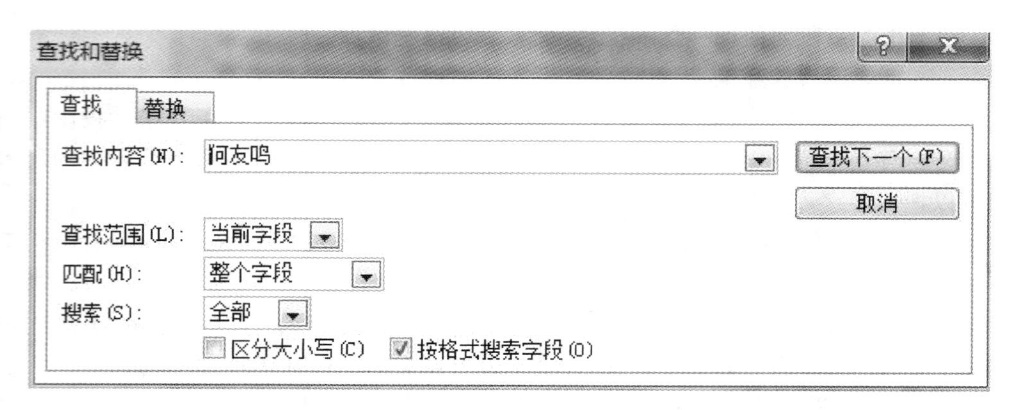

图 5-41 “查找和替换”对话框

在输入查找的特征值时，可以使用通配符来描述要查找的数据。其中，用“*”匹配任意长度的未知字符串，用“?”匹配任意一个未知字符，用“#”匹配任意一个未知数字。

“查找范围”组合框用于确定数据的查找范围。该组合框有两个选项：当前选择的字段、整个表即所有字段。

“匹配”组合框包含三个选项，默认设置为“整个字段”选项，该选项规定要查找的数据必须匹配字段值的全部数据。“字段任何部分”选项规定要查找的数据只需匹配字段值的一部分即可。“字段开头”选项规定要查找的数据只需匹配字段值的开始部分即可。

“搜索”组合框包含三个选项，用于确定数据的查找方向。默认设置为“全部”。若选择了“全部”选项，Access 在所有记录中查找。若选择“向上”选项，Access 从当前记录开始向上查找。若选择“向下”选项，Access 从当前记录开始向下查找。

“区分大小写”复选框用于确定查找记录时是否区分大小写。

“按格式搜索字段”复选框用于确定查找是否按数据的显示格式进行。需要注意的是，使用“按格式搜索字段”可能降低查找速度。

“查找和替换”对话框的“替换”选项卡下，增加了“替换为”组合框，用于在查找的基础上将找到的内容自动替换为“替换为”组合框中输入的数据。

“替换”选项卡下增加了“全部替换”按钮，单击该按钮，将会自动将表中查找范围内所有匹配查找特征值的数据自动替换为“替换为”组合框中输入的值。这种功能特别适用于同一数据的批量修改。

3. 排序和筛选

在数据表视图中，一般按照主键的升序顺序显示表的全部数据记录。如果没有定义主键，将按照记录输入时的物理顺序显示。用户可以对记录排序重新显示记录。另外，也可以对记录进行筛选，使只有满足给定条件的记录显示出来。

(1) 重新排序显示记录。基本操作如下。

在数据表视图中，选择用来排序的字段，在功能区“开始”选项卡下的“排序和筛选”组内，单击“升序”或“降序”按钮，这时，将按照所选字段的升序或降序重新排列显示记录。单击“取消排序”按钮，将重新按照原来的顺序显示。

若一次选择相邻几个字段(如果不相邻，可通过调整字段使它们邻接)，单击“升序”或“降序”按钮，记录将依这几个字段从左至右的优先级，按照升序或降序排序。

如果根据几个字段的组合对记录进行排序，但这几个字段的排序方式不一致，则必须使用“高级筛选/排序”命令项。例如显示教材表，按照“教材类别”的升序和“出版时间”的降序排列，操作步骤如下。

① 在教材表的数据表视图中，选择功能区“开始”选项卡下“排序和筛选”组内的“高级”按钮(单击)，下拉出命令列表，如图 5-42 所示。

② 选择“高级筛选/排序”命令项(单击)，弹出图书筛选窗口，如图 5-43 所示。筛选窗口分为上下两部分。上面部分是表输入区，用于显示当前表；下面部分是设计网格，用于为排序或筛选指定字段、设置排序方式和筛选条件。

图 5-42 “高级”命令列表

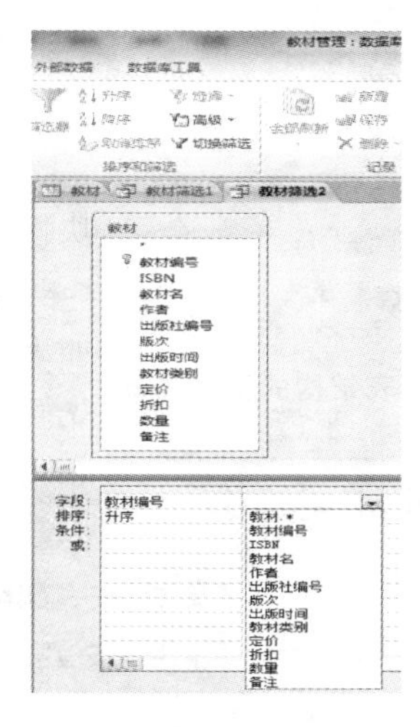

5-43 图书筛选窗口

③ 在设计网格“字段”栏的下拉列表中指定要排序的字段。

④ 每选择一个排序字段后，就指定该字段的排序方式(升序或降序)。

⑤ 重复第③、④步操作，以指定多个字段的组合来进行排序。设置的字段依次称为第一排序字段、第二排序字段……

⑥ 单击功能区 切换筛选 按钮，Access 即根据指定字段的组合对记录进行排序。只有在上一排序字段值不分大小时，下一排序字段才发挥作用。

单击“取消排序”按钮，记录将重新按照原来的顺序显示。

(2) 筛选记录。实现在数据表视图中只显示满足给定条件记录的功能。

对记录进行筛选的操作与对记录进行多字段排序的操作相似。基本方法如下。

在筛选窗口中指定参与筛选的字段，接着将筛选条件输入到设计网格中的“条件”行和“或”行中。

Access 规定：在“条件”行和“或”行中，在同一行中设置的多个筛选条件，它们之间存在逻辑“与”的关系。在不同行中设置的多个筛选条件，它们之间存在逻辑“或”的关系。如果需要，可以同时设置排序。也可以设置字段只排序不参与筛选。

设置完毕，单击功能区 切换筛选 按钮，Access 即根据设置的筛选条件进行组合筛选，若同时设置有排序，则在筛选的基础上按排序设置显示数据表。

继续单击 切换筛选 按钮，Access 将重新显示该表中的所有记录。

4. 表的打印输出

如果想直接打印表中的记录，可以将表数据在数据表视图中打开，然后选择“文件”选项卡(单击)，在 Backstage 视图中选择“打印”命令项(单击)，然后进行打印。

打印格式是数据表的基本格式，如果希望查看打印效果，可以先单击“打印预览”命令项查看。

5.5.4 修改表结构

通过表设计视图，可以随时修改表结构。但要注意，由于表中已经保存了数据记录，与其他表可能已经建立了关系，所以修改表结构可能会受到一定的限制。

修改操作包括添加、删除字段，修改字段的定义，移动字段，添加、取消或更改主键字段，添加或修改索引等。

在表的设计视图中左侧的字段选择器（即字段名前的方块按钮）上单击右键，弹出快捷菜单，如图 5-44 所示。

主键(K)
剪切(T)
复制(C)
粘贴(P)
插入行(I)
删除行(D)
属性(P)

图 5-44 修改表结构的快捷菜单

单击“删除行”菜单项，将从表中删除当前选择的字段。如果删除的字段被关系表引用，那么 Access 提示删除前必须先解除关系，否则将不允许删除，如图 5-45 所示。

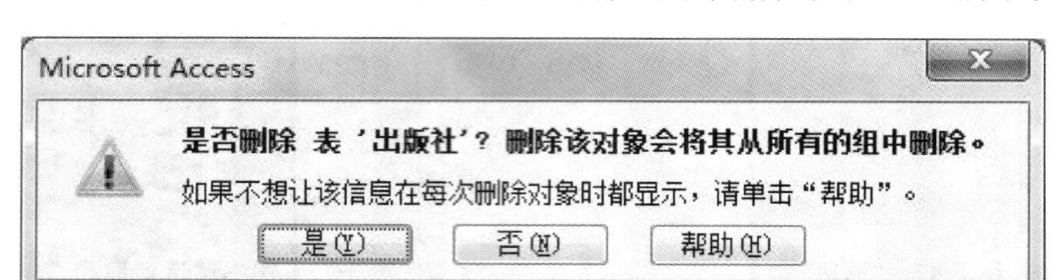

图 5-45 删除表提示对话框

要增加新的字段，可以直接在最后一个字段的后面空白处输入新的字段，也可以在快捷菜单中单击“插入行”菜单项，先插入一个空行，然后在其中输入新字段的定义。要注意的是，如果不是空表，则表中存在的记录中其他字段有值，新定义的字段就不能定义“必填字段”属性为“是”，否则，Access 提示检验通不过信息。

用鼠标按住某个字段的字段选择器拖曳，可以改变字段的排列次序，那么在数据表视图中字段列的位置顺序也会更改。

选定某个字段，可以更改其字段名称、数据类型、字段属性。但要注意，若该字段已经有数据在表中，那么修改字段定义可能引起已有数据与新定义的冲突。

选中主键字段，单击工具栏“主键”按钮，可以取消已有主键，但若主键被关系表引用，则不可取消，除非先解除该关系。如果表之前没有定义主键，可以选中某个字段，单击工具栏“主键”按钮定义主键。前提是，选定的字段没有重复值。

对于表结构的修改，必须保存才能生效。

5.5.5 删除表

当某个表不再需要时，应及时删除表。在导航窗格中，选定某个表如出版社表，单击右键，弹出快捷菜单，如图 5-9 所示，选择“删除”菜单项（单击）；或者选定表后按“Delete”键，弹出图 5-45 所示的对话框，单击“是”按钮，将从数据库中删除表。这种删除是不可恢复的永久删除。需要注意的是，若该表在关系中被其他表引用，必须先解除关系。

本章小结

本章首先介绍了表结构的基本概念和数据库内各表之间可以建立的关系，然后详细介绍了 Access 中用到的数据类型。接着按照表的创建、建立表之间的关系、输入数据记录以及操作表的顺序，介绍了与表有关的处理操作。

表的创建重点介绍了表设计视图的方法，完整分析了表中字段及字段属性的含义与应用。简要介绍了表向导、数据表视图、导入表、链接表等方法创建表的过程，以及关系的概念与应用。本章还介绍了数据库数据完整性的实施方法。对于建立后的表，以数据表视图为核心，比较全面地介绍了对表的数据记录的输入和维护、表结构的修改以及对表中数据的其他各种操作。

表之间的关系是关系数据库的重要组成部分。表及关系的创建过程，其实质就是定义各种数据约束的过程，通过数据类型、默认值、是否必须输入、主键、不重复索引、主键即外键引用联系、有效性规则等多种方法，规定了数据的域完整性、实体完整性、参照完整性及用户定义的完整性约束规则的建立。

习　题　5

一、问答题

(1) 简述 Access 数据库中表的基本结构。

(2) 数据类型的作用有哪些？试举几种常用的数据类型及其常量表示。

(3) Access 2010 数据库中有哪几种创建表的方法？最基本的方法是什么？

(4) 数字型数据类型进一步分为哪些子类型？

(5) 自动编号字段有哪些类型的编号方式？

(6) 是/否型作为逻辑值的常量，可以取的值有哪些？

(7) Access 命名的基本原则要求是什么？

(8) 如果将 Access 保留字作为对象名使用，将会产生什么后果？

(9) 简述应用设计视图创建表的基本步骤。

(10) 给字段定义索引有哪些作用？

二、名词解释

(1) (表的)主键。

(2) (表的)外键。

(3) 数据库同步复制。

(4) 是/否型。

(5) OLE 对象型。

三、填空题

(1) 一个表中所有的记录都具有________字段结构。

(2) 表是满足一定要求的由行和列组成的规范的________。

(3) 表中的行也称为________，列也称为________。

(4) 文本型字段的长度以字符为单位，最多________字符。

(5) 备注型字段最多可存储________个字符。

四、单项选择题

(1) 以下关于一个表内的字段名的说法正确的是 ( )

A. 在一个表内字段名可以相同　　B. 在一个表内字段名不能相同

C. 在不同表内字段名不能相同　　D. 一个表只能有一个字段名

(2) 以下不能算作基本数据类型的是 ( )

A. 计算　　B. 数字

C. 文本　　D. 备注

(3) 自动编号型相当于 ( )

A. 整型　　B. 短整型

C. 长整型　　D. 双精度型

(4) 是/否型作为逻辑值的常量 true、on、yes 存储的值是 ( )

A. 177　　B. 1

C. 0　　D. −1

(5) 是/否型作为逻辑值的常量 false、off 与 no 存储的值是 ( )

A. 177　　B. 1

C. 0　　D. −1

(6) 命名名称长度最多不超过的字符个数是 ( )

A. 64 个　　B. 32 个

C. 16 个　　D. 8 个

(7) 设计视图中，“查阅”选项卡不能应用的数据类型是 ( )

A. 文本　　B. 数字

C. 是/否　　D. 自动编号

(8) 索引对于表记录的存储顺序 ( )

A. 改变　　B. 不改变

C. 部分改变　　D. 有时改变

(9) 数据库最主要的操作是 ( )

A. 计算　　B. 报表

C. 查询　　D. 筛选

10. 设置“格式”属性影响数据的 ( )

A. 显示格式　　B. 输入格式

C. 录入格式　　D. 存储格式

实 验 题 5

实验题 5-1

完成教材管理系统数据库的建立，包含创建所需要的表对象。

实验题 5-2

完成图书销售系统数据库中各表的创建。

第一,图书销售系统的关系模型如下。

① 部门(部门编号,部门名,办公电话)。

② 员工(工号,姓名,性别,生日,部门编号,职务,薪金)。

③ 出版社(出版社编号,出版社名,地址,联系电话,联系人)。

④ 图书(图书编号,ISBN,书名,作者,出版社编号,版次,出版时间,图书类别,定价,折扣,数量,备注)。

⑤ 售书单(售书单号,售书日期,工号)。

⑥ 售书明细(售书单号,图书编号,数量,售价折扣)。

第二,图书销售系统的表结构设计如表 5-19 至表 5-24 所示。

表 5-19 “部门”表

字段名	类型	长度	小数位	主键/索引	参照表	约束	NULL 值
部门编号	文本型	2		↑(主)			
部门名	文本型	20					
办公电话	文本型	18					√

表 5-20 “员工”表

字段名	类型	长度	小数位	主键/索引	参照表	约束	NULL 值
工号	文本型	4		↑(主)			
姓名	文本型	10					
性别	文本型	2				男或女	
生日	日期/时间型						
部门编号	文本型	2		↑	部门		√
职务	文本型	10					√
薪金	货币型					≥800	

表 5-21 “出版社”表

字段名	类型	长度	小数位	主键/索引	参照表	约束	NULL 值
出版社编号	文本型	4		↑(主)			
出版社名	文本型	26					
地址	文本型	40					
联系电话	文本型	18					√
联系人	文本型	10					√

表 5-22 “图书”表

字段名	类型	长度	小数位	主键/索引	参照表	约束	NULL值
图书编号	文本型	13		↑(主)			
ISBN	文本型	22					
书名	文本型	60					
作者	文本型	30					
出版社编号	文本型	4			出版社		
版次	字节型					≥1	
出版时间	文本型	7					
图书类别	文本型	12					
定价	货币型					>0	
折扣	单精度型						√
数量	整型					≥0	
备注	备注型						√

表 5-23 “售书单”表

字段名	类型	长度	小数位	主键/索引	参照表	约束	NULL值
售书单号	文本型	10		↑(主)			
售书日期	日期/时间型						
工号	文本型	4			员工		

表 5-24 “售书细目”表

字段名	类型	长度	小数位	主键/索引	参照表	约束	NULL值
售书单号	文本型	10		↑	售书单		
图书编号	文本型	13			图书		
数量	整型						
售价折扣	单精度型					0.0～1	√

实验题 5-3

完成教学管理系统数据库的创建。

请在机器上完成以下操作。

第一，请在“D:\教学”下建立数据库——教学管理.accdb，然后建立成绩、课程、学生、学院和专业 5 个表对象，它们的结构表如表 5-25 至表 5-29 所示。

表 5-25 成绩表

键	字段名	类型	长度	说明
	学号	文本	8	
	课程号	文本	8	
	成绩	数字		单精度型，小数位 1，有效性规则>=0 and <=100

表 5-26 “课程”表

键	字段名	类　　型	长　　度	说　　明
主键	课程号	文本	8	建无重复索引
	课程名	文本	24	
	学分	数字	字节	小数位自动
	学院号	文本	2	

表 5-27 “学生”表

键	字段名	类　　型	长　　度	说　　明
主键	学号	文本	8	建无重复索引
	姓名	文本	8	
	性别	文本	2	=‘男’or=‘女’
	生日	日期/时间		
	民族	文本	2	255
	籍贯	文本		255
	专业号	文本		4
	简历	备注		非必填字段
	登记照	OLE 对象		非必填字段

表 5-28 “学院”表

键	字段名	类　　型	长　　度	说　　明
主键	学院号	文本	2	建无重复索引
	学院名	文本	16	
	院长	文本	8	

表 5-29 “专业”表

键	字段名	类　　型	长　　度	说　　明
主键	专业号	文本	4	建无重复索引
	专业	文本	16	
	专业类别	文本	8	建有重复索引
	学院号	文本	2	

第二，对这 5 张表都在“表属性”对话框的“说明”栏填写对表的有关说明性文字。

“成绩”表：记录各学号的各个课程号的成绩。

“课程”表：记录课程号、课程名、学分和学院号。

“学生”表：记录学生档案。

“学院”表：记录学院号、学院名和院长姓名。

“专业”表：记录专业号、专业名称、专业类别和所属学院号。

第三，请对每张表录入记录，内容请参阅表 5-30 至表 5-34。

第四，对成绩表的成绩降序排序。

表 5-30 “成绩”表

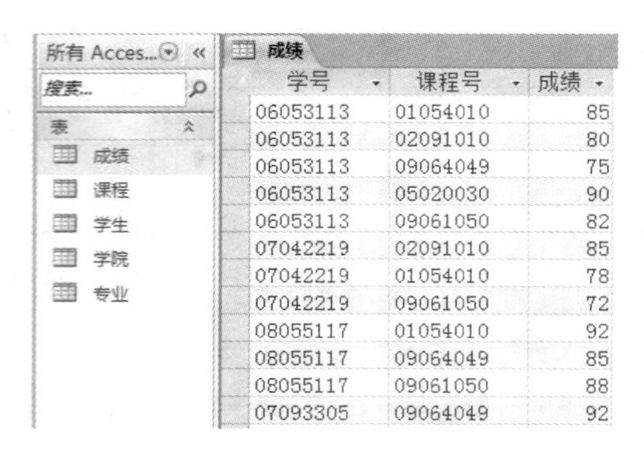

学号	课程号	成绩
06053113	01054010	85
06053113	02091010	80
06053113	09064049	75
06053113	05020030	90
06053113	09061050	82
07042219	02091010	85
07042219	01054010	78
07042219	09061050	72
08055117	01054010	92
08055117	09064049	85
08055117	09061050	88
07093305	09064049	92

表 5-31 “课程”表

课程号	课程名	学分	学院号
01054010	大学英语	4	01
02000032	美术设计	2	02
02091010	大学语文	3	01
04010002	法学概论	3	04
04020021	合同法实务	2	04
05020030	管理学原理	3	05
05020051	市场营销学	3	05
09006050	线性代数	3	09
09023040	运筹学	5	09
09061050	数据库及应用	3	09
09064049	高等数学	6	09
09065050	数据结构	4	09

表 5-32 “学生”表

学号	姓名	性别	生日	民族	籍贯	专业号	简历	登记照
06041138	刘婉妮	女	1998/11/9	汉	湖北省黄冈市	0403		
06053113	唐李生	男	1987/4/19	汉	宁夏区银川市	0501		
07042219	黄耀	男	1989/1/2	汉	黑龙江省牡丹	0403		
07045120	刘权利	男	1989/10/20	回	湖北省武汉市	0403		
07093305	郑家谋	男	1988/3/24	汉	上海市	0904		
07093317	凌晨	女	1988/6/28	汉	浙江省温州市	0904		
07093325	史玉磊	男	1988/9/11	汉	甘肃省兰州市	0904		
07093342	罗家艳	女	1988/5/16	满	北京市	0904		
08041127	巴朗	男	1989/9/25	蒙古	内蒙古呼市	0403		
08041136	徐栋梁	男	1989/12/20	回	陕西西安市	0403		
08045142	郝明星	女	1989/11/27	满	辽宁省大连市	0403		
08053101	高猛	男	1990/2/3	汉	青海省西宁市	0501		
08053116	陆敏	女	1990/3/18	汉	广东省东莞市	0501		
08053124	多桑	男	1988/10/26	藏	西藏区拉萨市	0501		
08053131	林惠萍	女	1989/12/4	壮	广西省柳州市	0501		
08053160	郭政强	男	1989/6/10	土家	湖南省吉首市	0501		
08055117	王燕	女	1990/8/11	回	河南省安阳市	0501		

表 5-33 “学院”表

学院号	学院名	院长
01	外语国学院	叶秋宜
02	人文学院	李蓉
03	金融学院	王汉生
04	法学院	乔亚
05	工商管理学院	张绪
06	会计学院	刘莽
09	信息工程学院	骆大跑
12	文澜学院	荀途
17	国际学院	淮冬雪

表 5-34 “专业”表

专业号	专业	专业类别	学院号
0201	新闻学	人文	02
0301	金融学	经济学	03
0302	投资学	经济学	03
0403	国际法	法学	04
0501	工商管理	管理学	05
0503	市场营销	管理学	05
0602	会计学	管理学	06
0902	信息管理与信息系统	管理学	09
0904	计算机科学	工学	09
1001	软件工程	工学	10
1002	网络工程	工学	12

实验题 5-4

在机器上实现本章例 5-10 的实验。

为图书销售系统中的“售书单”表的“工号”字段定义显示控件绑定。

“售书单”表的“工号”字段是一个外键，只能在“员工”表列出的工号中取值。为了提高输入速度和避免输入错误，可以利用查阅属性将“工号”与“员工”表的“工号”字段绑定，当输入“售书单”数据时，对“工号”字段进行限定和提示，立即选取。

实验题 5-5

建立图书销售系统数据库中“出版社”表与“图书”表之间的关系。在机器上实现本实验。

设图书销售系统数据库已经建成(实验题 5-2)，包括“出版社”表与“图书”表在内的全部表对象创建成功。

第6章 查询对象与SQL语言

查询(query)是数据库中重要的概念、最重要的应用。直观理解,查询就是从数据库中查找所需要的数据。但在 Access 中,查询有比较丰富的含义和用途。

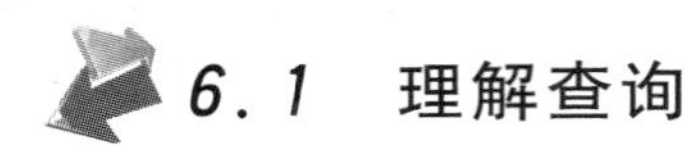

6.1 理解查询

数据库是相关联数据的集合。当数据已经存储在数据库中时,从数据库中获取信息就成为最主要的工作,这就是查询。

数据库系统一般包括三大功能:数据定义功能、数据操作功能、数据控制功能。要表达并实施数据库操作,必须使用数据操作语言。关系数据库中进行数据操作的语言是结构化查询语言 SQL(structured query language)。

6.1.1 查询概念

1. 什么是查询

在 Access 中,完成数据组织存储的,是表,实现数据库操作功能的,就是查询。查询是关于数据库操作的概念,查询以表为基础。表对象实现了数据的组织与存储,是数据库中数据的静态呈现。而查询对象实现了数据的动态处理。

理论上,在关系模型中,通过关系运算实现对关系的操作;实践上,对应在关系 DBMS 中通过 SQL 查询实现数据运算和操作。

在关系数据库中,查询有广义和狭义两种解释。广义的解释,使用 SQL 对数据库进行管理、操作,都可以称为查询。狭义的查询是指数据库操作功能中查找所需数据的操作。

因此,Access 中的查询,包括了表的定义功能和操作功能如数据的插入、删除和更新等,但是核心功能是数据的查询。

Access 数据库将查询分为选择查询和动作查询两大类。用户使用选择查询来从指定表中获取满足给定条件的记录;用户使用动作查询来从指定表中筛选记录以生成一个新表,或者对指定表进行记录的更新、添加或删除等操作。

Access 的选择查询有两种基本用法:一是根据条件,从数据库中查找满足条件的数据,并进行运算处理。二是对数据库进行重新组织,以支持用户的不同应用。

2. 查询对象

一般的 DBMS 都提供两种应用:第一种应用称为查询;第二种应用以查询为基础来实现,称为视图(view)。

在 Access 中,这两种应用都称为查询。

一般的 DBMS 在执行一个查询后,会得到一个查询结果数据集,这个数据集也是二维表,但数据库中并不将这个数据集(表)保存。Access 可以命名保存查询的定义,这就得到数据库的查询对象。查询对象可以反复执行,查询结果总是反映表中最新的数据的。查询所对应的结果数据集被称为“虚表”,是一个动态的数据集。

3. 应用查询

应用查询的基本步骤如下。

（1）设计定义查询，通过 SQL 语言实现数据运算和操作。

（2）运行查询，获得查询结果集。这个结果集与表的结构一致。

（3）如果需要重复或在其他地方使用这个查询的结果，就将查询命名保存，这就得到一个查询对象。以后打开查询对象，就会立即执行查询并获得新的结果。因此，查询对象总与表中的数据保持同步。如果不保存查询命名，则查询和结果集都将消失。

虽然查询对应数据库的操作功能，但 SQL 是集数据定义、数据操作和数据控制功能于一身的、完善性非常好的数据库语言。目前，SQL 仍在不断发展过程之中。

6.1.2 SQL 概念

1. 概述

结构化查询语言 SQL 的前身是 SQUARE 语言，是高级的非过程化编程语言，是沟通数据库服务器和客户端的重要工具。

SQL 语言结构简洁，功能强大，简单易学，所以自从 IBM 公司 1981 年推出以来，得到了广泛的应用。如今无论是像 Oracle、Sybase、DB2、Informix、SQL Server 这些大型的数据库管理系统，还是像 Visual Foxpro、PowerBuilder 这些 PC 机上常用的数据库开发系统，都支持 SQL 语言作为查询语言。

2. 发展简史

1970 年，E. J. Codd 发表了关系数据库理论（relational database theory）。

1974 年 Boyce 和 Chamberlin 提出 SQL。

1975 年开始，IBM 公司的圣约瑟研究实验室研制开发了著名的关系数据库管理系统原型 System R 并在其中实现了 SQL 查询语言。

1979 年，Oracle 公司发布了商业版 SQL。

1981 年到 1984 年之间，出现了其他商业版本的 SQL，它们分别来自 IBM(DB2)、Data General(DG/SQL)、Relational Technology(INGRES)等公司。

经过众多软件公司的使用、修改、扩充和完善，SQL 最终发展为关系数据库的国际标准语言。

1986 年 10 月美国国家标准局（ANSI，American National Standards Institute）下属数据库委员会批准将 SQL 作为关系数据库语言的美国标准，并公布了标准文本。

1987 年，国际标准化组织 ISO（International Organization for Standardization）通过了这一标准。此后，ANSI 不断修改和完善 SQL 标准。

1989 年发布 SQL-89。

1992 年发布 SQL-92（也称 SQL2）。SQL2 和早期 SQL 相比增加了空值运算，加强了数据安全检查和操作权限控制等。

自 SQL 成为国际标准以后，各数据库厂家纷纷推出各自的 SQL 软件或与 SQL 相连的接口，使大多数数据库系统采用 SQL 作为数据操作语言和标准接口，使不同数据库系统之间的互操作有了共同的基础。现今所有的关系型 DBMS 都支持 SQL，但几乎都对标准 SQL 进行了改动，当然基本内容、命令和格式是一致的。

掌握 SQL 对使用关系数据库非常重要，另外，若掌握了某一系统的 SQL，再学习其他系统的 SQL 就比较容易了。

3. 基本功能

SQL具有完善的数据库处理功能，主要功能如下。

(1) 数据定义功能。SQL可以方便地完成对表及关系、索引、查询的定义和维护。

(2) 数据操作功能。操作功能包括数据插入、删除、更新和数据查询。

(3) 数据控制功能。SQL可以实现对数据库的安全性和可用性等的控制管理。

4. 使用方式

SQL既是自主式语言，能够独立执行，也是嵌入式语言，可以嵌入程序中使用。SQL以同一种语法格式提供两种使用方式，使得SQL具有极大的灵活性，也很方便学习。

(1) 独立使用方式。在数据库环境下用户直接输入SQL命令并立即执行。这种使用方式可立即看到操作结果，对于测试、维护数据库也极为方便。适合初学者学习SQL。

(2) 嵌入使用方式。将SQL命令嵌入到高级语言程序中，作为程序的一部分来使用。SQL仅是数据库处理语言，缺少数据输入输出格式控制以及生成窗体和报表的功能、缺少复杂的数据运算功能，在许多信息系统中必须将SQL和其他高级语言结合起来，将SQL查询结果由应用程序进一步处理，从而实现用户所需的各种要求。

5. SQL特点

(1) 高度非过程化，是面向问题的描述性语言。用户只需将需要完成的问题描述清楚，具体处理细节由DBMS自动完成，即用户只需表达“做什么”，不用管“怎么做”。

(2) 面向表，运算的对象和结果都是表。

(3) 表达简洁，使用词汇少，便于学习。SQL定义和操作功能使用的命令动词只有如下几个：CREATE、ALTER、DROP、INSERT、UPDATE、DELETE、SELECT。

(4) 自主式和嵌入式的使用方式，方便灵活。

(5) 功能完善和强大，集数据定义、数据操作和数据控制功能于一身。

(6) 所有关系数据库系统都支持，具有较好的可移植性。

总之，SQL已经成为当前和将来DBMS应用和发展的基础。

6.2 Access 查询

6.2.1 查询工作界面

在Access中，查询工作界面提供了两种方式：SQL命令方式和可视交互方式。

1. 进入查询工作界面

进入Access查询工作界面的操作如下。

(1) 选择功能区“创建”(单击)，进入“创建”选项卡。如图6-1所示。

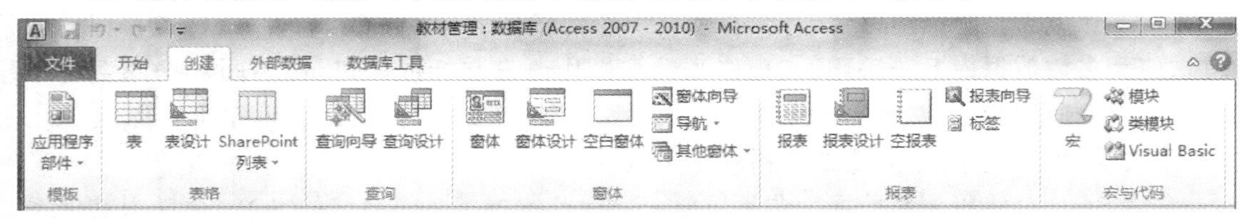

图6-1 “创建”选项卡

(2) 选择“查询设计”按钮(单击),Access 将创建初始查询,命名查询对象为“查询 1”,并进入“查询 1”的工作界面。由于查询的基础是表,所以首先弹出“显示表”对话框,即选择表对象,如图 6-2 所示。

(3) 在“显示表”对话框中,依次或一次性选中要处理的表,单击“添加”按钮,将其添加到“查询 1”中。然后,单击“关闭”按钮关闭“显示表”对话框。

或者,直接单击“关闭”按钮,关闭对话框。以后再根据需要,可以用功能区中的“显示表”功能按钮添加表。然后,进入“查询 1”的工作界面。

(4) 在“查询 1”功能区的“设计”选项卡下,单击“SQL 视图”下拉按钮,下拉出可以切换的两种工作界面选择(SQL 视图界面、设计视图界面),如图 6-3 所示。

图 6-2　查询工作界面“显示表”对话框

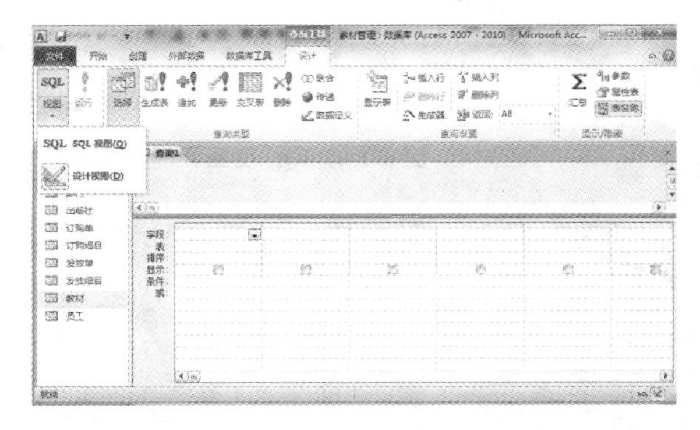

图 6-3　单击“SQL 视图”下拉按钮

可以看出,有两种设计查询的界面视图:“SQL 视图”和“设计视图”。

图 6-3 所示的是未添加表的设计视图界面,即可视交互方式定义查询界面。

以下我们分别直观举例 SQL 视图和设计视图创建查询对象,建立起感性认识。

6.2.2　SQL 视图创建查询对象

如图 6-3 所示,单击下拉列表中的“SQL 视图”命令项,或者直接单击“SQL 视图”按钮,切换到 SQL 视图界面。SQL 视图是一个类似于“记事本”的文本编辑器,采用命令行方式,用户在其中输入和编辑 SQL 语句。SQL 语句以“;”作为结束标志。该界面工具一次只能编辑处理一条 SQL 语句(交互式执行),并且除错误定位和提示外,没有提供其他任何辅助性的功能。

请看例 6-1。

【例 6-1】 使用 SQL 视图查询显示所有计算机类的教材。

在 SQL 视图界面输入如下语句,如图 6-4 所示。

```
SELECT * FROM 教材
WHERE 教材类别="计算机";
```

单击工具栏运行按钮[运行],Access 执行查询。SQL 视图界面变成查询结果的数据表视图界面,如图 6-5 所示。

由于是以表格形式显示结果的,所以查询对象的执行结果也称为数据表视图。

单击快速工具栏“保存”按钮,弹出“另存为”对话框。在文本框中输入“SQL 查询例 1”,单击“确定”按钮,这样,就会在数据库中创建一个查询对象,名称“SQL 查询例 1”,并出现在导航窗格中,如图 6-6 所示。以后只要双击这个查询对象,就可以获得结果。

6.2.3 设计视图创建查询对象

用设计视图方法也可以得到与“SQL 查询例 1”一样的结果。

如图 6-3 所示，单击下拉列表中的“设计视图”命令项，我们用设计视图的方法完成例 6-1 的查询对象。

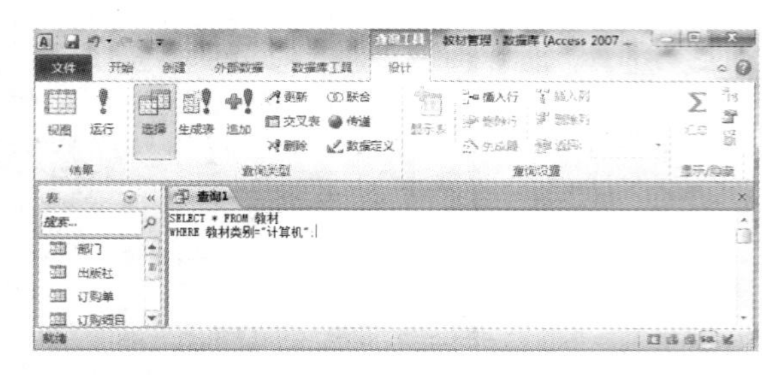

图 6-4　例 6-1 的 SQL 视图界面

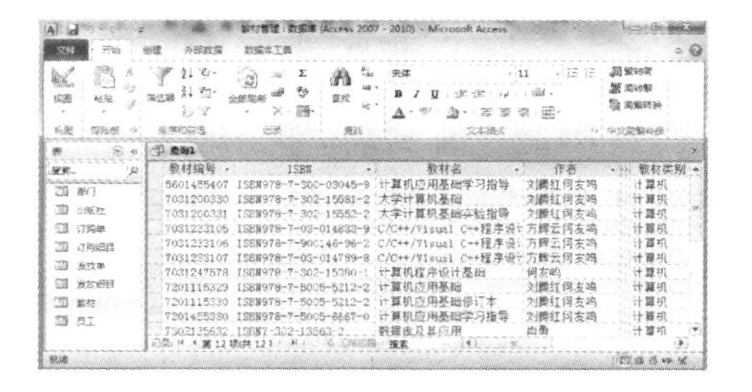

图 6-5　例 6-1 的查询结果的数据表视图界面

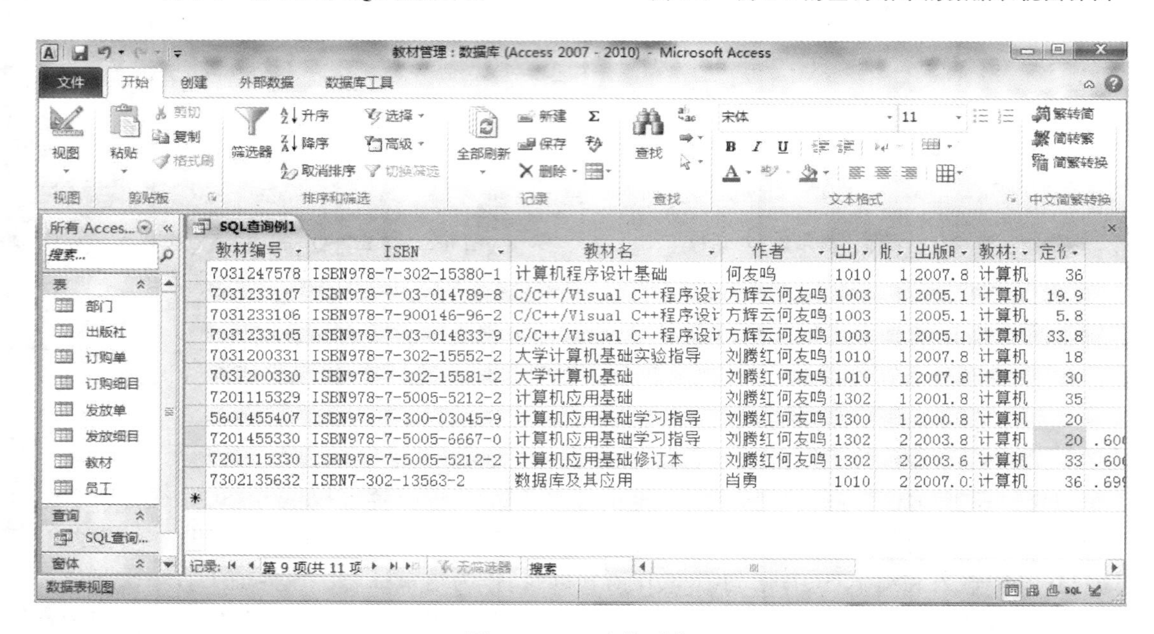

图 6-6　SQL 查询对象

请看例 6-2。

【例 6-2】　使用设计视图查询显示所有计算机类的教材。

(1) 进入教材管理系统数据库界面，在功能区选择“创建”(单击)，进入“创建”选项卡，如图 6-1 所示。

(2) 选择“查询设计”按钮(单击)，Access 将进入初始查询工作界面。首先弹出“显示表”对话框，即选择表对象，如前面的图 6-2 所示。这里依题意选择“教材”表然后单击“添加”按钮。

(3) 关闭“显示表”对话框，进入查询设计视图。

(4) 查询设计视图上半部分显示所用表对象，下半部分是查询设计。如果我们要求查询结果与“SQL 查询例 1”一致，则设计为：

“字段”栏选择“教材类别”；

“表”栏选择“教材”；

“排序”栏不用选择，因为“SQL 查询例 1”没有进行排序；

“显示”栏不做处理；

“条件”栏录入“计算机”。

设计完毕，单击快速工具栏“保存”按钮，弹出“另存为”对话框。在文本框中输入“设计查询例 1”，单击“确定”按钮，这样，就会在数据库中创建一个查询对象，名称“设计查询例 1”，并出现在导航窗格中，如图 6-7 所示。以后只要双击这个查询对象，就可以获得结果。

图 6-7　设计查询对象

双击导航窗格中的“设计查询例 1”，或者选中 “设计查询例 1” 后，在视图下拉菜单中选择“设计视图”打开“设计查询例 1”，再单击工具栏运行按钮，Access 执行查询。

实际上，Access 提供的两种工作方式 SQL 视图、设计视图在多数情况下是等价的。是可以互相转换的，比如设计好了 SQL 视图查询对象，通过图 6-3 所示左上角的两种工作界面选择切换下拉列表，选中“设计视图”命令项，原 SQL 视图就自动转换成有相同运行结果数据表的设计视图。

所以这两种查询设计方法我们这里只介绍 SQL 视图一种即可。

另外，通过可视交互方式定义的查询还是要转换为 SQL 语句去完成的，因此设计视图都可以切换成 SQL 视图查看其对应的 SQL 语句。

但有一些功能只能通过 SQL 语句完成，而没有对应的可视方式。

6.2.4　认识查询对象和查询分类

1. 认识查询对象

当将查询存储时，就创建了查询对象。

查询对象是将查询的 SQL 语句命名存储的对象，例如命名存储“SQL 查询例 1”，所代表的是“SELECT * FROM 教材 WHERE 教材类别="计算机"”这条语句。当打开“SQL 查询例 1”时，Access 就去执行该语句，并获得相应的查询结果：一张数据表视图。

选择查询有两种基本用法：一是实现从数据库中查找满足条件数据的功能；二是对数据库数据进行再组织，以支持用户的不同应用。

当查询被命名存储后，查询对象一方面代表保存的 SQL 语句，一方面也代表执行该语句查询的结果。所以，在用户眼中，查询对象也等同于一张表，因此可以对查询对象像对表一样去处理。与表不同的是，查询对象的数据都来源于表，自身并没有数据，所以是一张“虚表”。

当打开查询对象时，Access 就去立即执行查询对象所代表的 SQL 语句以获得查询数据集，然后向用户呈现结果。如果查询依赖的表的数据经常更新，则查询结果可能就每次都不相同。查询对象可以反复执行，因此查询结果总是反映表中最新的数据的。

由于查询对象可以任意定义，这样用户通过查询看到的数据集合就会多种多样，同一个数据库就以多样的形式呈现在用户面前。

关于查询对象的意义，我们在下面 6.3.4 节再做较详细的介绍。

2. Access 中的查询分类

从前面的图 6-7 所示的功能区可以看到，Access 将查询类型分为以下 6 种。

选择查询：从数据源中查询所需数据。

生成表查询：将查询的结果保存为新的表。

追加查询：向表中插入追加数据。

更新查询：修改、更新表中的数据。

交叉表查询：将查询到的符合特定格式的数据转换为交叉表格式。

删除查询：删除表中的数据。

这 6 种查询都有可视方式定义，实现了对数据库的操作功能。

此外，还有一类特定查询：联合、传递、数据定义。这些功能的实现，只能通过 SQL 语句完成，而没有等价的可视方式。

Access 将这些查询又分为两大类：选择查询和动作查询。

其中，选择查询及交叉表查询，是从现有数据中查询所需数据，不会导致数据库或表的变化，属于选择查询；而另外 4 种为动作查询，对指定表进行记录的更新、追加或删除操作，或者将查询的结果生成新表。动作查询涉及表的变化或数据库对象的变化。

前面例 6-1 是一个选择查询的实例，实现了从教材数据中获得特定类别教材的信息。选择查询对应关系代数中的选择运算。

6.3 SQL 查询

6.3.1 语法符号

SQL 语言由多条命令组成，每条命令的语法较为复杂，为此在介绍命令的语法中使用了一些辅助性的符号和一些约定，这些符号不是语句本身的一部分。在本书后面介绍有关语句语法时，会经常用到这些约定符号，它们的含义如下。

大写字母组成的词汇：SQL 命令或保留字。

小写字母组成的词汇或中文：由用户定义的项。

[ ]：表示被括起来的部分是可选项。

＜＞：表示被括起来的部分是需要进一步展开或定义的项。

|：表示两项选其一。

n…：表示 … 前面的项目可重复多次。

6.3.2 数据运算与表达式

1. 表达式

在数据库的查询和数据处理中，经常要对各种类型的数据进行运算，不同类型的数据运算方式和表达各不相同。因此，需要掌握数据运算的方法。

在 Access 中，通过表达式实施运算。所谓表达式，是由运算符和运算对象组成的完成运算求值的运算式。在第 4 章介绍过表达式的概念。

运算对象包括常量、输入参数、表中的字段等，运算符包括一般运算符和函数。

可以通过以下的语句来查看表达式运算的结果。语法如下。

【语法】 SELECT ＜表达式＞[AS 名称][,＜表达式＞…]

在 SQL 视图窗口中输入语句和运算表达式，然后运行，将在同一个窗口中以表格的形式显示运算结果。

其中，表达式根据运算结果的类型分为文本、数字、日期、逻辑等表达式。如“名称”用于命名显示结果的列名，缺省名称，由 Access 自动命名列名。

【例 6-3】 使用 SQL 的 SELECT 语句显示“Hello，SQL!”，并运行和以“例 6-3”为名保存本查询对象。

进入查询设计界面，在 SQL 视图界面输入“SELECT "Hello，SQL!" AS 显示；”，如图 6-8 所示。单击运行按钮[运行]，SQL 视图就显示查询结果的数据表视图界面，如图 6-9 所示。其中，列名为“显示”。

存储该命令为查询对象，单击快速工具栏“保存”按钮，弹出“另存为”对话框。在文本框中输入查询对象名“例 6-3”，单击“确定”按钮，就会在数据库中创建一个查询对象，并出现在导航窗格中。以后只要打开查询对象，Access 就会去执行相应的命令并显示查询结果数据表。

图 6-8 例 6-3 的 SQL 视图界面

图 6-9 例 6-3 查询结果的数据表视图界面

2. 运算符

Access 事先规定了各类型数据运算的运算符。

(1) 数字运算符。数字运算符用来对数字型数据或货币型数据进行运算，运算的结果也是数字型数据或货币型数据。表 6-1 列出了各类数字运算符及其优先级。

(2) 文本运算符。或称字符串运算符。普通的文本运算符是“&”与“+”，两者完全等价。其运算功能是将两个字符串联接成一个字符串。其他文本运算使用函数完成。

表 6-1　数字运算符及其优先级

优先级	运算符	说明	优先级	运算符	说明
1	()	内部子表达式	4	*、/	乘、除运算
2	+、-	正、负号	5	mod	求余数运算
3	^	乘方运算	6	+、-	加、减运算

（3）日期时间运算符。普通的日期和日期时间运算符只有"+"和"-"。它们的运算功能如表6-2所示。

表 6-2　日期和日期时间运算符的运算功能

格式	结果及类型
日期+*n* 或日期-*n*	日期时间型，给定日期 *n* 天后或 *n* 天前的日期
日期-日期	数字型，两个指定日期相差的天数
日期时间+*n* 或日期时间- *n*	日期时间型，给定日期时间 *n* 秒后或 *n* 秒前的日期时间
日期时间-日期时间	数字型，两个指定日期时间之间相差的秒数

（4）比较运算符。同类型数据可以进行比较运算。可以进行比较运算的数据类型有文本型、数字型、货币型、日期/时间型、是/否型等。比较运算符如表 6-3 所示，运算结果为是/否型，即 true 或 false。由于 Access 中用 0 表示 false，用-1 表示 true，所以运算结果为 0 或-1。

表 6-3　比较运算符

运算符	说明	运算符	说明
<	小于	BETWEEN … AND …	范围判断
<=	小于等于	[NOT] LIKE	文本数据的模式匹配
>	大于	IS [NOT] NULL	是否空值
>=	大于等于	[NOT] IN	元素属于集合运算
=	等于	EXISTS	是否存在测试（只用在表查询中）
<>	不等于		

文本型数据比较大小时，两个字符串逐位按照字符的机内编码比较，只要有一个字符分出大小，即整个字符串就分出大小。

日期型数据按照年、月、日的大小区分，数值越大的日期越大。

是/否型数据只有两个值：true 和 false。true 小于 false。

"BETWEEN $x1$ AND $x2$"，$x1$ 为范围起点，$x2$ 为终点。范围运算包含起点和终点。

LIKE 运算用来对数据进行通配比较，通配符为"*""#"和"?"，还可以使用"[]"。

对于空值判断，不能用等于或不等于 NULL，只能用 IS NULL 或 IS NOT NULL。

IN 运算相当于集合的属于运算，用括号将全部集合元素列出，看要比较的数据是否是该集合中的元素。EXISTS 用于判断查询的结果集合中是否有值。

（5）逻辑运算符。逻辑运算是指针对是/否型值 true 和 false 的运算，运算结果仍为是/

否型。最早由布尔(boolean)系统提出,所以逻辑运算又称为布尔运算。逻辑运算符主要包括求反运算 NOT、与运算 AND、或运算 OR、异或运算 XOR 等。

其中,NOT 是一元运算,有一个运算对象,其他都是二元运算。运算的优先级是:NOT→AND→OR→XOR。可以使用括号改变运算顺序。

逻辑运算的规则及结果如表 6-4 所示。在表中,a、b 是代表两个具有逻辑值数据的符号。

表 6-4 逻辑运算的规则及结果

a	b	NOT a	a AND b	a OR b	a XOR b
true	true	false	true	true	false
true	false	false	false	true	true
false	true	true	false	true	true
false	false	true	false	false	false

上述不同的运算可以组合在一起进行混合运算。当多种运算混合时,一般先进行文本、数字、日期时间的运算,再进行比较运算,最后进行逻辑运算。

3. 函数

除普通运算符表达的运算外,大量的运算通过函数的形式实现。Access 设计了大量各种类型的函数,使运算功能非常强大。

函数包括函数名、自变量和函数值 3 个要素。基本格式是:

【语法】 函数名([<自变量>])

函数名标识函数的功能;自变量是需要传递给函数的参数,写在括号内,一般是表达式。有的函数无须自变量,称为哑参,这种函数一般和系统环境有关,它们具有特指的不会混淆的内涵。缺省自变量时,括号仍要保留。有的函数可以有多个自变量,之间用逗号分隔。

表 6-5 列出了 Access 中的常用函数。

表 6-5 Access 中的常用函数

类 别	函 数	返 回 值
数字函数	ABS(数值)	求绝对值
	INT(数值)	对数值进行取整
	SIN(数值)	求正弦函数值,自变量以弧度为单位
	EXP(数值)	求以 e 为底的指数
文本函数	ASC(文本表达式)	返回文本表达式最左端字符的 ASCII 码
	CHAR(整数表达式)	返回整数表示的 ASCII 码对应的字符
	LTRIM(文本表达式)	把文本字符串头部的空格去掉
	TRIM(文本表达式)	把文本字符串尾部的空格去掉
	LEFT(文本表达式,数值)	从文本的左边取出指定位数的子字符串
	RIGHT(文本表达式,数值)	从文本的右边取出指定位数的子字符串
	MID(文本表达式,[数值 1[,数值 2]])	从文本中指定的起点取出指定位数的子字符串(数值 1 指定起点,数值 2 指定位数)
	LEN(文本表达式)	求出文本字符串的字符个数

续表

类　别	函　数	返　回　值
日期时间函数	DATE()	返回系统当天的日期
	TIME()	返回系统当时的时间
	DAY(日期表达式)	返回1到31之间的整数,代表月中的日期
	HOUR(时间表达式)	返回0到23之间的整数,表示一天中的某个小时
	NOW()	返回当时系统的日期和时间值
转换函数	STR(数值,[长度,[小数位]])	把数值型数据转换为字符型数据
	VAL(文本表达式)	返回文本对应的数字,直到转换完毕或不能转换为止
财务函数	FV(rate,nper,pmt[,pv[,type]])	返回指定基于定期定额付款和固定利率的未来年金值
	PV(rate,nper,pmt[,fv[,type]])	返回基于定期的、未来支付的固定付款和固定利率来指定年金的现值
	NPER(rate,pmt,pv[,fv[,type]])	返回根据定期的、固定的付款额和固定利率来指定年金的期数
	SYD(cost,salvage,life,period)	返回指定某项资产在指定时期用年数总计法计算的折旧
	PPMT(rate,per,nper,pv[,fv[,type]])	返回根据定期的、固定的付款额和固定利率来指定给定周期的年金资金付款额
测试函数	TYPENAME(表达式)	以文本型数据返回表达式的数据类型。主要类型有： Byte 字节值　Integer 整数 Long 长整型数据　Single 单精度浮点数 Double 双精度浮点数　Currency 货币值 Decimal 十进制值　Date 日期值 String 文本字符串　Null 无效数据 Object 对象　Unknown 类型未知的对象

关于函数的进一步说明和其他的函数,请参阅Access帮助("F1"键)或相关资料。

4. 参数

有时在定义命令时,有一些量不能确定,而只有在执行命令时才能确定,则可以在命令中加入参数。

参数是一个标识符,相当于一个占位符。参数的值在执行命令时由用户输入确定。例如,定义命令：

SELECT x－1；

其中标识符x是一个参数。执行该命令时,首先会弹出对话框,如图6-10所示,要求输入参数x的值,然后再做运算。

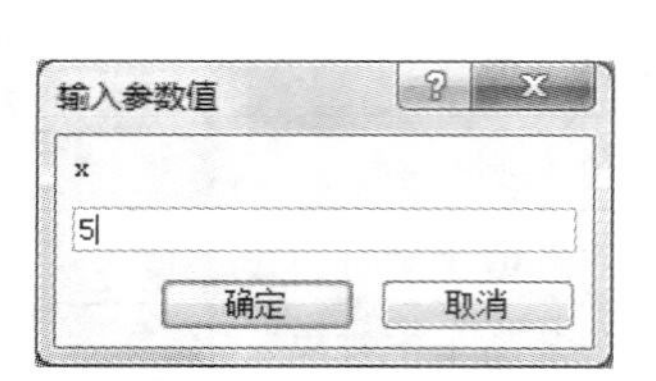

图6-10　参数输入对话框

简单的数值或文本参数可以直接在命令语句中给出。但是对于其他类型的参数,为了在输入时有确定的含义,因此应该在使用一个参数前明确定义。参数定义语句的语法如下。

【语法】 PARAMETERS 参数名 数据类型

为了避免发生表达式语法错误,对于参数最好遵守如下规定。

(1) 参数名以字母或汉字开头，由字母、汉字、数字和必要的其他字符组成。

(2) 参数都用方括号([])括起来。(当参数用方括号括起来后，Access 对于参数的命名规定可不完全遵守上一条的规定)

5. 举例

以下举例都直接在“SQL 视图”中输入并直接执行，每次输入并执行一条语句。

【例 6-4】 在“SQL 视图”中分别输入并执行如下命令。

命令：SELECT－3＋5＊20/4,125^(1/3) MOD 2;

结果：22　1

命令：SELECT INT(－3＋5^－2),EXP(5),SIN(45＊2＊3.1416/360);

结果：－3148.413159102577　.707108079859474

【例 6-5】 在“SQL 视图”中执行如下文本运算命令。

命令：SELECT "Beijing "&"2008",LEFT("奥林匹克运动会",1)
　　& MID("奥林匹克运动会",5,1),LEN("奥林匹克运动会");

结果：Beijing 2008,奥运,7

在 Access 中，中文机内码是双字节编码，一个汉字在计算位数时算 1 位，单字节的 ASCII 码一个字符也算一位，在计算字符长度时要注意区分。

【例 6-6】 在“SQL 视图”中输入并执行比较运算以及输出逻辑常量的命令。

命令：SELECT "ABC"＝"abc","ABC"<"abc","张三">"章三",true,true<false;

执行结果如图 6-11 所示。

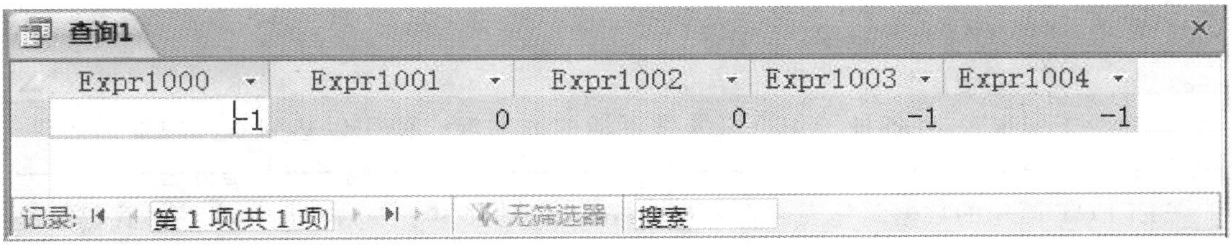

查询1

Expr1000	Expr1001	Expr1002	Expr1003	Expr1004
-1	0	0	-1	-1

记录: 第 1 项(共 1 项)　无筛选器　搜索

图 6-11　例 6-6 的执行结果

本例需要我们理解比较运算符的运算规定、是/否型的两个值的性质。

写表达式时可以使用 true 和 false 两个逻辑常量，但它们以数字的方式存储和显示，－1 表示 true，0 表示 false。运算结果为是/否型，所以运算结果为 0 或－1。

逻辑常量 true 小于 false。

字母在比较时不区分大小写。

文本型数据比较大小时，两个字符串逐位按照字符的机内编码比较，只要有一个字符分出大小，即整个字符串就分出大小。

日期型数据按照年、月、日的大小区分，数值越大的日期越大。

【例 6-7】 在“SQL 视图”中输入并执行如下逻辑运算命令。

命令：SELECT－3＋5＊20/4>10 AND "ABC"<"123" OR ＃2013-08-08＃<date();

本例是一个综合表达式的运行，我们可以分析表达式的构成、功能、运算顺序和结果的形成。

若当天的日期是 2015 年 8 月 25 日，执行结果是什么？本例作为实验题，请同学们在上机实验中求解，并进行结果分析。

【例 6-8】 在“SQL 视图”中输入并执行如下命令。

命令：SELECT VAL("123.456"),STR(123.456),TYPENAME("123"),TYPENAME(VAL("123.45"));

结果如图 6-12 所示。

Expr1000	Expr1001	Expr1002	Expr1003
123.456	123.456	String	Double

图 6-12　例 6-8 的执行结果

这是函数表达式，请注意分析运行的结果，理解函数的名称及它们的功能。

6.3.3　常用 SQL 查询

本节通过众多示例和上机实验题来介绍 SQL 查询的用法。例子使用前面建立的教材管理系统数据库。

SQL 的查询命令只有一条 SELECT 语句，由于用户对数据库查询的要求多种多样，因此 SELECT 的功能非常强大，但由于要满足各种需求，所以命令的语法很复杂。下面仅列出其基本语法结构，详细组成子句要通过后面的例子来介绍。

【语法】SELECT <输出列>[,…]
　　　　FROM <数据源>[,…]
　　　　[其他子句]

该命令子句很多，且各种子句可以非常灵活的方式混合使用以达到不同的查询效果。命令中只有<输出列>和 FROM <数据源>子句是必选项。其他子句都是可选项。

SELECT 语句的数据源是表或查询对象（最终还是来源于表），查询结果的形式仍然是行列二维表。

以下举例都在"SQL 视图"环境中完成。

1. 基于单数据源的简单查询

只用一个数据源（一个表对象）的查询相对简单。由于关系模型的设计是将不同实体数据分别放在不同表中，因此，单数据源的检索在很多时候满足不了实际问题的要求。

【例 6-9】 查询"员工"表中所有员工姓名、性别、职务和薪金；查询输出所有字段。

命令 1：SELECT 员工.姓名,员工.性别,员工.职务,员工.薪金
　　　　FROM 员工；

执行结果如图 6-13 所示。命令中包含了 SELECT 命令的两个必选项："输出列"和"数据源"。指定多个字段作为输出列时，字段间用逗号隔开。若查询表的所有字段，可用"*"替代。

命令 2：SELECT 员工.*
　　　　FROM 员工；

在命令中凡是涉及表中的字段，都可在字段名前面加上表名前缀。如本例的两条命令，字段名或"*"前都有表名前缀。在 SQL 命令中，若字段所属的表不会弄混，例如命令只用一个表，则可以省略表名前缀。本例命令可写为以下形式。

命令 3：SELECT　*
　　　　FROM 员工；

【例 6-10】 查询“员工”表，输出“职务”和“薪金”。

命令：SELECT 职务，薪金

FROM 员工；

本例实现关系代数中的投影运算。分析查询结果，是对源数据表指定两列值的直接保留，所以结果中有重复行。如图 6-14 所示。

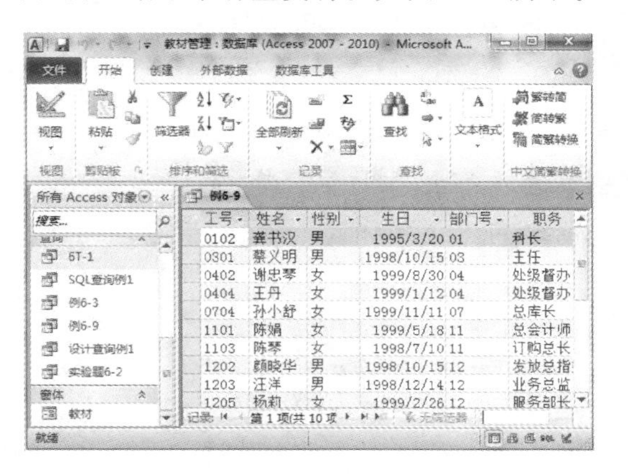

图 6-13　例 6-9 的执行结果

图 6-14　例 6-10 的执行结果

为去掉重复行，在输出列前增加子句 DISTINCT。

命令：SELECT DISTINCT 职务，薪金

FROM 员工；

DISTINCT 子句的作用就是去掉查询结果表中的重复行。命令的语义可理解为“查询员工表中所有职务及各职务的不同薪金”。这项内容请同学们在上机实验中完成（实验题 6-3），实验结果要给出去掉查询结果表中的重复行的查询数据表视图。

【例 6-11】 查询“员工”表，输出“薪金”最高的 3 名员工姓名、职务及薪金。

要实现该功能，就要在命令中增加按“薪金”排序并取前几名的功能。

命令：SELECT TOP 3 姓名，职务，薪金

FROM 员工

ORDER BY 薪金 DESC；

执行结果如图 6-15 所示。

对查询结果排序的子句语法如下。

【语法】 ORDER BY ＜输出列＞ASC|DESC [，＜输出列＞…]

对查询结果的所有行按指定字段排序并输出，ASC 表示升序输出，可以缺省；DESC 表示降序输出。当有多列参与排序时，可依次列出。

输出列前的 TOP n 表示保留查询结果的前 n 行。当没有排序子句时，就保留原始查询顺序的前 n 行；有排序子句则先排序。可以看出，排序最后一个值相同的都保留输出。

TOP 还有一种用法，为保留结果的前 n%行，语法是：

【语法】 TOP n PERCENT

【例 6-12】 查询“员工”表，统计输出职工人数、最高薪金、最低薪金、平均薪金。

统计人数，需要对员工表的行数进行统计计数；其他几项都要对薪金字段进行计算统计。在 SQL 中提供了相应的集函数来完成这些功能。

命令：SELECT COUNT(*)，MAX(薪金)，MIN(薪金)，AVG(薪金)

FROM 员工；

执行结果如图 6-16 所示。

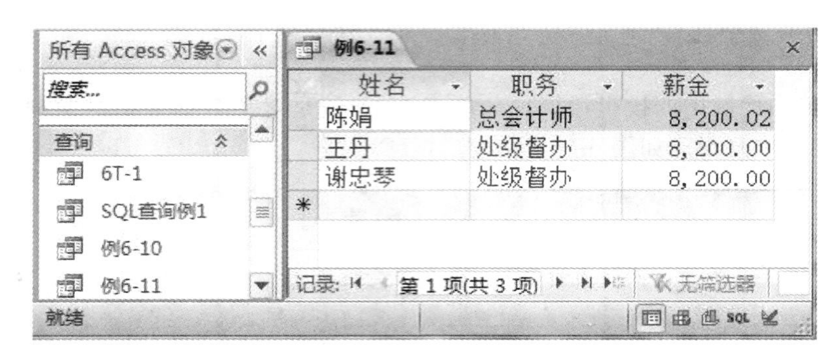

图 6-15　例 6-11 的执行结果

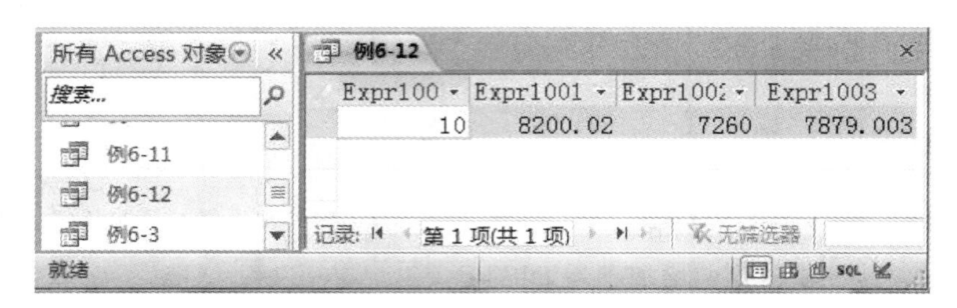

图 6-16　例 6-11 的执行结果

SQL 提供的集函数及功能如表 6-6 所示。

表 6-6　SQL 提供的集函数及功能

函数格式	功　　能
COUNT(＊)或 COUNT(<列>)	统计查询结果的行数或结果中指定列中值的个数
SUM(<列表达式>)	求数值列、日期时间列的总和
AVG(<列表达式>)	求数值列、日期时间列的平均值
MAX(<列表达式>)	求出本列中的最大值
MIN(<列表达式>)	求出本列中的最小值
FIRST(<列表达式>)	求出首条记录中本列的值
LAST(<列表达式>)	求出末条记录中本列的值
STDEV(<列表达式>)	求出本列所有值的标准差
VAR(<列表达式>)	求出本列所有值的方差

在前面的查询命令中，输出列都是字段名。但本例是对表记录和字段汇总计算的结果，不能输出字段名，因此，Access 自动为每个值命名，依照顺序依次为 Expr1000、Expr1001……自动取的名称一般不明确，因此允许用户改名。改名方法是在输出列的后面加上选项子句，语法如下。

【语法】　AS 新名

本例命令可改为：

SELECT COUNT(＊) AS 人数，MAX(薪金) AS 最高薪金，MIN(薪金) AS 最低薪金，AVG(薪金) AS 平均薪金　　FROM 员工；

执行结果如图 6-17 所示。这样显示，显然意思明确多了。

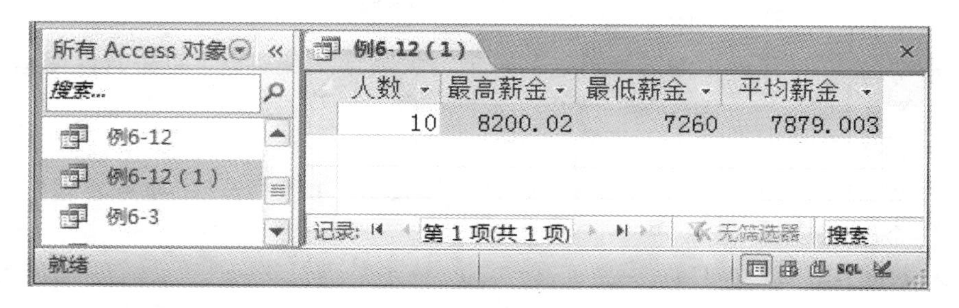

图 6-17　例 6-12 改名后的执行结果

2. 基于条件的查询

前面的几例查询都是无条件查询，查询完成后再对结果做进一步处理，如排序、投影输出、汇总运算等。而很多查询都需要对数据按条件筛选。这通过在 SELECT 命令中增加条件子句来完成，其基本语法如下。

【语法】 WHERE ＜逻辑表达式＞

该功能对应关系代数中的选择运算。

【例 6-13】 查询所有清华大学出版社(编号 1010)出版的计算机类的教材信息。

命令：SELECT *
　　FROM 教材
　　WHERE 出版社编号＝"1010" AND 教材类别＝"计算机"；

该命令在执行时将教材表的记录逐行代入逻辑表达式中运算，结果为真的记录输出。

请同学们在机器上做实验(实验题 6-4)完成结果的输出。

在表示条件的逻辑表达式中，可以使用本章前面表 6-3 所示的比较运算符。

单个的比较运算一般是字段名与同类常量的比较，如本例的命令。除使用"＝、＞、＞＝、＜、＜＝、＜＞"等运算符外，另外几种运算的基本用法如下。

① "＜字段＞BETWEEN ＜起点值＞AND ＜终点值＞"，是包含起点和终点的范围运算，相当于"≥起点值"并且"≤终点值"。

② "＜字段＞LIKE ＜匹配值＞"，匹配值要用引号括起来，值中可包含通配符。

Access 的通配符为" * "和"?"，这与标准 SQL 不同。标准 SQL 的通配符为"%"和"_"。Access 对数字型、文本型、日期时间型数据都可以进行匹配运算。此外，"#"表示该位置可匹配一个数字，方括号描述一个范围，用于确定可匹配的字符范围。

如果＜匹配值＞中出现的" * "或"?"只作普通符号，要用方括号括起来。

③ "＜字段＞IS [NOT] NULL"。对可能取 NULL 值的字段进行判断。当字段值为 NULL 时，无 NOT 运算的结果为 true，字段有任何值时，有 NOT 的运算为 true。

④ "＜字段＞IN (＜值 1＞，＜值 2＞，…，＜值 n＞)"。相当于集合的属于运算，括号内列出集合的各元素，字段值等于某个元素的运算结果为 true。

括号中的值集合也可以是查询的结果，这样就构成了嵌套子查询。

⑤ "EXISTS"(子查询)。子查询结果是否为空集的判断运算。

当有多个比较式需要同时处理时，通过逻辑运算符 NOT、AND、OR 等连接起来构成完整的逻辑表达式。

【例 6-14】 WHERE 子句中使用不同条件的查询示例。

命令 1：SELECT 姓名，性别，生日，职务

```
    FROM 员工
    WHERE 姓名 LIKE "陈?"AND 生日 LIKE "199 * ";
```

含义是查询90年代出生的陈姓单名的员工有关数据。日期也可以进行匹配运算。

```
命令2:SELECT *
    FROM 员工
    WHERE 职务 IN ("总会计师","总库长","订购总长","业务总监") AND 薪
    金 LIKE "8 * "
    ORDER BY 生日;
```

含义是查询“总”字级如总会计师、总库长等、薪金为8开头的员工数据并按生日升序输出。货币或数字型字段也可以进行匹配运算。

本例的两条命令请同学们在机器上做实验完成(实验6-5和实验6-6),给出SQL查询视图和结果表视图。

3. 基于多数据源的关联查询

Access数据库中有多个表,经常要将多个表的数据连在一起(表的关联或链接)使用信息才完整。因此,SQL提供了多表联接查询功能,该功能实现了关系代数中的笛卡尔积和联接运算。

1) 多表查询和单表查询的不同

多数据表查询与单数据表查询原则上一样,但由于查询的结果在一张表上,而数据的来源是多张表,因此,多表查询和单表查询相比,有如下不同。

① 在FROM子句中,必须写上查询所涉及的所有表名。有时可为表取别名。

② 必须增加表之间的联接条件(笛卡儿积除外)。联接条件一般是两个表中相同或相关的字段进行比较的表达式。

③ 由于多表同时使用,对于多个表中的重名字段,在使用时必须加表名前缀区分。而不重名字段无须加表名前缀。Access自动生成的SQL命令中,所有字段都有表名前缀。

④ 多表查询要进行多表联接。多表联接只能两两联接,如三表联接的命令中,第一个联接子句要用括号,意即第1个表和第2个表连成一个表后再与第3个表联接(见后面例6-16)。

2) 多表查询的3种联接

多数据源查询增加的主要语法在FROM子句中,基本语法如下。

【语法】 FROM ＜左数据源＞{INNER|LEFT [OUTER]|RIGHT [OUTER]}
JOIN＜右数据源＞ON ＜联接条件＞

Access的SQL将多数据源联接查询分为内联接和外联接两类,外联接分为左外联接和右外联接两种。可以在此基础上进行更多数据源的联接。

内联接(INNER JOIN):只联接两个左右表中满足联接条件的记录;

左外联接(LEFT OUTER JOIN):除联接左右表中满足联接条件的记录外,还保留左边表的不满足联接条件的剩余全部记录。

右外联接(RIGHT OUTER JOIN):与左外联接的区别是保留右边表的不满足联接条件的剩余全部记录。

在查询结果中,左外联接保留的不满足联接条件的左表记录对应的右表输出字段处填上空值。右外联接保留的不满足联接条件的右表记录对应的左表输出字段处填上空值。

(1) 内联接INNER JOIN。

【例6-15】 查询所有清华大学出版社出版的计算机类的教材信息。

前面例6-13是在单表(“教材”表)上查询。若要通过“清华大学出版社”的名称查询该

社出版的教材，就必须将“出版社”表和“教材”表联接（关联）起来。联接条件是两表的“出版社编号”相等。

命令：SELECT 出版社名，教材. *

FROM 出版社 INNER JOIN 教材 ON 出版社. 出版社编号＝教材. 出版社编号

WHERE 出版社名＝"清华大学出版社" AND 教材类别＝"计算机"；

这是内联接 INNER JOIN 运算，结果是两个联接表中满足联接条件的记录。

由于“出版社编号”分别是主键和外键，它们成为联接的条件。

由于两个表中都有“出版社编号”，所以使用时加上表名前缀。

在数据库中，如“部门”表和“员工”表可以通过“部门号”联接在一起；“发放单”表与“发放细目”表可以通过“发放单号”联接在一起；“订购单”表与“订购细目”表可以通过“订购单号”联接在一起。

【例 6-16】 查询清华大学出版社出版的教材的发放情况。输出出版社名、教材编号、教材名、作者、版次、发放量等。

教材发放数据保存在“发放细目”中，所以要将“教材”表与“发放细目”表联接起来。

命令：SELECT 教材. 教材编号，教材名，作者，出版社名，版次，发放细目. 数量 AS 发放量

FROM（出版社 INNER JOIN 教材 ON 出版社. 出版社编号＝教材. 出版社编号）

INNER JOIN 发放细目 ON 教材. 教材编号＝发放细目. 教材编号

WHERE 出版社名＝"清华大学出版社"；

这是教材、出版社和发放细目三表联接，所以在 FROM 子句中有三个表和两个联接子句。要注意，第一个联接子句要用括号，意即第 1 个表和第 2 个表连成一个表后再与第 3 个表联接，这就是前面所说的多表联接要两两联接完成。

（2）左外联接 LEFT OUTER JOIN。

【例 6-17】 查询“教材”表中计算机类教材数据及订购数量和订购折扣。输出教材编号、教材名、作者、订购数量（订购细目表中的数量）和进教材折扣（订购细目表中的进价折扣）。

本题要将“教材”表与“订购细目”表联接起来，就可以看出计算机类教材和教材的订购数据信息。

但是，第一，“教材”表记录多，“订购细目”表记录少，即订购的教材少于教材表中的教材品种；第二，普通联接运算（内联接）只能将主键、外键相等的记录值连起来作为结果输出，如果某种计算机教材没有订购数量，则看不到相应的教材信息。为此，我们这里用“教材“表左外联接“订购细目”表来解决。

命令：SELECT 教材. 教材编号，教材名，作者，

订购细目. 数量 AS 订购数量，订购细目. 进价折扣 AS 进教材折扣

FROM 教材 LEFT JOIN 订购细目 ON 教材. 教材编号＝订购细目. 教材编号

WHERE 教材类别＝"计算机"；

SQL 查询视图如图 6-18 所示。

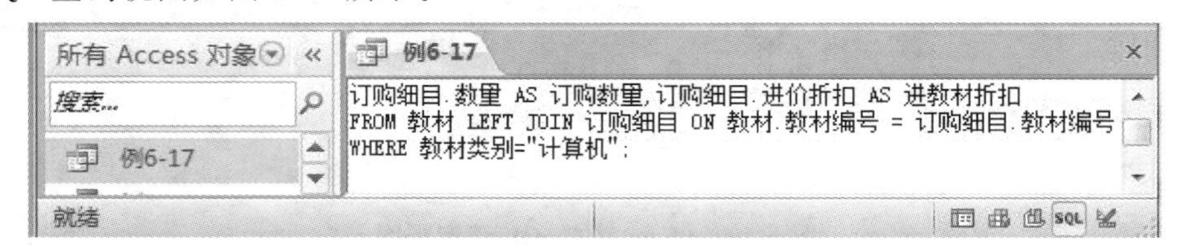

图 6-18 例 6-17 的 SQL 查询视图

这是左外联接 LEFT OUTER JOIN 运算，左表是“教材”表，右表是“订购细目”表。“教材”表左外联接“订购细目”表，因而在查询结果中，除联接左右表中满足联接条件的记录外，还保留左边表“教材”表的不满足联接条件的剩余全部记录。

查询结果如图 6-19 所示。包括两个表中满足联接条件的所有记录，及左边表中剩余的记录。可以看出“计算机应用基础学习指导”“大学计算机基础”“大学计算机基础实验指导”“计算机程序设计基础”“计算机应用基础”“计算机应用基础修订本”“计算机应用基础学习指导”“数据库及其应用”等教材没有订购(在“订购细目”表中无记录)，也就没有订购数量和进教材折扣，它们都是左表“教材”表不满足联接条件的记录，即结果中这些记录的右边(右表相应字段)为空(NULL)。

在左外联接的查询结果中，左表的记录全部保留：除查询两个联接表中满足联接条件的记录外，还保留左边表的不满足联接条件的剩余全部记录，这些记录涉及右表的字段为空值。

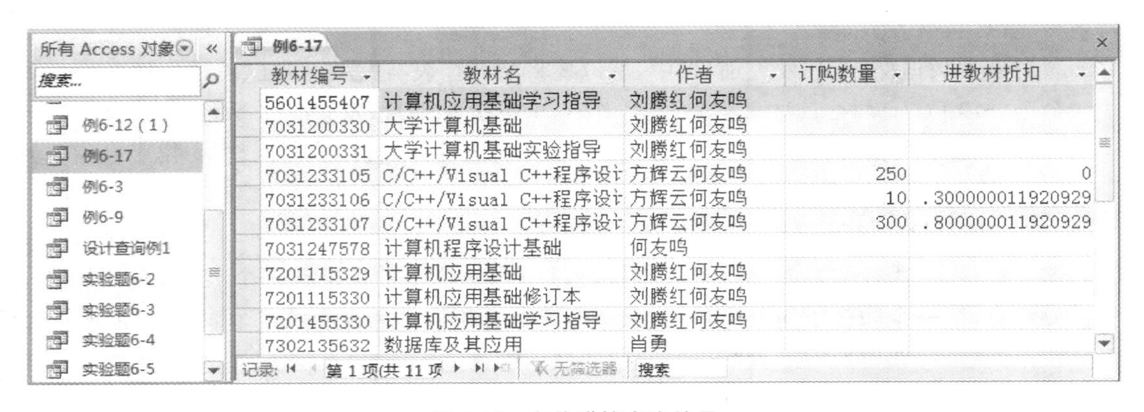

教材编号	教材名	作者	订购数量	进教材折扣
5601455407	计算机应用基础学习指导	刘腾红何友鸣		
7031200330	大学计算机基础	刘腾红何友鸣		
7031200331	大学计算机基础实验指导	刘腾红何友鸣		
7031233105	C/C++/Visual C++程序设计	方辉云何友鸣	250	0
7031233106	C/C++/Visual C++程序设计	方辉云何友鸣	10	.300000011920929
7031233107	C/C++/Visual C++程序设计	方辉云何友鸣	300	.800000011920929
7031247578	计算机程序设计基础	何友鸣		
7201115329	计算机应用基础	刘腾红何友鸣		
7201115330	计算机应用基础修订本	刘腾红何友鸣		
7201455330	计算机应用基础学习指导	刘腾红何友鸣		
7302135632	数据库及其应用	肖勇		

图 6-19　左外联接查询结果

(3) 右外联接 RIGHT OUTER JOIN。

【例 6-18】 查询薪金在 7000 元以上的员工的部门号、部门名、办公电话、姓名和性别。

本题要将“部门”表与“员工”表联接起来，就可以看出所需要的员工的信息。

但是，第一，“员工”表记录多，“部门”表记录少，即有些员工暂时还没有部门；第二，普通联接运算(内联接)只能将主键、外键相等的记录值连起来作为结果输出，如果某员工没有部门，则看不到该员工相应的信息。为此，我们这里用“部门”表右外联接“员工”表来解决。

命令：SELECT 部门.部门号，部门名，办公电话，姓名，性别

　　FROM 部门 RIGHT JOIN 员工 ON 员工.部门号＝部门.部门号

　　WHERE 薪金＞7000；

实际情况下，这个条件“WHERE 薪金＞7000”完全可以不要。

SQL 查询视图如图 6-20 所示。

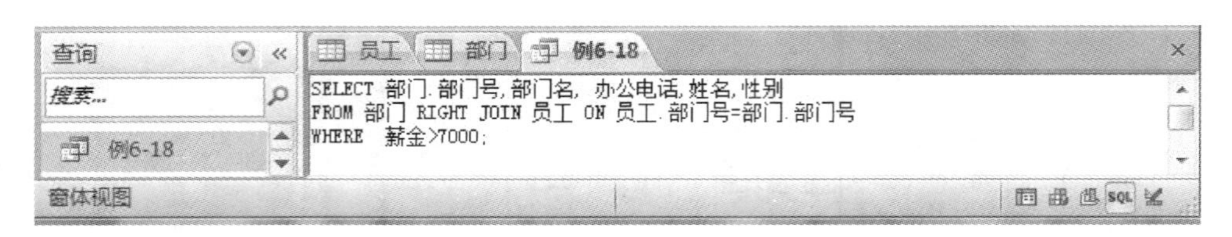

图 6-20　例 6-18 的 SQL 查询视图

这是右外联接 RIGHT OUTER JOIN 运算，左表是“部门”表，右表是“员工”表。“部门”表右外联接“员工”表，因而在查询结果中，除联接左右表中满足联接条件的记录外，还保留右边表“员工”表的不满足联接条件的剩余全部记录。

查询结果如图 6-21 所示。包括两个表中满足联接条件的所有记录，及右边表中剩余的记录。可以看出，徐敏、赵曙光、雷顺妮等三位暂时还没有分配部门，它们都是右表“员工”表中不满足联接条件的记录，即结果中这些记录的左边（右表相应字段）为空（NULL）。

在右外联接的查询结果中，右表的记录全部保留：除查询两个联接表中满足联接条件的记录外，还保留右边表的不满足联接条件的剩余全部记录，这些记录涉及左表的字段为空值。

部门号	部门名	办公电话	姓名	性别
01	教材科	027-8778645	龚书汉	男
03	办公室	027-8718182	蔡义明	男
04	财务室	027-8778647	谢忠琴	女
04	财务室	027-8778647	王丹	女
07	书库	027-8756002	孙小舒	女
11	订购和服务部	027-8701331	陈娟	女
11	订购和服务部	027-8701331	陈琴	女
12	教材发放部	027-8701331	颜晓华	男
12	教材发放部	027-8701331	汪洋	男
12	教材发放部	027-8701331	杨莉	女
			徐敏	女
			赵曙光	男
			雷顺妮	女

图 6-21　右外联接查询结果

3) 3 种联接的应用

【例 6-19】 把例 6-18 改为用内联接 INNER JOIN 完成，请分析其结果。

命令：SELECT 部门.部门号，部门名，办公电话，姓名，性别

FROM 部门 INNER JOIN 员工 ON 员工.部门号＝部门.部门号

WHERE 薪金＞7000；

SQL 查询视图如图 6-22 所示。

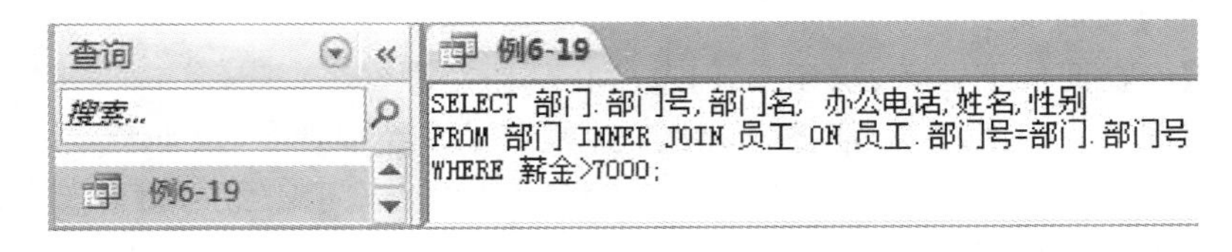

图 6-22　例 6-19 的 SQL 查询视图

这是内联接 INNER JOIN 运算，结果只保留两表满足联接条件的记录。

查询结果如图 6-23 所示。明显可以看出，徐敏、赵曙光、雷顺妮等三位暂时还没有分配部门，结果中没有他们的记录，这是不符合实际需要的。

部门号	部门名	办公电话	姓名	性别
01	教材科	027-87786459	龚书汉	男
03	办公室	027-87181826	蔡义明	男
04	财务室	027-87786477	谢忠琴	女
04	财务室	027-87786477	王丹	女
07	书库	027-87560027	孙小舒	女
11	订购和服务部	027-87013311	陈娟	女
11	订购和服务部	027-87013311	陈琴	女
12	教材发放部	027-87013312	颜晓华	男
12	教材发放部	027-87013312	汪洋	男
12	教材发放部	027-87013312	杨莉	女

图 6-23　例 6-19 的查询结果

4）小结

以下我们小结一下联接查询。

与单表查询相比，多表查询增加的主要语法在 FROM 子句中，基本语法如下。

【子句语法】　FROM　<左表>JOIN <右表>ON <联接条件>

这是两个表联接的基本格式。在此基础上，可以进行外联接，以及三表或多表联接。

JOIN：表间联接，单独使用无效，必须是以下形式。

内联接(普通联接)：INNER JOIN，查询结果是只查询联接表中满足联接条件的记录，可能不是左表或右表的全部记录。

外联接：除查询联接表中满足联接条件的记录外，还保留不满足联接条件的剩余全部记录。

左外联接：LEFT OUTER JOIN，查询结果是左表保留全部记录。除查询两个联接表中满足联接条件的记录外，还保留左边表的不满足联接条件的剩余全部记录，这些记录涉及的右表的字段为空值。

右外联接：RIGHT OUTER JOIN，查询结果是右表保留全部记录。除查询两个联接表中满足联接条件的记录外，还保留右表的不满足联接条件的剩余全部记录，这些记录涉及的左表的字段为空值。

4. 两种特殊查询

1）无联接条件的查询

命令：SELECT　*　FROM 部门，员工；

该 SELECT 命令中没有联接条件，执行查询的结果，可以看出是将两个表的全部记录两两联接并输出全部字段。这种功能完成的就是关系代数中的笛卡尔积运算。

2）表的自身联接

【例 6-20】　查询员工姓名、职务、部门及所在部门经理姓名。

命令：SELECT A.姓名，A.职务，部门名 B.姓名 AS 经理姓名，B.职务
　　FROM（员工 AS A INNER JOIN 部门 ON A.部门编号＝部门.部门编号）
　　INNER JOIN 员工 AS B ON 部门.部门编号＝B.部门编号
　　WHERE B.职务＝"经理"；

在该查询命令中，“员工”表要使用两次，因此，可以将“员工”表看作两张完全一样的表。由于字段名完全相同，所以必须加以区分。

为此，SELECT 语句中的 FROM 子句允许为表取别名。语法格式如下。

【子句语法】　AS　表的别名

表的自身联接情况还是比较多的。例如,在教学管理系统数据库中,如果在“学生”表中增加一个“班长学号”字段,则该字段中存放的是每个班班长的学号。

如果要查询学生的学号、姓名、班长学号、班长姓名信息,则“学生”表必须自身联接。类似的例子很多。

5. 分组统计查询

前面表 6-6 列出了可以用于统计的集函数,除将这些函数用于对整个表的统计之外,SQL 还具有分组统计以及对统计的结果进行筛选的查询功能。基本语法格式如下。

【子句语法】 GROUP BY ＜分组字段＞[,…][HAVING ＜逻辑表达式＞]

SQL 的分组统计以及 HAVING 子句的使用按如下方式进行。

① 设定分组依据字段,按分组字段值相等的原则进行分组,具有相同值的记录将作为一组。分组字段由 GROUP 子句指定,可以是一个,也可以是多个。

② 在输出列中指定统计集函数,分别对每一组记录按照集函数的规定进行计算,得到各组的统计数据。要注意,分组统计查询的输出列只由分组字段和集函数组成。

③ 如果要对统计结果进行筛选,将筛选条件放在 HAVING 子句中。

HAVING 子句必须与 GROUP 子句联用,只对统计的结果进行筛选。HAVING 子句的＜逻辑表达式＞中可以使用集函数。

【例 6-21】 查询“员工”表,求各部门人数和平均薪金。并分析另外的查询命令。

在“员工”表中,将部门号相同的员工记录分组在一起,统计人数和平均薪金。

命令:SELECT 部门号,COUNT(*) AS 人数,AVG(薪金) AS 平均薪金
　　FROM 员工
　　GROUP BY 部门号;

查询结果如图 6-24 所示。

如果要在该查询中显示“部门名”,就必须将“部门”表与“员工”表联接起来。

命令:SELECT 员工.部门号,部门名,COUNT(*) AS 人数,AVG(薪金) AS 平均薪金
　　FROM 员工 INNER JOIN 部门 ON 员工.部门号=部门.部门号
　　GROUP BY 员工.部门号,部门名;

查询结果如图 6-25 所示。由于增加了一个表,所以同名字段前要加前缀,输出列中除了集函数的统计值,剩下字段都必须出现在分组子句中。

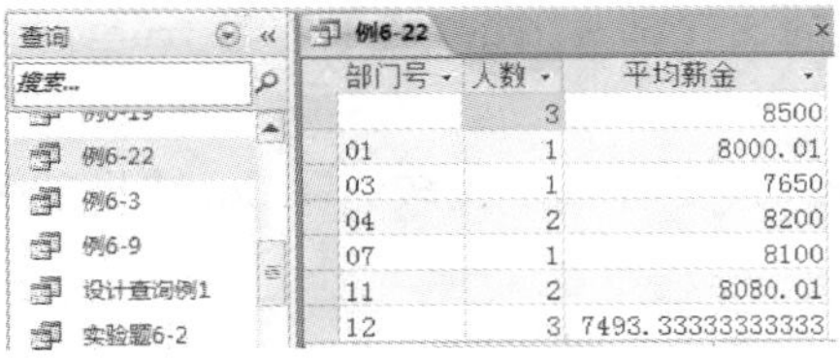

例6-22

部门号	人数	平均薪金
	3	8500
01	1	8000.01
03	1	7650
04	2	8200
07	1	8100
11	2	8080.01
12	3	7493.33333333333

图 6-24 例 6-21 的查询结果

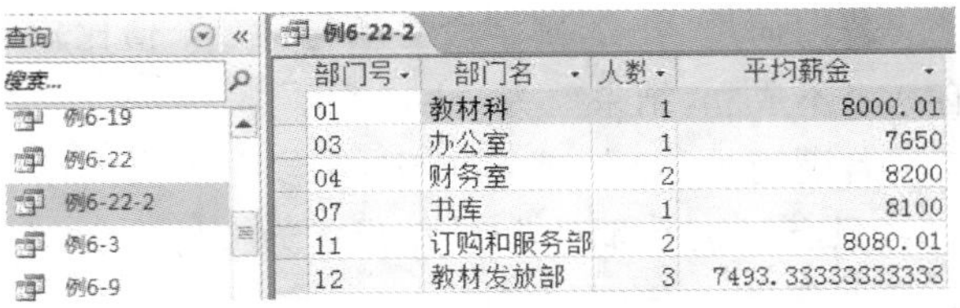

例6-22-2

部门号	部门名	人数	平均薪金
01	教材科	1	8000.01
03	办公室	1	7650
04	财务室	2	8200
07	书库	1	8100
11	订购和服务部	2	8080.01
12	教材发放部	3	7493.33333333333

图 6-25 多字段分组查询结果

如果用户特别关心平均薪金在 8000 元以下的部门有哪些,就要对统计完毕的数据再进行筛选。这个查询功能只能用 HAVING 子句完成。

命令:SELECT 员工.部门号,部门名,COUNT(*) AS 人数,AVG(薪金) AS 平均薪金
　　FROM 员工 INNER JOIN 部门 ON 员工.部门号=部门.部门号
　　GROUP BY 员工.部门号,部门名

```
HAVING AVG(薪金)＜8000;
```

这样就只有“03”部门和“12”部门符合查询要求。

读者试分析,下面的命令与上述命令有何不同?请在机器上实验完成,见实验题 6-8。

```
命令:SELECT 员工.部门号,部门名,COUNT(*) AS 人数,AVG(薪金) AS 平均薪金
     FROM 员工 INNER JOIN 部门 ON 员工.部门号=部门.部门号
     WHERE 薪金＜8000
     GROUP BY 员工.部门号,部门名;
```

【例 6-22】 分析下面命令的不同含义。

```
SELECT COUNT(*)                SELECT COUNT(职务)
FROM 员工 ;                    FROM 员工;
```

左边的命令表示查询“员工”表中所有的记录数,这里表示员工人数。

右边的命令统计“职务”字段的个数,要注意,空值不参与统计,所有集函数在统计时都忽略空值,所以表示员工中有“职务”的人数。

这是 COUNT()函数的两种用法。

【例 6-23】 统计各出版社各类教材的数量,并按数量降序排列。

```
命令:SELECT 出版社.出版社编号,出版社名,教材类别,COUNT(*) AS 数量
     FROM 出版社 INNER JOIN 教材 ON 出版社.出版社编号=教材.出版社编号
     GROUP BY 出版社.出版社编号,出版社名,教材类别
     ORDER BY COUNT(*) DESC;
```

该命令中,对 COUNT(*)进行降序排序。集函数可以用于 HAVING 子句和 ORDER 子句中。

本例请在机器上实验完成,见实验题 6-9。

6. 嵌套子查询

在 WHERE 子句设置查询条件时,可以对集合数据进行比较运算。如果集合是通过查询得到的,就形成了查询嵌套,相应的作为条件一部分的查询就称为子查询。

在 SQL 中,提供了以下几种与子查询有关的运算,可以在 WHERE 子句中应用。

1)字段＜比较运算符＞[ALL | ANY | SOME](＜子查询＞)

带有 ALL、ANY 或 SOME 等谓词选项的查询进行时,首先完成子查询,子查询的结果可以是一个值,也可以是一列值。然后,参与比较的字段与子查询的全体进行比较。

若谓词是 ALL,则字段必须与每一个值比较,所有的比较都为 true,结果才为 true,只要有一个不成立,结果就为 false。

若谓词是 ANY 或 SOME,字段与子查询结果比较,只要有一个比较为 true,结果就为 true,只有每一个都不成立,结果才为 false。

注意,参与比较的字段的类型必须与子查询的结果值类型是可比的。

2)字段 [NOT] IN (＜子查询＞)

运算符 IN 的作用相当于数学中的集合运算符:∈(属于)。首先由子查询求出一个结果集合(一个值或一列值),参与比较的字段值如果等于其中的一个值,比较结果就为 true,只有不等于其中任何一个值时,结果才为 false。NOT IN 与 IN 相反,意思是不属于。

通过分析,可以发现,IN 与=SOME 的功能相同;NOT IN 与＜＞ALL 的功能相同。但应注意,IN 运算可以针对常量集合,而 ALL、ANY 等谓词运算只能针对子查询。

3）[NOT] EXISTS（<子查询>）

前面两种方式多采用非相关子查询，而带 EXISTS 的子查询多采用相关子查询方式。

非相关子查询的方式是：首先进行子查询，获得一个结果集合，然后再进行外部查询中的记录字段值与子查询结果的比较。这是先内后外的方式。

相关子查询的方式是：对于外部查询中与 EXISTS 子查询有关的表的记录，逐条带入子查询中进行运算，如果结果不为空，这条记录就符合查询要求；如果子查询结果为空，则该条记录不符合查询要求。由于查询过程是针对外部查询的记录值再去进行子查询的，子查询的结果与外部查询的表有关，因此称为相关子查询，这是从外到内的过程。

由于 EXISTS 的运算是检验子查询结果是否为空的运算，因此运算符前面不需要字段名，子查询的输出列也无须指明具体的字段。带 NOT 的运算的与不带 NOT 的运算相反。

【例 6-24】 查询暂时还没有发放的教材信息。

出现在"发放细目"表中的教材编号是有发放记录的。首先通过子查询求出有发放记录的教材编号集合，然后判断没有出现在该集合中的教材编号表示还没有发放教材。

```
命令：SELECT  *
      FROM 教材
      WHERE 教材.教材编号 <>ALL ( SELECT 教材编号 FROM 发放细目);
```

命令中的"<>ALL"运算改为"NOT IN"也是可以的。

本例在机器上实验完成，见实验题 6-10。

【例 6-25】 查询单次发放最多的教材，输出教材名、出版社编号、发放数量。

```
命令：SELECT  书名,出版社编号,发放细目.数量 AS 发放数量
      FROM 教材 INNER JOIN 发放细目 ON 教材.教材编号=发放细目.教材编号
      WHERE 发放细目.数量=( SELECT MAX(数量) FROM 发放细目);
```

子查询在"发放细目"表中求出单次最大的发放数量，然后在"发放细目"表中逐个将发放数量与最大值比较，相等者的教材编号与"教材"表联接，再输出指定字段。

注意，由于子查询中使用了 MAX()，所以子查询的结果事实上只有一个值，因此，本命令中只需使用"="即可。在嵌套子查询中，如果确知子查询的结果只有一个值时，可以省去 ANY、SOME 或 ALL。

本例在机器上实验完成，见实验题 6-10。

【例 6-26】 查询"教材发放部(12)"中薪金比"杨莉(1205)"高的员工。

这个查询要求可以有几种实现方法。

```
命令 1：SELECT  姓名,薪金
        FROM 员工
        WHERE LEFT(工号,2)="12" AND
        薪金>( SELECT 薪金 FROM 员工 WHERE 工号="1205");
命令 2：SELECT  A.姓名,A.薪金
        FROM 员工 AS A INNER JOIN 员工 AS B ON A.薪金>B.薪金
        WHERE A.部门号="12" AND B.工号="1205";
命令 3：SELECT  A.姓名,A.薪金
        FROM 员工 AS A
        WHERE A.部门号="12" AND EXISTS ( SELECT  *
        FROM 员工 AS B
```

WHERE B. 工号＝"1205" AND A. 薪金＞B. 薪金)；

命令 2 和命令 3 中都在同一时刻将同一个“员工”表当两个表使用，所以需要取别名加以区分。而命令 1 是非相关子查询，由于先后使用同一个表，所以无须取别名。

命令 1 通过子查询先求出“杨莉”的薪金，然后“教材发放部”其他员工的薪金与该薪金依次比较，查出满足条件的其他员工。例子给出的部门编号是“12”，LEFT(工号，2)用于限定部门。

命令 2 的思想是，将“员工”表看成两个表，B 表中通过条件(B. 工号＝"1205")来限定只有“杨莉”一个人，同时，将 A 表的“12”部门的员工与 B 表联接，按“薪金”大于 B 表“薪金”的方式联接，满足条件的 A 表员工就输出。

命令 3 是相关子查询，方法是“从外到内”。首先在外查询中确定 A 表中“12”部门一名员工记录，然后带入子查询中与 B 表的“1205”员工的薪金比较。如果满足条件，子查询有一条记录，不为空。EXISTS 运算判断子查询结果是否为空，若不为空，则为真，这时，外查询条件为真，输出 A 表中的该员工信息，然后再查下一人。依次重复该过程，直到 A 表查完。

【例 6-27】 在查询时输入员工姓名，查询与该员工职务相同的员工的基本信息。

这个例子中，由于编写命令时不能确定员工姓名，所以可通过定义参数来实现。

命令：SELECT ＊ FROM 员工
　　WHERE 职务＝(SELECT 职务 FROM 员工
　　WHERE 姓名＝[XM])；

命令中“XM”是参数。输入员工姓名到 XM，然后子查询查出其职务，所有员工再与该职务比较。结果中将包括输入者本身。

本例在机器上实验完成，见实验题 6-10。

【例 6-28】 查询有哪些部门的平均薪金超过全体人员的平均工资水平。

命令：SELECT 员工. 部门编号，部门名，AVG(薪金)
　　FROM 员工 INNER JOIN 部门 ON 员工. 部门编号＝部门. 部门编号
　　GROUP BY 员工. 部门编号，部门名
　　HAVING AVG(薪金)＞(SELECT AVG(薪金)
　　FROM 员工)；

子查询求出所有员工的平均工资，然后主查询按部门分组求各部门平均工资并与子查询结果比较。

本例在机器上实验完成，见实验题 6-10。

7. 派生表查询

子查询除用于 WHERE 子句和 HAVING 子句的条件表达式外，还可用于 FROM 子句。由于查询的结果是表的形式，因此可以将查询结果作为数据源。如例 6-28 还能以派生表完成，见例 6-29。

【例 6-29】 查询有哪些部门的平均薪金超过全体人员的平均工资水平。

命令：SELECT ＊
　　FROM (SELECT 员工. 部门编号，部门名，AVG(薪金) AS 平均薪金
　　FROM 员工 INNER JOIN 部门 ON 员工. 部门编号＝部门. 部门编号
　　GROUP BY 员工. 部门编号，部门名) AS A
　　WHERE 平均薪金＞(SELECT AVG(薪金) FROM 员工)；

子查询求出各部门平均工资，临时命名为 A，然后以 A 表的名义进行查询。

该查询的实质是将查询的结果作为数据源表进行下一步查询，该表称为派生表。派生表使得查询可以分步进行，大大增强了查询的功能。一些复杂查询可以采取分几次查询的形式进行。

8．子查询合并

在关系代数中，并运算可以将两个关系中的数据合并在一个关系中。SQL 中提供联合(UNION)运算实现相同的功能。联合运算将两个子查询的结果合并在一起。

<子查询 1>UNION [ALL] <子查询 2>

做联合运算时，前后子查询的输出列要对应(二者列数相同，对应字段类型相容)。

省略 ALL，查询结果将去掉重复行；保留 ALL，结果保留全部行。

【例 6-30】 查询"售书部"和"购书和服务部"员工信息。

该查询可以通过设置相关条件完成，也可以使用以下命令。

命令：
```
SELECT 员工. *，部门名
FROM 员工 INNER JOIN 部门 ON 员工.部门编号=部门.部门编号
WHERE 部门名="售书部"
UNION
SELECT 员工. *，部门名
FROM 员工 INNER JOIN 部门 ON 员工.部门编号=部门.部门编号
WHERE 部门名="购书和服务部"；
```

9．查询结果保存到表

以上介绍的常用 SQL 查询所举的例子，可以在查询设计界面中运行并查看查询结果，但是并没有将结果保存。当关闭查询窗口，这些结果也消失了。

如果需要将查询结果像表一样保存，可以在 SELECT 语句中加入如下子句。

INTO 表名

要注意，在语法上，该子句必须位于 SELECT 语句的输出列之后、FROM 子句之前。

该子句将当前查询结果以命名的表保存为表对象。产生的表是独立的，与原来的查询结果表已经没有关系。

【例 6-31】 查询各部门平均薪金并保存到"部门平均薪金"表中。

命令：
```
SELECT 员工.部门编号，部门名，AVG(薪金) AS 平均薪金
INTO 部门平均薪金
FROM 员工 INNER JOIN 部门 ON 员工.部门编号=部门.部门编号
GROUP BY 员工.部门编号，部门名；
```

在 SQL 视图中输入该命令，执行，将弹出图 6-26 所示的对话框。单击"是"按钮，将增加表对象"部门平均薪金"。表的字段由查询输出列生成。

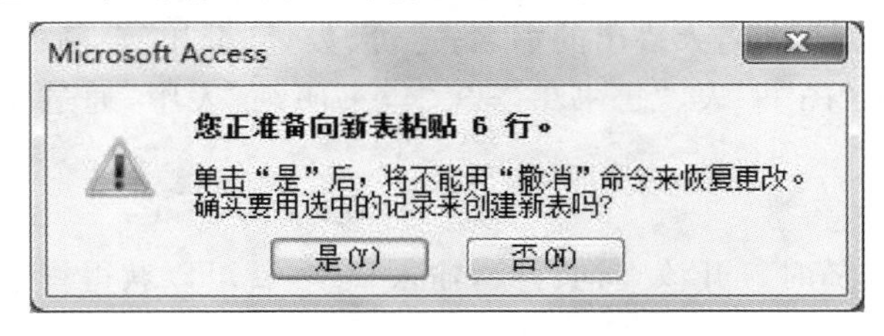

图 6-26　保存查询结果到表

不过，由于保存结果到表实质上是重复信息，占用了存储空间，并且保存的结果不能随着源数据的变化而自动更新，所以这种方法实际应用并不多。

6.3.4 查询对象的意义和 SELECT 小结

1. Access 查询对象的意义

前面 6.2.4 节曾介绍我们认识查询对象。

查询对象实现定义、执行查询的功能，并可以将定义的查询保存为查询对象。查询对象保存的是查询的定义，不是查询的结果。查询对象的用途主要有以下两种。

(1) 当需要反复执行某个查询操作时，将其保存为查询对象，这样每次选中该查询对象，双击，或者单击右键，在快捷菜单中选择“打开”命令项(单击)，就可以运行查询，查看结果。这种方式，避免了每次都要定义查询的操作。另外，由于不保存结果数据，所以没有对存储空间的浪费。同时，由于查询对象是在打开的时候执行的，所以总是获取数据源中最新的数据的。这样，查询就能自动与数据源保持同步。

(2) 查询对象成为其他操作的数据源。由于查询对象可以实现对数据库数据的“重新组合”，所以可以针对不同用户的需求“定制”数据。

因此，在数据库中使用查询对象，具有以下意义。

① 查询对象可以隐藏数据库的复杂性。数据库按照关系理论设计，并且针对应用系统内的所有用户。而大多数用户只关心与自己的业务有关的部分。查询对象可以按照用户的要求对数据进行重新组织，用户眼中的数据库就是他所使用的查询对象，因此，查询对象也称为“用户视图”。通过查询对象，数据库系统实现了三级模式结构(参见第 2 章)，查询对象实现“外模式”的功能。

② 查询对象灵活、高效。基于 SELECT 语句查询可以实现种类繁多的查询表达，又像表一样使用，大大增加了应用的灵活程度，原则上无论用户有什么查询需求，通过定义查询对象都可以实现。同时，保存为查询对象，可以反复查询。

③ 提高数据库的安全性。用户通过查询对象而不是表操作数据，而查询对象是“虚表”，如果对查询对象设置必要的安全管理，就可以大大增加数据库的安全性。

【例 6-32】 建立根据输入日期查询销售数据的查询对象。

命令：
```
SELECT 售书日期，书名，定价，售书明细.数量，售价折扣，
    售书明细.数量 * 售价折扣 * 定价 AS 金额，姓名 AS 营业员
    FROM 图书 INNER JOIN
    ((员工 INNER JOIN 售书单 ON 员工.工号=售书单.工号)
    INNER JOIN 售书明细 ON 售书单.售书单号=售书明细.售书单号)
    ON 图书.图书编号=售书明细.图书编号
    WHERE 售书日期=[RQ];
```

本例根据输入日期查询当天售出的书名、定价、数量、折扣、金额、营业员信息，这些数据分别保存在“员工”表、“图书”表、“售书单”表、“售书明细”表中，通过查询，将这四个表联接在一起。

查询日期作为输入参数。

保存该查询，以后随时打开该查询对象，输入日期，就可以获得售书的信息。

2. SELECT 语句小结

通过本节众多示例，比较完整地分析了 SELECT 语句的各种基本功能及相关的子句，

这些子句可以根据需要进行任意组合，以完成用户想要完成的查询需求。

SELECT 语句的完整语法结构可以表述如下。

SELECT [ALL | DISTINCT] [TOP ＜数值＞[PERCENT]]
　　　　* |[别名.]＜输出列＞[AS 列名] [,[别名.]＜输出列＞[AS 列名]…]
[INTO 保存表名]
FROM ＜数据源＞[[AS] 别名] [INNER|LEFT|RIGHT JOIN ＜数据源＞[[AS] 别名]
　　　　[ON ＜联接条件＞…]]
[WHERE ＜条件表达式＞[AND | OR ＜条件表达式＞…]]
[GROUP BY ＜分组项＞[,＜分组项＞…] [HAVING ＜统计结果过滤条件＞]]
[UNION[ALL] SELECT 语句]
[ORDER BY ＜排序列＞[ASC | DESC] [,＜排序列＞[ASC | DESC] …]];

SQL 语言通过这一条语句，实现了非常多的查询功能。Access 的查询对象中众多类型的交互查询设置事实上都是基于 SELECT 语句的。甚至许多查询需求完全用交互方式很难设置。因此，要掌握数据库的查询，最根本的方法就是全面掌握 SQL。

对 SELECT 子句的归纳如下。

① ＜输出列＞是语句的必选项，直接位于 SELECT 命令后面，包括字段名列表、“*”代表的所有字段；DISTINCT 子句用来排除重复行，使用 ALL 保留所有行；TOP 子句指定保留前面若干行。

可以使用 COUNT()、MAX()、MIN()、SUM()、AVG()等集函数进行汇总统计；可以使用表达式；使用 AS 子句可对输出列重命名。

② INTO 子句位于 SELECT 命令后，用于将查询结果保存到表。

③ FROM 子句指明查询的＜数据源＞。

“数据源”可以是表对象和派生表，还可以是查询对象。将查询保存得到查询对象，而查询的结果是表的形式，所以查询对象可以作为数据源。

数据源有“单数据源”和“多数据源”。多数据源要进行联接，实现联接查询。联接包括：内联接、左外联接、右外联接三种联接方式，以及笛卡尔积。

数据源也可以与自身联接。进行联接查询时，要注意多数据源若列名同名，必须通过加上表名前缀加以区别。

④ WHERE 子句定义对数据源的筛选条件，满足条件的才输出。“条件”是由多种比较运算和逻辑运算组成的逻辑表达式。

⑤ GROUP 子句用于分组统计。按照 GROUP 指定的字段值相等为原则进行分组，然后与集函数配合使用。分组统计查询的输出列只能由分组字段和集函数统计值组成。

HAVING 子句只能配合 GROUP 子句使用。与 WHERE 子句的区别在于，WHERE 条件是检验参与查询的数据，HAVING 是对统计查询完毕后的数据进行输出检验。

⑥ 子查询是指在 WHERE 子句或 HAVING 子句中将查询的结果集合参与比较运算。这种用法功能很强，非相关子查询使查询表述比较清晰，很常用。相关子查询设置比较复杂，但可以实现很复杂的查询要求。

⑦ UNION 子句用于实现并运算，将两个查询的数据合并为一个查询结果。

⑧ ORDER 子句用于查询结果的有序显示，只能位于 SELECT 语句的最后。＜排序列＞指定输出时用来排序的依据列，ASC 或缺省表示升序，DESC 表示降序。

6.4 SQL 其他功能

SQL 是完整的数据库语言，除查询功能外，还包括对数据库的维护更新功能，可以对数据库中的数据进行增加、删除和更新操作。

数据维护是为了使数据库中存储的数据能及时地反映现实中的状态。数据维护更新操作分为下列三种：数据记录的追加、删除、更新。SQL 提供了完备的更新操作语句。

6.4.1 SQL 的追加功能

追加是指将一条或多条记录加入到表中的操作。Access 中追加记录的 SQL 有两种用法，其语法格式如下。

【语法 1】INSERT INTO ＜表＞[(＜字段 1＞[，＜字段 2＞，…])]
VALUES (＜表达式 1＞[，＜表达式 2＞，…])

【语法 2】INSERT INTO ＜表＞[(＜字段 1＞[，＜字段 2＞，…])]
＜查询语句＞

在指定的＜表＞中追加新记录。

语法 1 是计算出各表达式的值，然后将其作为一条新记录追加到表中。如果命令省略字段名表，则表达式的个数必须与字段数相同，按字段顺序将各表达式的值依次赋予各字段，字段名与对应表达式的数据类型必须相容。若列出了字段名表，则将表达式的值依次赋予列出的各字段，没有列出的字段取各字段的默认值或空值。

语法 2 是将一条 SELECT 语句查询的结果作为新记录追加到表中。SELECT 语句的输出列与要赋值的表中对应的字段名称可以不同，但数据类型必须相容。

【例 6-33】 现新招一名业务员，其数据为：工号为 1204，姓名为张三，出生日期为 1996 年 6 月 20 日，性别为男性，薪金 3200。追加数据。

命令：INSERT INTO 员工
VALUES ("1204","张三","男",#1996-6-20#,"12","业务员",3200)；

由于每个字段都有数据，所以表名后的字段列表可以省略，该记录加入“员工”表后，在员工的数据表视图中将会按照主键的顺序排列。

各表的记录都可以用 INSERT INTO 命令依次加入。要注意，加入时要遵守完整性规则的约束，比如主键字段值不能与前面已经存储的主键值重复；作为外键的字段值必须有对应的参照值存在等，否则将追加失败。

在实际应用的系统中，用户一般通过交互界面按照某种格式输入数据，而不会直接使用 INSERT 命令，因此与用户打交道的是窗体或者数据表视图。Access 在窗体中接收用户输入的数据后再在内部使用 INSERT 语句加入表中。

另外一种追加的用法就是先进行查询，然后将查询结果一次性追加到目标表中，由于是将一个表的数据加入到另外一个表中，因此两表之间要注意结构的相容性。

6.4.2 SQL 的更新功能

更新操作既不增加表中的记录，也不减少记录，而是更改记录的字段值。既可以对整个表的某个或某些字段进行修改，也可以根据条件针对某些记录修改字段的值。SQL 的更新命令的语法格式如下。

【语法】UPDATE　＜表＞

SET ＜字段1＞＝＜表达式1＞[,＜字段2＞＝＜表达式2＞,…]

[WHERE ＜条件＞[AND | OR ＜条件＞…]]

修改指定表中指定字段的值。省略 WHERE 子句时,对表中所有记录的指定字段进行修改;当有 WHERE 子句时,修改只在满足条件的记录的指定字段中进行。WHERE 子句的用法与 SELECT 类似,如可以使用子查询等。

【例 6-34】 将“员工表”中“经理”级员工的薪金增加 5%。

命令:UPDATE 员工 SET 薪金＝薪金＋薪金 * 0.05

WHERE 职务 IN ("总经理","经理","副经理");

这里假定职务中包含“经理”二字的为经理级员工。执行该命令将修改所有经理级员工的“薪金”字段值。

若去掉 WHERE 子句,则是无条件修改,将更新所有记录的“薪金”字段值。

更新操作要注意的是,如果更新的字段涉及主键、无重复索引、外键以及“有效性规则”中有定义的字段等值,要注意必须符合完整性规则的要求。

6.4.3 SQL 的删除功能

删除操作将记录从表中删除,删除掉的记录数据将不可恢复,因此,对于删除操作要慎重。SQL 删除命令的语法格式如下。

【语法】DELETE FROM　＜表＞　　[WHERE ＜条件＞[AND | OR ＜条件＞…]]

功能是删除表中满足条件的记录。当省略 WHERE 子句时,将删除表中的所有记录,但保留表的结构。这时表成为没有记录的空表。

WHERE 子句关于条件的使用与 SELECT 命令的类似,比如也可以使用子查询等。

【例 6-35】 删除员工“张三”。

命令:DELETE FROM 员工

WHERE 姓名＝"张三";

执行该命令,Access 将弹出询问窗口,单击“是”按钮,将执行删除。

要注意的是,若“员工”表中的“张三”在“发放单”表中有记录,这时,就会触发参照完整性的约束规则。如果定义的“级联”删除,那么“发放单”表及“发放细目”表中相应的记录会同步删除;若是“限制”删除,将不允许删除“张三”的记录。

因此,在对表做记录的删除操作时,应注意数据完整性规则的要求,避免出现不一致的情况。

【例 6-36】 删除“图书”表中没有售出记录的图书。

命令:DELETE　FROM 图书

WHERE 图书编号 NOT IN　(SELECT DISTINCT 图书编号 FROM 销售细目);

数据库的操作功能由查询、追加、删除、更新组成,SQL 用四条命令实现这四种功能。

6.4.4 SQL 的定义功能

作为完整的数据库语言,SQL 包含数据库定义、操作和控制功能。SQL 的定义功能可以对表对象进行创建、修改和删除。

1. 表的定义

根据第 5 章表的设计视图定义表的操作可知,表定义包含的项目是非常多的,主要包含表名、字段名、字段的数据类型、字段的所有属性、主键、外键与参照表、表的约束规则等。

Access 的 SQL 定义表命令的基本语法如下。

【语法】CREATE TABLE <表名>

(<字段名 1><字段类型>[(<字段大小>[,<小数位数>])] [NULL | NOT NULL]

[PRIMARY KEY] [UNIQUE] [REFERENCES <参照表名>(<参照字段>)]

[DEFAULT <默认值>]

[,<字段名 2><字段类型>[(<字段大小>[,<小数位数>])…] …

[,主键定义] [,外键及参照表定义] [,索引定义])

创建表的命令中,要定义表名,然后在括号内定义所有字段及主键、外键、索引、约束等。

"字段类型"要用事先规定的代表符来表示各种类型。Access 中可以使用的数据类型及代表符如表 6-7 所示。有替代词的,替代词与代表符意义相同,命令中不区分大小写。除文本型外,一般类型不需要用户定义字段大小。小数型只有在"选项"对话框中在"表/查询"选项卡下设置了"与 ANSI SQL 兼容"时才可以使用。有个别 Access 数据类型在 SQL 中没有对应的代表符。

表 6-7 数据类型及代表符

数据类型名		代 表 符	说 明
文本		TEXT	替代词 STRING
备注		MEMO	
数字	字节	BYTE	
	整型	SMALLINT	
	长整型	LONG	替代词 INT
	单精度	SINGLE	替代词 REAL
	双精度	DOUBLE	替代词 FLOAT
	小数	DECIMAL	与 ANSI SQL 兼容
日期/时间		DATETIME	
货币		MONEY	替代词 CURRENCY
自动编号		AUTOINCREMENT	
是/否		BIT	替代词 LOGICAL、YESNO
OLE 对象		OLEOBJECT	

PRIMARY KEY 将该字段创建为主键,UNIQVE 为该字段定义无重复索引。

NULL 选项允许字段取空值,NOT NULL 不允许字段取空值。定义为 PRIMARY KEY 的字段不允许取 NULL 值。

DEFAULT 子句指定字段的默认值,默认值类型必须与字段类型相同。

REFERENCES 子句定义外键并指明参照表及其参照字段。

当主键、外键、索引等由多字段组成时,必须在所有字段都定义完毕后再定义表。所有这些定义的字段或项目用逗号隔开,同一个项目内用空格分隔。

以上各功能均与表设计视图有关内容对应。

【例 6-37】 建立图书销售系统数据库的往来客户表。

假定在图书销售系统数据库中建立客户表。客户有不同类型，与不同部门建立联系，其设计的关系模式是：

客户(客户编号，姓名，性别，生日，客户类别，收入水平，电话，联系部门，备注)。

根据这些字段的特点，在查询 SQL 窗口中输入以下命令。

命令：CREATE TABLE 客户

(客户编号 TEXT(6) PRIMARY KEY,

姓名 TEXT(20) NOT NULL,

性别 TEXT(2),

生日 DATE,

客户类别 TEXT(8),

收入水平 MONEY,

电话 TEXT(16),

联系部门 TEXT(2) REFERENCES 部门(部门号),

备注 MEMO);

其中，"客户编号"是主键，"联系部门"字段存放所联系的"部门号"，参照"部门"表的"部门号"字段。

执行命令后，所定义的表与用设计视图定义的完全相同。

在使用 SQL 命令定义表的各项时，有些子句非常复杂，本书没有深入探讨各子句的使用细节。

2. 定义索引

SQL 的定义功能可以单独定义表的索引。定义索引的基本语法如下。

【语法】CREATE [UNIQUE] INDEX <索引名>

ON<表名>(<字段名>[ASC|DESC][,<字段名>[ASC|DESC],…])

[WITH PRIMARY]

含义是：在指定的表上创建索引。使用 UNIQUE 子句将建立无重复索引。可以定义多字段索引，ASC 表示升序，DESC 表示降序。WITH PRIMARY 子句将索引指定为主键。

3. 表结构的修改

一般而言，定义好的表结构相对于数据而言较稳定，在一段时间内较少发生改变，但有时候也可能需要修改表结构或约束。

修改表的结构主要有以下几项内容：

(1) 增加字段；

(2) 删除字段；

(3) 更改字段的名称、类型、宽度，增加、删除或修改字段的属性；

(4) 增加、删除或修改表的主键、索引、外键及参照表等。

SQL 提供 ALTER 命令来修改表结构。修改表结构的基本语法如下。

【语法】ALTER TABLE <表名>

ADD COLUMN <字段名><类型>[(<大小>)] [NOT NULL] [索引]|

ALTER COLUMN<字段名><类型>[(<大小>)]|

DROP COLUMN<字段名>

修改表的结构命令与 CREATE TABLE 命令的很多项目相同，这里只列出了主要的几项内容。

要注意，当修改或删除的字段被外键引用时，可能会使修改失败。

4. 删除

已建立的表、查询对象、索引可以删除。删除表命令的语法格式如下。

【语法】DROP {TABLE ＜表名＞| INDEX ＜索引名＞ON ＜表名＞}

注意，如果被删除表被其他表引用，这时删除命令可能执行失败。

本书不详细介绍 Access 中 SQL 除查询外的其他功能，感兴趣的读者可查阅相关资料。

6.5 选择查询

SQL 为数据库提供了功能强大的操作语言。Access 为了方便用户，提供了可视化操作界面，允许用户通过可视化操作而无须写命令的方式来设置查询。用户在查询的设计视图窗口中通过直观的交互操作构造查询，Access 自动在后台生成对应的 SQL 语句。

根据上节的介绍，可以知道 SQL 包括查询、追加、删除、更新等操作功能，这些功能都可以通过查询的设计视图进行设置，并可以保存为查询对象。

为了便于用户操作，Access 将查询进行了划分，分为“选择查询”和“动作查询”两大类。比照上节的介绍，SELECT 语句对应于“选择查询”；另外，“交叉表查询”和“生成表查询”是在 SELECT 查询基础上做进一步处理；其他语句对应于“动作查询”。在实际操作时，Access 又进行了进一步的细分，分为选择查询、交叉表查询、操作查询、SQL 特定查询和参数查询。

6.5.1 创建选择查询

1. 基本步骤

建立选择查询的操作步骤如下。

打开教材管理.accdb，进入数据库窗口。

(1) 在功能区选择“创建”(单击)，进入“创建”选项卡。

(2) 选择“查询设计”按钮(单击)，Access 创建暂时命名的查询，如“查询 1”“查询 2”等，并进入查询工作界面，同时弹出 “显示表”对话框。

(3) 确定数据源。从对话框中可以看出，数据源可以是表或查询对象。

在“显示表”对话框中选择要查询的表或查询对象，单击“添加”按钮。如果只选一个表或查询对象，就是单数据源查询；选多个，就是多数据源联接查询。如图 6-27 所示。

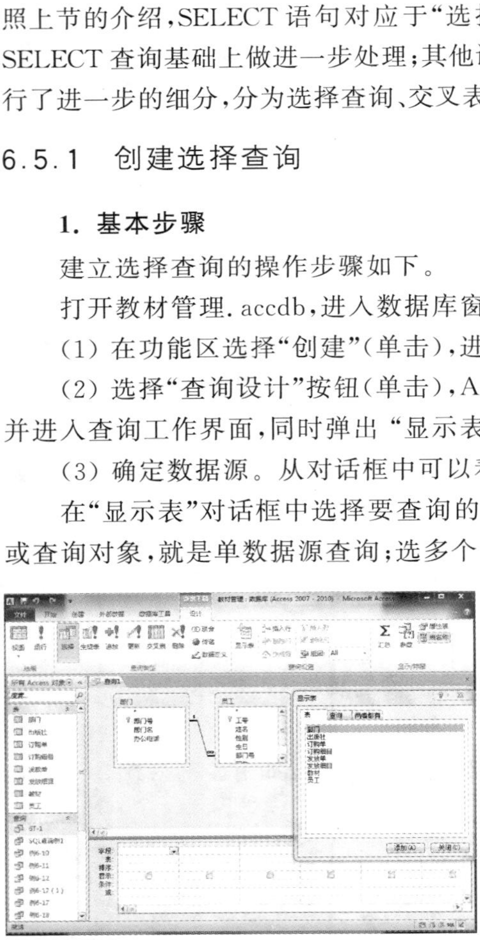

图 6-27　查询设计视图界面

表或查询对象可以重复选，Access 会自动命名别名并实现自身联接。

最后单击“关闭”按钮关闭“显示表”对话框并进入选择查询的设计视图。

在设置查询的过程中，可以随时单击功能区“显示表”按钮，或者单击右键，选择弹出快捷菜单中的“显示表”菜单项(单击)，就会弹出“显示表”对话框，用于添加数据源。

(4) 定义查询。在设计视图中，通过直观的操作构造查询(设置查询所涉及的字段、查询条件以及排序等)。

(5) 运行查询。可以随时单击功能区“运行”按钮,设计视图界面就会变成查询结果显示界面。然后选择“设计视图”(单击)可回到设计视图。

(6) 保存为查询对象。单击“保存”按钮,弹出“另存为”对话框。命名确定,从而创建一个查询对象。

在构建查询的过程中可以随时切换到“SQL 视图”查看对应的 SELECT 语句。

2. 选择查询的设计

选择查询通过可视化界面实现 SELECT 语句中各子句的定义。

1) 设计视图界面

图 6-28 所示是查询“教材”和“出版社”的设计视图界面。

该视图分为上下两部分,上半部分是“表/查询”输入区,用于显示查询要使用的表或其他查询对象,对应 SELECT 语句的 FROM 子句;下半部分是依例查询(QBE)设计网格,用于确定查询结果要输出的列和查询条件等。

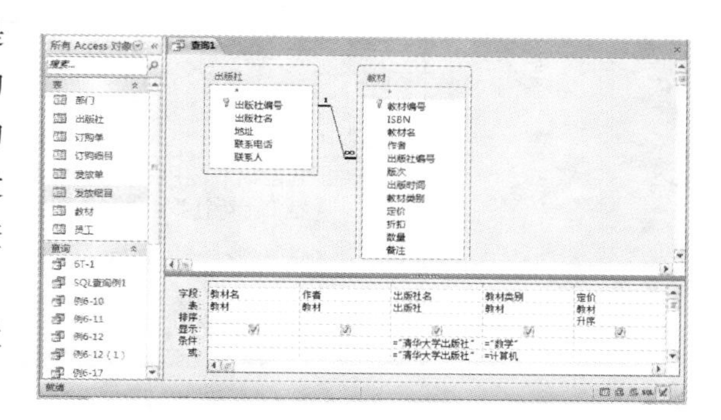

图 6-28 查询“教材”和“出版社”的设计视图界面

在 QBE 设计网格中,Access 初始设置了如下几行。

① 字段。可在此行指定字段名或字段表达式。所设置的字段或表达式可用于输出列、排序、分组、查询筛选条件中,即 SELECT 命令中需要字段的地方。

② 表。可在此行指定字段来自于哪一个表。

③ 排序。用于设置查询的排序准则。

④ 显示。用于确定相关字段是否在查询结果集中以输出列出现。当复选框选中时,相关字段将在结果集中出现。

⑤ 条件。用于设置查询的筛选条件。

⑥ 或。用于设置查询的筛选条件。以多行形式出现的条件之间进行或运算。

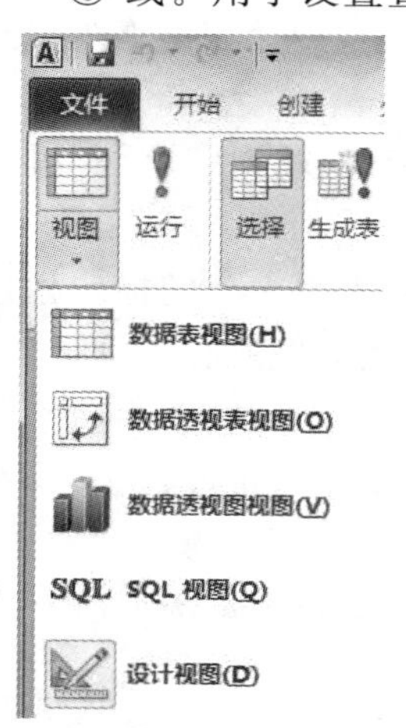

图 6-29 选择“SQL 视图”

2) 多表关系的操作

当“表/查询”输入区中只有一个表时,这是单表查询,数据源是很简单的。

若“表/查询”输入区中有多个表时,这是多表联接查询,Access 会自动设置多表之间的联接条件。根据上节的介绍,表之间联接的方式有内联接、左外联接、右外联接。默认为内联接。比如,图 6-28 有“出版社”表和“教材”表。若查看“SQL 视图”,方法是在查询工具的功能栏左边第一项“视图”下拉列表中选择“SQL 视图”,如图 6-29 所示,当不给出 QBE 设计网格的字段、表、排序等设置时,可以看到在 SELECT 语句的 FROM 子句中内联接的方式:

“出版社 INNER JOIN 教材 ON 出版社.出版社编号=教材.出版社编号”;

如图 6-30 所示。

若要设置不同的联接方式，在图 6-28 所示的两个表之间的连线上单击右键，弹出图6-31 所示的快捷菜单。“删除”菜单项是指删掉表之间的联接，这样两个表之间就进行笛卡尔积查询。单击“联接属性”菜单项，弹出图 6-32 所示的设置联接方式的对话框。

查询1
SELECT
FROM 出版社 INNER JOIN 教材 ON 出版社.出版社编号 = 教材.出版社编号;

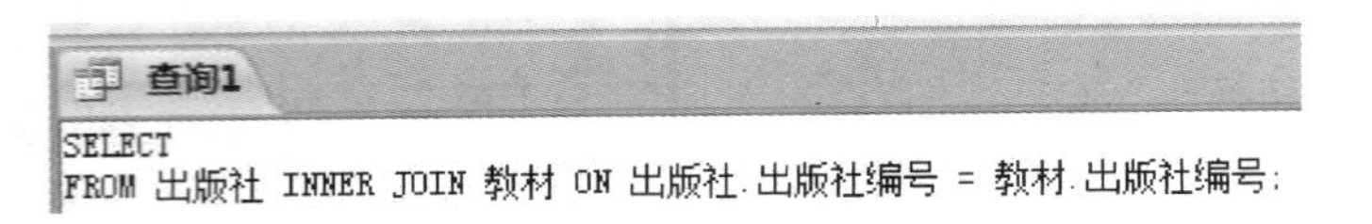

图 6-30　FROM 子句中内连接的方式

联接属性(J)
删除(D)

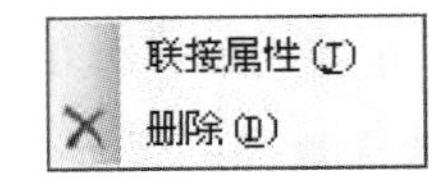

图 6-31　设置联接方式的快捷菜单

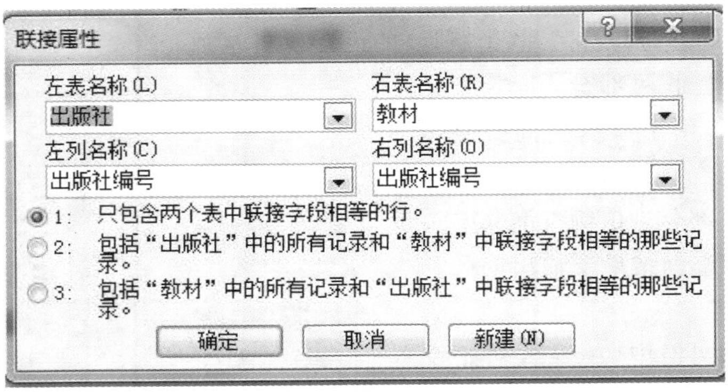

联接属性
左表名称(L)
出版社
右表名称(R)
教材
左列名称(C)
出版社编号
右列名称(O)
出版社编号
1:　只包含两个表中联接字段相等的行。
2:　包括“出版社”中的所有记录和“教材”中联接字段相等的那些记录。
3:　包括“教材”中的所有记录和“出版社”中联接字段相等的那些记录。
确定
取消
新建(N)

图 6-32　设置联接方式的对话框

分别可以选择要联接的左表、右表、参与联接的各表字段。下面的三个单选按钮用来选择三种联接方式，分别对应内联接、左外联接、右外联接。

3）行操作

“字段”行、“表”行与“显示”行的操作。

在 QBE 设计网格中，在“字段”行设置查询所涉及的字段或表达式的方法如下。

① 在“字段”行的组合框中选择一个字段。

② 从“表/查询”输入区中拖曳表的某一字段到“字段”行中。

③ 一次设置多个字段。从“表/查询”输入区显示的表窗口中，按下“Shift”键并单击前后的字段选中连续的多个字段，或者按下“Ctrl”键单击该表中的多个字段以选中不连续的多个字段，然后使用鼠标拖曳到“字段”行即可同时设置多个字段。

④ 可以设置“ * ”来代表全部字段。采用从“表/查询”输入区中拖曳或者从“字段”行的组合框中选择“ * ”的方式都可。

⑤ 也可以一次设置表的全部字段。首先在“表/查询”输入区中双击表窗口的标题栏选定表的全部字段，然后拖曳到 QBE 设计网格中空的“字段”行，就会自动设置所有字段。

在上述各种字段设置方式进行操作时，会同时指定“字段”行下的“表”行的值，表明字段来自于哪个表。对于多表查询来说，有些字段可能同名。查看“SQL 视图”，可以看出，所有字段前面都有表名前缀。

设置“字段”行时也同时会选中“显示”行的复选框，默认情况下，Access 显示所有在 QBE 设计网格中设置的字段。但是，设置的字段不都是用来显示的。

比如，要查询“管理学”类别教材的全部信息，显示列应该设置为“ * ”，但条件是：教材类别="管理学"。那么也要把“教材类别”字段放置在“字段”行中，但要去掉“显示”行复选框中的"√"标记。

设置字段可用于显示、排序、查询条件、分组等。用来显示的字段要在"显示"行复选框中设置"√"标记。不用于显示而是用于其他用途的字段就要去掉"显示"行复选框中的"√"标记。字段可以同时设置多种用途，也可以根据需要重复设置同一个字段。

4）"排序"行的操作

"排序"行用来确定在查询结果集中是否按该字段进行排序。在"排序"行的下拉列表中选择"升序"或"降序"。可以分别设置不同字段的排序及方向。

5）"条件"行的操作

根据上节的介绍，SELECT 语句中最复杂的部分就是查询条件表达。所有查询条件，都在"条件"行设置。

条件的基本格式是：＜字段名＞＜运算符＞＜字段名＞

多项条件用逻辑运算符 AND 或者 OR 连接起来。在 QBE 设计网格中，同一行的条件以 AND 连接，不同行的条件以 OR 连接。

【例 6-38】 设计针对"清华大学出版社"出版的"数学"和"计算机"类别的教材信息的查询，输出教材名、作者、出版社名、教材类别、出版时间、定价。按"定价"升序排序。

（1）打开教材管理.accdb，进入数据库窗口，在功能区选择"创建"（单击），进入"创建"选项卡。

（2）选择"查询设计"按钮（单击），Access 创建暂时命名的查询，如"查询 1""查询 2"等，并进入查询工作界面，同时弹出"显示表"对话框。

（3）确定数据源。从对话框中可以看出，数据源可以是表或查询对象。

在"显示表"对话框中选择要查询的表或查询对象，单击"添加"按钮。如果只选一个表或查询对象，就是单数据源查询；选多个，就是多数据源联接查询。在"显示表"中选择添加"出版社"表和"教材"表，然后关闭"显示表"对话框。

在设计视图的 QBE 设计网格中的"字段"行依次指定"教材名、作者、出版社名、教材类别、出版时间、定价"字段。同时"表"和"显示"行也被设定。

在"出版社名"字段下的"条件"行输入"="清华大学出版社""，在"教材类别"字段下的"条件"行输入"="数学""；

继续在"出版社名"字段下"条件"的下一行输入"="清华大学出版社""，在"教材类别"字段下的下一行输入"="计算机""；

在"定价"字段的"排序"行选择"升序"。参见图 6-28。查看对应的"SQL 视图"，如图 6-43 所示，可以看到 SQL 命令如下。

SELECT 教材.教材名，教材.作者，出版社.出版社名，教材.教材类别，教材.出版时间，教材.定价

FROM 出版社 INNER JOIN 教材 ON 出版社.出版社编号=教材.出版社编号

WHERE (((出版社.出版社名)="清华大学出版社") AND ((教材.教材类别)="数学"))

OR (((出版社.出版社名)="清华大学出版社") AND ((教材.教材类别)="计算机"))

ORDER BY 教材.定价；

如果将图 6-33 所示 SQL 视图的 SQL 命令中的 WHERE 子句改为：

WHERE ((出版社.出版社名)="清华大学出版社") AND

(((教材.教材类别)="数学") OR ((教材.教材类别)="计算机")

如图 6-34 所示，功能一样，再打开常用工具栏第一项如图 6-29 所示，去查看设计视图，

可以看到，与图 6-28 的区别是，在字段“教材类别”下，条件没有分两行，而是“条件”的第 1 行变成了："数学" Or "计算机"，如图 6-35 所示。

```
查询1
SELECT 教材.教材名, 教材.作者, 出版社.出版社名, 教材.教材类别, 教材.出版时间, 教材.定价
FROM 出版社 INNER JOIN 教材 ON 出版社.出版社编号 = 教材.出版社编号
WHERE (((出版社.出版社名)="清华大学出版社") AND ((教材.教材类别)="数学")) OR (((出版社.出版社名)="清华大学出版社") AND ((教材.教材类别)="计算机"))
ORDER BY 教材.定价;
```

图 6-33　SQL 视图中形成的 SQL 命令

```
查询1
SELECT 教材.教材名, 教材.作者, 出版社.出版社名, 教材.教材类别, 教材.出版时间, 教材.定价
FROM 出版社 INNER JOIN 教材 ON 出版社.出版社编号 = 教材.出版社编号
WHERE ((出版社.出版社名)="清华大学出版社") AND
  (((教材.教材类别)="数学") OR ((教材.教材类别)="计算机")
ORDER BY 教材.定价;
```

图 6-34　SQL 视图的 SQL 命令改变

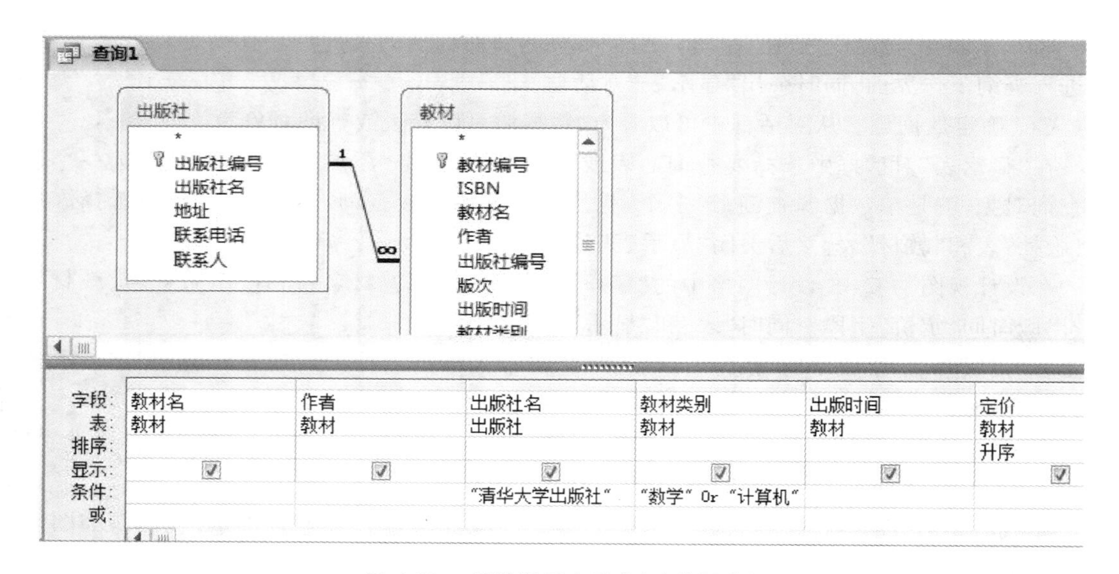

图 6-35　设计视图也改变(功能不变)

可见，用户也是可以在条件中输入运算符的。

3. 查询的运行、保存与编辑

对于创建好的查询，可以运行查看查询结果，也可以保存查询创建的设置为查询对象，以后无须再创建就可以随时运行查询。

1) 运行查询

创建好查询后，直接运行查询的方法有以下几种。

(1) 单击功能区中的“运行”按钮，生成查询结果集。

(2) 在“视图”按钮上单击，选择“数据表视图”命令项。

(3) 双击查询对象文件名。

上述三种运行查询的方法都可以执行查询，并进入查询的数据表视图，浏览查询的结果。若要返回到查询设计视图，可以再次单击工具栏上的“视图”按钮，或者使用右键快捷菜单，选择“设计视图”。

2）保存查询

如需要保存，单击工具栏“保存”按钮，保存为查询对象。以后即可反复打开来运行同一个查询，也可以作为其他数据库操作中与表类似的数据源。

3）编辑查询

对于已保存的查询对象，可以进行编辑修改。在导航窗格选中查询对象单击右键，弹出快捷菜单，如图 6-36 所示。

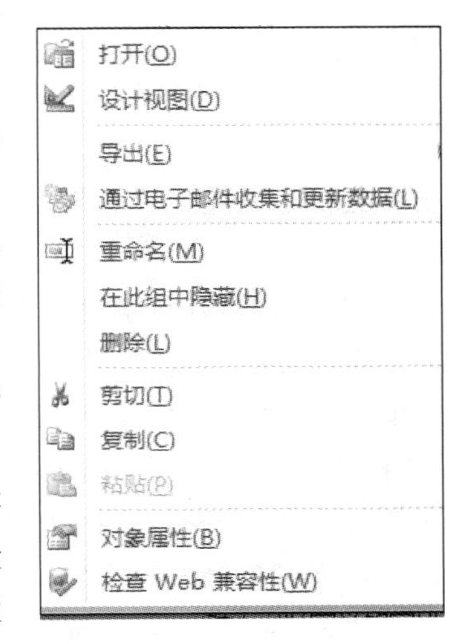

图 6-36　查询对象快捷菜单

选择“重命名”菜单项可以改名。选择“删除”菜单项将删除查询对象。要注意若该对象被其他查询引用则不可删除。

选择“设计视图”菜单项（单击），将进入该查询的设计视图，这时可对查询进行编辑修改。

选择“打开”菜单项（单击），将运行查询并进入数据表视图。然后可通过视图切换进入设计视图。在导航窗格选择查询对象双击，也将直接运行查询并进入数据表视图。

在查询设计视图中，可以移动字段列、撤销字段列、插入新字段。

移动字段列可以调整其显示次序。在设计网格中，每个字段名上方都有一个长方块，即字段选择器。当光标移动到字段选择器时，指针变成向下的箭头，单击选中整列，然后拖曳到适当的位置放开即可。

撤销字段列是在设计网格中删除掉已设置的字段。将光标移到要删除字段的字段选择器上单击选中，然后按下“Delete”键，该字段便被删除了。

要在设计网格中插入字段，在“表/查询”输入区中选中，然后拖曳到设计网格“字段”栏要插入的位置，即将该字段插入到这一列中，原有字段以及右边字段依次右移。

若双击“表/查询”输入区中的某一字段，该字段便直接被添加到设计网格的末尾。

对于已经定义的字段，可以直接在设计网格中修改设置。

修改完毕，然后单击工具栏“保存”按钮保存修改。

6.5.2　选择查询的进一步设置

本节介绍在设计视图中定义和操作查询的基本过程和方法。根据上节介绍可知，查询语句包含很多内容，那么在 QBE 设计网格中定义查询，要根据需要进行多种设置。

1. DISTINCT 和 TOP 的功能

DISTINCT 子句用来对结果数据集进行不重复行限制，TOP 子句用来对输出结果进行保留前若干行的限制。

设置 DISTINCT 和 TOP 子句的操作方法如下。

选择查询工具的功能栏右边功能区“属性表”按钮（单击），弹出“属性表”对话框，如图 6-37 所示。

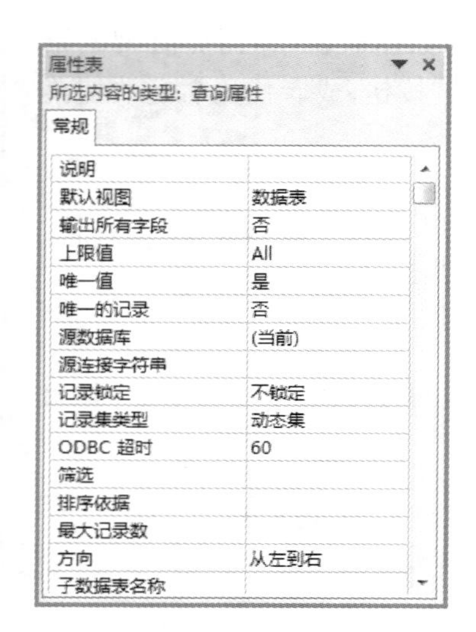

图 6-37 “属性表”对话框

该对话框用来对查询的整体设计进行设置。要在查询中设置 DISTINCT 子句，将“唯一值”栏的值改为“是”。要设置 TOP 子句，在“上限值”栏中选择，出现下拉列表，下拉列表中有数值和百分比两种方式的典型值，可选择其中的某一个值，如果该值不合要求，就在栏内输入值。

关闭“属性表”对话框，设置生效。

2. 输出列重命名和为表取别名

在定义查询输出列时，有些列需要重新命名，在 SELECT 语句中是在输出列后面增加“AS 新列名”子句。

在设计视图中，若要对字段重命名，可以采用两种方式。

方法一是在“字段”栏的字段或表达式前，直接加上“新列名：”前缀即可。例如，若“字段”栏上输入的是“AVG(薪金)”，需要命名为“平均薪金”，可以输入：

平均薪金：AVG(薪金)

方法二是利用“字段属性”对话框。

操作方法是，在设计视图中，首先将光标定位在要命名的字段列上（下区选定字段），然后单击功能区“属性表”按钮，弹出“属性表”对话框，所选内容为字段属性，如图 6-38 所示。在“标题”栏内输入名称，关闭对话框，这样便完成了为字段重新命名。运行查询时，可以看到新名称代替了原来的字段名。

如果需要对表取别名，在 SELECT 语句中是在表名后加上“AS 新表名”。在设计视图中，在“表/查询”输入区选中要改名的表（选中表中任意字段），单击功能区“属性表”按钮，弹出“属性表”对话框，所选内容为字段列表属性，如图 6-39 所示，在对话框的“别名”栏中，默认名就是表名。输入要取定的别名，关闭该对话框，这样设计视图中所有用到该表的地方都使用新取的名称。

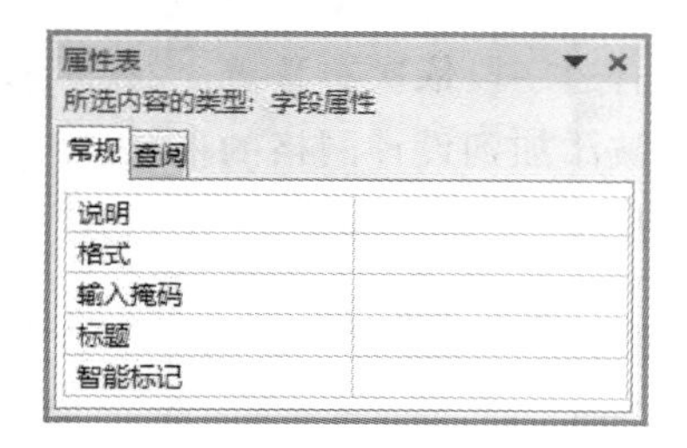

图 6-38 字段属性表

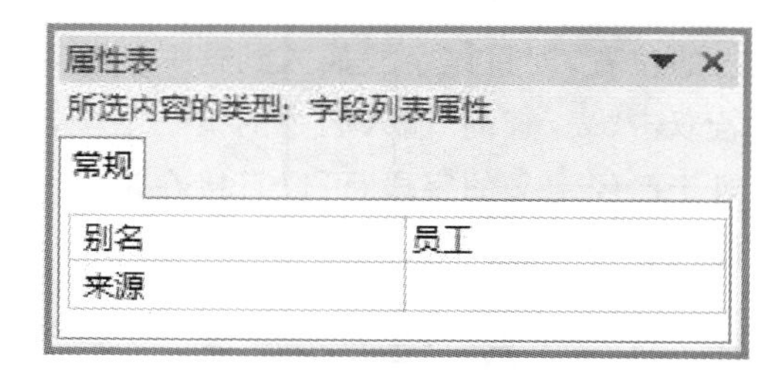

图 6-39 重命名表

3. 参数

在设计查询时，如果条件中用到很确定的值，就直接使用其常量。如果只有执行查询时才能由用户确定的值，则应使用参数。

在输入比较值的时候，如果输入的是标识符，或者是用“[ ]”括起来的一串符号，则 Access 将其理解为参数，例如“姓名”用 xm 做输入参数，在执行查询时，首先弹出图 6-40 所示的“输入参数值”对话框，要求用户先输入值，再进行运算。

为了避免出错，用户对于设置参数，一般不直接使用名称，而一定要用“[ ]”括起来。

如图6-41所示,查询"员工"表中指定姓名的员工的信息。员工姓名在执行查询时输入,所以,输出列是所有字段,而第2列的"姓名"字段只作为条件的比较字段,不显示。在"条件"行,采用参数,用"[XM]"表示。

图 6-40 "输入参数值"对话框

图 6-41 使用参数图

每一个参数,应该都有确切的数据类型。为了使查询中使用的参数名称有明确的规定,可以在使用参数前先予以定义。选择功能区"参数"按钮(见图6-42)(单击),弹出"查询参数"对话框,在其中定义将要用到的参数名称及其类型,如图6-43所示。输入参数及选择相应数据类型,单击"确定"按钮。

图 6-42 "参数"按钮

图 6-43 "查询参数"对话框

当定义有参数后,无论用户是否在查询中用到参数,运行查询时,Access都会要求用户首先输入定义的所有参数的值,并自动按照定义的类型检验输入数据是否合乎要求,然后再去执行查询。

对于每个输入参数值的提示,可以执行下列操作之一。

(1) 若要输入一个参数值,键入其值。

(2) 若输入的值就是创建表时定义的该字段的默认值,键入"DEFAULT"。

(3) 若要输入一个NULL,键入"NULL"。

(4) 若要输入一个零长度字符串或空字符串,请将该框留空。

4. BETWEEN、IN、LIKE 和 IS NULL 运算

BETWEEN-AND运算用于指定一个值的范围。例如,条件:

薪金 BETWEEN 1000 AND 1500

等价于在"薪金"列下定义:>=1000 AND <=1500

在设置条件时,设定"薪金"字段,然后直接在"条件"行输入:

BETWEEN 1000 AND 1500

IN运算用于指定一个值的集合。例如,查找员工的几种特定职务之一,可以将这些职务列出组成一个集合,用括号括起来。在"职务"字段列输入:

IN("总经理","经理","副经理","主任")

凡职务是其中之一者满足条件。

LIKE 运算用于在文本数据类型字段中定义数据的查找匹配模式。“?”表示该位置可匹配任何一个字符，“*”表示该位置可匹配任意长度的字符串，“#”表示该位置可匹配一个数字，方括号描述一个范围，用于确定可匹配的字符范围。

例如，[0～3]可匹配数字 0、1、2、3，[A～C]可匹配字母 A、B、C。惊叹号(!)表示除外。例如，[! 3～4]表示可匹配除 3、4 之外的任何字符。

在设计视图的“条件”行中，LIKE 运算后的匹配串应该用字符括号括起来。

IS NULL 运算是用于判断字段值为空值的查询条件。判断非 NULL 值要使用 IS NOT NULL。

5. 在查询中执行计算

在选择查询设计时，“字段”行除了可以设置查询所涉及的字段以外，还可以设置包含字段的计算表达式。利用计算表达式获得表中没有直接存储的、经过加工处理的信息。需要注意的是，在计算表达式中，字段要用方括号([])括起来。另外，在“字段”行中设置了计算表达式以后，Access 自动为该计算表达式命名，格式为“表达式:”。用户可以按照改名方法重新为字段列命名。

【例 6-39】 设计根据输入日期查询发放数据的查询，输出：发放日期、教材名、定价、数量、售价折扣、金额。

这些数据放在“教材”表、“发放单”表、“发放细目”表内。除金额外，其他都可以从表上获得，金额的值等于“发放数量×定价×售价折扣”。

在教材管理系统数据库窗口中的查询对象界面双击“在设计视图中创建查询”，启动设计视图，在“显示表”对话框中将“发放单”表、“发放细目”表、“教材”表这三个表依次加入到设计视图中，这三个表自动联接起来。关闭“显示表”对话框。

然后依次定义字段。分别将发放日期、教材名、定价、数量、售价折扣放入“字段”行内，同时自动设置了“表”行和“显示”行。

在最后一列输入：[发放细目].[数量]*[发放细目].[售价折扣]*[教材].[定价]

完成金额的计算。

这时，Access 自动调整并为该表达式命名。由于查询的发放日期要由用户输入，于是在“发放日期”字段列的“条件”行输入参数：[RQ]。设计结果如图 6-44 所示，对应的 SQL 视图如图 6-45 所示。

在最后一列的“表达式 1”处用“金额”替换，从而对“表达式 1”重新命名。整个设计就完成了。

若要保存，单击“保存”按钮，在“另存为”对话框中输入查询名“根据日期查询发放教材数据”，保存。以后打开教材管理.accdb 选择查询对象，就能看到本查询。双击本查询名，即运行。首先弹出“输入参数值”对话框，如图 6-46 所示，输入日期 2011-8-27，单击“确定”，有运行结果如图 6-47 所示。

关于在查询中执行计算的设计，请看本章实验项目的实验题 6-11。

6. 汇总查询设计

在 SELECT 语句中，可以对整个表进行汇总统计，也可以根据分组字段进行分组统计。汇总查询也是一种选择查询。要建立汇总查询，必须在 QBE 设计网格中增加“总计”行。

查查1
发放单
*
发放单号
发放日期
工号
发放细目
*
发放单号
教材编号
数量
售价折扣
教材
*
教材编号
ISBN
教材名
作者
出版社编号
版次
出版时间
教材类别
定价
折扣
数量
备注
字段: 发放日期 | 教材名 | 定价 | 数量 | 售价折扣 | 表达式1: [发放细目].[数量]*[教材].[定价]*[发放细目].[售价折扣]
表: 发放单 | 教材 | 教材 | 发放细目 | 发放细目
排序:
显示:
条件: [RQ]
或:

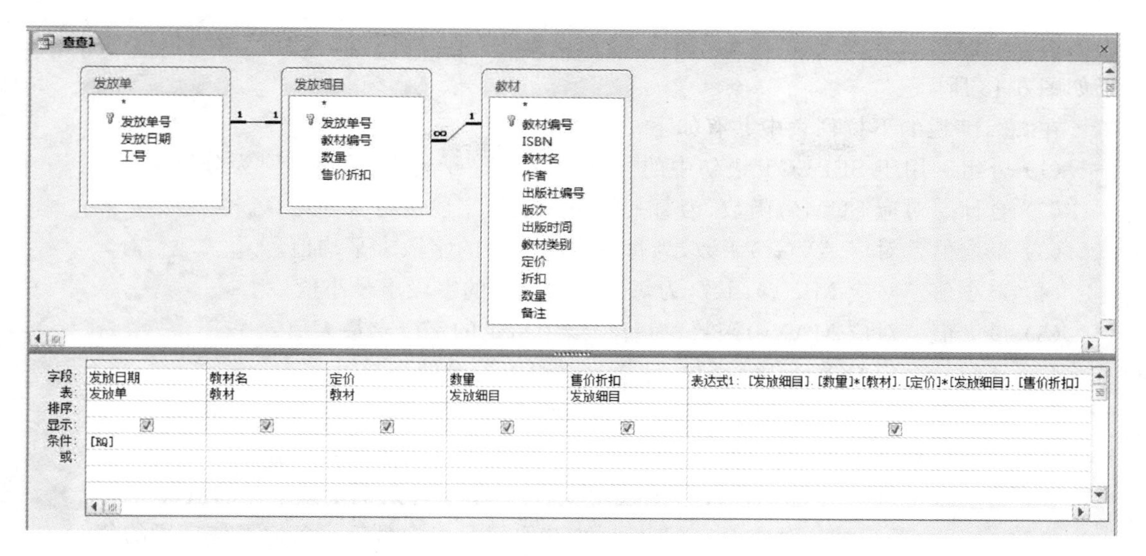

图 6-44 查询设计视图定义有表达式的查询

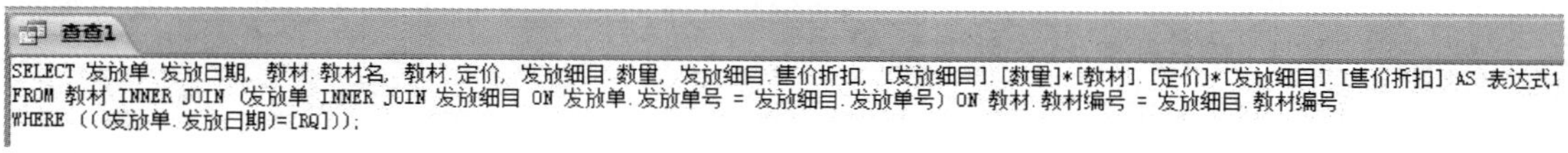

查查1
SELECT 发放单.发放日期, 教材.教材名, 教材.定价, 发放细目.数量, 发放细目.售价折扣, [发放细目].[数量]*[教材].[定价]*[发放细目].[售价折扣] AS 表达式1
FROM 教材 INNER JOIN (发放单 INNER JOIN 发放细目 ON 发放单.发放单号 = 发放细目.发放单号) ON 教材.教材编号 = 发放细目.教材编号
WHERE (((发放单.发放日期)=[RQ]));

图 6-45 例 6-39 查询的 SQL 视图

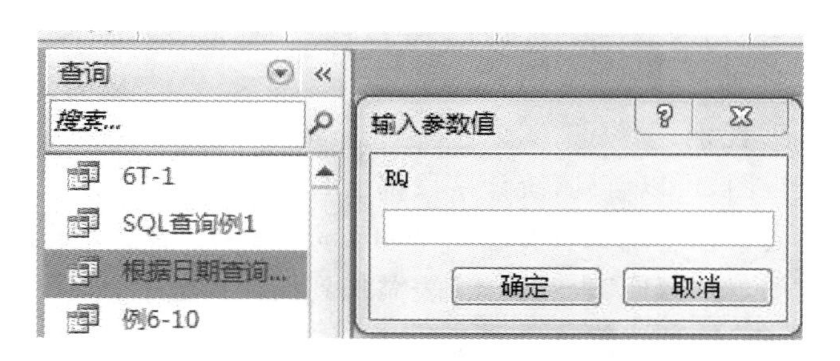

查询
搜索...
6T-1
SQL查询例1
根据日期查询...
例6-10
输入参数值
RQ
确定
取消

图 6-46 成功建立查询并运行

查询
搜索...
6T-1
SQL查询例1
根据日期查询...
根据日期查询发放教材数据
发放日期
教材名
定价
数量
售价折扣
金额
2011/8/27 VC/MFC应用程序开发 35 6 .800000011920929 168.000002503395

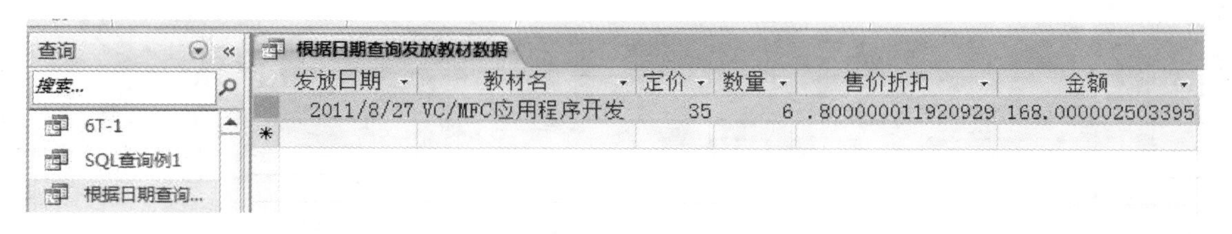

图 6-47 运行结果

在打开的查询设计视图中单击工具栏上的“合计”按钮，Access 在 QBE 设计网格中增加“总计”行。“总计”行用于为参与汇总计算的所有字段设置统计或分组选项。

【例 6-40】 设计查询，统计所有女员工的人数、平均薪金、最高薪金、最低薪金。

启动查询设计视图，通过“显示表”将“员工”表添加到设计视图中。

单击工具栏上的“合计”按钮Σ，增加“总计”行。

将“性别”作为分组字段放置在“字段”栏中。然后针对“工号”计数，在“总计”栏下拉列表中选择“计数”。依次设置“薪金”字段，分别设置为“平均值”“最大值”“最小值”。设置结果如图 6-48 所示。

在“总计”栏的下拉列表中共有如下 12 个选项。

(1) 分组。用于 SELECT 语句中的“GROUP BY”子句中，指定字段为分组字段。

(2) 合计。对应 SUM()函数，为每一组中指定的字段进行求和运算。

(3) 平均值。对应 AVG()函数，为每一组中指定的字段求平均值。

(4) 最小值。对应 MIN()函数，为每一组中指定的字段求最小值。

(5) 最大值。对应 MAX()函数，为每一组中指定的字段求最大值。

(6) 计数。对应 COUNT()函数，计算每一组中记录的个数。

(7) 标准差。对应 STDEV()函数，根据分组字段计算每一组的统计标准差。

(8) 变量。对应 VAT()函数，根据分组字段计算每一组的统计方差。

(9) 第一条记录。对应 FIRST()函数，获取每一组中首条记录该字段的值。

(10) 最后一条记录。对应 LAST()函数，获取每一组中最后一条记录该字段的值。

(11) 表达式。用以在设计网格的“字段”栏中建立计算表达式。

(12) 条件。作为 WHERE 子句中的字段，用于限定表中哪些记录可以参加分组汇总。

最后的“性别”用于设置“女”员工条件。

以上设计对应的 SELECT 语句是：

SELECT 员工. 性别，COUNT(员工. 工号)，AVG(员工. 薪金)，MAX(员工. 薪金)，MIN(员工. 薪金)

FROM 员工

WHERE (员工. 性别)="女"

GROUP BY 员工. 性别；

运行查看数据表视图，可以看到，统计字段都已自动命名。

【例 6-41】 统计各部门平均工资并输出平均工资不高于 2600 元的部门。

进入查询设计视图，将“部门”表、“员工”表添加到设计视图中。

单击工具栏上的“合计”按钮Σ，增加“总计”栏。设置结果如图 6-49 所示。

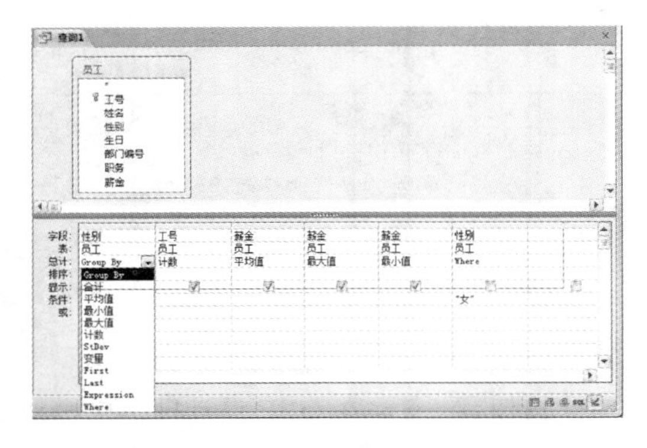

图 6-48　查询设计视图定义汇总统计查询

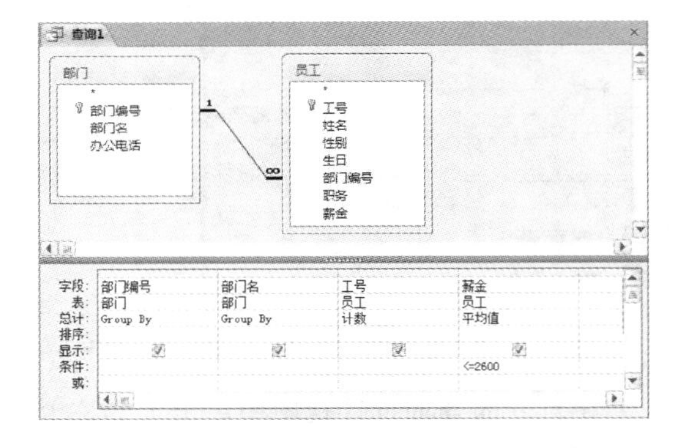

图 6-49　查询设计视图定义分组统计查询

注意：在“薪金”字段下的“条件”栏设置“＜＝2600”，对应 SELECT 语句中的 HAVING 子句。这是与上例不同的地方。上例的条件出现在 WHERE 子句中。

7. 子查询设计

子查询是作为 SELECT 语句的条件出现在 WHERE 子句中的,因此在设计时也放置在"条件"栏中。用户只有在熟悉 SELECT 语句用法的基础上才能使用好子查询。

【例 6-42】 查询在发放单中出现的员工信息。

启动查询设计视图,将"员工"表添加到设计视图中。由于"发放单"表是出现在子查询中的,所以无须添加。查询设计的结果如图 6-50 所示。对应的 SQL 视图 SELECT 语句如图 6-51。本设计的执行结果如图 6-52。

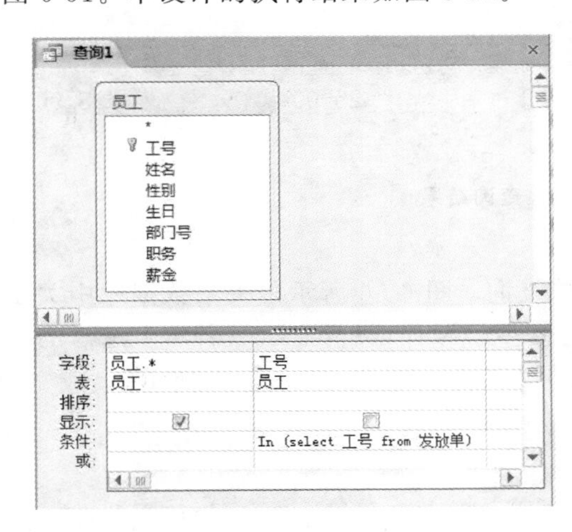

图 6-50 查询设计视图定义子查询

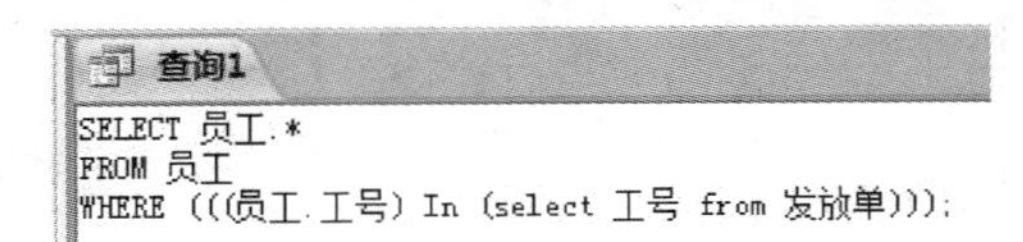

图 6-51 查询设计视图定义子查询的 SQL 视图

工号	姓名	性别	生日	部门号	职务	薪金
0102	龚书汉	男	1995/3/20	01	科长	8,000.01
0402	谢忠琴	女	1999/8/30	04	处级督办	8,200.00
0404	王丹	女	1999/1/12	04	处级督办	8,200.00
0704	孙小舒	女	1999/11/11	07	总库长	8,100.00
1202	颜晓华	男	1998/10/15	12	发放总指挥	7,260.00
1203	汪洋	男	1998/12/14	12	业务总监	7,260.00
1205	杨莉	女	1999/2/26	12	服务部长	7,960.00

记录: 第 7 项(共 7 项) 无筛选器 搜索

图 6-52 例 6-42 运行结果

8. 查询中字段属性设置

在查询设计中,表的字段属性是可继承的。也就是说,在表的设计视图中定义的某字段的字段属性,在查询中同样有效。如果某个字段在查询中输出,而字段属性不符合查询的要求,那么 Access 允许用户在查询设计视图中重新设置字段属性。

例如,在例 6-39 中设计了有计算的查询。运行查询,输入日期"2011-8-27",其数据表视图中的"售价折扣"和计算的金额的显示格式都是默认格式。

进入该查询的设计视图,修改有关的字段属性,重新运行,其数据表视图中的"售价折扣"的显示和"金额"的标题和显示格式都会发生变化。

在查询设计视图中设置字段属性的操作步骤如下。

(1) 在查询设计视图中,将光标定位在要设置字段属性的字段列上。

(2) 单击工具栏"属性表"按钮,弹出字段属性对话框。

(3) 在字段属性对话框中设置字段属性。设置完毕,关闭对话框即可。

对于例 6-39 的图 6-45 所示的"售价折扣"字段,在字段属性对话框中更改"格式"栏为"百分比",如图6-53所示;对于求金额的计算字段,更改"格式"栏为"货币","小数位数"栏的值为 2。运行,输入日期 2012-2-8,定义字段属性后查询结果显示与定义前不一样,未定义字段属性查询结果如图 5-64 所示,定义字段属性查询结果如图 6-55 所示。

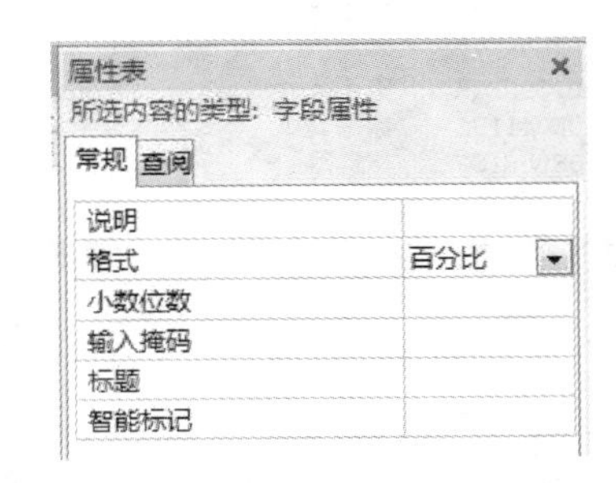

图 6-53 更改"格式"栏为"百分比"

在查询设计视图中，关于可更改的字段属性的设置都可以按照表设计的规定进行。

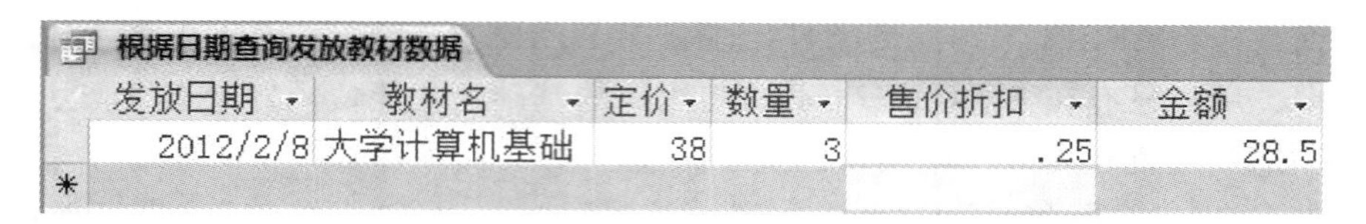

根据日期查询发放教材数据

发放日期	教材名	定价	数量	售价折扣	金额
2012/2/8	大学计算机基础	38	3	.25	28.5

图 6-54　未定义字段属性查询结果

根据日期查询发放教材数据

发放日期	教材名	定价	数量	售价折扣	金额
2012/2/8	大学计算机基础	38	3	25.00%	¥28.50

图 6-55　定义字段属性查询结果

9．交叉表查询

交叉表查询是 Access 支持的一种特殊的汇总查询。图 6-56 所示是关系数据库中关于多对多数据设计的最常见的表。每个学生可以选修多门课程，每行显示一名学生选修的一门课的成绩。在实用时人们希望将每名学生的数据放在一行输出，如图 6-57 所示。

所有 Access 对象
表：成绩、课程、学生、学院、专业

成绩

学号	课程编号	成绩
06041138	02091010	74
06041138	04010002	83
06053113	01054010	85
06053113	02091010	80
06053113	09064049	75
06053113	05020030	90
06053113	09061050	82
07042219	02091010	85
07042219	01054010	78

记录：第 1 项(共 27 项)　无筛选器　搜索

图 6-56　学生选修的课程及成绩表

查询1

学号	姓名	大学英语	大学语文	法学概论	高等数学	管理学原理	数据结构	数据库及应用
06041138	华美		74	83				
06053113	唐李生	85	80		75	90		82
07042219	黄耀	78	85					72
07093305	郑家谋	86			92	70	90	
07093317	凌晨	87			78			
07093325	史玉磊	76		75	82		81	
08041136	徐栋梁	88						85
08053131	林惠萍	77						66
08055117	王燕	92			85			88

记录：第 1 项(共 9 项)　无筛选器　搜索

图 6-57　转换成绩得到的交叉表

这种功能就是交叉表的功能。

在图 6-57 所示的交叉表中，第 1、2 列是图 6-56 源表第 1 列的数据，但只保留不重复的，称为“行标题”，交叉表的标题栏由源表中第 2 列的所有不重复的数据组成，称为列标题。

源表中的第 3 列作为交叉表中的值填入对应的单元格内。

从这个示例中可以看出，交叉表是非常实用的一种功能。Access 在查询里实现了这种功能。在定义查询时，可以指定源表的一个或多个字段作为交叉表的行标题的数据来源，指定一个字段作为列标题的数据来源，指定一个字段作为值的来源。

怎样将图 6-56 所示表存储的数据转换为图 6-57 所示的交叉表查询格式呢？

交叉表由三部分组成：行标题值（图 6-57 中的“学号”和“姓名”的值作为每行的开头）、列标题值（图 6-57 中第一行的课程名作为每列的标题）以及交叉值（成绩填入行与列交叉的位置）。

如果表中存储的数据是由两部分联系产生的值（如学生与课程联系产生的分数、员工与商品联系产生的销售额等），就可以将发生联系的两个部分分别作为行标题、列标题，将联系的值作为交叉值，从而生成交叉表查询。

思考：图 6-56 中只有“学号”和“课程编号”字段，而交叉表中增加了“姓名”，并将“课程编号”更换为“课程名称”，如何做到？

【例 6-43】 基于教材管理.accdb，查询每天各位发放员工发放教材的金额，并生成交叉表。

根据题意，发放日期为行标题，员工姓名为列标题，发放金额为交叉值。金额要通过“发放细目”表和“教材”表进行计算。

进入查询设计视图。由于本查询涉及员工、发放单、发放细目、教材 4 个表，在“显示表”对话框中依次将这 4 个表加入设计视图。

单击功能区“查询类型”栏中的“交叉表”按钮，在设计网格中增加“总计”栏和“交叉表”栏。设计结果如图 6-58 所示。

在设计网格中，第 1 列为“发放日期”字段，在该列“总计”栏中选择“Group By”选项，在“交叉表”栏中选择“行标题”选项。

第 2 列为“姓名”字段，在该列的“总计”栏中选择“Group By”选项，在“交叉表”栏中选择“列标题”选项。

第 3 列是求金额的计算表达式：

金额：[发放细目].[数量]＊[售价折扣]＊[教材].[定价]

要将同一个人同一天的发放金额汇总，在该列“总计”栏中选择“合计”选项，然后在“交叉表”行中选择“值”选项。由于金额是货币型，因此选择单击功能区“属性表”按钮启动字段属性对话框，设置“格式”为“货币”，如图 6-59 所示。

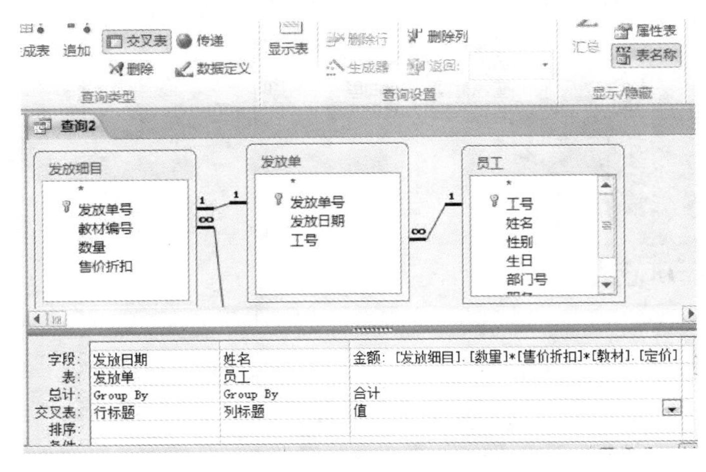

图 6-58 交叉表查询设计结果

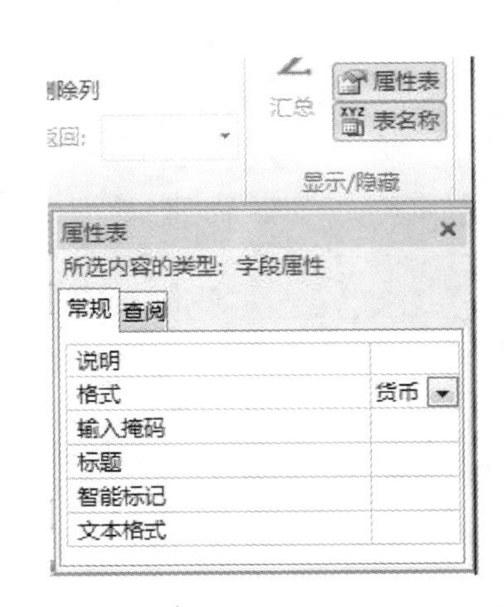

图 6-59 设置“金额”列字段属性

运行查询，交叉表查询数据表视图如图 6-60 所示，每天各位员工的发放情况一目了然。

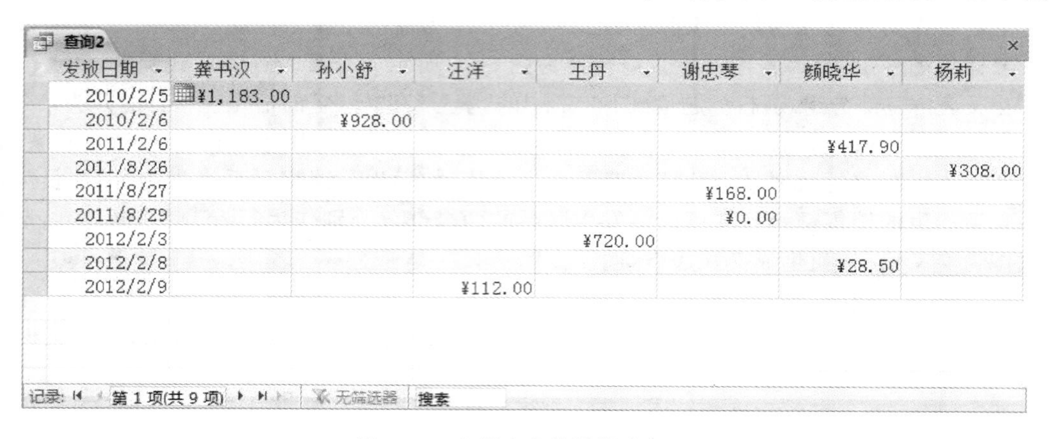

查询2

发放日期	龚书汉	孙小舒	汪洋	王丹	谢忠琴	颜晓华	杨莉
2010/2/5	¥1,183.00						
2010/2/6		¥928.00					
2011/2/6						¥417.90	
2011/8/26							¥308.00
2011/8/27					¥168.00		
2011/8/29					¥0.00		
2012/2/3				¥720.00			
2012/2/8						¥28.50	
2012/2/9			¥112.00				

记录: 第 1 项(共 9 项) 无筛选器 搜索

图 6-60　交叉表查询数据表视图

本例所设计的 SQL 视图如图 6-61 所示。

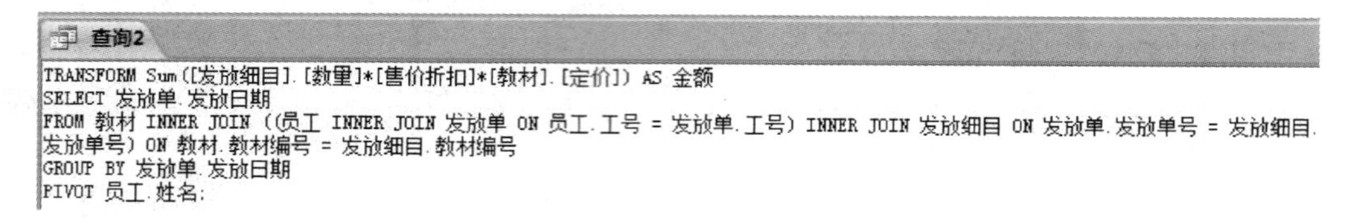

查询2

```
TRANSFORM Sum([发放细目].[数量]*[售价折扣]*[教材].[定价]) AS 金额
SELECT 发放单.发放日期
FROM 教材 INNER JOIN ((员工 INNER JOIN 发放单 ON 员工.工号 = 发放单.工号) INNER JOIN 发放细目 ON 发放单.发放单号 = 发放细目.
发放单号) ON 教材.教材编号 = 发放细目.教材编号
GROUP BY 发放单.发放日期
PIVOT 员工.姓名;
```

图 6-61　交叉表查询的 SQL 视图

6.5.3　查询向导

在创建选择查询时，除查询设计视图外，Access 还提供了四种查询向导：简单查询向导、交叉表查询向导、查找重复项查询向导和查找不匹配项查询向导。

查询向导采用交互问答方式引导用户创建选择查询，使得创建选择查询工作更加简便易行。当然，完全使用查询向导不一定能够达到用户的要求。可以在向导的基础上，再进入查询设计视图进行修改。

选择功能区"创建"选项卡中"查询向导"(单击)，弹出"新建查询"对话框，如图 6-62 所示。

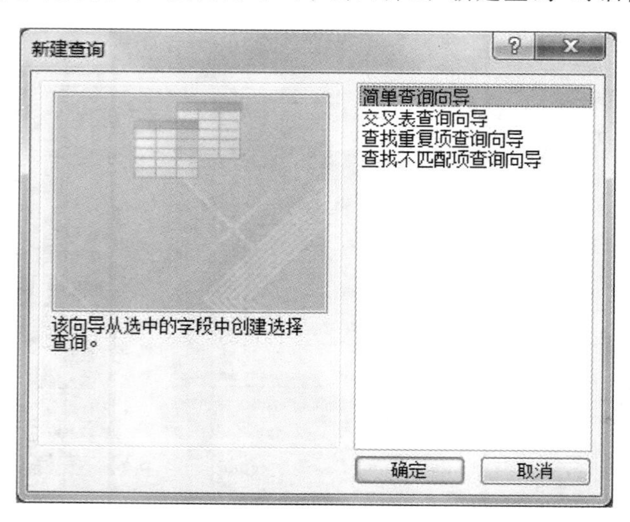

图 6-62　"新建查询"对话框

Access 这些查询向导采用交互问答方式引导用户创建选择查询，使得创建选择查询工作更加简便易行。特别是利用查找重复项查询向导和查找不匹配项查询向导可以创建两种特殊的选择查询，有一定的实用价值。

1. 简单查询向导

在创建选择查询时，可以首先利用简单查询向导创建选择查询，然后在选择查询设计视图中进一步完善修改。

利用简单查询向导创建选择查询的操作步骤如下。

(1) 进入“创建”选项卡，单击“查询向导”，弹出“新建查询”对话框。

(2) 选中“简单查询向导”，单击“确定”按钮，弹出简单查询向导第一个对话框，如图6-63所示。

(3) 在对话框中选择查询所涉及的表和字段。首先在“表/查询”组合框中选择查询所涉及的表，然后在“可用字段”列表框中选择字段并单击“>”按钮，将所选字段添加到“选定字段”列表中。重复操作，选择所需各表，直到添加完所需全部字段。

(4) 单击“下一步”按钮，弹出简单查询向导第二个对话框，如图 6-64 所示。

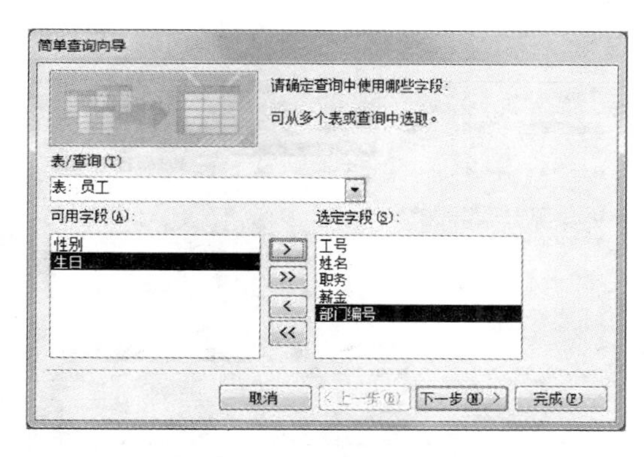

图 6-63 简单查询向导对话框一

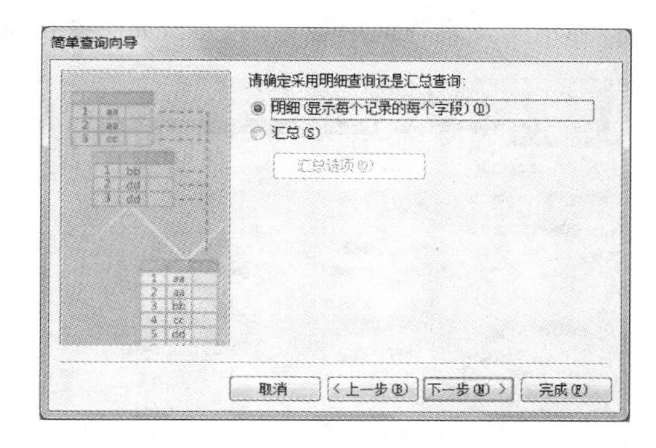

图 6-64 简单查询向导对话框二

(5) 如果要创建选择查询，则应选择“明细”单选项。

如果要创建汇总查询，则应选择“汇总”单选项，然后单击“汇总选项”按钮，弹出“汇总选项”对话框，如图 6-65 所示。

(6) 在“汇总选项”对话框中为汇总字段指定汇总方式，然后单击“确定”按钮，返回第二个简单查询向导对话框。

(7) 单击“下一步”按钮，弹出第三个简单查询向导对话框，如图 6-66 所示。

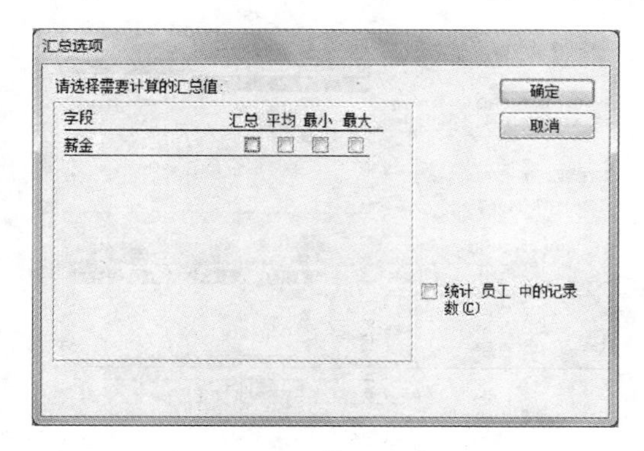

图 6-65 简单查询向导的汇总设置

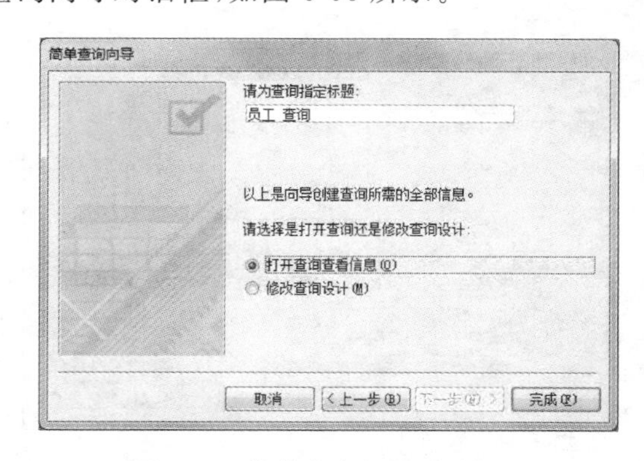

图 6-66 简单查询向导对话框三

在该对话框中，可以在“请为查询指定标题”文本框中为查询命名。如果要运行查询，则应选择“打开查询查看信息”单选项；如果要进一步修改查询，则应选择“修改查询设计”单选项。

(8) 最后单击“完成”按钮，Access 生成简单查询。

2. 交叉表查询向导

该向导指引用户通过交互方式创建交叉表查询，不过只能在单个表或查询中创建交叉表查询。如果用户需要复杂处理，应在交叉表查询设计视图中创建。

例如，我们基于第 5 章实验题 5-3 建立的教学管理系统的教学管理. accdb，利用向导创建图 6-57 所示学生成绩交叉表查询的操作步骤如下。

(1) 打开教学管理. accdb。由于该交叉表查询涉及三个表，因此，应先创建一个包含“学号、姓名、课程编号、课程名称、成绩”的三表联接的选择查询。将该查询命名为“学生成绩信息 1 ”。(若通过交叉表设计视图，则无须创建此查询。)

(2) 在“创建”选项卡“查询”组单击“查询向导”按钮，弹出图 6-62 所示“新建查询”对话框。选择“交叉表查询向导”选项，单击“确定”按钮，弹出交叉表查询向导对话框一，如图 6-67 所示。

(3) 在对话框一中选择作为数据源的表或查询。这里选择“查询”。单击“下一步”按钮，弹出交叉表查询向导对话框二，如图 6-68 所示。

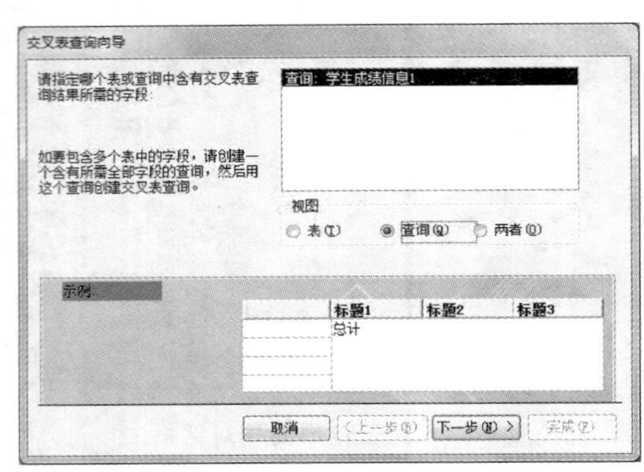

图 6-67　交叉表查询向导对话框一

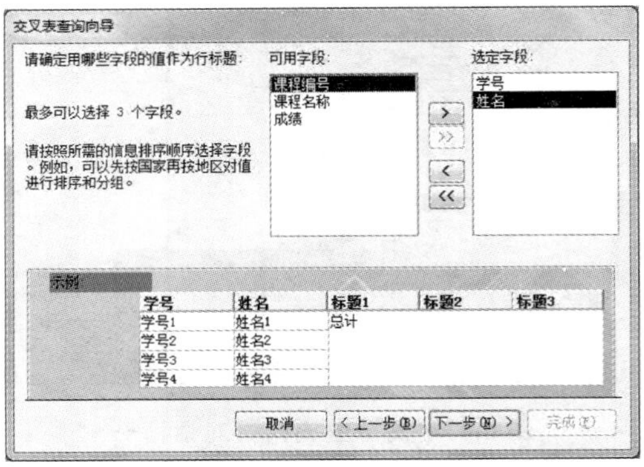

图 6-68　交叉查询向导对话框二

(4) 在对话框二中，选择交叉表查询的行标题。单击“下一步”按钮，弹出交叉表查询向导对话框三，如图 6-69 所示。

(5) 在对话框三中，选择交叉表查询的列标题。这里选择“课程名称”。单击“下一步”按钮，弹出交叉表查询向导对话框四，如图 6-70 所示。

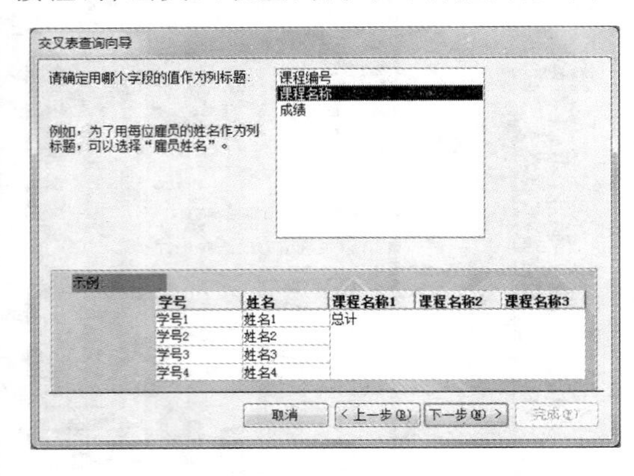

图 6-69　交叉表查询向导对话框三

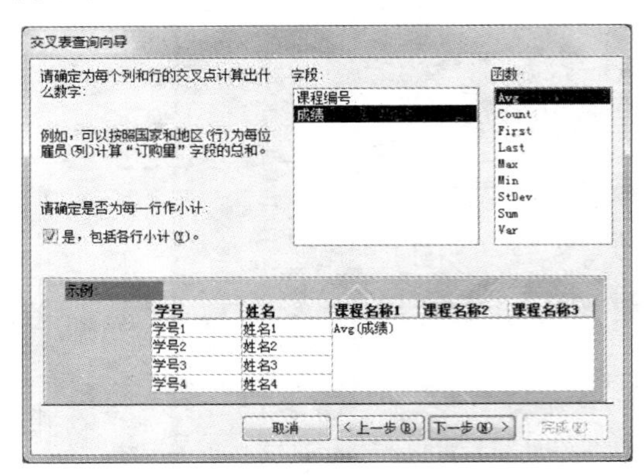

图 6-70　交叉查询向导对话框四

(6) 在对话框四中，选择作为交叉值的汇总字段以及汇总方式。这里选择“成绩”，因为每个学生每门课程只有一个成绩，所以选择“Avg”或“Sum”等都是一样的。单击“下一步”按钮，弹出交叉表查询向导对话框五。

(7) 在对话框五中，在“请指定查询的名称”文本框中为查询命名。选择“查看查询”单选项，单击“完成”按钮，生成交叉表查询。

创建交叉表查询时应注意，交叉表适合对保存多对多数据的表或查询的转换，因此对于数据源的选择要符合这一特点。而多表时，应先创建一个包含这些表的联接的选择查询，然后再利用本查询向导建立交叉表查询。

3. 查找重复项查询向导

查找重复项查询向导可以创建一个特殊的选择查询，用以在同一个表或查询中查找指定字段具有相同值的记录。

【例 6-44】 基于第 5 章实验题 5-2 建立的图书销售系统的图书销售.accdb，查询是否有图书在不同的“售书明细”中都有记录。

该查询表示同一个编号的图书在不同的售书明细中都有。操作步骤如下。

打开图书销售.accdb。

(1) 启动“新建查询”对话框。

(2) 在“新建查询”对话框中选择“查找重复项查询向导”选项，单击“确定”按钮，弹出查找重复项查询向导对话框一，如图 6-71 所示。

(3) 在对话框一中，选择“售书明细”表。然后单击“下一步”按钮，弹出查找重复项查询向导对话框二，如图 6-72 所示。

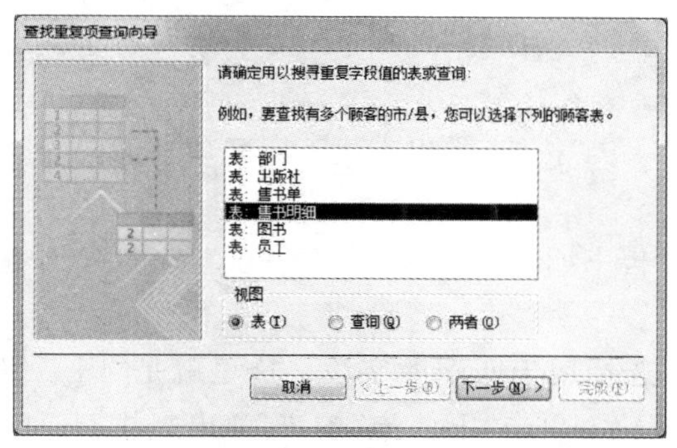

图 6-71　查找重复项查询向导对话框一

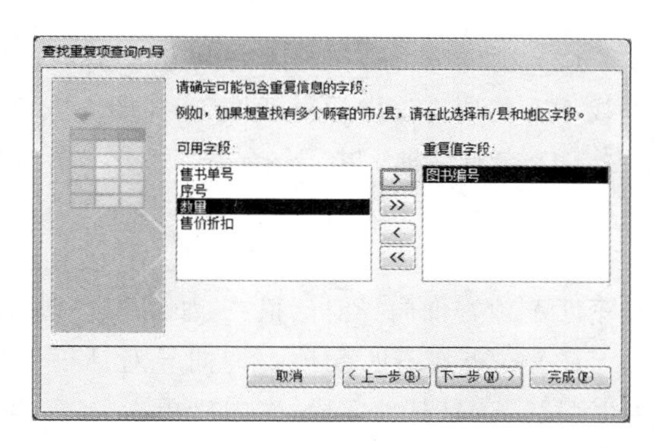

图 6-72　查找重复项查询向导对话框二

(4) 在对话框二中，选择“图书编号”字段。然后单击“下一步”按钮，弹出查找重复项查询向导对话框三，如图 6-73 所示。

(5) 在对话框三中，选择需要显示的其他字段。本查询需要显示不同的“售书单号”和“数量”，所以选中“售书单号”和“数量”字段。单击“下一步”按钮，弹出查找重复项查询向导对话框四，如图 6-74 所示。

(6) 在对话框四中，对要生成的查询命名，然后选择“查看结果”单选项。最后单击“完成”按钮，生成查找重复项查询并显示查询的结果。

从结果中可以很清楚地看到在售书明细中出现一次以上的同一个编号图书的信息。

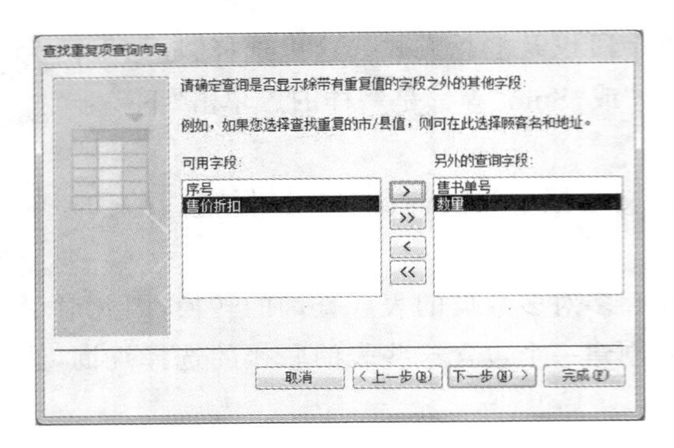

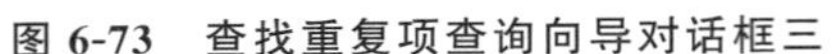

图 6-73　查找重复项查询向导对话框三

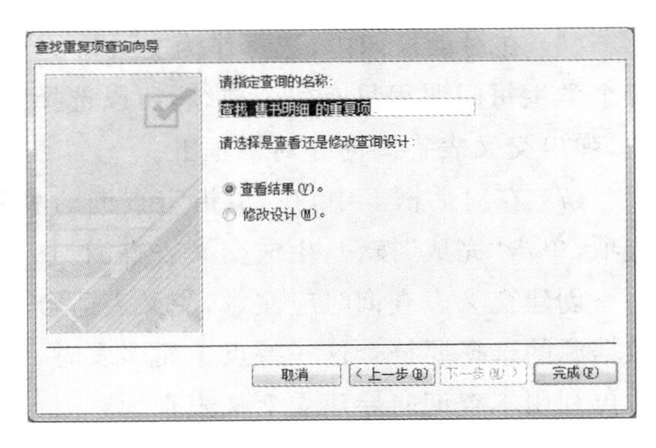

图 6-74　查找重复项查询向导对话框四

4. 查找不匹配项查询向导

查找不匹配项查询向导是最后一个查询向导。我们还是以例题的形式说明其操作方法。

查找不匹配项查询向导可以创建一个特殊的选择查询,用以在两个表中查找不匹配的记录。所谓不匹配记录,是指在两个表中根据共同拥有的指定字段筛选出来的一个表有而另一个表没有相同字段值的记录。两个表共同拥有的字段一般是主键和外键。没有匹配的记录,通常意味着主键值没有被引用。

【例 6-45】 基于第 5 章实验题 5-2 建立的图书销售系统,查询"图书"表中没有销售记录的图书。没有销售的图书,就意味着在"售书明细"表中没有对应数据记录。

操作步骤如下。

打开图书销售.accdb。

(1) 启动"新建查询"对话框。

(2) 在"新建查询"对话框中选择"查找不匹配项查询向导"选项,单击"确定"按钮,弹出查找不匹配项查询向导对话框一,如图 6-75 所示。

(3) 在对话框一中,选择"图书"表。单击"下一步"按钮,弹出查找不匹配项查询向导对话框二,如图 6-76 所示。

(4) 在对话框二中,选择与"图书"表相关的"售书明细"表,单击"下一步"按钮,弹出查找不匹配项查询向导对话框三,如图 6-77 所示。

(5) 在查找不匹配项查询向导对话框三中,选择用于匹配的字段。这里就是"图书编号"字段。若是其他字段,选中后单击"<=>"按钮。单击"下一步"按钮,弹出查找不匹配项查询向导对话框四,如图 6-78 所示。

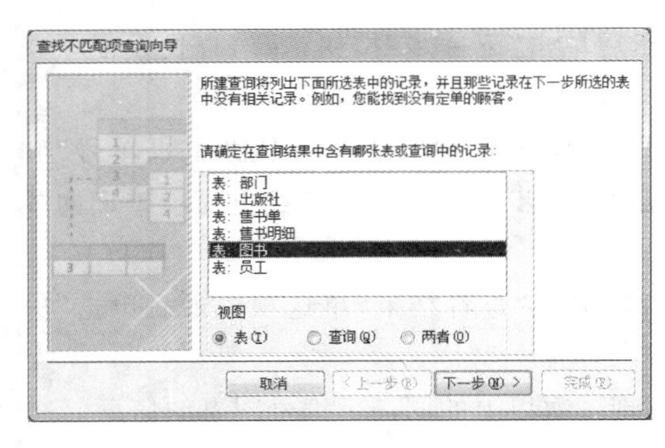

图 6-75　查找不匹配项查询向导对话框一

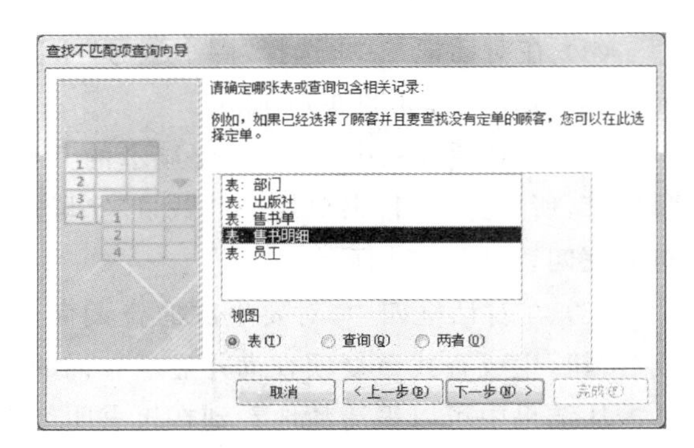

图 6-76　查找不匹配项查询向导对话框二

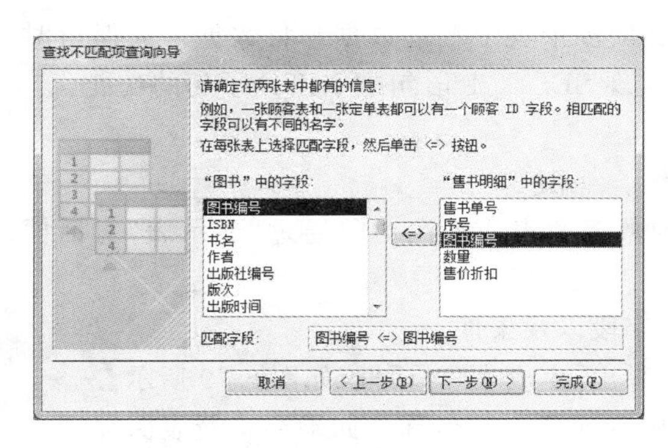

图 6-77　查找不匹配项查询向导对话框三

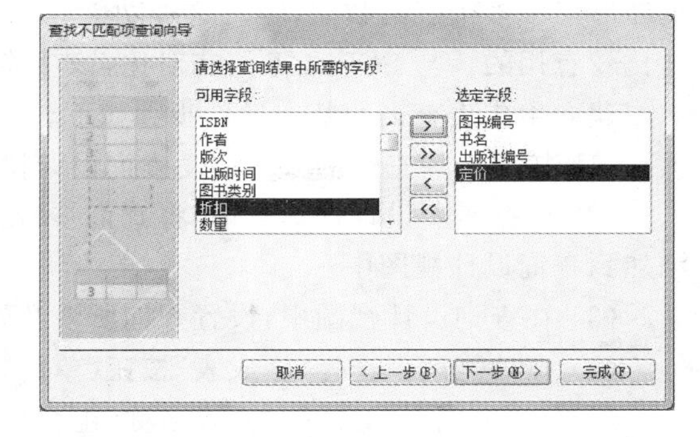

图 6-78　查找不匹配项查询向导对话框四

(6) 在查找不匹配项查询向导对话框四中，选择要显示的其他字段。例如，书名、作者、出版社编号等。

如果只想查看查询结果，单击“完成”按钮，则执行查询，显示结果。

若单击“下一步”按钮，弹出查找不匹配项查询向导对话框五。

(7) 在对话框五中，在“请指定查询名称”文本框中为查询命名。如果要进一步修改查询，则应选择“修改设计”单选项。如果要运行查询，则应选择“查看结果”单选项，运行查询显示结果，并保存查询设计。

若仔细分析对应生成的 SELECT 语句，这种查询实际上是外联接查询。

6.6　动作查询

Access 将生成表查询、追加查询、删除查询、更新查询等 4 种查询都归结为动作查询(action query)，因为这 4 种查询都会对数据库有所改动。其中，生成表查询是将选择查询的结果保存到新的表，对应 SELECT 语句的 INTO 子句；追加查询是将一条记录或一个查询的结果追加到表中，对应 SELECT 语句的 INSERT 子句；删除查询是指在指定的表中永久地和不可逆地删除符合条件的记录，对应 SELECT 语句的 DELETE 子句；更新查询是在指定的表中对满足条件的记录进行更新操作，对应 SQL 语言中的 UPDATE 语句。

一般地，在建立动作查询之前可以先建立相应的选择查询，这样可以查看查询结果集是否符合用户的要求，若符合则可再执行相应的动作查询命令，将选择查询转换为动作查询。用户可以将设计的动作查询保存为查询对象。

在数据库窗口的查询对象界面中，用户可以看到每一个查询名称的左边都有一个图标。动作查询名称左边的图标都带有惊叹号，并且四种动作查询的图标都各不相同，类似于它们各自对应的菜单项中的图标，参见后面的图 6-89 左边的导航网格。用户可以从查询对象界面的查询图标中很快辨认出哪些是动作查询，是什么类型的动作查询。

由于动作查询执行以后将改变指定表的记录，并且动作查询执行以后是不可逆转的，因此，对于使用动作查询要格外慎重。方法一是考虑先设计并运行与动作查询所要设置的筛选条件相同的选择查询，看看结果是否合乎要求；方法二是可以考虑在执行动作查询前，为要操作更改的表做一个备份。

6.6.1　生成表查询

生成表查询是指把从指定的表或查询对象中查询出来的数据集生成一个新表。由于查询能够集中多个表的数据，因此这种功能在需要从多个表中获取数据并将数据永久保留时是比较有用的。与 SELECT 语句对比，该功能实现 SELECT 语句中 INTO 子句的功能。

建立生成表查询的基本操作步骤如下。

（1）按照选择查询的方式启动查询设计视图。

（2）根据需要设计选择查询：将查询涉及的数据源表或查询对象通过“显示表”对话框添加到查询设计视图中。

（3）在查询设计视图中，设置查询所涉及的字段以及条件。

（4）在功能区中选择“生成表”按钮（单击），弹出“生成表”对话框，如图 6-79 所示。

（5）在“生成表”对话框的“表名称”组合框中键入新表的名称。如果要将新表保存到当前数据库中，那么应选择“当前数据库”单选项。如果要将新表保存到其他数据库中，那么应选择“另一数据库”单选项，并在“文件名”文本框中输入数据库的名称。

如果表的名称是已经存在的表，可以通过下拉列表选择。在运行查询时，产生的新的数据将覆盖原表中的数据。

单击“确定”按钮，完成设计。

（6）单击工具栏的“保存”按钮，将该查询保存为查询对象。

若单击“运行”按钮，则执行查询，从而生成新的表。在导航窗格中双击该查询对象，也可以执行该查询。重复执行该查询，则新的数据生成的表将替换旧的生成表。

要进一步查看新表的记录，可以到表对象中打开新表的数据表视图。

需要注意的是，利用生成表查询建立新表时，新表中的字段从生成表查询的源表中继承字段名称、数据类型以及字段大小属性，但是不继承其他的字段属性以及表的主键，如果要定义主键或其他的字段属性，则应到表的设计视图中进行。

【例 6-46】 生成表查询创建示例。

（1）打开教材管理. accdb。

（2）启动查询设计视图。

（3）在“显示表”对话框中添加“部门”表和“员工”表。

（4）在查询设计视图中，设置查询所涉及的字段以及条件，如图 6-80 所示。

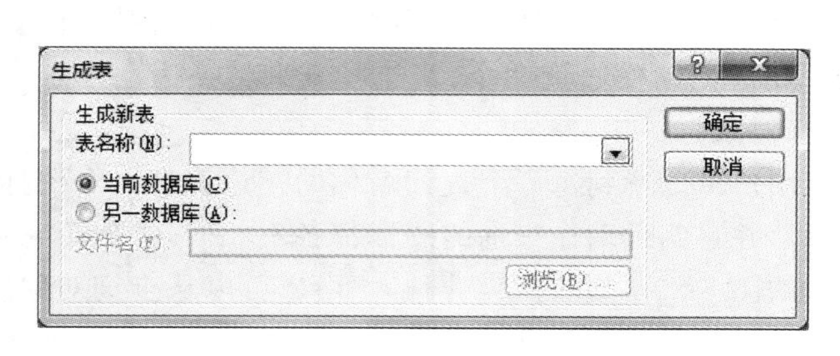

图 6-79 “生成表”对话框

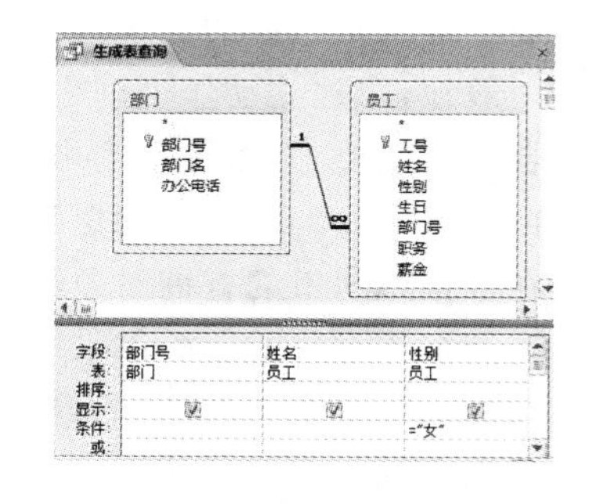

图 6-80 生成表查询的查询设计

（5）在功能区中选择“生成表”按钮（单击），在弹出的“生成表”对话框中填写生成的表名“女员工生成表”，选择存于当前数据库，如图 6-81 所示，单击“确定”按钮。

（6）单击工具栏的“保存”按钮，给定该查询名为“生成表查询”，保存为查询对象，在左边的导航窗格可以见到本查询对象图标。

图 6-82 所示为本查询的运行结果。由本图也可见：在导航窗格的浏览类型选定表时，有生成的永久的表的图标。

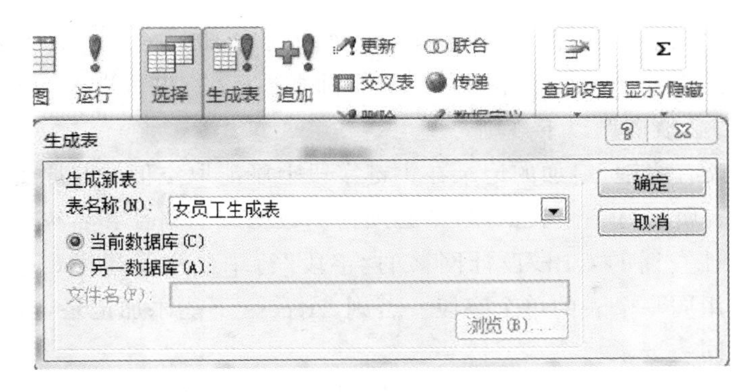

图 6-81 生成表查询的女员工生成表

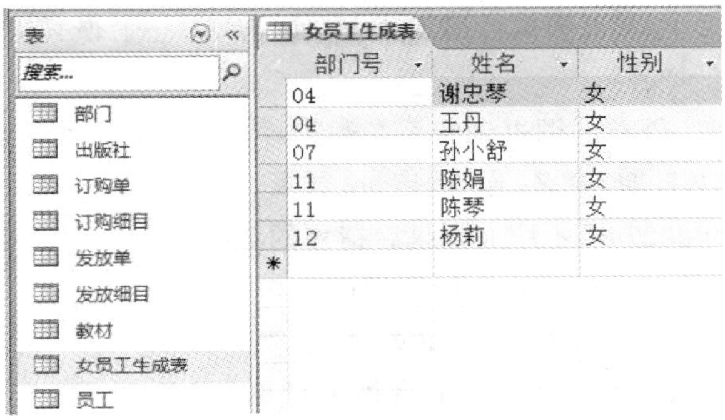

部门号	姓名	性别
04	谢忠琴	女
04	王丹	女
07	孙小舒	女
11	陈娟	女
11	陈琴	女
12	杨莉	女

表：部门、出版社、订购单、订购细目、发放单、发放细目、教材、女员工生成表、员工

图 6-82 生成表查询的运行结果

再次执行本查询时，会前后出现两个警告性提示窗口，如图 6-83 所示。

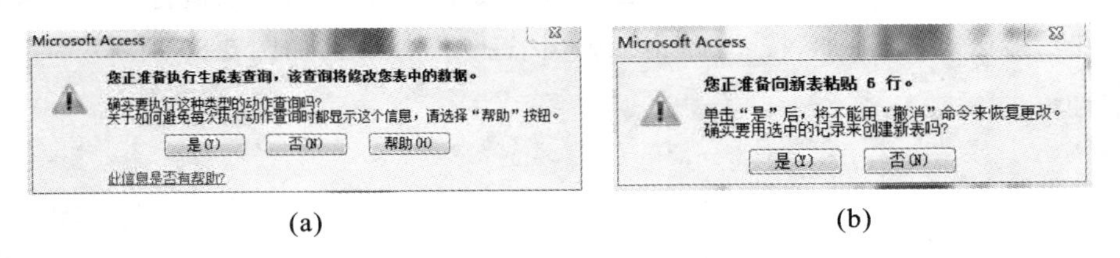

(a) (b)

图 6-83 警告性提示窗口

图 6-84 是本查询的 SQL 视图。

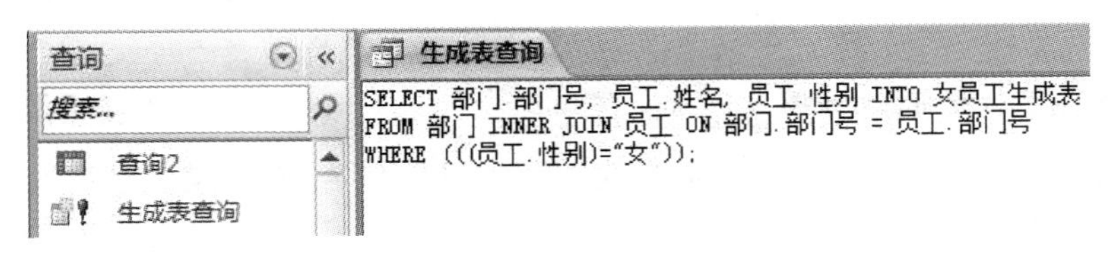

图 6-84 生成表查询的 SQL 视图

6.6.2 追加查询

SQL 语言的 INSERT 语句实现对表记录的添加功能。INSERT 语句有两种语法，一种是将一条记录追加到表中，另外一种是将一个查询的结果追加到表中。

在可视化的操作中，第一种语法的实现可以在数据表视图中完成，第二种语法的实现就是通过“追加查询”。

追加查询是指将从表或查询对象中查询出来的记录添加到另一个表中去。被追加记录的目标表必须是已经存在的表。这个表可以是当前数据库的，也可以是另外一个数据库的。在使用追加查询时，必须遵循以下规则。

（1）如果目标表有主键，追加的记录在主键字段上不能取空值或与原主键值重复。

（2）如果目标表属于另一个数据库，则必须指明数据库的路径和名称。

（3）如果在设计查询的 QBE 设计网格的“字段”行中使用了星号（*）字段，就不能在“字段”行中再次使用同一个表的单个字段。否则，Access 不能添加记录，认为是试图两次增加同一字段内容到同一记录。

（4）如果目标表有“自动编号”的字段和记录值，则追加的查询中就不要包括“自动编号”字段。

遵循了上述规则，就可以正确执行追加查询，使它成为一个很有用的工具。

【例 6-47】 追加查询示例。

设在第 5 章实验 5-2 创建的图书销售系统数据库中创建了一个表，名称和字段如下：

图书销售情况(<u>售书日期</u>，书名，作者，定价，数量，售价折扣)。

将现在数据库中的 2007 年 8 月 1 日以后销售的数据追加到该表中的操作如下。

（1）按照选择查询的方式启动查询设计视图。

（2）通过“显示表”对话框添加表：售书单、售书明细、图书。

（3）设计选择查询。分别从不同表中将售书日期、书名、作者、定价、数量、售价折扣字段加入设计网格中。在“售书日期”字段下输入条件：

“>=#2012/7/1#”

查询设计如图 6-85 所示。该查询的结果就是要追加的数据，可以运行查看结果。

（4）在功能区选择“追加”按钮(单击)，弹出“追加”对话框，如图 6-86 所示。

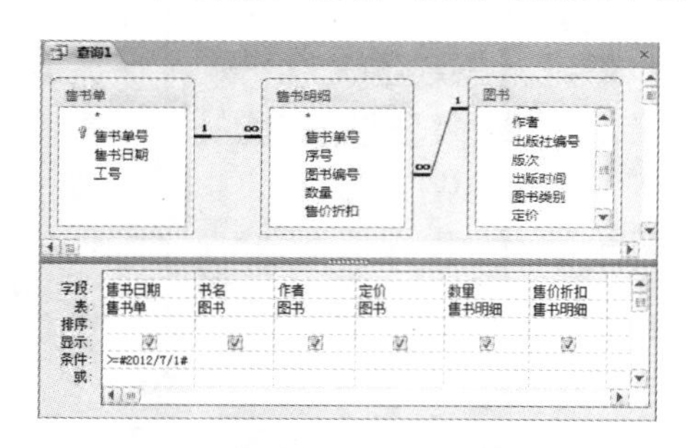

图 6-85 追加查询设计视图

图 6-86 “追加”对话框

（5）在“追加”对话框的“表名称”组合框中键入目标表名“图书销售情况”。也可以在组合框下拉列表中选择目标表的名称。

如果目标表在其他数据库中，那么应选择“另一数据库”单选项，并在“文件名”文本框中输入数据库的名称。

（6）单击“确定”按钮，设计网格中增加“追加到”栏。“追加到”栏用于设置查询结果中的字段与目标表字段的对应关系。本例由于字段名相同，Access 会自动加入对应字段名，用户也可以重新设定。目标表和查询的对应字段可以同名，也可以不同名。

（7）若单击工具栏“保存”按钮，则可命名保存该追加查询为查询对象。

（8）若单击“运行”按钮，则执行该追加查询。这时弹出追加提示对话框。单击“是”按钮,完成追加。可以到导航窗格选择“图书销售情况”表查看追加的数据。

6.6.3 更新查询

更新查询是指在指定的表中对满足条件的记录进行更新操作。对表中记录进行更新操作的工作可以在数据表视图中由人工逐条地进行,但是这种方法效率低下,而且也容易出错。在修改大批量数据时,使用更新查询较好。

【例 6-48】 使用更新查询对“总会计师”员工的薪金增加 5%。

操作过程如下。

(1) 启动查询设计视图。将“员工”表添加到查询设计视图中。

(2) 在查询设计视图中,定义好“总会计师”的选择查询。将“职务”字段加入 QBE 设计网格中。并在“条件”行输入条件:"总会计师"。可以运行查看结果。

(3) 在“查询”功能区中对“更新”按钮单击,这时在 QBE 设计网格中增加“更新到”行。

(4) 将“薪金”字段加入 QBE 设计网格中。在对应的“更新到”行中输入更新表达式:

[薪金] * 1.05

如图 6-87 所示。

(5) 单击查询设计工具栏的“保存”按钮,可命名保存更新查询。

(6) 若单击工具栏上的“运行”按钮,Access 弹出更新记录的提示框,如图 6-88 所示。单击“是”按钮,Access 更新表中的记录;若单击“否”按钮,不执行更新查询,指定表中的记录不被更新。

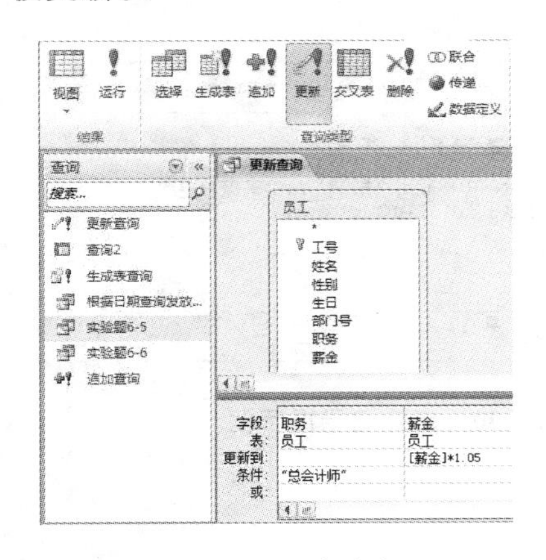

图 6-87 更新查询窗口

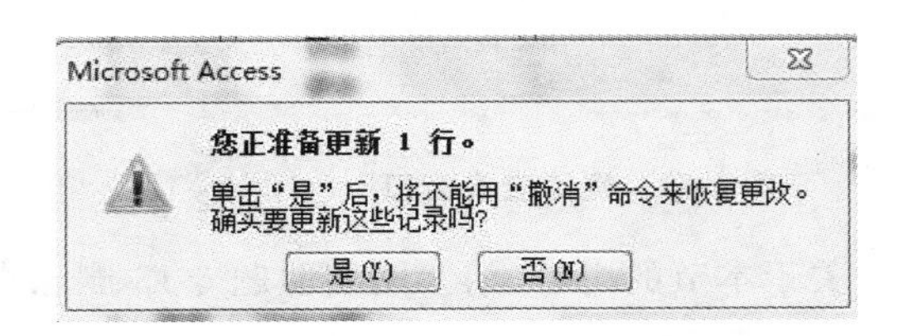

图 6-88 更新记录提示框

6.6.4 删除查询

删除查询是指在指定的表中删除符合条件的记录。由于删除查询将永久地和不可逆地从表中删除记录,因此对于删除查询要特别慎重。

删除查询可以删除一个表中的记录。由于表之间可能存在关系,因此在删除时要考虑表之间的关联性。相关内容已经在上一章有完整介绍。

【例 6-49】 设计删除查询,删除“教材”表中“2011 年 01 月”以前出版的教材。

建立删除查询的基本操作步骤如下。

打开教材管理.accdb。

（1）进入查询设计视图，将与删除有关的“教材”表添加到设计视图中。

（2）单击功能区“查询类型”组的“删除”按钮，设计网格中增加“删除”栏。“删除”栏包含“Where”和“From”。通常设置 Where 关键字，以确定记录的删除条件。

（3）在查询设计视图中定义删除条件，如图 6-89 所示。由于删除操作的危害性，可以先设计等价条件的选择查询，运行查看查询结果，若符合要求，然后再设置删除条件。

（4）单击工具栏“保存”按钮，将保存删除查询为查询对象。

（5）如果要执行该删除查询，单击功能区“运行”按钮，弹出删除记录提示框，如图 6-90 所示。

在删除记录提示框中，若单击“是”按钮，Access 将完成删除记录查询，在指定的“图书”表中删除指定的记录；若单击“否”按钮，Access 将取消删除记录查询，不执行删除操作。

如果删除查询正确执行完毕，在“图书”表的数据表视图中就不会再看到被删除的记录。不过，若记录被引用，则应遵循参照完整性的删除规则。

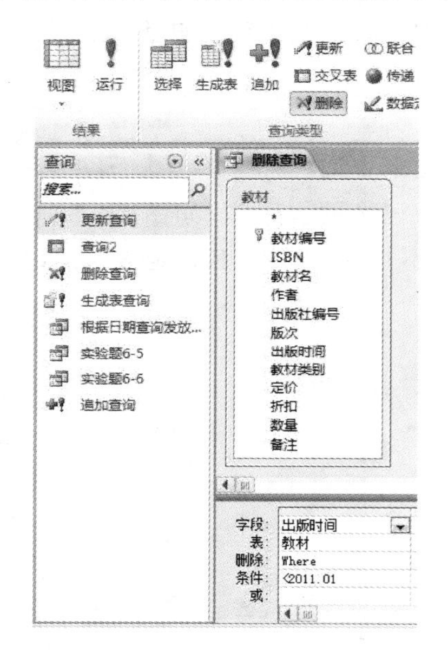

图 6-89　删除查询窗口

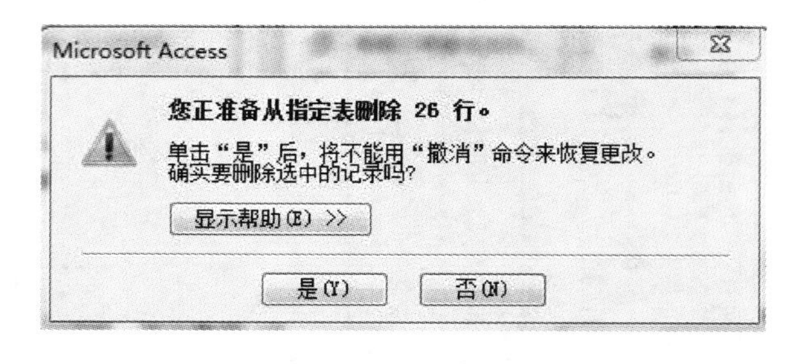

图 6-90　删除记录提示框

关于本节的内容，请参阅实验题 6-13 删除查询。

6.7　特定查询

Access 的三种特定查询包括联合查询、传递查询、数据定义查询，参阅图 6-87。这三种查询必须使用 SQL 语句，而没有可视化定义方式。

6.7.1　联合查询

联合查询实现的就是“查询合并”运算。利用 SELECT 语句中提供的联合运算(UNION)，来实现将多个表或查询的数据记录合并到一个查询结果集中。在 Access 中，联合运算的完整语法如下。

【语法】[TABLE]＜表 1＞|＜查询 1＞UNION [ALL] [TABLE]＜表 2＞|＜查询 2＞

UNION…

语法的含义是，通过 UNION 运算，将一个表或查询的数据记录与另一个表或查询的数据记录合在一起。省略 ALL，运算结果不含重复记录，增加 ALL，保留重复记录。

要注意，UNION 前后的"表 1"或"查询 1"的结构与"表 2"或"查询 2"的结构要对应（并非要完全相同，但二者列数应相同，对应字段类型要相容），最后运算结果的字段名和类型、属性按照"表 1"或"查询 1"的列名来定义。

【例 6-50】 根据例 6-47 的内容，将 2007 年 8 月 1 日前的图书销售记录与"图书销售情况"表合并在一起。

进入查询设计视图，无须添加表。单击功能区"查询类型"栏的"联合"按钮，进入联合查询设计窗口。在窗口中输入如下联合运算的 SQL 语句：

```
TABLE 图书销售情况
  UNION
    SELECT 售书日期，书名，作者，定价，售书明细.数量，售价折扣
      FROM 图书 INNER JOIN (售书单 INNER JOIN 售书明细
                          ON 售书单.售书单号＝售书明细.售书单号)
                          ON 图书.图书编号＝售书明细.图书编号
          WHERE 售书日期＜＃2007-8-1＃
```

可以在数据表视图和 SQL 视图中切换以查看查询结果或命令定义。SQL 视图如图 6-91 所示。

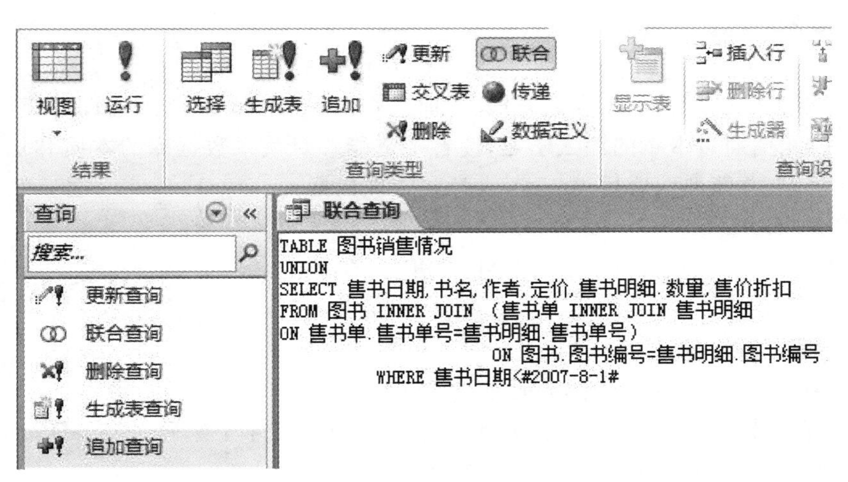

图 6-91　联合查询 SQL 视图

6.7.2　传递查询

传递查询是 SQL 特定查询之一，传递查询并不是新的类型，而是用于将查询语句发送到 ODBC(open database connectivity，开放数据库互联)数据库服务器上，即位于网络上的其他数据库中。使用传递查询，不必与服务器上的表进行连接，就可以直接使用相应的数据。

所谓 ODBC 数据库服务器，是微软提供的一种数据库访问接口。ODBC 以 SQL 语言为基础，提供了访问不同 DBMS 中数据库的方法，使得不同系统数据访问与共享变得容易，且不用考虑不同系统之间的区别。关于 ODBC 的基本介绍可参见本书的配套教材《数据库原

图 6-92 传递查询属性表

理及应用实践教程》第 6 章 6.2 节。

在使用传递查询时，要对 ODBC 进行设置。可在设计查询时在“查询属性”对话框中进行。在进入“传递查询”窗口后，单击功能区“属性表”按钮，弹出“属性表”对话框，如图6-92所示。在该对话框中设置“ODBC 连接字符串”，然后再在“传递查询”设计窗口中定义 SQL 语句。

关于传递查询的详细使用，可参考其他资料。

6.7.3 数据定义查询

数据定义查询实现的是表定义功能。表设计视图的交互操作很方便，功能也很强大。

数据定义查询使用 SQL 的创建语句创建表，在本章 6.4.4 节已有完整介绍，在数据定义查询设计视图中使用 SQL 的方法与之完全相同，这里就不再重复。

本章小结

本章首先介绍了 SQL 语言，并将数据的表达式运算作为 SQL 的组成部分。SQL 语言包括了数据定义和数据操作功能，本章通过众多示例，全面介绍了数据定义、数据查询、数据维护的命令及用法，展示了单表、多表联接、分组汇总、子查询等多种操作数据的方法，这是本书非常重要的特色。

在此基础上，又完整地介绍了 Access 中交互特色的各种类型查询设计视图的使用方法，包括选择查询、交叉表查询、参数查询、生成表查询、追加查询、删除查询、更新查询、SQL 特定查询等。相信通过本章的深入学习，读者一定能够对关系数据库的本质和 Access 的应用有深刻的认识，并能熟练应用 Access 设计和管理数据。

习　题　6

一、单项选择题

(1) 在 Access 中，中文机内码编码是　　(　　)

A. 单字节编码　　B. 双字节编码　　C. 三字节编码　　D. 四字节编码

(2) 在 Access 中，一个汉字在计算位数时　　(　　)

A. 算 1 位　　B. 算 2 位　　C. 算 3 位　　D. 算 4 位

(3) 在 Access 中，一个单字节的 ASCII 码字符所算的位数是

A. 4 位　　B. 3 位　　C. 2 位　　D. 1 位

(4) 以下表达式中，结果为真/true/−1 的是　　(　　)

A. "R123"="P123"　　B. "R123">"r123"

C. true<false　　D. "true"="false"

(5) Boyce 和 Chamberlin 提出 SQL 的时间是　　(　　)

A. 1971 年　　B. 1972 年　　C. 1973 年　　D. 1974 年

(6) Oracle 公司发布了商业版 SQL 的时间是　　(　　)

A. 1979 年　　B. 1980 年　　C. 1981 年　　D. 1982 年

(7) 美国国家标准局 ANSI 下属数据库委员会批准将 SQL 作为关系数据库语言的美国标准的年月是 ( )

A. 1986 年 9 月 B. 1986 年 10 月 C. 1986 年 11 月 D. 1986 年 10 月

(8) 国际标准化组织 ISO 通过 ISO 标准 SQL 的时间是 ( )

A. 1985 年 B. 1986 年 C. 1987 年 D. 1988 年

(9) SQL-92(也称 SQL2)标准发布的时间是 ( )

A. 1989 年 B. 1990 年 C. 1991 年 D. 1992 年

(10) SQL 语法符号中,表示可选项的约定符号是 ( )

A. [ ] B. <> C. | D. …

二、填空题

(1) SQL 语句________表。

(2) Access 表达式的运算对象包括常量、输入参数、________等。

(3) Access 表达式的运算符包括 一般运算符和________。

(4) 在 SQL 视图窗口中输入 SQL 语句和运算表达式,然后运行,将在同一个窗口中以________的形式显示运算结果。

(5) 比较表达式"张三"＞"章三"的结果是________。

(6) ________开始,IBM 公司的圣约瑟研究实验室研制开发了著名的关系数据库管理系统原型 System R 并在其中实现了 SQL 查询语言。

(7) __________,E. J. Codd 发表了关系数据库理论。

(8) Access 数据库将查询分为“选择查询”和“________”两大类。

(9) 在 Access 中,完成数据组织存储的是表,实现数据库操作功能的是“________”。

(10) 多数据源查询分为内联接和________两类。

三、名词解释

(1) 表达式。

(2) 参数。

(3) 查询对象。

(4) 选择查询。

(5) 动作查询。

(6) SQL 视图。

(7) SQL 的独立使用方式。

(8) 查询对象。

(9) SQL 的更新功能。

(10) 删除查询。

四、问答题

(1) 应用查询的基本步骤是什么?

(2) Access 的选择查询有哪两种基本用法?

(3) 试述 SQL 的主要特点。

(4) 要进入 SQL 视图,首先要进入查询的设计视图,原因何在?

(5) 用户能在 SQL 视图的命令行界面完成什么?

(6) SQL 语法中使用辅助性的符号,常用的有哪些符号? 各自含义是什么?

(7) 多表查询和单表查询相比,有哪些不同?

(8) 简述 SQL 的分组统计以及 HAVING 子句的使用方式。

(9) SQL 的三表联接查询,在 FROM 子句中有三个表和两个联接子句。第一个联接子句要用括号括起来,是什么意思?

(10) 简述 SQL 的内、外联接查询。

五、写 SQL 命令

设学生管理系统数据库中有三个表。

学生:学号(C,10),姓名(C,8),性别(C,2),生日(D,8),民族(C,8),籍贯(C,8),专业编号(C,4),简历(M,4),照片(G,4)。

成绩:学号(C,10),课程编号(C,6),成绩(N,5.1)。

专业:专业编号(C,4),专业名称(C,20),专业类别(C,10),学院编号(C,2)。

请写出完成以下功能的 SQL 命令。

(1) 查询“学生”表中所有学生的姓名和籍贯信息。

(2) 查询学生成绩并显示学生的全部信息和成绩的全部信息。

(3) 查询学生所学专业的信息,显示学生的姓名、性别、生日,以及“专业”表的全部字段;同时显示尚未有学生就读的其他专业信息(提示:右外联接“专业”表)。

(4) 查询成绩表中所有学生的学号和成绩信息。

(5) 查询学生所学专业并显示学生的全部信息和专业的全部信息。

(6) 显示全部学生信息以及他们的成绩信息,包括没有选课的学生信息(提示:左外联接“成绩”表)。

六、读命令回答问题

(1) 以下命令是 SQL 多表联接查询:

```
SELECT 姓名,性别,生日,专业.*
FROM 学生 RIGHT OUTER JOIN 专业
ON 学生.专业编号=专业.专业编号;
```

请指出:

① 左表、右表的名称。

② 其联接方式是内联接还是外联接?如果是外联接,是左外、右外还是全外联接?

③ 查询结果记录的输出形式。

(2) 以下命令是 SQL 多表联接查询:

```
SELECT 学生.*,专业.*
FROM 学生 INNER JOIN 专业
ON 学生.专业编号=专业.专业编号;
```

请指出:

① 左表、右表的名称。

② 其联接方式是内联接还是外联接中的左外、右外或全外联接?

③ 查询结果记录的输出形式。

(3) 以下命令是 SQL 多表联接查询:

```
SELECT 学生.*,成绩.*
FROM 学生 LEFT OUTER JOIN 成绩
ON 学生.学号=成绩.学号;
```

请指出:

① 左表、右表的名称。

② 其联接方式是内联接还是外联接中的左外、右外或全外联接?

③ 查询结果记录的输出形式。

(4) 以下命令是 SQL 多表联接查询:

```
SELECT 学生.*,成绩.*
FROM 学生 FULL OUTER JOIN 成绩
ON 学生.学号=成绩.学号;
```

请指出:

① 左表、右表的名称。

② 其联接方式是内联接还是外联接中的左外、右外或全外联接?

③ 查询结果记录的输出形式。

实验题 6

实验题 6-1　SQL 查询环境。

在机器上使用 SQL 实现名为"6-1"的 Access 查询对象,要求是:

执行本查询对象,输入的参数是你的生日,如 1996-11-28,然后显示现在的时间和你愉快生活的天数。

实验题 6-2　SQL 逻辑运算。

对教材中的例 6-7 进行实验认证。

在"SQL 视图"中输入并执行如下逻辑运算命令:

```
SELECT-3+5*20/4>10 AND "ABC"<"123" OR #2013-08-08# < date() ;
```

本例是一个综合表达式运行,若当天的日期(系统日期)是 2015 年 8 月 25 日,执行结果是什么?

实验题 6-3　查询员工 1。

对教材中的例 6-10,查询"员工"表,输出"职务"和"薪金",但要去掉结果中的重复行。请进行实验认证。

实验题 6-4　查询计算机类教材。

对教材中的例 6-13,查询所有清华大学出版社(编号 1010)出版的计算机类的教材信息。

实验题 6-5　查询员工 2。

对教材中的例 6-14,查询"员工"表中 90 年代出生的陈姓单名的员工有关数据。

实验题 6-6　查询员工 3。

对教材中的例 6-14,查询"员工"表中"总"字级如总会计师、总库长等,薪金为 8 开头的员工数据并按生日升序输出。

实验题 6-7　查询教材。

查询库存计算机类教材数据及其发放数据。输出教材编号、教材名、作者、定价、进教材折扣("教材"表中的折扣)、库存数量("教材"表中的数量)、发放数量("发放细目"表中的数量)、售价折扣。

实验题 6-8　两种命令的分析。

对教材例 6-21 后面的 HAVING 子句完成平均薪金在 8000 元以下的部门的查询,有两种命令,我们用实验来分析这两种命令的不同。

命令 1:SELECT 员工.部门号,部门名,COUNT(*) AS 人数,AVG(薪金) AS 平均薪金
FROM 员工 INNER JOIN 部门 ON 员工.部门号=部门.部门号
GROUP BY 员工.部门号,部门名
HAVING AVG(薪金)<8000;

命令 2:SELECT 员工.部门号,部门名,COUNT(*) AS 人数,AVG(薪金) AS 平均薪金
FROM 员工 INNER JOIN 部门 ON 员工.部门号=部门.部门号
WHERE 薪金<8000
GROUP BY 员工.部门号,部门名;

实验题 6-9 统计查询。

在机器上实验完成教材例 6-23 统计查询。

统计各出版社各类教材的数量,并按数量降序排列。

命令:SELECT 出版社.出版社编号,出版社名,教材类别,COUNT(*) AS 数量
FROM 出版社 INNER JOIN 教材 ON 出版社.出版社编号=教材.出版社编号
GROUP BY 出版社.出版社编号,出版社名,教材类别
ORDER BY COUNT(*) DESC;

实验题 6-10 嵌套子查询。

在机器上实验完成教材上嵌套子查询的一些例题。

例 6-24 查询暂时还没有发放的教材信息。

命令:SELECT *
FROM 教材
WHERE 教材.教材编号 <>ALL (SELECT 教材编号 FROM 发放细目);

命令中的"<>ALL"运算改为"NOT IN"也是可以的。

例 6-25 查询单次发放最多的教材,输出教材名、出版社编号、发放数量。

命令:SELECT 教材名,出版社编号,发放细目.数量 AS 发放数量
FROM 教材 INNER JOIN 发放细目 ON 教材.教材编号=发放细目.教材编号
WHERE 发放细目.数量=(SELECT MAX(数量) FROM 发放细目);

例 6-27 在查询时输入员工姓名,查询与该员工职务相同的员工的基本信息。

这个例子中,由于编写命令时不能确定员工姓名,所以可通过定义参数来实现。

命令:SELECT * FROM 员工
WHERE 职务=(SELECT 职务 FROM 员工
WHERE 姓名=[XM]);

例 6-28 查询有哪些部门的平均薪金超过全体人员的平均工资水平。

命令:SELECT 员工.部门号,部门名,AVG(薪金)
FROM 员工 INNER JOIN 部门 ON 员工.部门号=部门.部门号
GROUP BY 员工.部门号,部门名
HAVING AVG(薪金)>(SELECT AVG(薪金)FROM 员工);

子查询求出所有员工的平均工资,然后主查询按部门分组求各部门平均工资并与子查询结果比较。

实验题 6-11 选择查询。

基于第 5 章实验题 5-2 所完成的图书销售系统数据库的设计和创建,在设计视图中创

建一个选择查询:根据输入日期查询销售数据并保存为查询对象。输出:售书日期、书名、定价、售书数量、售价折扣、金额。

图书销售系统的关系模型如下。

① 部门(部门编号,部门名,办公电话)。

② 员工(工号,姓名,性别,生日,部门编号,职务,薪金)。

③ 出版社(出版社编号,出版社名,地址,联系电话,联系人)。

④ 图书(图书编号,ISBN,书名,作者,出版社编号,版次,出版时间,图书类别,定价,折扣,数量,备注)。

⑤ 售书单(售书单号,售书日期,工号)。

⑥ 售书明细(售书单号,图书编号,序号,数量,售价折扣)。

实验题 6-12 更新查询。

基于第 5 章实验题 5-2 所完成的图书销售系统数据库的设计和创建,在设计视图中创建一个更新查询:对“业务员”员工的薪金增加 5%。

实验题 6-13 删除查询。

基于第 5 章实验题 5-2 所完成的图书销售系统数据库的设计和创建,在设计视图中创建一个删除查询,删除“图书”表中“2005 年 1 月”以前出版的图书。

第7章 窗体对象

窗体(form)即表单,是 Access 数据库的 6 个对象之一,是用户对数据库中数据进行操作的理想工作界面。通过窗体,用户可以方便地输入、编辑、显示和查询数据,自己构造出方便美观的输入/输出界面。

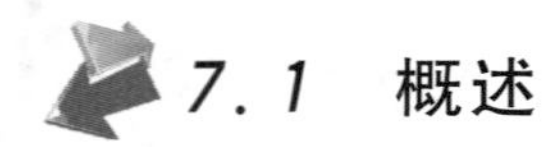

7.1 概述

窗体是 Access 数据库应用中一个非常重要的工具,是用户与 Access 应用程序之间的主要接口。窗体一般是建立在表或查询基础上的,窗体本身不存储数据。

7.1.1 初识窗体

窗体是用户与 Access 数据库之间的一个交互界面,用户通过窗体可以显示信息,进行数据的输入和编辑,还可根据录入的数据执行相应命令,对数据库进行各种操作的控制。

1. 作用

窗体本质上就是一个 Windows 的窗口,只是在进行可视化程序设计时,将其称为窗体。

窗体主要用于在数据库中输入和显示数据,也可以将窗体用作切换面板来打开数据库中的其他对象,或者用作自定义对话框来接收用户的输入及根据输入来执行相应的操作。

表对象提供了数据表视图以用于数据的显示和修改,但对于多数数据库用户来说,这种格式不符合他们的业务要求。另外,从数据库管理的角度,也不应该允许一般用户直接操作表。因此必须对用户使用数据库的方式和格式进行设置。还有,数据库系统是包含多种功能的信息处理系统,必须规定相应的操作方法和系统管理方法。

窗体可以为用户使用数据库提供一个友好、直观、简单的操作界面。在 Access 中,可以根据需要设计多种风格的窗体。

2. 组成

Access 窗体在外观上与普通 Windows 窗口差不多,包括标题栏和状态栏,窗体内可包含各种窗体元素,如文本框、单选按钮、下拉式列表框、命令按钮以及图片等。

3. 记录源

由于窗体的功能与数据库中的数据密切相关,这些数据是窗体的记录源,所以在建立一个窗体对象时,往往需要指定与该窗体相关的表对象或查询对象,即需要指定窗体的记录源。

窗体的记录源可以是表对象、查询对象,还可以是一个 SQL 语句。在窗体中显示的数据,来自记录源即指定的表(称基础表)对象或查询对象;窗体的记录源引用基础表和查询中的字段,但窗体无须包含每个基础表或查询中的所有字段。

窗体上的其他信息,如页码、标题、日期等,都存储在窗体的设计中,数据在记录源中。

在窗体中,通常需要使用各种窗体元素,如标签、文本框、选项按钮、复选框、命令按钮、图片框等,这些在术语上都称控件,在设计创建窗体时,界面上将出现控件工具栏供用户选用。对于负责显示记录源中某个字段数据的控件，需要将该控件的"控件来源"属性指定为记录源中的某个字段。一旦我们完成了窗体"记录源"属性和所有控件的"控件来源"属性的设置，窗体就具备了显示记录源中记录的能力。一般地，在打开窗体对象时，系统会自动在窗体中添加"导航条"，用户便可以浏览和编辑"记录源"中的记录数据了。

7.1.2 窗体的主要用途和类型

1. 窗体的主要用途

1）操作数据

可以根据需要设计多种符合用户要求的窗体，让用户通过窗体对表或查询的数据进行显示、浏览、输入、修改和打印等操作，这也是窗体的主要功能。

2）控制应用程序

用户使用数据库的多种需求一般要通过设计完整的应用程序来实现。通过窗体设计，可以将所有的功能及各种数据库对象进行整合控制，使用户通过清晰、简单的界面，按照提示和导航使用所需的功能。

3）信息显示与交互

可以定义多种形式，如不同格式的图表，显示各种信息。

对于应用程序使用过程中产生的提示、警告并要求用户交互的信息，可以设计窗体实现这种交互，使程序顺利执行。

2. 窗体的类型

Access 窗体有多种分类方法。根据数据的显示方式，可将窗体分为以下几类。

（1）单页式窗体。单页式窗体也称纵栏式窗体，在窗体中每页只显示表或查询中的一条记录，记录中的字段纵向排列，左侧显示字段名称，右侧显示相应的字段值。

纵栏式窗体常用于浏览和编辑数据。

（2）多页式窗体。窗体由多个选项页构成，每页只显示记录的部分数据。通过分页切换，查看不同页面的信息。

该类窗体适用于每条记录的字段很多，或对记录中的信息进行分类查看的情况。

（3）表格式窗体。以表格的方式显示已经格式化的数据，一次可以显示多条记录数据，所有的字段名称全部出现在窗体的顶端。当记录数或字段宽度超过窗体显示范围时，可通过拖曳窗体上的垂直或水平滚动条，来显示窗体中未显示的记录或字段。

（4）数据表窗体。数据表窗体可以一次显示记录源中的多个字段和记录，与表对象的数据表视图显示的一样，每个记录显示在一行。数据表窗体的主要作用是作为一个窗体的子窗体来显示数据。

（5）弹出式窗体。用来显示信息或提示用户输入数据。弹出式窗体会显示在当前打开的窗体之上。弹出式窗体可分为模式窗体和非模式窗体两种。

所谓模式窗体，是当该窗体打开后，用户只能操作该窗体直到其关闭，而不能同时操作其他窗体或对象。非模式窗体在打开后，用户仍然可以访问其他对象。

（6）主/子窗体。主/子窗体主要用来显示具有一对多关系的相关表中的数据。主窗体显示"一"方数据表的数据，一般采用纵栏式窗体；子窗体显示"多"方数据表的数据，通常采用表格式窗体。主窗体和子窗体的数据表之间通过公共字段关联，当主窗体中的记录对象发生变化时，子窗体中的记录会随之变化。

（7）数据透视表窗体。一种根据字段的排列方式和选用的计算方法汇总数据的交叉式表，能以水平或垂直方式显示字段值，并在水平或垂直方向上进行汇总，方便对数据进行分析。

（8）数据透视图窗体。利用图表方式直观显示汇总的信息，方便数据的对比，可直观地显示数据的变化趋势。

（9）图表窗体。图表窗体将数据经过一定的处理，以图表形式显示出来。它可以直观展示数据的变化状态及发展趋势。图表窗体可以单独使用，也可以作为子窗体嵌入其他窗体中。

7.1.3 窗体创建与运行要求

为了满足窗体对象创建与运行的各种要求，Access 提供了多种视图和设计工具。

1. 视图

在 Access 2010 中，窗体有 6 种视图，分别是设计视图、窗体视图、布局视图、数据表视图、数据透视表视图和数据透视图视图。

图 7-1 窗体视图

打开.accdb 数据库，进入视图对象界面，在窗体创建功能区中，如果单击“空白窗体”按钮，这时功能区左上角的视图下拉菜单显示 3 种视图：窗体视图、布局视图、设计视图；如果单击“窗体设计”按钮，这时功能区左上角的视图下拉菜单显示 6 种视图，如图 7-1 所示。

（1）设计视图。窗体的设计视图用于窗体的创建和修改。通过该视图，可以设计满足用户需求的任何窗体，也可以修改通过其他方式创建的窗体。设计视图是创建窗体功能最强、最灵活的设计界面，用户可以向窗体中添加各种对象、设置对象的属性。

（2）窗体视图。窗体视图是窗体运行时的显示方式。用户根据窗体设计实现的功能来操作窗体，可以浏览表的数据；可以通过窗体对表的数据进行添加、修改、删除和查询等操作；可与窗体交互；也可以按照窗体的要求对应用程序进行导航控制。

（3）数据表视图。以表的形式显示数据，数据表视图与表对象的数据表视图基本相同，可以对表中的数据进行编辑和修改。

（4）数据透视表视图。用于创建数据透视表窗体。主要用于数据的分析和统计。

（5）数据透视图视图。用于创建数据透视图窗体。

（6）布局视图。布局视图是 Access 2010 新增的一种视图，用于以直观方式修改窗体。在布局视图中，可以调整窗体设计，可以根据实际数据调整对象的宽度和位置，可以向窗体添加新对象，设置对象的属性。布局视图实际上是处在运行状态的窗体，因此用户看到的数据与窗体视图中的显示外观非常相似。

2. 窗体设计工具

创建窗体时，会自动打开“窗体设计工具”的上下文选项卡，在该选项卡下包括 3 个子选项卡，分别为“设计”“排列”和“格式”。

1）“设计”选项卡

“设计”选项卡主要用于在设计窗体时，使用其提供的控件或工具，向窗体中添加各种对象，设置窗体的主题、页眉和页脚以及切换窗体视图等，如图 7-2 所示。

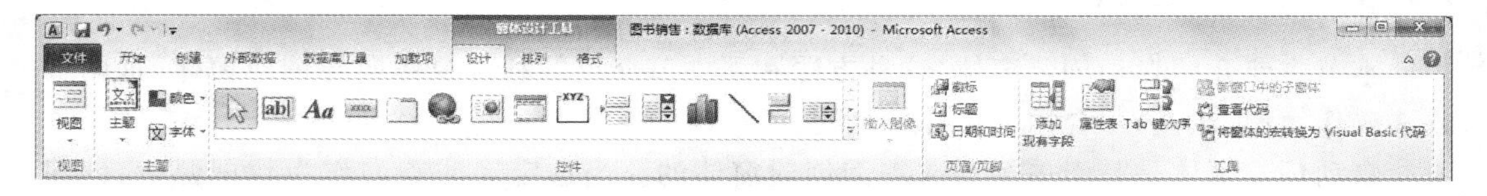

图 7-2　窗体设计时的“设计”选项卡

2)“排列”选项卡

“排列”选项卡主要用于设置窗体的布局，包括创建表的布局、插入对象、合并和拆分对象、移动对象、设置对象的位置和外观等，如图 7-3 所示。

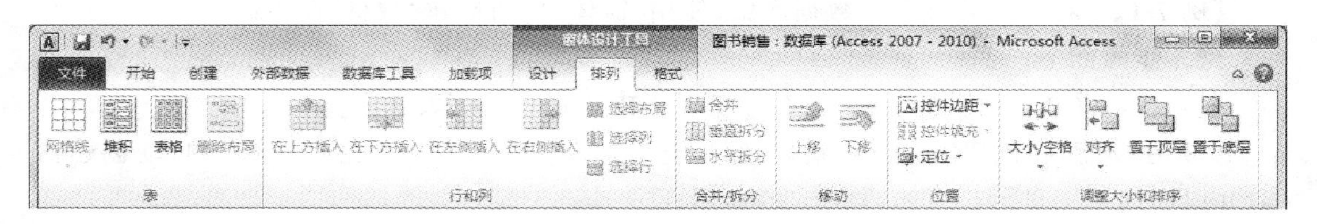

图 7-3　窗体设计时的“排列”选项卡

3)“格式”选项卡

“格式”选项卡主要用于设置窗体中对象的格式，包括选定对象，设置对象的字体、背景、颜色，设置数字格式等，如图 7-4 所示。

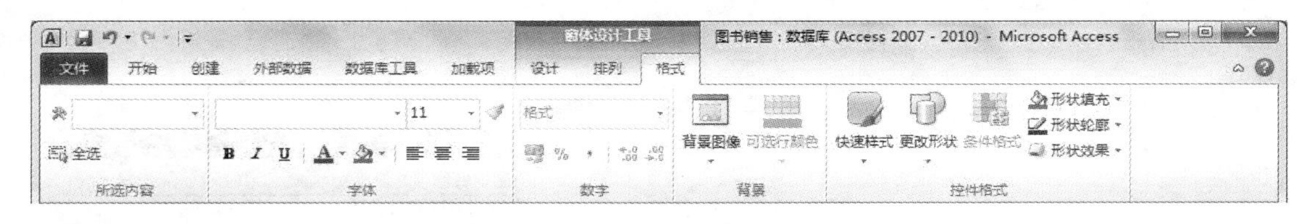

图 7-4　窗体设计时的“格式”选项卡

7.2　窗体创建

进入 Access 数据库窗口，选择功能区“创建”选项卡，可以看到创建窗体的功能按钮，如图 7-5 所示。

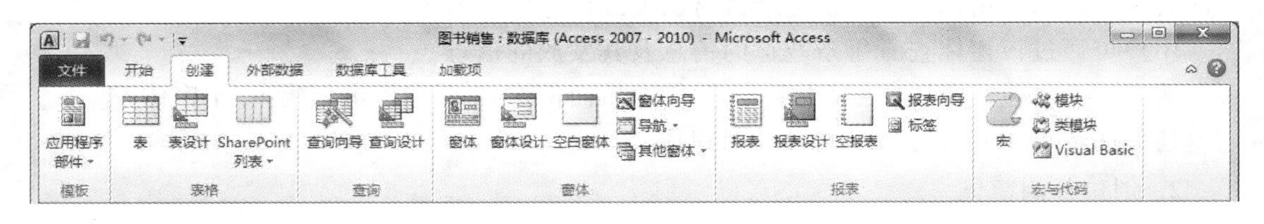

图 7-5　功能区创建窗体的功能按钮

Access 主要提供了 3 种创建窗体的方法：自动创建窗体、利用窗体向导创建窗体、使用设计视图创建窗体。

自动创建窗体和利用窗体向导创建窗体都是根据系统的引导和提示完成创建窗体的过程的，使用设计视图创建窗体则根据用户的需要自行设计窗体。

7.2.1 自动创建窗体

本节主要介绍自动创建窗体，这种方法和下一节介绍的利用窗体向导创建窗体，这两种方法操作简便、快速，适合简单窗体的创建。

自动创建窗体是基于单个表或查询创建窗体的。当选定表或查询作为数据源后，创建的窗体将包含来自该数据源的全部字段和数据记录。

自动创建窗体操作步骤简单，不需要设置太多的参数，是一种快速创建窗体的方法。

1. 使用“窗体”按钮创建窗体

选定单个表或查询作为数据源，创建单页式窗体。请看例 7-1。

【例 7-1】 在教材管理系统数据库中，使用“窗体”按钮创建“教材”窗体。

操作步骤如下。

(1) 打开教材管理系统数据库，在导航窗格中选定“教材”表。

(2) 在功能区“创建”选项卡“窗体”组中选择“窗体”按钮(单击)，Access 自动创建窗体，并以布局视图显示该窗体，如图 7-6 所示。

(3) 若需要保存该窗体，单击工具栏“保存”按钮，弹出“另存为”对话框，如图 7-7 所示。在对话框中为窗体命名，然后关闭窗体，完成窗体设计。在导航窗格的“窗体”对象下面可见本窗体图标。

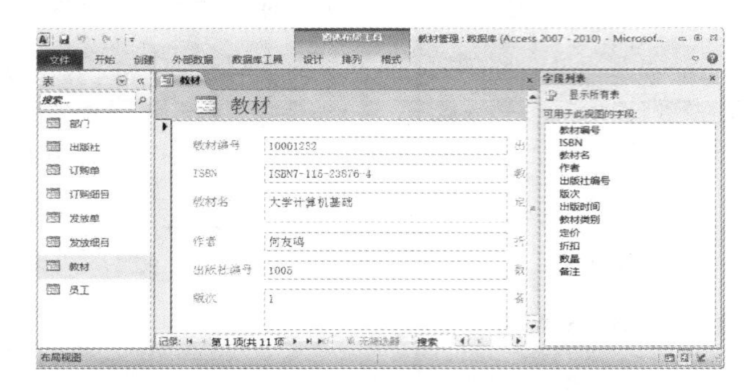

图 7-6 自动创建的“教材”窗体

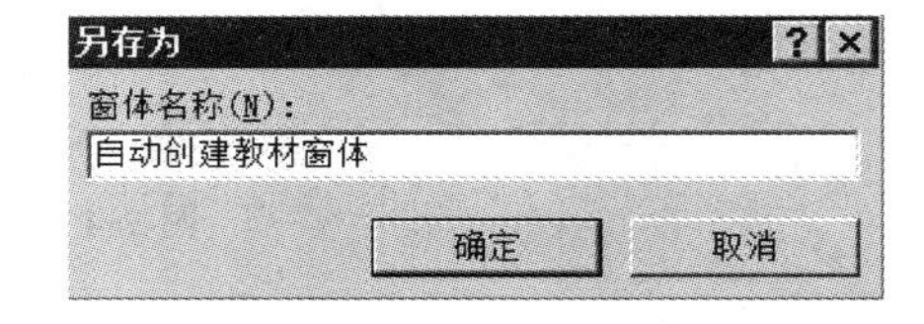

图 7-7 窗体创建的“另存为”对话框

在布局视图中，可以在窗体显示数据的同时对窗体进行修改。

如果创建窗体的表与其他的表或查询具有一对多的关系，Access 将在窗体中添加一个子窗体来显示与之发生关系的数据。例如本例中，“教材”表和“发放细目”表之间存在一对多的关系，因此，在窗体中添加了显示教材的发放信息的子窗体。

用户可通过该窗体查看每条教材的信息及其发放的信息。

这实际上创建的是一个主/子窗体，我们在后面例 7-12 要专门讲创建主/子窗体。

请关注本章的实验题 7-1：自动创建窗体。

2. 创建分割窗体

分割窗体将窗体分隔成上下两部分，分别以两种视图方式显示数据。上半区域以单记录方式显示数据；下半区域以数据表方式显示数据，可以快速定位和浏览记录。两种视图连接到同一数据源，并且始终保持同步。可以在任何一部分中对记录进行切换和编辑。

【例 7-2】 在教材管理系统数据库中，对于“员工”表创建分割窗体。

操作步骤如下。

(1) 在教材管理系统数据库窗口的导航窗格中选定“员工”表。

(2) 在功能区“创建”选项卡“窗体”组中选择“其他窗体”下拉按钮(单击),拉出其他窗体列表,如图 7-8 所示。

(3) 在下拉列表中选择“分割窗体”命令项(单击),Access 自动创建分割窗体,并以布局视图显示该窗体。因为“性别”字段定义了“查阅”功能,所以性别的“男”“女”值都会出现(选中“性别”行后调整行距可以解决)。结果如图 7-9 所示。

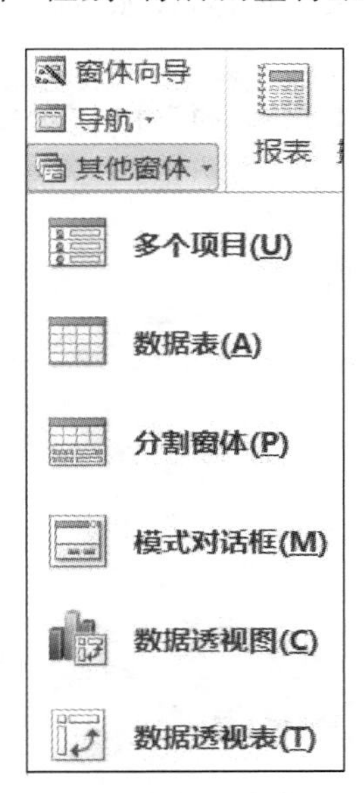

图 7-8 “其他窗体”下拉列表

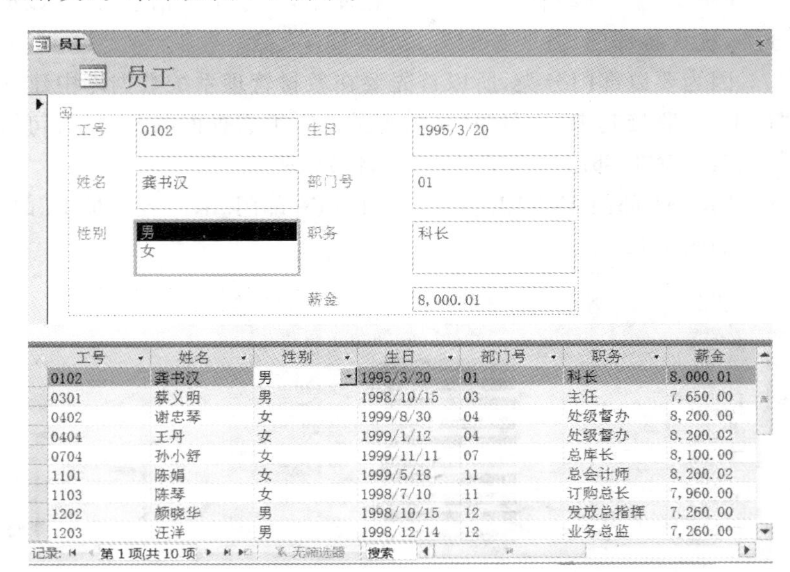

工号	姓名	性别	生日	部门号	职务	薪金
0102	龚书汉	男	1995/3/20	01	科长	8,000.01
0301	蔡义明	男	1998/10/15	03	主任	7,650.00
0402	谢忠琴	女	1999/8/30	04	处级督办	8,200.00
0404	王丹	女	1999/1/12	04	处级督办	8,200.02
0704	孙小舒	女	1999/11/11	07	总库长	8,100.00
1101	陈娟	女	1999/5/18	11	总会计师	8,200.02
1103	陈琴	女	1998/7/10	11	订购总长	7,960.00
1202	颜晓华	男	1998/10/15	12	发放总指挥	7,260.00
1203	汪洋	男	1998/12/14	12	业务总监	7,260.00

图 7-9 通过“分割窗体”命令项创建的窗体

(4) 关闭并保存窗体,完成窗体设计。在导航窗格的“窗体”对象下可以见到本窗体图标。

请关注本章的实验题 7-2:创建分割窗体。

3. 使用“多个项目”创建窗体

“多个项目”方式创建的窗体是一种连续窗体,在该类窗体中显示多条记录,记录以数据表的形式显示。

【例 7-3】 在教材管理系统数据库中,对于“员工”表使用“多个项目”创建窗体。

操作步骤如下。

(1) 在教材管理系统数据库窗口的导航窗格中选定“员工”表。

(2) 在功能区“创建”选项卡“窗体”组中选择“其他窗体”下拉按钮(单击),拉出其他窗体列表,如图 7-8 所示。

(3) 在下拉列表中选择“多个项目”命令项(单击),Access 自动创建多个项目窗体,并以布局视图显示此窗体。调整“性别”字段行距。结果如图 7-10 所示。

(4) 关闭并保存窗体,完成窗体设计。

请关注本章的实验题 7-3 使用“多个项目”创建窗体。

7.2.2 使用向导创建窗体

使用窗体向导可以创建多种窗体,包括数据透视表窗体、数据透视图窗体等,窗体类型可以是纵栏式、数据表和表格式等。这些窗体的创建过程基本相同。

1. 创建数据透视表窗体

通过“数据透视表”向导来创建数据透视表窗体。

数据透视表是一种交叉式的表，它可以按设定的方式进行计算，如求和、计数、求平均值等。在使用的过程中用户可以根据需要改变版面布局。

【例 7-4】 在教材管理系统数据库中，对于员工信息，创建数据透视表窗体，按照“部门”分类，统计各部门、各职务的男、女职工的人数。

因为要以部门分类，所以首先要在教材管理系统数据库中建立一个查询，将“部门”表与“员工”表联接起来，命名为“部门与员工”，组成查询的 SQL 语句如下：

SELECT 部门. * ,工号,姓名,性别,职务

FROM 部门 INNER JOIN 员工 ON 部门. 部门号＝员工. 部门号；

如图 7-11 所示。

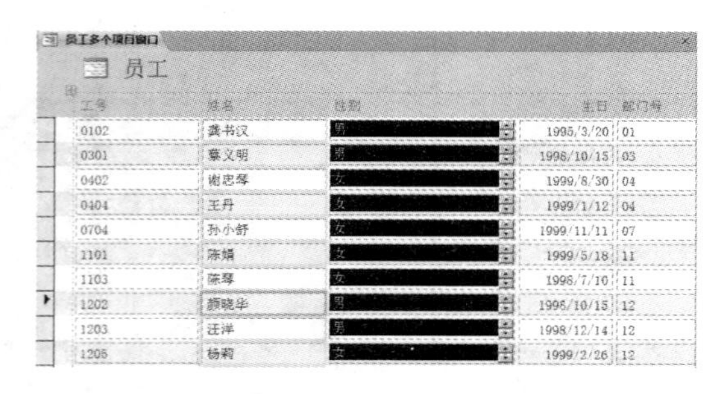

图 7-10 通过“多个项目”命令项创建的窗体

图 7-11 建立“部门与员工”查询

然后，按照如下步骤操作。

（1）在导航窗格的查询对象中选定“部门与员工”但不要打开。

（2）在功能区“创建”选项卡“窗体”组中选择“其他窗体”下拉按钮（单击），拉出其他窗体列表，如图 7-8 所示。

（3）在下拉列表中选择“数据透视表”命令项（单击），打开“数据透视表”设计窗格。在窗口内单击（或者单击右键，在快捷菜单中选择“字段列表”菜单项），显示“数据透视表字段列表”对话框，如图 7-12 所示。

（4）将数据透视表所用字段拖到指定的区域中，本例的具体操作为：“部门名”字段拖到左上角的“将筛选字段拖至此处”区域；“职务”字段拖到“将行字段拖至此处”区域；“性别”字段拖到“将列字段拖至此处”区域；“姓名”拖到汇总区域。如图 7-13 所示。

图 7-12 “数据透视表字段列表”对话框

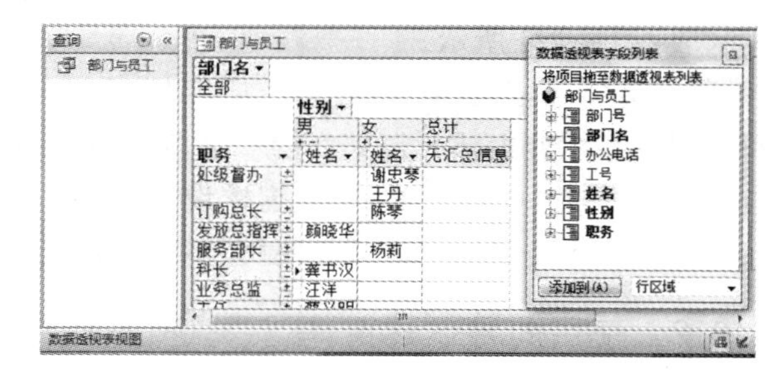

图 7-13 字段拖到指定的区域

（5）关闭“数据透视表字段列表”对话框，选择“姓名”处单击右键，在弹出的快捷菜单中选择“自动计算|计数→计数”菜单项（单击），数据透视表窗体设计完成，如图 7-14 所示。若

不希望显示员工姓名的详细信息，可单击功能区“数据透视表工具”选项卡下“显示与隐藏”组“隐藏详细信息”按钮，结果如图 7-15 所示。

数据透视表的内容可以导出到 Excel。单击功能区“数据”组“导出到 Excel”按钮，Access 将启动 Excel 并自动生成表格。可以将其保存为 Excel 文件。

请关注本章的实验题 7-4：创建数据透视表窗体。

2. 创建数据透视图窗体

Access 使用“数据透视图”向导来创建数据透视图窗体。

数据透视图以图形方式显示数据汇总和统计结果，可以直观地反映数据汇总信息，形象表达数据的变化。

我们还是举例说明使用“数据透视图”向导来创建数据透视图窗体的方法。

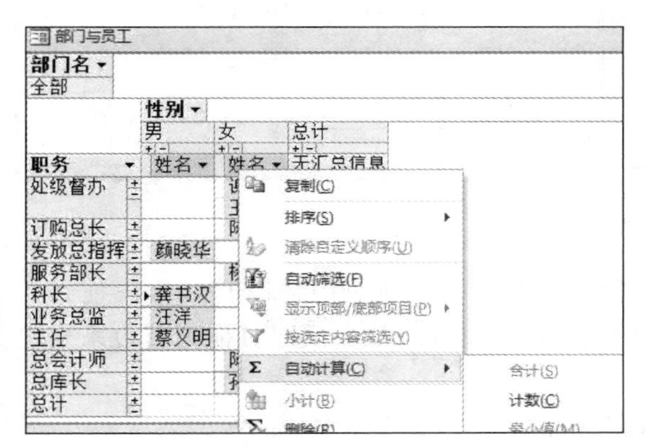

图 7-14 “数据透视表”窗体

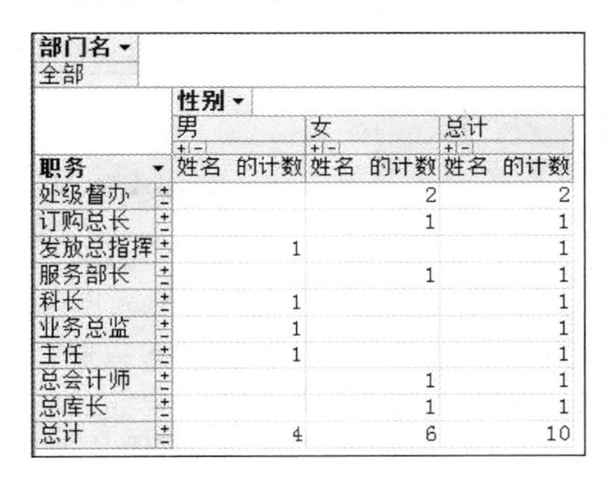

部门名
全部

职务	男 姓名 的计数	女 姓名 的计数	总计 姓名 的计数
处级督办		2	2
订购总长		1	1
发放总指挥	1		1
服务部长		1	1
科长	1		1
业务总监	1		1
主任	1		1
总会计师		1	1
总库长		1	1
总计	4	6	10

图 7-15 隐藏详细信息

【例 7-5】 在教材管理系统数据库中，创建数据透视图窗体，将各部门员工按职务统计男女职工的人数。

首先，在教材管理系统数据库中双击“员工”表，显示“员工”表数据表视图，如图 7-16 所示。

员工

工号	姓名	性别	生日	部门	职务	薪金
0102	龚书汉	男	.995/3/20	01	科长	8,000.01
0301	蔡义明	男	998/10/15	03	主任	7,650.00
0402	谢忠琴	女	.999/8/30	04	处级督办	8,200.00
0404	王丹	女	.999/1/12	04	处级督办	8,200.02
0704	孙小舒	女	999/11/11	07	总库长	8,100.00
1101	陈娟	女	.999/5/18	11	总会计师	8,200.02
1103	陈琴	女	.998/7/10	11	订购总长	7,960.00
1202	颜晓华	男	998/10/15	12	发放总指	7,260.00
1203	汪洋	男	998/12/14	12	业务总监	7,260.00
1205	杨莉	女	.999/2/26	12	服务部长	7,960.00
*						￥0.00

记录：第 1 项(共 10 项 无筛选器 搜索

图 7-16 “员工”表数据表视图

然后，按照以下步骤操作。

(1) 在教材管理系统数据库的导航窗格中选定“部门与员工”。

(2) 在功能区“创建”选项卡“窗体”组中选择“其他窗体”下拉按钮（单击），在下拉列表中选择“数据透视图”命令项(单击),打开“数据透视图”设计窗格。同时显示“图表字段列表”对话框,如图 7-17 所示。

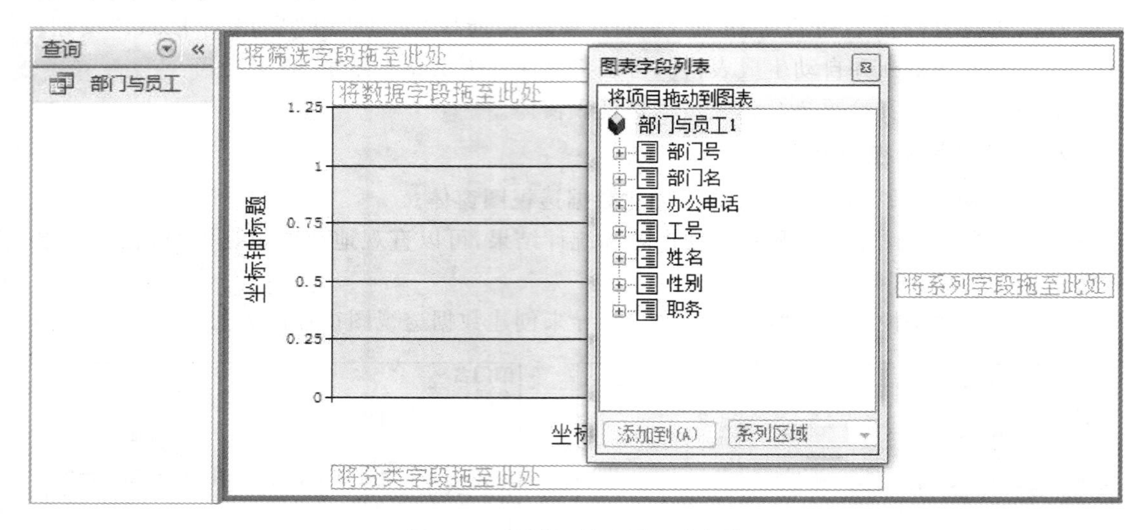

图 7-17 “数据透视图”设计窗格

(3) 在字段列表中,将数据透视图所用字段拖到指定区域中,即:“部门名”字段拖到左上角的筛选字段区域;“职务”字段拖到下部分类字段区域;“性别”字段同时拖到右边系列字段区域和上部数据字段区域。

(4) 关闭“图表字段列表”对话框,显示数据透视图窗体,如图 7-18 所示。

(5) 可以单击“保存”按钮,将设计命名保存到窗体对象中。

可以对图表进行进一步设置,通过“属性”对话框进行。在“数据透视图工具”选项卡下单击“工具”组中的“属性表”按钮,打开“属性”对话框。

例如,要修改图 7-18 中水平坐标轴的标题,可以在“属性”对话框中“常规”选项卡下的“选择”下拉列表中选择“分类轴 1 标题” ,如图 7-19 所示。然后单击“格式”选项卡,在打开的“格式”选项卡的“标题”文本框内输入“职务类别”,则更改了数据透视图的水平坐标轴的标题。使用类似的方法可以将垂直坐标轴的标题改为“人数”。用户还可以设置图表的其他属性。

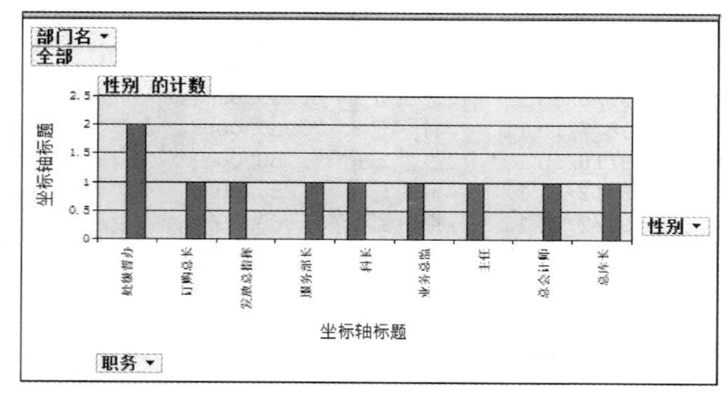

图 7-18 数据透视图窗体

图 7-19 选择“分类轴 1 标题”

在数据透视表窗体和数据透视图窗体中,使用筛选和排序功能栏的“筛选”按钮,可以查看指定部门的有关统计数据。

请关注本章的实验题 7-5:创建数据透视图窗体。

3. 创建纵栏式窗体

使用窗体向导创建的纵栏式窗体是向导可以创建的多种窗体之一。以下我们举例说明这种创建方法。

【例 7-6】 在教材管理系统数据库中,利用向导创建查询"部门与员工"的纵栏式窗体。

操作步骤如下。

(1) 在教材管理系统数据库窗口内,在功能区"创建"选项卡"窗体"组中选择"窗体向导"按钮(单击),打开"窗体向导"对话框,如图 7-20 所示。

(2) 在"窗体向导"对话框的"表/查询"下拉列表中选择"查询:部门与员工",然后单击 >> 按钮,将"可用字段"列表中的全部字段加入到"选定字段"列表中。

(3) 单击"下一步"按钮,打开"窗体向导"的"请确定查看数据的方式"提示框,选择"通过 员工",如图 7-21 所示。

(4) 单击"下一步"按钮,打开"窗体向导"的"请确定窗体使用的布局"提示框,选中"纵栏表"单选按钮,如图 7-22 所示。

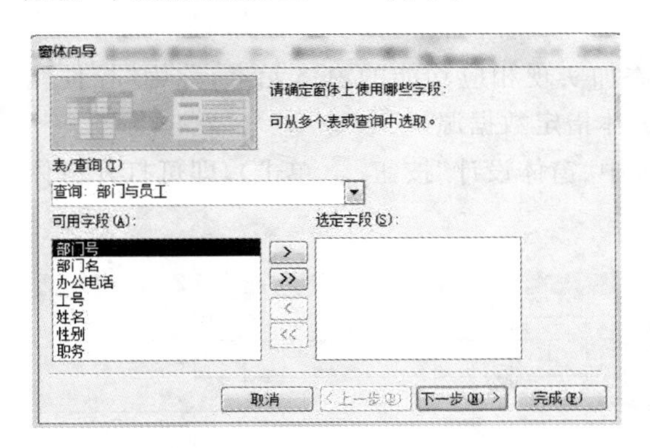

图 7-20 "窗体向导"对话框

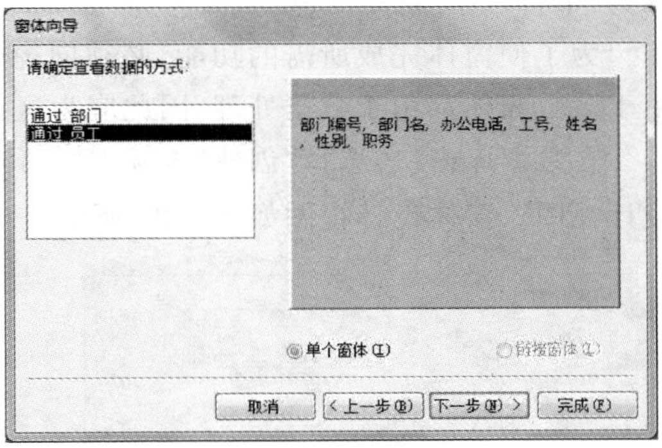

图 7-21 选定字段

(5) 单击"下一步"按钮,打开"窗体向导"的"请为窗体指定标题"提示框,如图 7-23 所示。

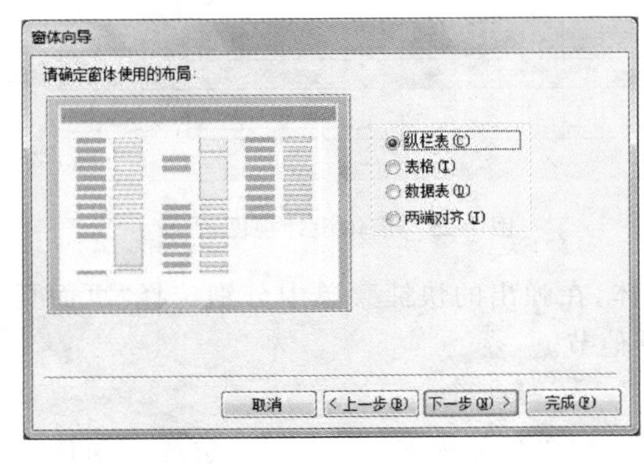

图 7-22 确定窗体使用的布局

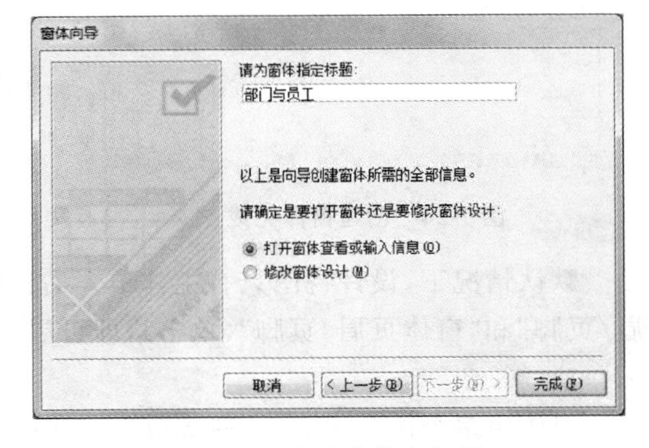

图 7-23 为窗体指定标题

(6) 在标题文本框中输入标题或使用默认标题,这里选择输入标题,输入"部门与员工"。然后,选择单选按钮"打开窗体查看或输入信息"或"修改窗体设计",设定窗体创建完成后 Access 要执行的操作。至此,使用向导创建纵栏式窗体过程完毕。

这里选择"打开窗体查看或输入信息" 单选按钮,单击"完成"按钮,Access 自动打开窗体,以

“纵栏表”的格式查看“部门与员工”的数据。如图 7-24 所示。因为在创建表对象时，“性别”字段定义了“查阅”功能，所以性别的“男”“女”值都会出现。后面我们介绍解决这个问题的方法。

请关注本章的实验题 7-6：使用向导创建纵栏式窗体。

7.2.3 使用设计视图创建窗体

前面介绍的自动创建窗体和通过窗体向导创建窗体的方法简单、快速，但这两种创建方法只能创建一些简单窗体，在实际应用中远远不能满足用户需求，而且某些类型的窗体本身无法用向导创建。这时，我们要使用设计视图创建窗体。

通过窗体的设计视图，可以创建任何所需的窗体，并且通过对窗体和窗体元素进行编程，可以实现各种数据处理和程序控制的功能。另外，也可以对已经创建的窗体进行修改。因此，设计视图是创建窗体最强大的工具。

1. 窗体设计视图

窗体设计视图是设计窗体的工作界面。根据窗体的不同用途，窗体内包含了多种窗体元素。为此，在进行窗体设计时，应将窗体划分为不同的功能区。窗体设计视图的每个区域称为“节”。

为了使窗体完成所需的功能，必须向窗体添加实现相应功能的窗体元素，称为“控件”。由于多数窗体都用于数据处理，因此应为这类窗体指定数据源。

在数据库窗口，选择“创建”选项卡“窗体”组中“窗体设计”按钮(单击)，即可打开窗体设计视图。窗体设计视图如图 7-25 所示。

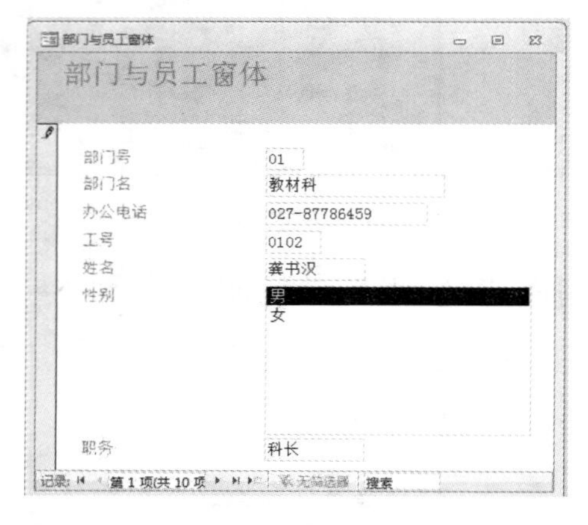

图 7-24 创建窗体完成

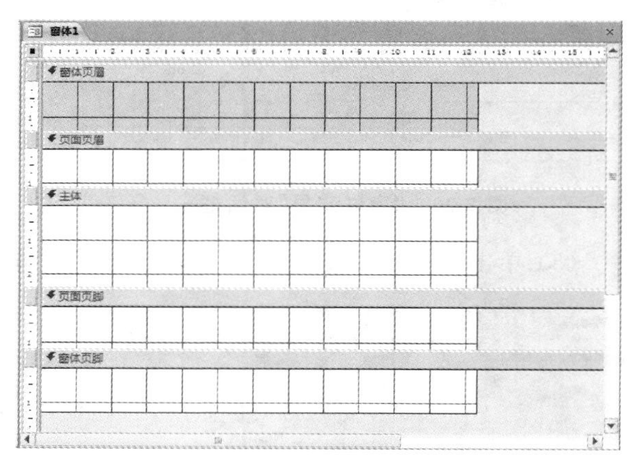

图 7-25 窗体设计视图

默认情况下，设计视图只有主体节。右击窗体，在弹出的快捷菜单中分别选择“页面页眉/页脚”和“窗体页眉/页脚”(单击)，即可展开其他节。

1）节

窗体由多个部分组成，这些部分是窗体的细节，每个部分称为一个“节”。完整的窗体结构包括主体节、窗体页眉节、窗体页脚节、页面页眉节、页面页脚节等。

窗体设计中不同的节具有不同的用途。

主体节是窗体的主要部分，其构成元素主要是 Access 提供的各种控件，用于显示、修改、查看和输入信息等。每个窗体都必须包含主体节，其他部分可选。

窗体页眉/页脚节用于设置整个窗体的页眉或页脚的内容与格式。窗体页眉通常用于为窗体添加标题或整体说明等信息;窗体页脚用于放置命令按钮、窗体使用说明等。

页面页眉/页脚节仅出现在用于打印的窗体中。页面页眉用于设置在每张打印页的顶部所需要显示的信息;页面页脚通常用于显示日期、页码、署名等信息。

2) 控件

控件是放置在窗体中的图形对象,是最常见和主要的窗体元素,主要用于实现输入数据、显示数据、执行操作等功能,如文本框、下拉列表、命令按钮等。

当打开窗体的设计视图时,系统会自动显示“窗体设计工具”上下文选项卡,“控件”组位于其中的“设计”选项卡下,如图 7-26 所示。

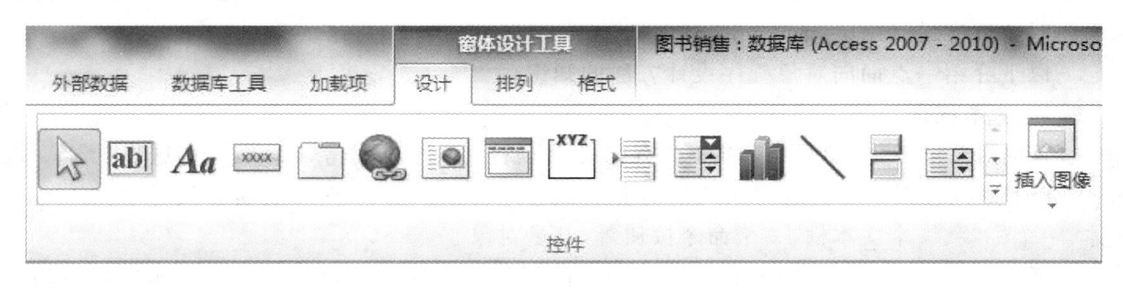

图 7-26　窗体设计工具“控件”组

选择相应的控件按钮(单击),然后在窗体中拖动即可在窗体中添加相应的控件对象。

3) 数据源

若创建的窗体用于对表的数据进行操作,则需要为窗体添加数据源。窗体数据源可以是一个或多个表或查询。

为窗体添加数据源方法有两种,具体操作步骤如下。

在数据库窗口内,选择功能区“创建”选项卡“窗体”组中“窗体设计”按钮(单击),创建一个暂命名的窗体(如“窗体 1”),进入窗体的设计视图。

(1) 使用“字段列表”对话框添加数据源。

在“窗体设计工具”选项卡的“工具”组中选择“添加现有字段”按钮(单击),打开“字段列表”对话窗口,单击“显示所有表”按钮,将会在窗口中显示数据库中的所有表,如图 7-27 所示。单击“+”按钮可以展开所选定表的字段。

(2) 使用“属性”对话框添加数据源。

打开“创建”功能区,在“窗体”组单击“窗体设计”按钮,在“窗体设计工具”选项卡的“工具”组中选择“属性表”按钮单击,或者在窗体设计视图上单击右键,在弹出的快捷菜单中单击“表单属性”命令(窗体就是表单),打开“属性表”对话框,如图 7-28 所示。

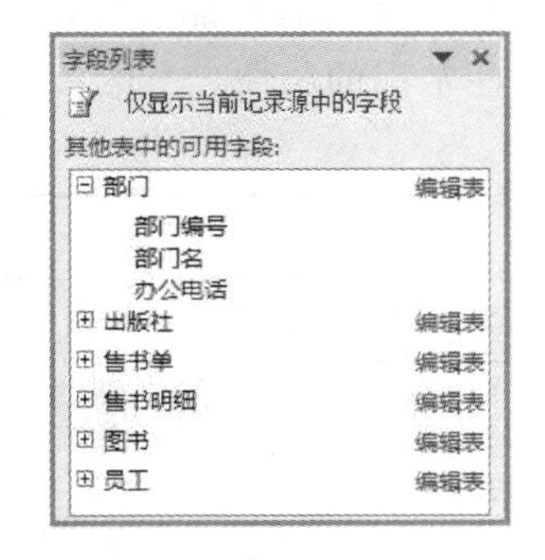

图 7-27　显示所有表

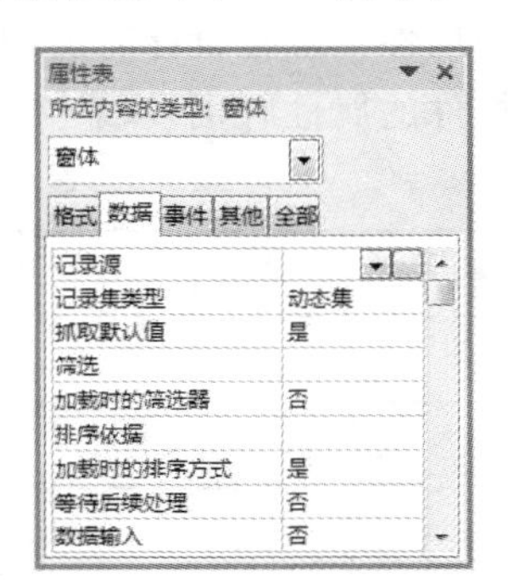

图 7-28　窗体的“属性表”对话框

在“属性表”对话框中，单击“数据”选项卡，选择“记录源”属性，使用下拉列表选择需要的表或查询。如果需要使用新的数据源，可以单击“记录源”属性栏右侧的按钮，打开查询生成器，用户可以创建新的查询作为数据源。

要注意的是，使用“字段列表”对话框添加的数据源只能是表，而使用“属性表”对话框添加的数据源可以是表，也可以是查询。

2. 面向对象程序设计思想

在进行窗体设计时，有时需要对有些控件或窗体的行为进行控制。例如，单击命令按钮或者关闭窗体后要打开对话框等，这时就需要对控件或窗体编程。在 Access 中，采用的是面向对象程序设计(object-oriented programming，简称 OOP)方法。

以下介绍一点面向对象程序设计方法的知识。

1) 基本概念

面向对象程序设计涉及的基本概念有对象、类、属性、事件、方法等，以下先介绍这些概念。

(1) 对象。对象是构成程序的基本单元和运行实体。在 Access 的窗体设计中，一个窗体、一个标签、一个文本框、一个命令按钮等，都是对象。

任何对象都具有静态的外观特征和动态的行为。对象的外观由它的各种属性来描述，如大小、颜色、位置等；对象的行为则由它的事件和方法程序来表达，如单击鼠标、退出窗体等。用户通过对象的属性、事件和方法程序来处理对象。因此，对象是将数据(属性描述)和对数据的所有必要操作的代码封装起来的实体。

(2) 类。类和对象密切相关。类是对象的模板和抽象，对象是类的实例。对象是具体的，类是抽象的。如在 Access 窗体控件工具中的“命令按钮”是一个类，而放置在窗体中具体的命令按钮就是对象。如图 7-29 所示，在窗体上放置了 3 个命令按钮对象。

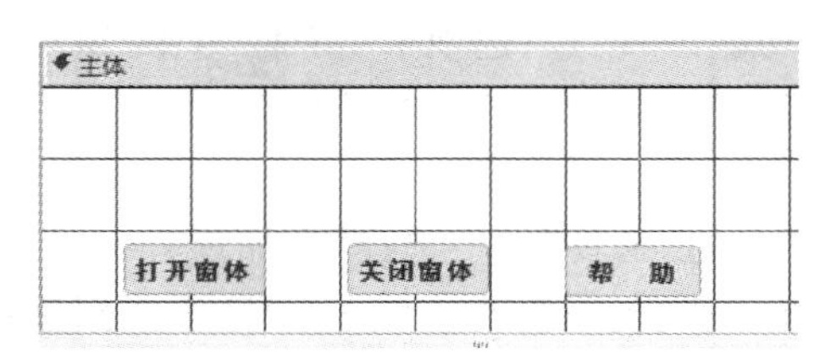

图 7-29　对象与类

(3) 属性。即对象的属性。每个对象都通过设置属性值来描绘它的外观和特征，例如标题、字体、位置、大小、颜色、是否可用等。

对象属性值既可以在设计时通过属性对话框设置，也可以在运行时通过程序语句设置或更改。有的属性只能在设计时进行设置；有的属性则在设计和运行时都能进行设置。

窗体和控件的属性有很多，表 7-1 列出了窗体及控件一些常用的属性。

表 7-1　对象的常用属性列表

属性名称	事件代码中引用字	说　明
标题	Caption	指定对象的标题(显示时标识对象的文本)
名称	Name	指定对象的名字(用于在代码中引用对象)
控件来源	ControlSource	指定控件中显示的数据来源
前景色	ForeColor	指定对象中的前景色(文本和图形的颜色)

续表

属 性 名 称	事件代码中引用字	说　　明
背景色	BackColor	指定对象内部的背景色
字体名称	FontName	指定对象上的字体
字号	FontSize	指定对象上字体的大小
宽度	Width	指定对象的宽度
高度	Height	指定对象的高度
记录源	RecordSource	指定窗体的记录源
导航按钮	NavigationButtons	指定在窗体视图中是否显示导航按钮和记录编号框
最大化最小化按钮	MinMaxButtons	指定窗体标题栏中最大化、最小化按钮是否可见
关闭按钮	CloseButtons	指定窗体标题栏中关闭按钮是否有效

(4) 事件。对象的事件。事件是指由用户操作或系统触发的一个特定操作。根据对象不同和触发原因的不同有多种不同的事件。一个对象可以有多个事件,但每个事件都必须由系统预先规定好。表 7-2 列出了 Access 常用的事件。

表 7-2　常用事件表

事　　件	触 发 时 刻
打开(Open)	打开窗体,但尚未显示记录时
加载(Load)	打开窗体并显示记录时
激活(Activate)	窗体变成活动窗口时
单击(Click)	单击鼠标左键时
双击(DblClick)	双击鼠标左键时
鼠标按下(MouseDown)	按下鼠标键时
鼠标移动(MouseMove)	移动鼠标时
鼠标释放(MouseUp)	释放鼠标键时
击键(KeyPress)	按下并释放某键盘键时
获得焦点(GotFocus)	对象获得焦点时
失去焦点(LostFocus)	对象失去焦点时
更新前(BeforeUpdate)	控件或记录更新时
更新后(AfterUpdate)	控件中数据被改变或记录更新后
停用(Deactivate)	窗体变成不是活动窗口时
卸载(Unload)	窗体关闭后,但从屏幕上删除前
关闭(Close)	当窗体关闭,并从屏幕上删除时

事件包括事件的触发和执行程序两方面。在 Access 中,一个事件可对应一个程序模块(事件过程或宏)。宏可通过交互方式创建,而事件过程则是用 VBA 编写的代码。事件一旦

触发，系统马上就去执行与该事件相关的程序模块。

2）对象的操作

创建对象后，经常要在程序代码中对对象进行引用、操作和处理。

(1) 对象的引用。在处理对象的时候，必须首先告诉系统要处理哪一个对象，这就涉及对象的引用。

在 VBA 代码中，对象引用一般采取如下格式：

[<集合名！>][<对象名>].<属性名>|<方法名>[<参数名表>]

其中，感叹号(!)和句号(.)是两种引用运算符。

感叹号(!)可用来引用集合中由用户定义的项。集合通常包含了一组相关的对象，例如用户定义的每个窗体均是名称为 Forms 的窗体集合中的一员。

句点(.)可用来引用窗体或控件的属性、方法等。

例如：引用窗体集合中的“窗体 1”窗体的“标题”属性：

Forms! [窗体 1]. Caption

在引用时，应遵守下述规则：引用窗体必须从集合开始，控件或节的引用可以从集合开始逐级引用，也可以从控件开始引用。

例如：引用“窗体 1”中“命令按钮”控件(名称为 Command0)的“标题”属性：

Forms! [窗体 1]! [Command0]. Caption

或：[Command0]. Caption

(2) 通过对象引用设置属性值。对象的属性既可以在属性对话框中设置和更改，也可以在事件代码中用编程方式来设置属性值，此时使用赋值语句对对象的某个属性赋值。

例如：[Command0]. Caption=“取消”

(3) 对象的方法。方法通常指事先编写好的处理对象的过程(程序)，代表对象能够执行的动作。方法一般在事件代码中被调用，调用时须遵循对象引用规则。即：

[<对象名>]. 方法名

(有关面向对象程序设计的知识可参见本书第 8 章或其他编程资料。)

3. 控件

控件是构成窗体的基本元素，在窗体中，数据的输入、查看、修改以及对数据库中各种对象的操作都是使用控件实现的。因此，控件是设计窗体的重要对象。

1）控件及控件属性

Access 中的控件是窗体或报表中的一个实现特定功能的对象。这些控件与其他 Windows 应用程序中的控件(图标)相同，例如，文本框用来输入或显示数据，命令按钮用来执行某个命令或完成某个操作。

使用属性来描述控件的外观、特征或状态。例如，文本框的高度、宽度以及文本框中显示的信息都是它的属性，每个属性用一个属性名来标识。当控件的属性发生改变时，会影响到它的状态。

2）控件的类型

根据控件的用途及其与数据源的关系，可以将控件分为绑定型、非绑定型和计算型 3 种类型。有些控件具有这三种用途，有些则不能作为绑定型控件使用。

(1) 绑定型控件。如果控件与数据源的字段结合在一起使用，则该控件为绑定型控件。使用绑定型控件输入数据时，Access 自动更新当前记录中与绑定型控件相关联的表字段的值。大多数允许输入信息的控件是绑定型控件。可以和控件绑定的字段类型包括文本型、数值型、日期型、是/否型、图片型和备注型字段。

(2) 非绑定型控件。控件与表中字段无关联。当使用非绑定型控件输入数据时，可以保留输入的值，但是不会更新表中字段的值。非绑定型控件用于显示文本、图像和线条。

(3) 计算型控件。计算型控件与含有数据源字段的表达式相关联，表达式可以使用窗体或报表中数据的字段值，也可以使用窗体或报表中其他控件中的数据。计算型控件也是非绑定型控件，不会更新表中字段的值。

3) 常用控件

在 Access 的窗体工具箱中，共有 20 多种不同类型的控件，其主要控件的名称和功能如表 7-3 所示。

表 7-3　主要控件的名称和功能

按　钮	名　称	功　能
	选择对象	用于选取控件、节或窗体等对象，移动对象或改变尺寸
	控件向导	用于打开或关闭控件向导，可以使用控件向导创建列表框、组合框、选项组、命令按钮、图表、子窗体/子报表等控件。要使用向导来创建这些控件，必须按下此按钮
Aa	标签	用于显示说明文本的控件，例如，窗体上的标题或指示文字
ab|	文本框	用于显示、输入或修改数据
XYZ	选项组	与复选框、选项按钮或切换按钮配合使用，用于显示一组可选值
	切换按钮	切换按钮、选项按钮、复选框三个控件功能类似，主要用于与具有“是/否”属性的数据绑定，或是用来接收用户在自定义对话框中输入的非绑定型控件，或是与选项组配合使用
	选项按钮	
	复选框	
	列表框	用于显示可滚动的数值列表，可以从列表中选择值输入到新记录中，或者更改已有记录的值
	组合框	结合了文本框和列表框的特点，用户既可以在其中输入数据，也可以在列表中选择输入项
XXXX	命令按钮	用于在窗体中执行各种操作
	图像	用于在窗体中显示静态图片。由于静态图片并非 OLE 对象，所以一旦将图片添加到窗体中，便不能在 Access 中进行图片编辑
	非绑定对象框	用于在窗体中显示非绑定型 OLE 对象，例如 Excel 电子表格等

续表

按钮	名称	功能
	绑定对象框	用于在窗体中显示绑定型 OLE 对象，该控件只显示窗体中数据源字段中的 OLE 对象
	分页符	用于在窗体中开始一个新的屏幕，或在打印窗体时开始一个新页
	选项卡控件	用于创建多页的选项卡窗体，可以在选项卡控件上创建其他控件及窗体
	子窗体/子报表	可以在窗体中创建一个与主窗体相关联的子窗体或子报表，用于显示来自多个表的数据
	直线	可以在窗体中画出各种样式的直线，用于突出相关的或重要的信息
	矩形	在窗体中画出矩形图形，可以用于将窗体中一组相关的控件组织在一起
	超链接	在窗体中放置一个链接地址

4）控件的基本操作

在设计窗体过程中，根据需要向窗体添加控件，然后对添加到窗体中的控件进行外观调整，如改变位置、尺寸，设置控件的属性以及格式等。

（1）向窗体中添加控件对象。向窗体中添加控件对象的步骤如下。

① 创建新的窗体或打开已有的窗体，进入窗体设计视图。

② 在“窗体设计工具”选项卡下的“设计”选项卡下，选择包含在“控件”组中的控件。单击所需要的控件即可选中。

③ 单击窗体的空白处将会在窗体中创建一个默认尺寸的控件对象，或者直接拖曳选中的控件，在鼠标画出的矩形区域内创建一个对象。

还可以将数据源“字段列表”中的字段直接拖曳到窗体中。用这种方法，可以创建绑定型文本框和与之关联的标签。

④ 设置对象的属性。

（2）设置属性。在向窗体添加控件的过程中，需要设置控件的某些属性，如文本框的数据来源、命令按钮显示的文本、选项组的标题等。

一是选中控件后，在“窗体设计工具”选项卡下单击“设计”选项卡，通过“属性表”对话框可以查看或设置控件的属性。

二是选中控件后，单击右键，在快捷菜单中选择“属性”菜单项（单击），弹出的“属性表”对话框如图 7-28 所示。

右键快捷菜单中的“表单属性”可以打开当前窗体的所有属性以供选择。

（3）选中与取消选中。在窗体设计视图中对控件进行操作时，首先要选择控件。

若选择单个控件，在窗体中选择控件（单击）即可。控件被选中后，周围显示 4～8 个句柄，即在控件的四周有棕色的小方块。用鼠标拖动这些小方块时可以对控件的大小进行调整。

选中多个控件有两种方法，一是按住“Shift”键的同时单击所有控件；二是拖动鼠标经过所有需要选中的控件。

要取消选中控件，单击窗体中的空白区域即可，这时表示选中控件的句柄消失。

(4) 移动控件。移动控件有两种方法。

① 选中控件后，待出现双十字图标时，用鼠标将控件拖动到所需位置。

② 把光标放在控件左上角的移动句柄上，待出现双十字图标时，将控件拖动到指定位置。这种方法只能移动单个控件。

(5) 改变控件尺寸。改变控件的尺寸是指改变其宽度和高度。操作方法是，首先选中控件，将鼠标指针移到控件的句柄上，然后拖动鼠标，待调整到所需尺寸后释放鼠标。

鼠标指针放置于控件水平边框的句柄上，可以改变控件的宽度。

鼠标指针放置于控件垂直边框的句柄上，可以改变控件的高度。

鼠标指针放置于控件角边框的句柄上(除左上角外)，可以同时改变控件的高度和宽度。

若要精确控制控件的尺寸，可以在控件的“属性”对话框中，选择“格式”选项卡，在“高度”和“宽度”栏中输入精确值即可。

(6) 调整对齐格式。在设计窗体布局时，有时需要使多个控件排列整齐。操作方法是，选中所有控件，单击右键，在快捷菜单中选择“对齐”菜单项，可以将所有选中的控件按靠左、靠右、靠上、靠下等方式对齐。

(7) 调整控件之间的间距。控件之间合理的间距可以使窗体外观协调。调整控件之间间距的操作方法是，选中所有控件，选择功能区上下文选项卡“窗体设计工具”内“排列”选项卡下“调整大小和排序”组的“大小”按钮，使用快捷菜单中的“间距”菜单项可以调整控件的水平间距、垂直间距。

(8) 复制控件。利用复制功能可以向窗体中快速添加与已有控件格式相同的控件。操作方法是，选中要复制的控件或控件组，然后单击右键，使用快捷菜单中的菜单项“复制”和“粘贴”可完成控件的复制。

(9) 删除控件。不需要的控件可删除。删除控件可以使用以下方法。

选中要删除的控件，按“Delete”键，可删除选中的控件。

选中要删除的控件，单击右键，选择快捷菜单中的“删除”菜单项(单击)，可删除选中的控件。

4. 常用控件的使用

1) 标签

标签用于在窗体、报表中显示说明性的文字，如标题、题注。标签不能显示字段或表达式的值，属于非绑定型控件。

标签有两种：独立标签和关联标签。其中，独立标签是与其他控件没有关联的标签，用来添加说明性文字；关联标签是链接到其他控件上的标签，这种标签通常与文本框、组合框或列表框成对出现，文本框、组合框和列表框用于显示数据，而标签用来对显示的数据进行说明。

向窗体直接添加标签控件的步骤如下。

(1) 单击“控件”组中的“标签”按钮 ***Aa***。

(2) 将鼠标指针放在标签位置的左上角，然后，拖动鼠标选取适当的尺寸，释放鼠标。

(3) 输入标签的内容即标题。

若要调整标签的外观大小、字体、字号，可以使用前面所说的控件调整方法，也可以在标签的属性对话框中设置。

图 7-30　文本框属性对话框

在默认情况下，将文本框、组合框和列表框等控件添加到窗体或报表中时，Access 都会在控件左侧加上关联标签。如果不需要关联标签，可以通过属性窗口进行设置。

具体操作方法是，首先在“控件”组中选定控件如“文本框”，然后单击“工具”组中“属性表”按钮打开“属性表”对话框，如图 7-30 所示。在“格式”选项卡下将“自动标签”属性改为“否”。关闭对话框完成设置。以后添加文本框控件时，不再自动添加关联标签，直到将该控件的“自动标签”属性改为“是”。

2）文本框

文本框可用来显示、输入或编辑窗体、报表中数据源中的数据，或显示计算结果。

文本框可以是绑定型也可以是非绑定型。绑定型文本框用来与某个字段相关联，非绑定型文本框用来显示计算结果或接收用户输入的数据。

【例 7-7】 在教材管理系统数据库中，设计一个窗体，用绑定型文本框和非绑定型文本框显示员工的工号、姓名、性别和年龄。

操作步骤如下。

(1) 进入窗体设计视图。

进入教材管理系统数据库窗口，在左边的导航窗格中定位于窗体。在“创建”选项卡的“窗体”组中选择“窗体设计”按钮(单击)，打开窗体的设计视图。

(2) 选择“员工”表作为数据源。

单击“工具”组中“属性表”按钮，打开窗体的“属性表”对话框，选择“数据”选项卡，在“记录源”栏下拉列表中选择“员工”表，如图 7-31 所示。

(3) 创建绑定型文本框显示“工号”和“姓名”。

选择“工具”组“添加现有字段”按钮(单击)打开“字段列表”对话框，如图 7-32 所示。将“工号”和“姓名”字段拖动到窗体的适当的位置，在窗体中产生两组绑定型文本框和关联标签，分别与“员工”表中的“工号”和“姓名”字段相关联。如图 7-33 所示。

图 7-31　选择“员工”表

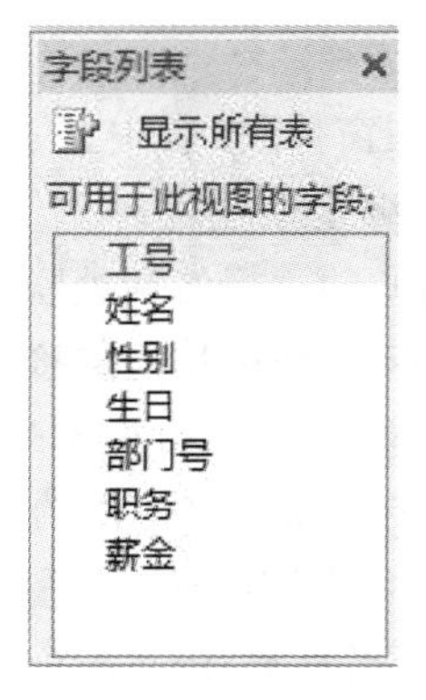

图7-32　“字段列表”对话框

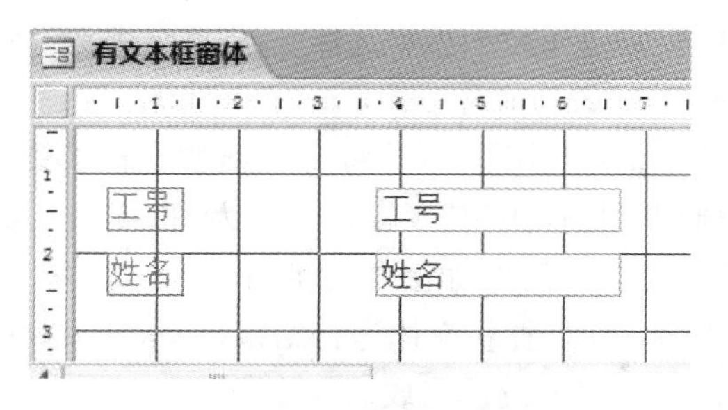

图 7-33　窗体设计视图 1

（4）创建非绑定型文本框。

由于在“员工”表中性别是选定的而不是及时录入的，这里创建非绑定型文本框。

下拉“控件”组的全部控件图标，单击“使用控件向导”按钮，使其处于按下状态，然后单击“文本框”控件按钮，在窗体内拖动鼠标添加一个文本框，系统将自动打开“文本框向导”对话框，如图 7-34 所示。

（5）使用该对话框设置文本的字体、字号、字形、对齐方式和行间距等，然后单击“下一步”按钮，打开“输入法模式设置”窗口，如图 7-35 所示。

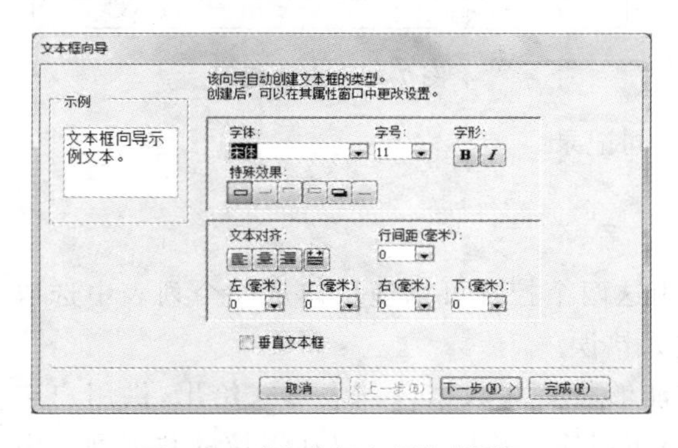

图 7-34　“文本框向导”对话框 1

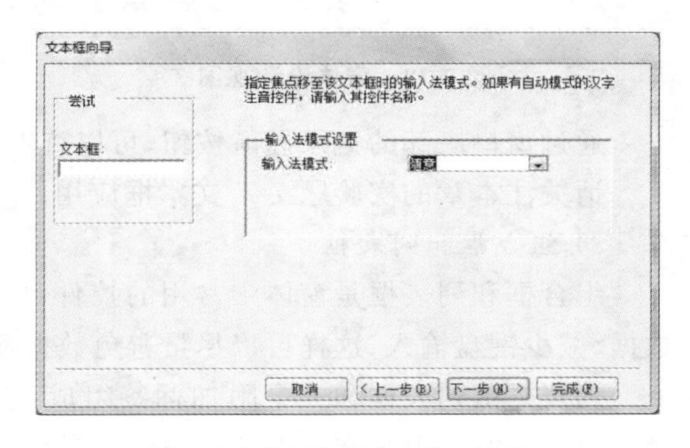

图 7-35　“文本框向导”对话框 2

（6）为获得焦点的文本框指定输入法模式，有 3 种方式可供选择，分别是随意、输入法开启和输入法关闭。选择“随意”，然后单击“下一步”按钮，打开“请输入文本框的名称”窗口，如图 7-36 所示。

（7）输入文本框的名称“性别”，单击“完成”按钮，返回窗体设计视图，如图 7-37 所示。

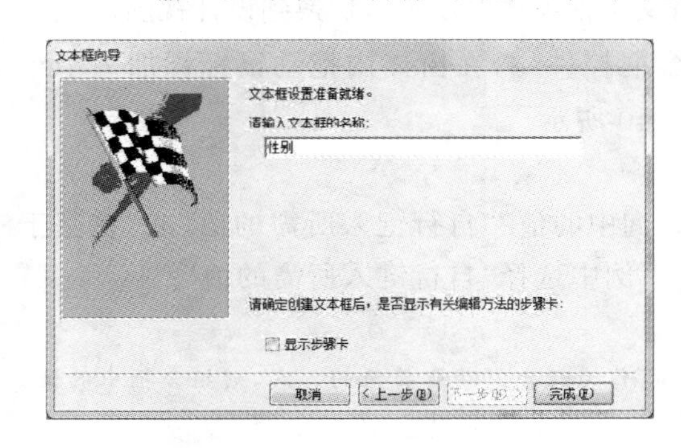

图 7-36　“文本框向导”对话框 3

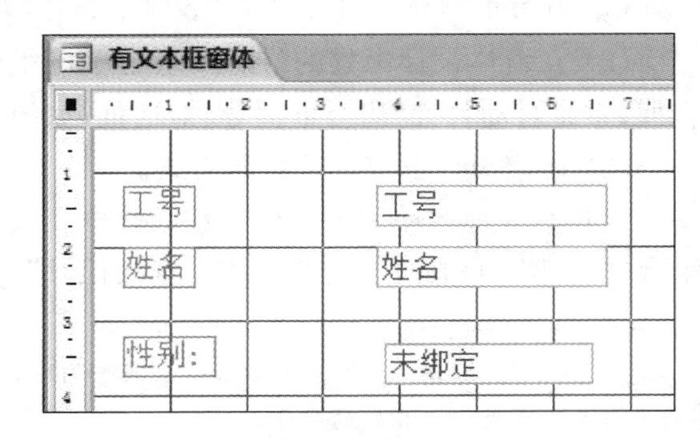

图 7-37　窗体设计视图 2

（8）将未绑定型文本框绑定到字段。

选择刚添加的文本框单击右键，在快捷菜单中选择“属性表”，打开“属性表”对话框。选择

“数据”选项卡，在“控件来源”属性下拉列表中选择“性别”，完成文本框与“性别”字段的绑定。

（9）创建计算型文本框。

创建一个非绑定型文本框，操作同上，并将文本框的名称设置为“年龄”，然后打开该文本框的“属性表”对话框，将其“控件来源”属性值设置为：直接录入或在表达式生成器[…]中录入“＝Year(Date())－Year([生日])”，如图 7-38 所示。

（10）将窗体切换到窗体视图，查看窗体运行结果，显示结果如图 7-39 所示。保存窗体，窗体名称为“有文本框窗体”。窗体设计完成。

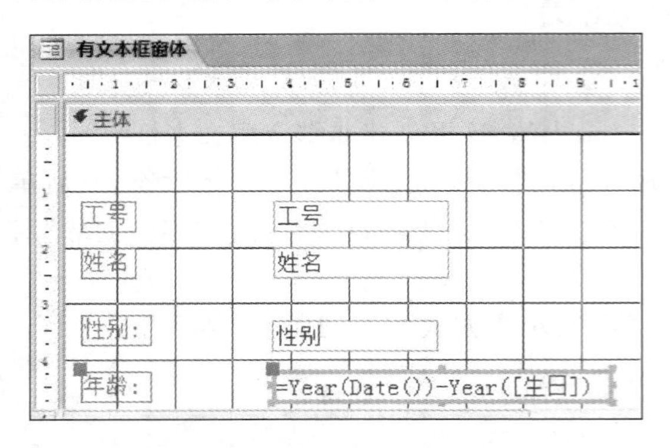

图 7-38　窗体设计视图 3

图 7-39　窗体视图

通过窗口底部的记录导航按钮，可以查看不同记录。

请关注本章的实验题 7-7：文本框应用。

3）组合框和列表框

组合框和列表框是窗体中常用的控件，使用这两个控件可以使用户从一个列表中选取数据，减少键盘输入，这样可以尽量避免数据输入错误。

列表框由列表框和一个附加标签组成，它能够将一些数据以列表形式给出，供用户选择。组合框实际上是文本框和列表框的组合，既可以输入数据，也可以在下拉的数据列表中进行数据选择。列表框和组合框的操作基本相同。

列表框和组合框中所列选项的数据来源可以是数据表、查询，也可以是用户提供的一组数据。

【例 7-8】　在例 7-7 创建的窗体中添加组合框显示员工的职务。

操作步骤如下。

（1）在导航窗格中打开例 7-7 设计的窗体“有文本框窗体”（双击），切换到设计视图。

（2）在窗体设计工具的“控件”组中单击组合框控件，在窗体内拖动鼠标添加一个组合框，系统自动打开“组合框向导”对话框，如图 7-40 所示。

（3）确定组合框获取数据的方式。

方式有 3 种：“使用组合框架获取其他表或查询中的值”“自行键入所需的值”或“在基于组合框中选定的值而创建的窗体上查找记录”。本例中选择“自行键入所需的值”。

注意：若选择“使用组合框获取其他表或查询中的值”作为组合框获取其值的方式，则组合框中的值将来自于表或查询中指定的字段。

（4）单击“下一步”按钮，打开图 7-41 所示的窗口，确定组合框中显示的数据和列表中所需列数以及输入所需值。在列表框中输入“职务”的值分别为科长、主任、处级督办、总库长、总会计师、订购总长、发放总指挥、业务总监、服务部长等，同时输入列数 1。

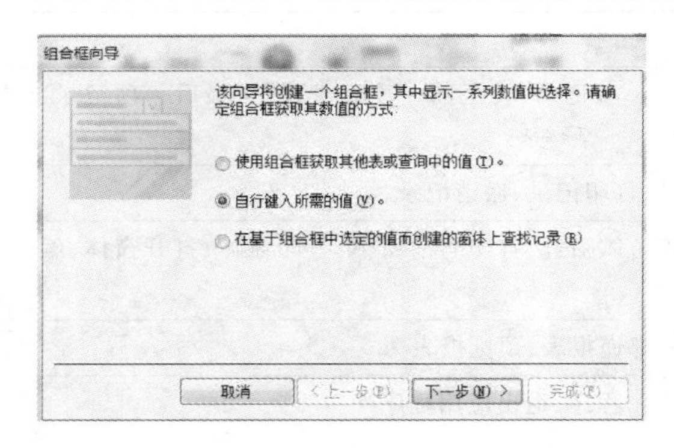

图 7-40 “组合框向导”对话框 1

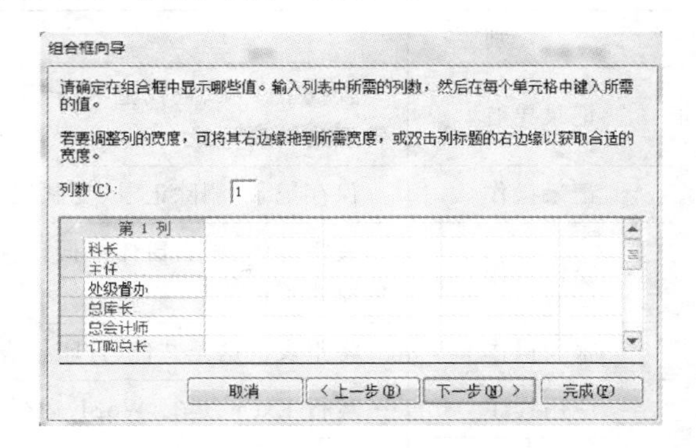

图 7-41 “组合框向导”对话框 2

(5) 单击“下一步”按钮，确定组合框中选择值后的存储方式。Access 可以将从组合框中选定的值存储在数据库中，也可以记忆该值供以后使用。选择“将该数值保存在这个字段中”，同时在下拉列表中选择“职务”字段，如图 7-42 所示。

(6) 单击“下一步”按钮，为组合框指定标签，在文本框中输入“职务”，将显示组合框左边的附加标签标题为“职务”。

单击“完成”按钮，返回窗体设计视图，组合框控件添加完成。切换到窗体视图，可以看到，对组合框进行操作时，组合框中显示的是前面设置的数值，如图 7-43 所示。

说明：在确定组合框中选择值后数值的存储方式时，若选择“记忆该数值供以后使用”，则组合框是非绑定型组合框。如果选择“将该数值保存在这个字段中”，则组合框是绑定型组合框。这时组合框内将显示字段中的值。但单击下拉按钮时，列表中显示的将是用户定义的那一组值。选择某个列表值，则该值将存入表中，替换掉原字段值。

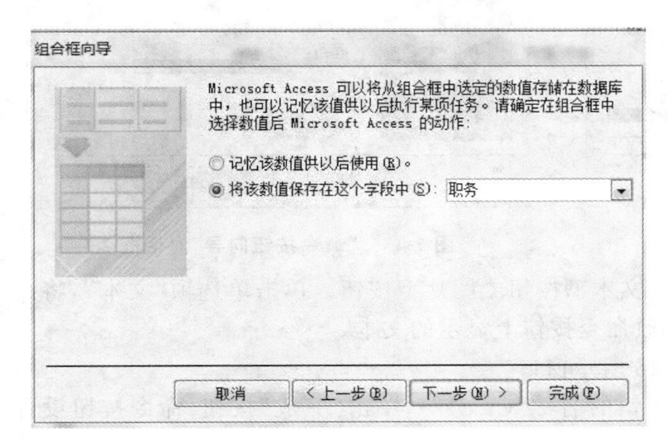

图 7-42 “组合框向导”对话框 3

图 7-43 添加组合框后的窗体视图

请关注本章的实验题 7-8：组合框应用。

4) 命令按钮

命令按钮是与用户交互、接收用户操作命令、控制程序流程的主要控件之一。

向窗体中添加命令按钮的方式有两种：使用命令按钮向导和自行创建命令按钮。

(1) 利用 Access 提供的命令按钮向导，用户创建命令按钮几乎不用编写任何代码，通过系统引导即可创建不同类型的命令按钮。Access 提供了 6 种类别的命令按钮，分别是记录导航、记录操作、窗体操作、报表操作、应用程序和杂项，如表 7-4 所示。

表 7-4　命令按钮的类别与操作

类　别	操　作
记录导航	查找下一项、查找记录、转至下一项记录、转至前一项记录、转至最后一项记录、转至第一项记录
记录操作	保存记录、删除记录、复制记录、打印记录、撤销记录、添加新记录
窗体操作	关闭窗体、刷新窗体数据、应用窗体筛选、打印当前窗体、打印窗体、打开窗体、编辑窗体筛选
报表操作	将报表发送至文件、打印报表、邮递报表、预览报表
应用程序	运行 Excel、运行 Word、运行应用程序、退出应用程序
杂项	打印表、自动拨号程序、运行宏、运行查询

【例 7-9】　在上例建立的名称为"有文本框窗体"窗体中添加一组命令按钮用于移动记录。

操作步骤如下。

① 打开"有文本框窗体"窗体，切换到设计视图。

② 在"控件"组中选中命令按钮控件（单击），在窗体下面空白处拖动鼠标添加一个命令按钮，系统将自动打开"命令按钮向导"对话框，如图 7-44 所示。

③ 选择按钮的类别以及按下按钮时产生的操作。在"类别"列表框中选择"记录导航"，在"操作"列表框中选择"转至第一项记录"。

④ 单击"下一步"按钮，打开图 7-45 所示窗口。确定按钮的显示方式。

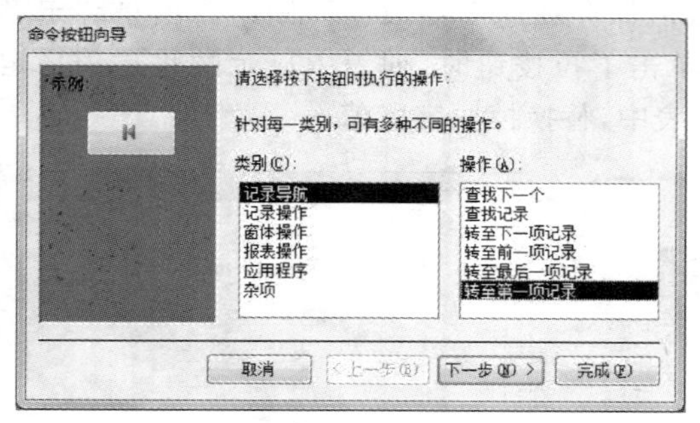

图 7-44　"命令按钮向导"对话框 1

图 7-45　"命令按钮向导"对话框 2

可以将命令按钮设置为两种形式：文本型按钮或图片型按钮。单击单选项"文本"，将命令按钮设置为文本型按钮。还可以修改命令按钮上显示的文本。

⑤ 单击"下一步"按钮，打开图 7-46 所示窗口。

指定按钮的名称（这里输入命令按钮的名称"Cmd1"），单击"完成"按钮，命令按钮设置完成。

⑥ 重复步骤②～⑤。向窗体分别添加"转至下一项记录""转至前一项记录"和"转至最后一项记录"等按钮，命令按钮的名称分别为"Cmd2""Cmd3"和"Cmd4"，命令按钮设置完成。切换到窗体视图，显示结果如图 7-47 所示。

（2）用户自定义创建命令按钮。

命令按钮向导可以方便快捷地创建命令按钮，但只能实现事先定义好的功能。很多操作所需要的按钮，利用向导不能创建，需通过属性及事件代码的设置来创建，有两种方法。

第一，可通过如下常用属性来设置或更改命令按钮的外观。

① 设置命令按钮的显示文本：使用"标题"属性指定命令按钮的显示文本。

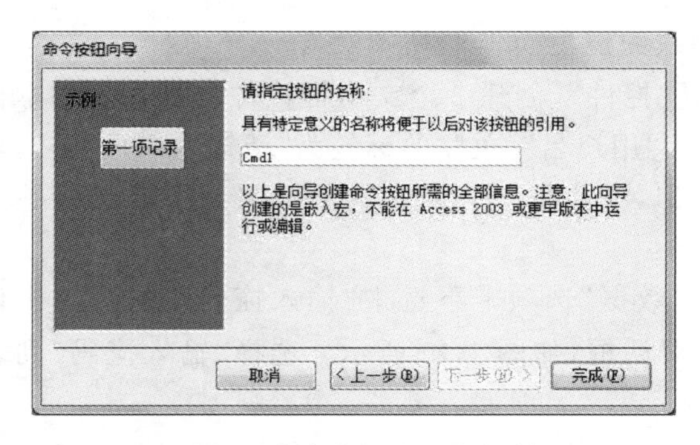

图 7-46 “命令按钮向导”对话框 3

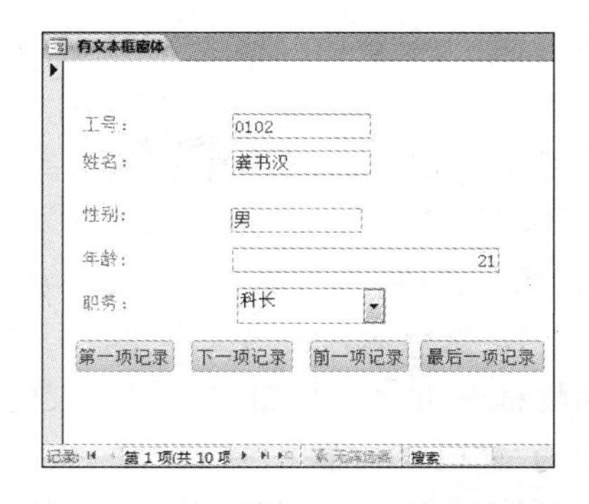

图 7-47 添加命令按钮后的窗体视图

② 在命令按钮上显示图片:“图片”属性用于指定命令按钮上显示的图片,可以选用.bmp、.ico 或.dib 等图片文件。

③ 设置默认按钮:若窗体中有多个命令按钮,可将其中的一个设置为默认按钮。在窗体视图中,默认按钮边框上多一个虚线框,不但可以单击选择,还可以通过按“Enter”键来选择。设置默认按钮的方法是将“默认”属性设置为“是”。注意:一个窗体上只允许有一个默认按钮,若将某个命令按钮的“默认”属性设置为“是”,则窗体上其他命令按钮的“默认”属性都将自动变为“否”。

④ 使命令按钮以灰色显示:将命令按钮的“可用”属性设置为“否”即可。

第二,可通过事件代码设置命令按钮要执行的操作。

事件代码中既可以对属性值进行设置,也可以对事件的过程进行设置。

请关注本章的实验题 7-9:命令按钮应用。

【例 7-10】 创建一个登录教材管理系统的窗体。输入用户名和密码,在输入密码时,不应显示出密码信息,而是用占位符表示。设置三个命令按钮。输入密码后,单击“确定”按钮,若密码正确,显示“欢迎进入系统!”;若不正确,显示“登录名或密码错误!”。单击“重新输入”按钮,使输入密码的文本框获得焦点。单击“退出”按钮,显示“谢谢使用教材管理系统! 再见!”,关闭窗体。窗体效果如图 7-48 所示。

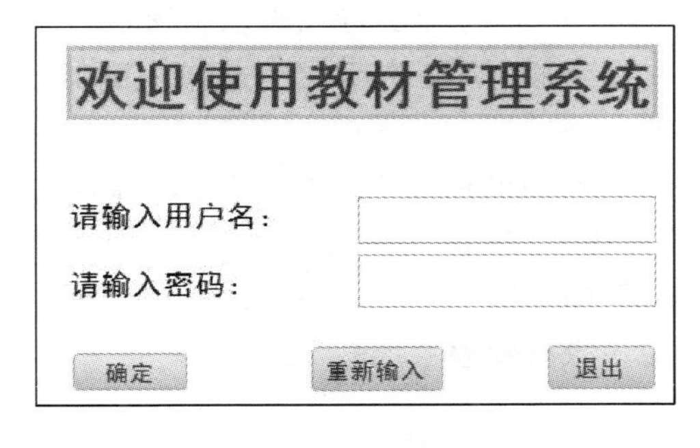

图 7-48 登录教材管理系统窗体

设计基本步骤如下。

① 进入教材管理系统数据库窗口,启动窗体设计视图。

② 创建 1 个标签控件,输入“欢迎使用教材管理系统”标题。在标签“属性表”对话框中设置“格式”选项卡下的“字号”栏为 26。“前景色”设为“深色文本”。

选中“欢迎使用教材管理系统”,在“开始”功能区设置字体为黑体、加粗,字体颜色为红色，背景为淡黄；在“格式”功能区中设定边框线为橙色。

③ 在“窗体设计工具”下单击“设计”打开“控件”，创建 2 个文本框控件。第一个文本框字号 11，在属性表“其他”标签下的“名称”栏为“用户名”，关联的标签为“请输入用户名：”，黑体 14 号，字体颜色黑色；第二个文本框字号 11，文本框“名称”栏为“密码”。关联的标签为“请输入密码：”，黑体 14 号，字体颜色黑色。

④ 选定输入密码文本框，在其属性表的“数据”选项卡下选中“输入掩码”属性，单击该属性框右边的[...]按钮，打开“输入掩码向导”对话框，如图 7-49 所示。选择“输入掩码”列表中的“密码”项，单击“完成”按钮。

⑤ 在窗体中创建三个命令按钮。当出现“命令按钮向导”时，单击“取消”按钮取消向导。

然后，分别将“确定”按钮的属性表中的“其他”标签下的“名称”属性设置为“确定”，“默认”属性设置为“是”；“重新输入”按钮的属性表中的“其他”标签下的“名称”属性设置为“重新输入”；“退出”按钮的属性表中的“其他”标签下的“名称”属性设置为“退出”。如图 7-50 所示。

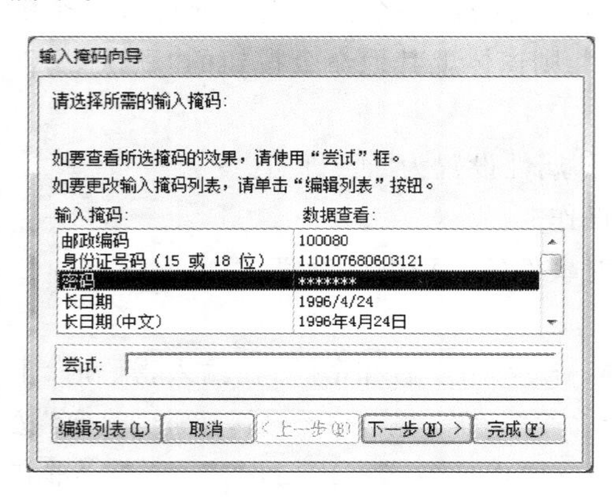

图 7-49 “输入掩码向导”对话框

图 7-50 登录窗体的设计视图

⑥ 选定“确定”按钮，在其“属性表”对话框中选择“事件”选项卡，在“单击”栏下拉框中选择“事件过程”，单击右边的[...]按钮，打开事件代码编辑窗口。或选定“确定”按钮后，单击右键，在快捷菜单中选择“事件生成器”菜单项，在“选择生成器”对话框中选择“代码生成器”，打开事件代码编辑窗口。

在“Private Sub 确定_Click()”和“End Sub”之间输入代码：

```
'设用户名为“hym”，密码为“123456”
If 用户名.Value="hym" And 密码.Value="123456" Then
        MsgBox "欢迎使用教材管理系统!"
Else
        MsgBox "登录名或密码错误!"
End If
```

保存，退出。

⑦ 选定“重新输入”按钮，与前面相同的方法，打开事件代码编辑窗口。

在“Private Sub 重新输入_Click()”和“End Sub”之间输入代码：

```
重新输入.SetFocus
```

⑧ 选定“退出”按钮，与前面相同的方法，打开事件代码编辑窗口。

在“Private Sub 退出_Click()”和“End Sub”之间输入代码：

MsgBox "谢谢使用教材管理系统！ 再见！"

Docmd. Close

(关于代码设计的知识可参阅第 8 章。)

全部事件代码如图 7-51 所示。

设计完成后，命名为“系统登录”保存。进入窗体视图，便可得到图 7-48 所示窗体。

分别输入用户名和密码。若用户名或密码错误，将出现错误提示对话框。若单击“重新输入”按钮，则输入用户名的文本框获得焦点(光标)，可重新输入。若用户名和密码都输入正确，则出现“欢迎使用教材管理系统！” 提示对话框。

若单击“退出”按钮，则显示提示对话框“谢谢使用教材管理系统！ 再见！”，如图 7-52 所示。单击“确定”后关闭窗体。

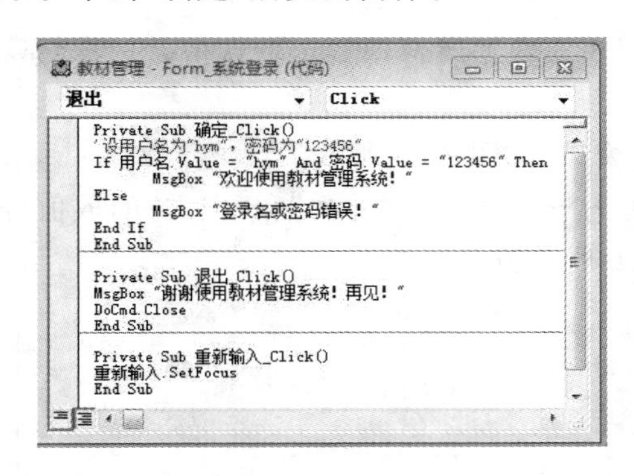

图 7-51 事件代码

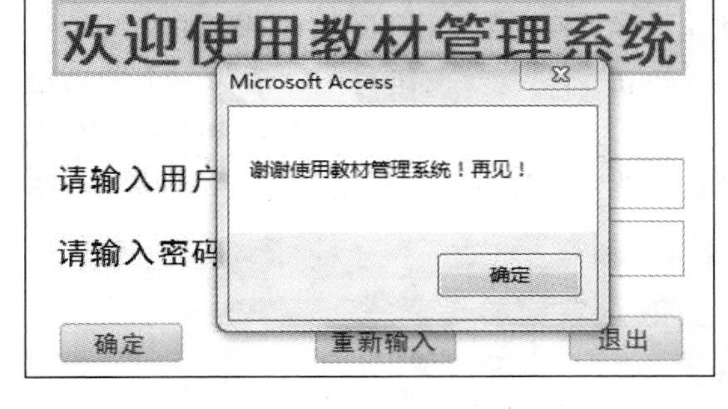

图 7-52 退出系统

请关注本章的实验题 7-10：系统登录窗体。

5) 复选框、单选框、切换按钮和选项组

复选框、单选框和切换按钮 3 种控件的功能有许多相似之处，都用来表示两种状态，例如“是/否”“真/假”。这 3 种控件的工作方式基本相同，已被选中或呈按下状态表示“是”，其值为－1，反之为“否”，其值为 0。

选项组控件是一个包含复选框或选项按钮或切换按钮的控件，由一个组框架及一组复选框或单选按钮或切换按钮组成。选项组中的控件既可以由选项组控制也可以单独处理。选项组的框架可以和数据源的字段绑定。可以用选项组实现表中字段的输入或修改。

【例 7-11】 在教材管理系统数据库的“图书”表中增加一个“是否外文”的是/否型字段，设计教材的浏览与编辑窗体。

操作步骤如下。

① 进入教材管理系统数据库，打开“教材”表(双击)，切换到设计视图。增加一个“是否外文”字段，字段类型为是/否型。

② 单击保存“按钮”保存，切换到数据表视图，更改数据，将部分图书设为外文，部分为中文。关闭数据表视图。

③ 创建一个窗体，进入设计视图。打开“属性表”对话框，在“数据”选项卡下设置记录源为“教材”表。单击“工具”组中“添加现有字段”按钮，打开“字段列表”对话框。拖动字段到设计视图安排在窗体合适的位置(“是否外文”字段除外)。

④ 在“控件”组中单击选项组控件[XYZ]，在窗体拖动鼠标添加一个选项组按钮，Access 自动打开“选项组向导”对话框，如图 7-53 所示。

⑤ 为每个选项指定标签，即按钮上的显示文本。在表格中分别输入“外文”和“中文”，然后单击“下一步”按钮，打开“请确定是否使其选项成为默认选项”窗口，如图 7-54 所示。

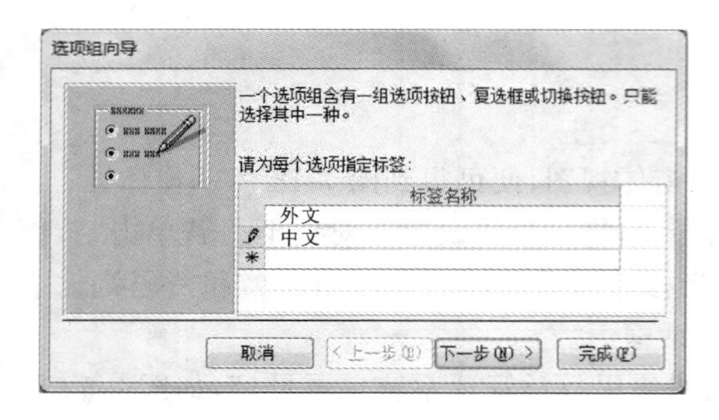

图 7-53 “选项组向导”对话框 1

图 7-54 “选项组向导”对话框 2

⑥ 确定是否设置默认选项。确定默认选项，则输入数据时自动显示默认值。选择“是，默认选项是”并在下拉列表中选择“中文”。

单击“下一步”按钮，打开“请为每个选项赋值”窗口，如图 7-55 所示。

⑦ 为每个选项指定值。“是/否”型字段的取值为－1 和 0，将“外文”和“中文”的取值分别设置为－1 和 0。单击“下一步”按钮，出现图 7-56 所示窗口。

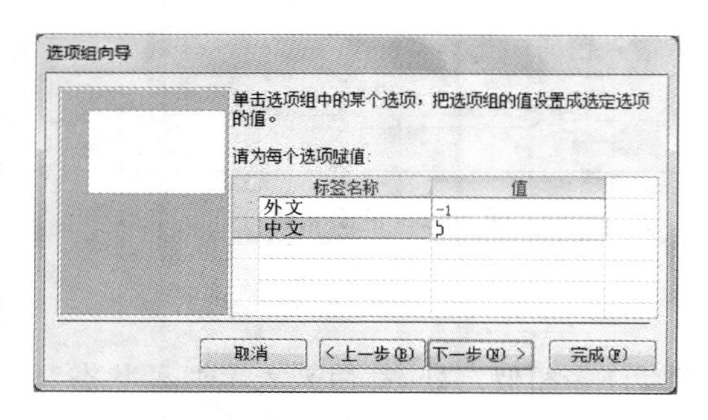

图 7-55 “选项组向导”对话框 3

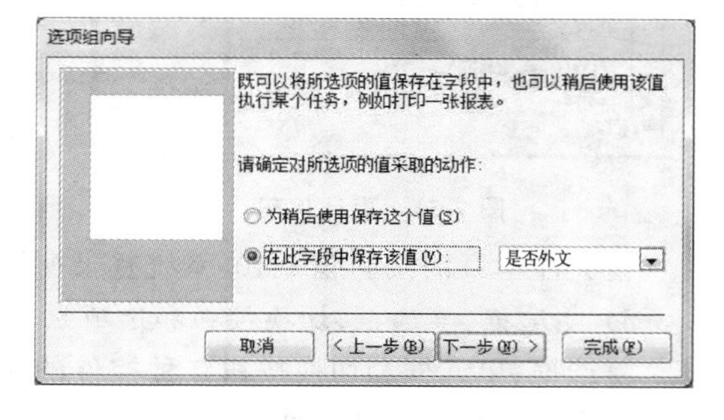

图 7-56 “选项组向导”对话框 4

⑧ 确定每个选项的值保存方式。可以在关联字段中保存，也可以不保存。选择“在此字段中保存该值”，并选择“是否外文”字段。单击“下一步”按钮，打开“请确定在选项组中使用何种类型的控件”窗口，如图 7-57 所示。

⑨ 确定选项组中控件的类型和样式，可以是复选框、单选框或切换按钮。按钮的样式可以是蚀刻、阴影等 5 种。将按钮类型选择为“选项按钮”，样式选择“蚀刻”。

单击“下一步”按钮，打开“请为选项组指定标题”窗口，如图 7-58 所示。

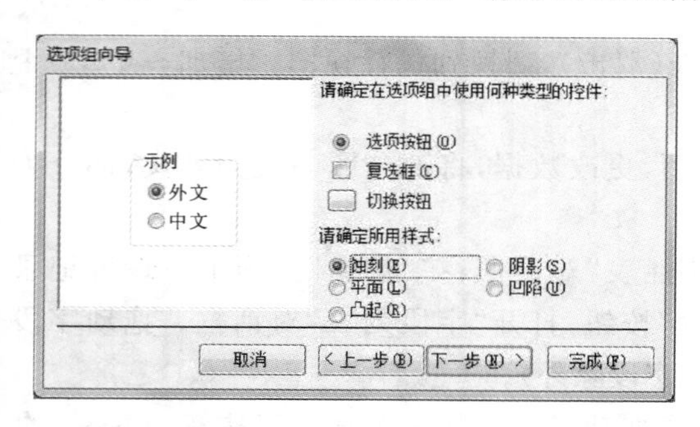

图 7-57 “选项组向导”对话框 5

图 7-58 “选项组向导”对话框 6

⑩ 输入"是否外文"。单击"完成"按钮,返回窗体设计视图。

最后,为窗体命名"是否字段"保存,如图 7-59 所示。

切换到窗体视图,显示结果如图 7-60 所示。

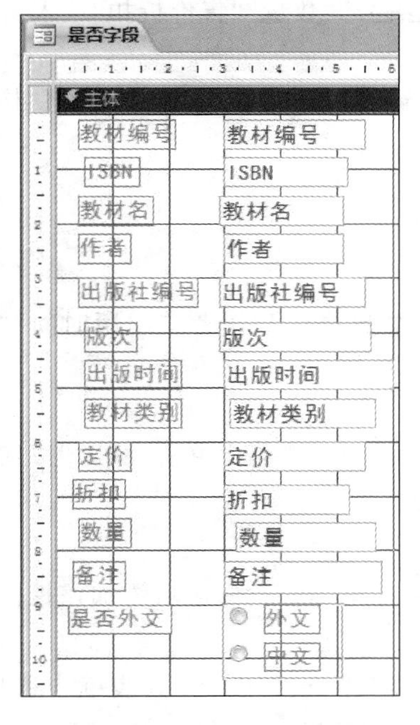

图59 教材的浏览与编辑窗体的设计视图

图 7-60 教材的浏览与编辑窗体

说明:当选项组为绑定型,为每个选项按钮赋值时,所有的值应与关联字段的值相对应。在本例中,外文对应的值为一1,中文对应的值为 0。

请关注本章的实验题 7-11:选项组控件应用。

6) 创建主/子窗体

如果一个窗体包含于另外一个窗体中,则这个窗体称为子窗体,嵌入子窗体的窗体称为主窗体。主/子窗体通常用于显示相关表或查询中的数据,主/子窗体中的数据源按照关联字段建立连接,当主窗体中的记录发生变化时,子窗体的相关记录也随之改变。

创建主/子窗体可以使用向导,也可以根据需要使用设计视图自行设计。

前面例 7-1 创建的,实际上是一个主/子窗体。

【例 7-12】 使用控件在设计视图中创建教材及其发放信息的主/子窗体。

设计的操作步骤如下。

(1) 进入教材管理系统数据库窗口。

(2) 创建一个"教材发放明细"的新窗体作为子窗体。

① 新建窗体。

打开"创建"功能区,单击"窗体设计"按钮,创建新窗体,进入设计视图。

② 选择数据源为"发放细目"表。

在"窗体设计工具"的"设计"选项卡的"工具"组中单击"属性表"按钮,弹出"属性表"对话框,选择"所选内容的类型:"为窗体;选择"数据"选项卡,单击"记录源",在下拉列表中,选择数据源为“发放细目”表。

③ 打开“字段列表”对话框。

在“窗体设计工具”的“设计”选项卡的“工具”组中单击“添加现有字段”按钮，弹出“字段列表”对话框，双击选中字段，将字段“发放单号”“教材编号”“数量”“售价折扣”放入窗体。

④ 在“属性表”的对象定位“窗体”。

打开“属性表”对话框，选择“所选内容的类型：”为窗体；打开“格式”选项卡，将“格式”选项卡下的“默认视图”选为“数据表”。

⑤ 将当前的窗体命名为“教材发放明细”，保存。

(3) 创建一个新窗体“教材发放信息”，作为主窗体。

① 新建窗体。

操作同上。选择“教材”表为数据源，将“教材编号”“教材名”“作者”“出版时间”“定价”等字段添加到窗体的主体区域中。

② 在窗体页眉中添加标题“教材发放信息”。

操作为：在“窗体设计工具”的“设计”选项卡的“页眉/页脚”组中单击“标题”按钮，弹出“窗体页眉”节，在选中的“窗体 1”上录入“教材发放信息”。

保存当前窗体，命名为“教材发放信息”。

(4) 在“控件”组中选择“子窗体/子报表”控件，在窗体的空白区域添加该控件，同时打开“子窗体向导”对话框，如图 7-61 所示。

(5) 选择子窗体的数据来源，单击“使用现有的窗体”单选按钮并在列表框中选择窗体“教材发放明细”。单击“下一步”按钮，打开图 7-62 所示的窗口。

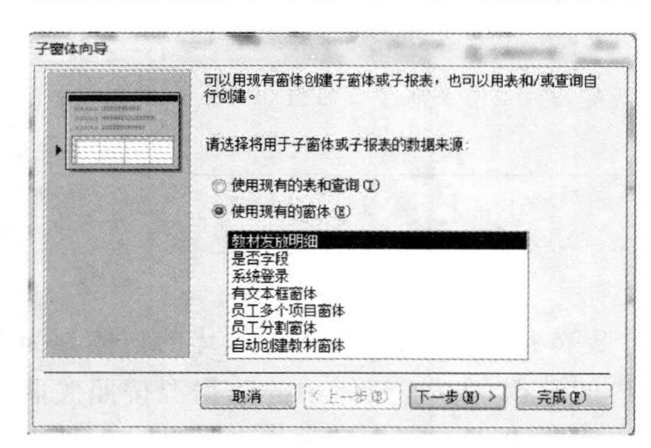

图 7-61 “子窗体向导”对话框 1

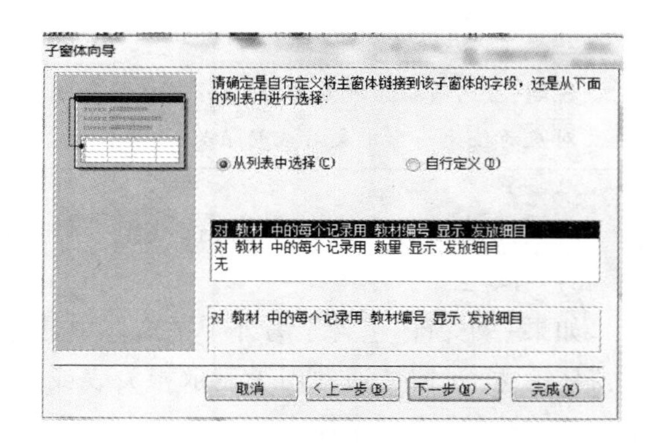

图 7-62 “子窗体向导”对话框 2

(6) 确定将主窗体链接到子窗体的字段。系统根据主窗体和子窗体的数据源的字段给出操作提示，选择“对教材中的每个记录用教材编号显示发放细目”，然后单击“下一步”按钮，打开图 7-63 所示窗口。

(7) 系统给出了默认的子窗体名称，在本例中使用的是已创建的窗体，子窗体的名称与该窗体相同，输入子窗体的名称，然后单击“完成”按钮，回到窗体设计视图，设计完成，如图 7-64 所示。

(8) 切换到窗体视图，显示图书及其销售信息，如图 7-65 所示。

说明：子窗体的数据源也可以使用表和查询，如果使用表或查询，则需要选择表或查询中的字段，用户可以根据需要选择所要显示的字段。

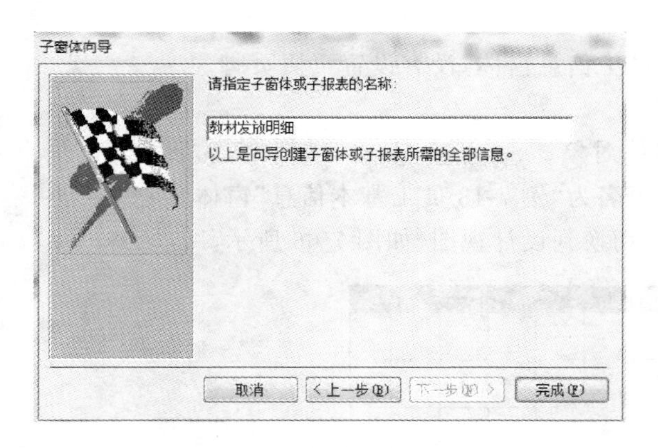

图 7-63 “子窗体向导”对话框 3

图 7-64 主/子窗体设计视图

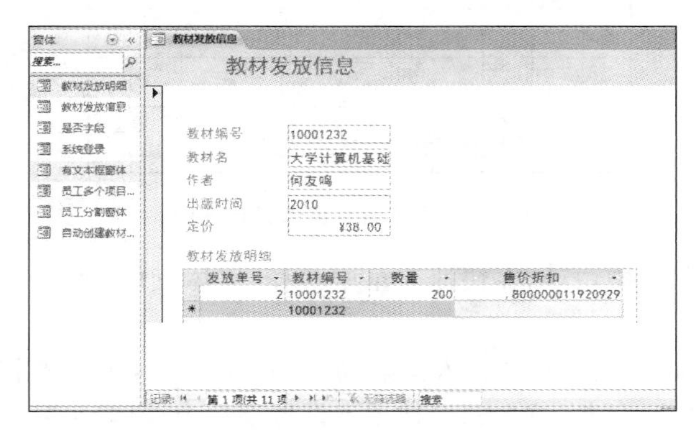

图 7-65 主/子窗体窗体视图

子窗体和主窗体都有自己下面的状态栏,在各自的状态栏中都可以翻阅各自的记录。

请关注本章的实验题 7-12:创建主/子窗体。

7.3 窗体整体布局设计及应用

窗体整体布局直接影响窗体的外观。在窗体设计初步完成后,可以对窗体做进一步的修饰,如为窗体添加背景图片、添加窗体的页眉和页脚、为控件添加特殊效果等。

7.3.1 页眉页脚设置

在窗体中合理地使用页眉和页脚可以增加窗体的美化效果,能使窗体的结构和功能清晰,使用起来更方便。

窗体的页眉只出现在窗体的顶部,它主要用来显示窗体的标题以及说明,可以在页眉中添加标签和文本框以显示信息。在多记录窗体中,窗体页眉的内容一直保持在屏幕上显示;打印时,窗体页眉内容出现在第一页的顶部。

窗体页脚的内容出现在窗体的底部,主要用来显示每页的公共内容提示或运行其他任务的命令按钮等。打印时,窗体页脚内容出现在最后一页的底部。

页面页眉和页脚只在打印窗体时才有效。页面页眉用于在窗体的顶部显示标题、列标题,日期和页码等;页面页脚用于在窗体每页的底部显示页汇总、日期和页码。

【例 7-13】 为图 7-47 所示的窗体增加窗体页眉页脚。其中,页眉显示窗体标题“员工基本信息”,页脚显示系统的日期。

图 7-47 所示实际是前面例 7-9 所做的员工信息窗体,没有设置页眉页脚。

设计操作步骤如下。

(1) 进入教材管理系统数据库,选定窗体对象。

(2) 把例 7-9 创建的窗体,另存复制和更名为“例 7-13 员工基本信息”窗体。

(3) 打开“例 7-13 员工基本信息”窗体,切换到设计视图,如图 7-66 所示。

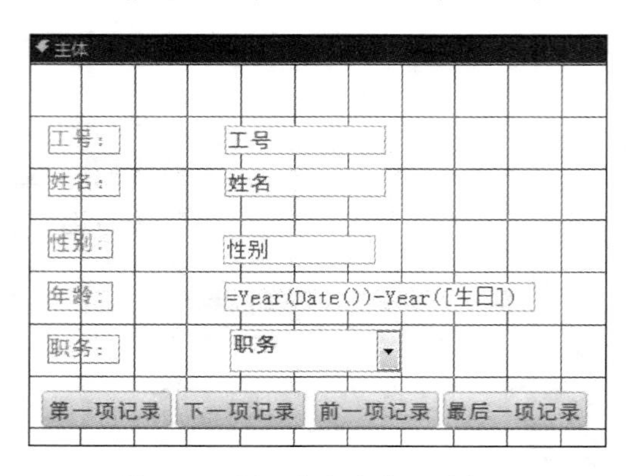

图 7-66　员工信息窗体设计视图

(4) 右击窗体主体的空白处,在快捷菜单中选择“窗体页眉/页脚”,在窗体中显示窗体的页眉节和页脚节。

(5) 在页眉内添加一个标签,并输入文本“员工基本信息”,然后选中该标签,单击“属性表”按钮,打开“属性表”对话框,在“格式”选项下设置字体为楷体、字号为 16、字体粗细为加粗。选中“员工基本信息”,在“开始”功能区设置字体颜色为红色。

(6) 在页脚中插入一个文本框,然后选中该文本框,单击“属性表”按钮,打开“属性表”对话框,在“数据”选项卡下将文本框的“控件来源”属性设置为“=Date()”,文本框的跟随标签录入“当前日期:”。如图 7-67 所示。

(7) 切换到窗体视图,如图 7-68 所示。

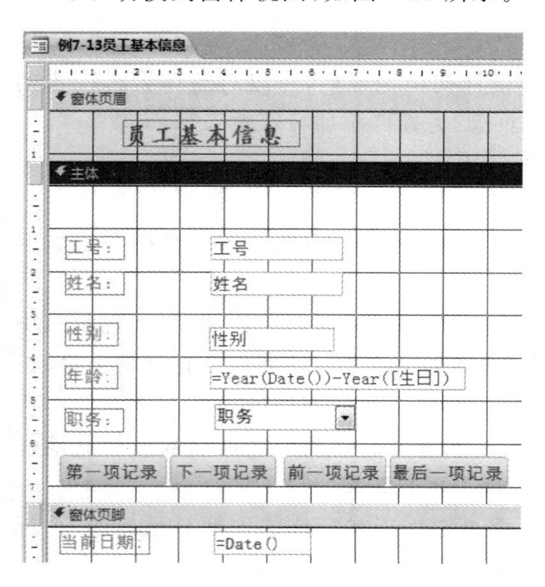

图 7-67　员工基本信息窗体设计视图

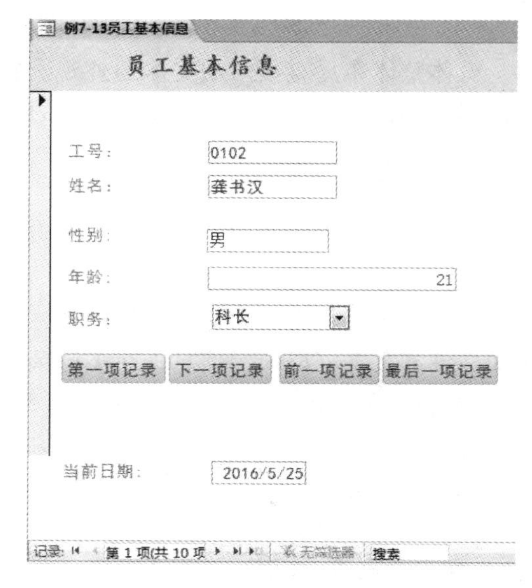

图 7-68　员工基本信息窗体视图

7.3.2 窗体外观设计

窗体外观设计的作用是美化窗体，这里做简单介绍。

窗体作为数据库与用户交互式访问的界面，其外观设计除了要为用户提供信息，还应该色彩搭配合理、界面美观大方，符合用户使用习惯，提高工作效率。

1. 窗体背景设置

窗体的背景作为窗体的属性之一，可以用来设置窗体运行时显示的窗体图案及图案显示方式。背景图案可以是 Windows 环境下各种图形格式的文件。

设置窗体背景的步骤如下。

(1) 在数据库中选择所需要的窗体，进入其设计视图。

(2) 打开"属性表"对话框，然后选择"窗体"对象。

(3) 在"属性表"对话框中选择"格式"选项卡，如果将窗体背景设置为图片，则设置其"图片"属性，可以直接输入图形文件的路径与文件名，也可以使用浏览按钮查找图片文件并添加到该属性中，同时设置"图片类型""图片缩放方式"和"图片对齐方式"等属性。

(4) 如果只设置窗体的背景色，则在"属性表"对话框中选择"主体"节对象，将其"背景色"属性设置为所需要的颜色。

2. 为控件设置特效

选择"窗体设计工具"选项卡下的"格式"选项卡，可以设置控件的特殊效果，如设置字体、填充背景色、字体颜色、边框颜色等。

另外，可以通过设置控件的不同"格式"属性，来定制控件的外观。

7.3.3 窗体的应用

设计窗体，可以为数据处理定制界面，当设计完成后，将窗体保存在数据库中，可供以后随时使用。对于用于表处理的窗体，当打开窗体时，窗口底部都会出现导航按钮，导航按钮用来切换记录、添加记录和筛选记录等。

如前面例 7-11 设计的图 7-60 所示的是教材浏览与编辑的运行窗体视图。通过该窗体，可以完成如下工作。

(1) 浏览记录。该窗体每页只显示一条记录，类似于一个变形的纵栏式窗体。使用导航按钮可以进行记录的切换。其中，按钮 ⏮ 将指针指向第一条记录，按钮 ◀ 将指针指向前一条记录，按钮 ▶ 将指针指向后一条记录，按钮 ⏭ 将指针指向最后一条记录。

当窗体为表格式或数据表窗体时，使用左侧记录选择器按钮可以直接进行记录切换。

(2) 添加记录。当窗体处于打开状态时，使用记录导航按钮 ▶* 可以进行记录的添加。当单击该按钮时，窗体中出现一个空白记录，在各个字段中填入新的数据可以完成新记录的添加。

(3) 记录排序和搜索。在窗体的布局视图、数据表视图和窗体视图中可以对记录进行排序，其操作方法是：选中需要排序的字段单击右键，在快捷菜单中选择"升序"菜单项或"降序"菜单项(单击)即可。

导航条内的搜索框可用于记录搜索。在其中输入关键字即可自动定位相符的记录。

(4) 删除记录。对于数据表窗体，可以在记录选择器上选择一条或多条记录，按"Delete"键删除，或者单击右键，在快捷菜单中选择"删除记录"菜单项(单击)，然后在删除确认对话框中，单击“是”按钮，删除选中的记录。

不过，当窗体的数据源为查询时，不能直接在窗体中进行记录的添加和删除。

7.4 自动启动窗体

为了让用户在打开 Access 数据库时自动直接进入操作界面，可以设置自动启动窗体。

自动启动窗体是在打开数据库文件时直接运行窗体的。直接运行的窗体一般是数据库应用系统的主控窗体，用以控制整个数据库应用系统的运行和使用。

举例说明自动启动窗体的设计方法。

【例 7-14】 将教材管理系统的“系统登录”窗体设为自动启动窗体。

教材管理系统的“系统登录”窗体视图如图 7-48 所示。

操作步骤如下。

(1) 打开教材管理系统数据库。

(2) 选择“文件”选项卡进入 Backstage 视图，单击“选项”命令项，打开“Access 选项”对话框。

(3) 单击“当前数据库”命令项，在“应用程序选项”的“显示窗体”下拉列表中输入要启动的窗体“系统登录”，在“应用程序标题”文本框中输入启动窗体的标题“教材管理系统登录”，在应用程序图标中应用“浏览”选定一幅图片（这里是动物考拉图）作为本系统图标。设置如图 7-69 所示。

(4) 将显示主窗体时其他的窗体选项关闭掉。方法如下。

在“当前数据库”页面内（见图 7-70），在“导航”栏，将“显示导航窗格”复选框的勾选去掉；在“功能区和工具栏选项”栏，将“允许全部菜单”“允许默认快捷菜单”的勾选去除。然后单击“确定”按钮，设置完成。

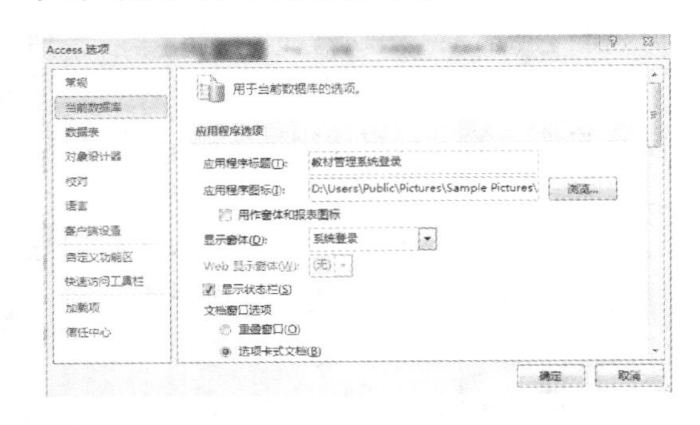

图 7-69 “当前数据库”中的设置

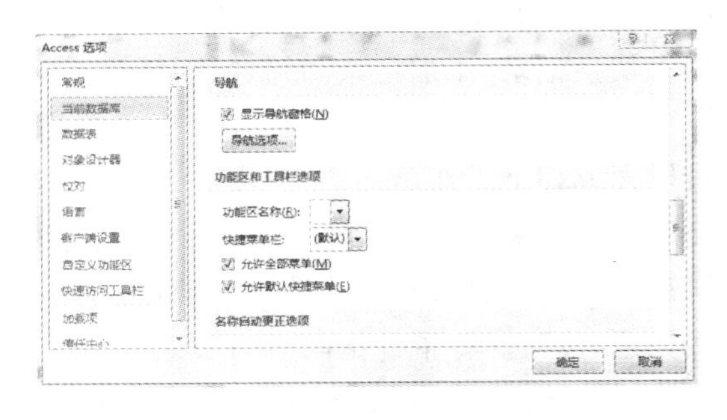

图 7-70 关闭其他窗体选项的设置

当重新打开数据库文件时，系统将自动启动“系统登录”窗体。

当 Access 专门用于某个系统工作时，可以设置系统启动时自动启动某窗体，这样可能会带来工作效率的提高。一般情况下不必这样设置。

本章小结

Access 提供了 7 种类型的窗体，分别是纵栏式窗体、表格式窗体、数据表窗体、数据透视表窗体、数据透视图窗体、图表窗体和主/子窗体。

Access 提供 5 种不同的窗体视图。窗体的视图可以用来确定窗体的创建、修改和显示的方式。5 种不同的窗体视图分别是设计视图、窗体视图、数据表视图、数据透视表视图和数据透视图视图。可以在这些视图中进行切换。

创建窗体有 3 类方法：自动创建窗体、利用窗体向导创建窗体、在设计视图中创建窗体。使用自动创建窗体及利用向导创建窗体这两种方法快捷而简单，但使用范围有限制；使用设计视图创建的窗体更符合用户的要求，更加美观。

创建窗体包括定义窗体和创建控件，其中控件的创建是主要内容。可以通过控件来美化窗体，并且提高窗体的功能。本章介绍了标签、文本框、列表框、组合框、命令按钮、复选框、选项按钮、切换按钮、选项卡等常用控件的应用，同时介绍了控件的常用属性和事件的设置。

习　题　7

一、单项选择题

(1) 窗体设计视图的每个区域称为 (　　)

A. 节　　B. 控件　　C. 数据源　　D. 属性

(2) 每个窗体都必须包含 (　　)

A. 窗体页眉　　B. 窗体页脚　　C. 主体节　　D. 页面页眉

(3) 向窗体添加的实现相应功能的窗体元素，称为 (　　)

A. 节　　B. 控件　　C. 数据源　　D. 属性

(4) 通常用于为窗体添加标题或整体说明等信息的是 (　　)

A. 页面页脚　　B. 页面页眉　　C. 窗体页脚　　D. 窗体页眉

(5) 通常用于显示日期、页码、署名等信息的是 (　　)

A. 页面页眉　　B. 页面页脚　　C. 窗体页眉　　D. 窗体页脚

(6) 如果控件与数据源的字段结合在一起使用，则该控件为绑定型控件的用法是 (　　)

A. 控制型　　B. 计算型　　C. 绑定型　　D. 非绑定型

(7) 用于显示文本、图像和线条的控件是 (　　)

A. 控制型　　B. 计算型　　C. 绑定型　　D. 非绑定型

(8) 与含有数据源字段的表达式相关联的控件是 (　　)

A. 控制型　　B. 计算型　　C. 绑定型　　D. 非绑定型

(9) 用设计视图创建窗体时，使用“字段列表”添加数据源的数据对象是 (　　)

A. 表　　B. 查询　　C. 表或查询　　D. 字段

(10) 放置在 Access 窗体中的某个“命令按钮”是一个 (　　)

A. 方法　　B. 类　　C. 对象　　D. 属性

二、填空题

(1) 通常一个窗体由________、窗体页眉/页脚和页面页眉/页脚等节构成。

(2) ________是放置在窗体中的图形对象，是最常见和主要的窗体元素。

(3) 根据控件的用途及与数据源的关系，可以将控件分为绑定型、非绑定型和________型 3 种类型。

(4) 文本框的高度、宽度以及文本框中显示的信息都是它的________。

(5) 在窗体中，数据的输入、查看、修改以及对数据库中各种对象的操作都是使用

________实现的。

(6) Access 中的控件是窗体或报表中的一个实现特定功能的________。

(7) 在 Access 的窗体的________中,共有 20 多种不同类型的控件。

(8) "多个项目"方式创建的窗体是一种________,在该类窗体内显示多条记录,记录以数据表的形式显示。

(9) 默认情况下,窗体设计视图只有________。

(10) 设计视图创建窗体时,使用"字段列表"添加的数据源只能是________。

三、名词解释题

(1) 窗体的数据源。

(2) 面向对象程序设计的对象。

(3) 面向对象程序设计的事件。

(4) 面向对象程序设计的方法。

(5) 数据透视表。

(6) 数据透视图。

(7) 计算型控件。

(8) 非绑定型控件。

(9) 模式窗体。

(10) 表格式窗体。

四、问答题

(1) 窗体由哪几个部分组成? 创建窗体时默认结构中只包括哪个部分? 如何添加其他部分?

(2) Access 中提供了几种不同的窗体视图? 各种窗体视图的作用是什么?

(3) 利用自动创建窗体的方法可以创建哪几种类型的窗体?

(4) 在面向对象程序设计中,什么是对象? 举例说明。

(5) 什么是对象的属性值?

(6) 什么是绑定型控件? 举例说明。

(7) 什么是计算型控件? 哪个控件常用来作为计算型控件?

(8) 输入掩码的作用是什么?

(9) 列表框与组合框有什么区别?

(10) 在创建控件时,如果想利用控件向导来创建,应先按下控件工具箱中的哪个按钮?

实 验 题 7

实验题 7-1 自动创建窗体。

以第 5 章实验题 5-2 所创建的图书销售.accdb 数据库中的"图书"表为数据源,用自动创建窗体的方法(使用"窗体"按钮)创建 "图书"窗体。

实验题 7-2 创建分割窗体。

以第 5 章实验题 5-2 所创建的图书销售.accdb 数据库中的"员工"表为数据源,创建分割窗体。

实验题 7-3 使用"多个项目"创建窗体。

以第 5 章实验题 5-2 所创建的图书销售.accdb 数据库中的"员工"表为数据源,使用"多个项目”创建窗体。

实验题 7-4 创建数据透视表窗体。

基于第 5 章实验题 5-2 所创建的图书销售.accdb 数据库中的“员工”表为数据源，创建数据透视表窗体。要求按照“部门”分类，统计各部门、各职务男女职工的人数。

实验题 7-5 创建数据透视图窗体。

基于第 5 章实验题 5-2 所创建的图书销售.accdb 数据库，创建数据透视图窗体，将各部门员工按职务统计男女职工的人数。

实验题 7-6 使用向导创建纵栏式窗体。

基于第 5 章实验题 5-2 所创建的图书销售.accdb 数据库，利用向导创建查询“部门与员工”的纵栏式窗体。

实验题 7-7 文本框应用。

在设计视图中创建有文本框的窗体。

基于第 5 章实验题 5-2 所创建的图书销售.accdb 数据库，使用设计视图设计一个窗体，用绑定型文本框和非绑定型文本框显示员工的工号、姓名、性别和年龄。

实验题 7-8 组合框应用。

在实验题 7-7 创建的窗体中添加组合框显示员工的职务。

基于第 5 章实验题 5-2 所创建的图书销售.accdb 数据库，使用设计视图设计一个窗体，用组合框(和列表框)显示员工的职务。

实验题 7-9 命令按钮应用。

在实验题 7-7 和实验题 7-8 创建的员工信息浏览窗体中添加一组命令按钮用于移动记录。

基于第 5 章实验题 5-2 所创建的图书销售.accdb 数据库，在已建的员工信息浏览窗体中，添加一组命令按钮用于移动记录。

实验题 7-10 系统登录窗体。

创建一个登录图书销售管理系统的窗体。

基于第 5 章实验题 5-2 所创建的图书销售.accdb 数据库，创建一个登录图书销售管理系统的窗体。功能是：在输入密码时，不应显示出密码信息，而是用占位符表示。设置三个命令按钮。输入密码后，单击“确定”按钮，若密码正确，在对话框中显示“欢迎进入系统!”；若不正确，在对话框中显示“密码错误!”。单击“重新输入”按钮，使输入密码的文本框获得焦点。单击“退出”按钮，关闭窗体。窗体目标效果图如图 7-71 所示。

登录

欢迎使用图书销售系统

请输入登录名: user1

请输入密码: ******

确定 重新输入 退出

记录: 第 1 项(共 1 项) 无筛选器 搜索

图 7-71 窗体目标效果图

实验题 7-11　选项组控件应用。

基于第 5 章实验题 5-2 所创建的图书销售.accdb 数据库，对其中的“图书”表增加一个“是否精装”的是/否型字段，设计图书的浏览与编辑窗体。

实验题 7-12　创建主/子窗体。

基于第 5 章实验题 5-2 所创建的图书销售.accdb 数据库，使用控件在设计视图中创建图书及其销售信息的主/子窗体。

第8章 报表对象

报表是 Access 中以一定输出格式表现数据的一种对象。利用报表可以比较和汇总数据，显示经过格式化且分组的信息，可以对数据进行排序，可以设置数据内容的大小及外观，并将它们显示和打印出来。

本章主要介绍报表的基本应用操作。

8.1 基础知识

报表是 Access 数据库对象之一。报表能根据指定的规则打印输出格式化的数据信息。使用 Access 所提供的报表设计工具，能够很方便地进行报表格式的设计和修改。

8.1.1 报表概念

1. 报表的用途

报表可用于对数据库中的数据进行分组、计算、汇总并打印输出。有了报表，用户就可以控制数据摘要，获取数据汇总信息，并以所需的任意顺序排序数据。

使用报表可以给我们带来以下 6 个主要方面的方便。

(1) 可以成组地组织数据，以便对各组中的数据进行汇总，显示组间的比较等。

(2) 可以在报表中包含子窗体、子报表和图表。

(3) 可以采用报表打印出符合要求的标签、发票、订单和信封等。

(4) 可以在报表上增加数据的汇总信息，如计数、求平均值或者其他的统计运算。

(5) 可以嵌入图像或图片来显示数据。

(6) 在一个处理的流程中，报表能用尽可能少的空间来呈现更多的数据。

2. 报表与窗体

报表是用来呈现数据的一个定制的查阅对象，是主要以打印的格式表现用户数据的一种有效的方式。它可以输出到屏幕上，也可以传送到打印设备上。因为用户可以控制报表上每个对象的大小和外观，所以能够按照所需要的方式输出数据信息。

窗体主要用于对于数据记录的交互式输入和显示，而报表主要用于显示数据信息，以及对数据进行加工并以多种表现形式呈现，包括对数据的汇总、统计以及各种图形等。

报表中的数据来自表、查询或 SQL 语句，报表的其他设置存储在报表的设计中。

在报表中也可以使用控件，建立报表及其记录源之间的链接。控件可以是标签及文本框，还可以是装饰性的直线，它们可以图形化地组织数据，从而使报表更加美观。

上一章"窗体对象"中介绍的创建窗体中所用的大多数方法，也适用于报表。

报表和窗体之间的主要区别和联系如下。

报表仅为显示或打印而设计，窗体是为在窗口中交互式输入或显示而设计。在报表中不能通过工具箱中的控件来改变表中的数据，Access 不理会用户从选择按钮、复选框及类似的控件中的输入。

创建报表时不能使用数据表视图，只有“打印预览”和“设计视图”可以使用。

报表中，打印边界的上、下、左、右最小值，可由“文件”菜单的“页面设置”对话框或“打印”对话框决定。但如果设计的报表本身的宽度小于打印页宽度，则报表的右边界由设计决定。在报表设计时也可以通过打印项实际位置的右移来调整报表的实际的左边界，而不必一定要使用系统的设置。

在一个多列报表中，列数、列宽和列的空间，可由“页面设置”对话框或“打印”对话框中的设置来控制，它并不由设计方式中加进的控件或设置的属性控制。

3. 报表的分类

报表主要分为以下 4 种类型：纵栏式报表、表格式报表、图表报表和标签报表。

这些类型的报表我们在后面介绍它们的创建方法。

1）纵栏式报表

纵栏式报表（也称为窗体报表）一般是在一页主体节内以垂直方式显示一条或多条记录的。这种报表可以显示一条记录，也可同时显示多条记录，甚至包括合计。每个字段占一行，左边是标签控件，显示字段名称；右边是字段中的值。如图 8-1 所示。后面第 8.2.7 节例 8-6 介绍了这种类型报表的创建方法。

2）表格式报表

在表格式报表中，每一行显示一条记录的数据，每一列显示一个字段中的数据，一页显示多行记录。

表格式报表与纵栏式报表不同，字段标题信息不是在每页的主体节内显示，而是在页面页眉显示的。

表格式报表可以设置分组字段、显示分组统计数据。在一长列文本框中列出每条记录、每个字段的值，用标签显示字段的名称，标签右侧的文本框提供字段的值。

图 8-2 所示是“教材”表的表格式报表。后面第 8.2.2 节例 8-1 介绍这种类型报表的创建方法。

图 8-1 纵栏式报表

员工1　2016年5月28日 9:32:25

工号	姓名	性别	生日	部门号	职务
0102	龚书汉	男	1995/3/20	01	科长
0301	蔡义明	男	1998/10/15	03	主任
0402	谢忠琴	女	1999/8/30	04	处级督办
0404	王丹	女	1999/1/12	04	处级督办
0704	孙小舒	女	1999/11/11	07	总库长
1101	陈娟	女	1999/5/18	11	总会计师
1103	陈琴	女	1998/7/10	11	订购总长
1202	颜晓华	男	1998/10/15	12	发放总指挥
1203	汪洋	男	1998/12/14	12	业务总监
1205	杨莉	女	1999/2/26	12	服务部长
1206	徐敏	女	1999/10/5		部监
1407	赵曙光	男	1998/3/5		部监
1408	雷顺妮	女	1999/12/31		部监

13　第1页 共1页

图 8-2 表格式报表

3）图表报表

图表报表以图表形式显示数据。报表中使用图表，可以更直观地表示出数据之间的关系。图 8-3 所示是员工“职务”人数统计报表输出结果，是一种图表报表。

后面第8.2.5节例8-4介绍了这种类型报表的一种创建方法。

4）标签报表

标签报表是一种特殊类型的报表。在实际应用中，经常会用到标签。例如，物品标签、客户标签、教材信息标签等。图8-4所示是出版社标签报表。

后面第8.2.4节例8-3介绍了这种类型报表的创建方法。

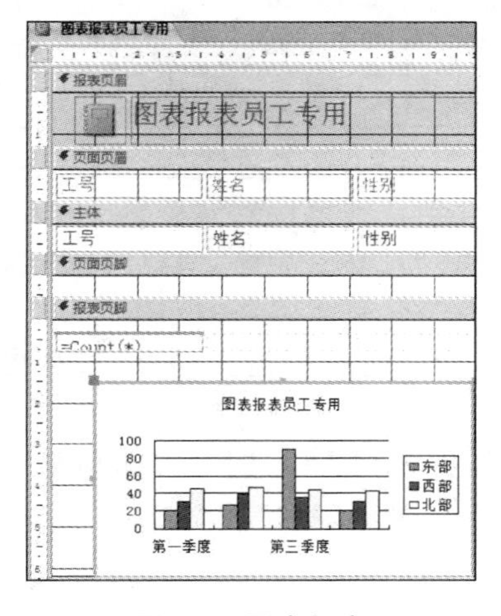

图 8-3　图表报表

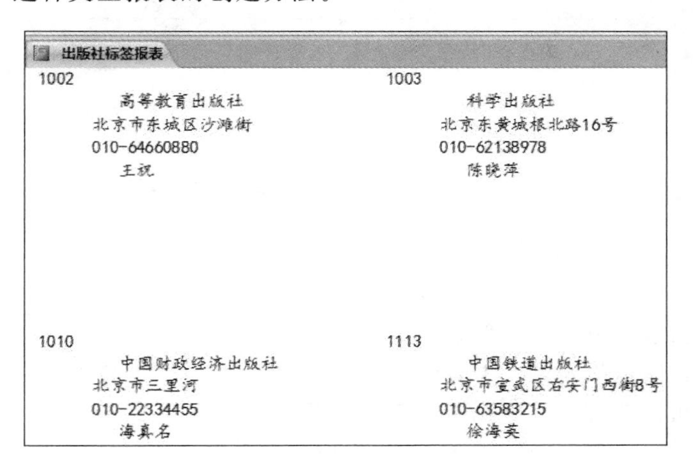

图 8-4　出版社标签报表

8.1.2　报表的视图

Access的报表操作提供了4种视图：设计视图、打印预览视图、报表视图和布局（版面预览）视图。

设计视图用于创建和编辑报表的结构；打印预览视图用于查看报表的页面数据输出形态；版面预览视图用于查看报表的版面设置即布局；报表视图用于查看报表的内容。

4种视图的切换，在创建报表时，可以通过创建功能区的“报表设计”左边“视图”按钮的下拉菜单进行选择，如图8-5所示。在打开报表之后，可以通过“开始”功能区或者在报表主题栏右键快捷菜单中选择，如图8-6所示。

图 8-5　“视图”下拉菜单

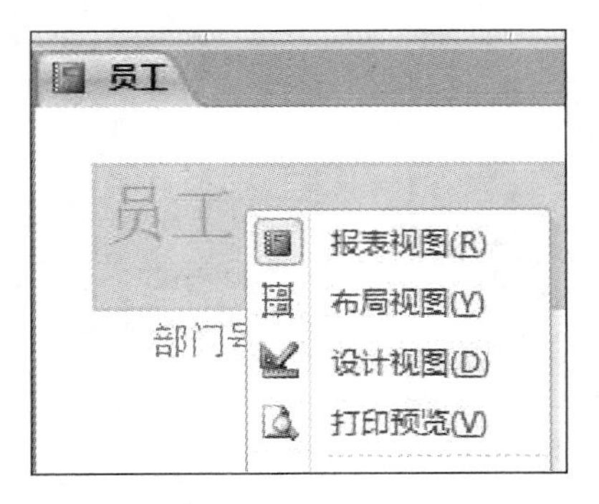

图 8-6　报表主题栏右键快捷菜单

1. 设计视图

打开报表，在“视图”菜单下选择“设计视图”就进入报表的设计视图窗口。在报表的设计视图中，可以创建报表或更改已有报表的结构，如图8-7所示。用户可以在设计视图中添加对象、设置对象属性。可以保存报表的设计。

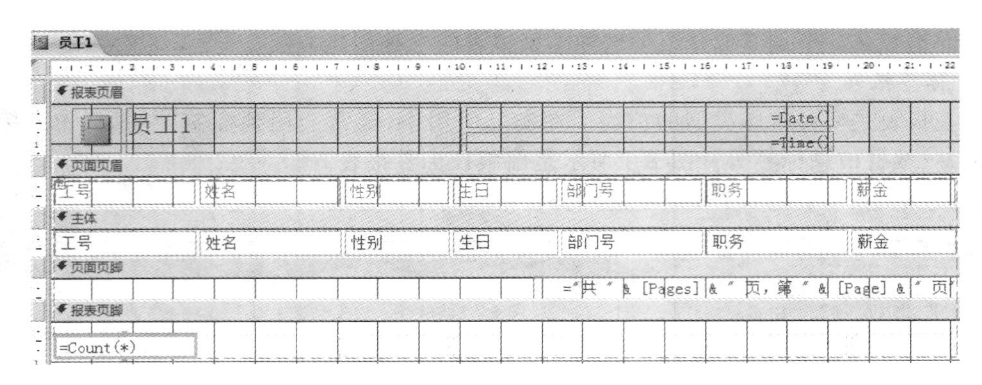

图 8-7　报表的设计视图

2. 打印预览视图

在报表的打印预览视图中，可以显示报表打印时的样式，同时运行所定义的查询，并在报表中显示出全部数据。

从报表设计工具中设计选项按钮，在系统工具表选择视图按钮列表中选择“打印预览”，可以在打印预览视图中查看报表。

本章前面的图 8-1 至 8-4 所示都是报表的打印预览视图。

3. 布局视图

布局视图是 Access 2010 新增的一种视图，实际上是处在运行状态的报表。在布局视图中，在显示数据的同时可以调整报表设计，可以根据实际数据调整列宽和位置，可以向报表添加分组级别和汇总选项，如图 8-8 所示。

员工1 的布局视图

工号	姓名	性别	生日	部门号	职务	薪金
0102	龚书汉	男	1995/3/20	01	科长	8,000.01
0301	蔡义明	男	1998/10/15	03	主任	7,650.00
0402	谢忠琴	女	1999/8/30	04	处级督办	8,200.00
0404	王丹	女	1999/1/12	04	处级督办	8,200.00
0704	孙小舒	女	1999/11/11	07	总库长	8,100.00
1101	陈娟	女	1999/5/18	11	总会计师	8,200.02
1103	陈琴	女	1998/7/10	11	订购总长	7,960.00
1202	颜晓华	男	1998/10/15	12	发放总指挥	7,260.00
1203	汪洋	男	1998/12/14	12	业务总监	7,260.00
1205	杨莉	女	1999/2/26	12	服务部长	7,960.00
1206	徐敏	女	1999/10/5		部监	8,500.00
1407	赵曙光	男	1998/3/5		部监	8,500.00
1408	雷顺妮	女	1999/12/31		部监	8,500.00

13　　共 1 页，第 1 页

图 8-8　报表的布局视图

报表布局视图与打印预览视图的显示十分相似，不同的地方仅在于打印预览视图显示时只能放大缩小，布局视图显示图中可以调整列宽和位置等报表布局的设计。

图 8-8 是对图 8-2 的布局视图进行了列宽、字体和单元格内容居中等方面的调整的结果。

4. 报表视图

报表视图是报表的显示视图，用于在显示器中显示报表内容，所以报表设置好后，本视图与报表的布局视图没有区别。

在报表视图下，可以对报表中的记录进行筛选、查找等操作。

8.1.3　报表的组成

设计报表时，可以将文字和表示各种类型字段的控件放在报表设计窗口中的各个区域内。在报表的设计视图中，报表中的内容根据不同的作用分成不同的区段，称为“节”。节成带状形式，每个节在页面上和报表中具有特定的目的并按照预期顺序输出打印。

与窗体相比，窗体最多有 5 个节，而报表可以有 7 个节，分别是：报表页眉、报表页脚、页面页眉、页面页脚、主体节，另外可以增加“组页眉”和“组页脚”两个节。

1. 报表页眉节

报表页眉中的任何内容都只能在报表的首页输出一次，即报表的第一页打印一次。报表页眉主要用于显示打印报表的封面、报表的制作时间、制作单位等只需一次输出的内容。通常可以在报表中设置控件格式属性突出显示标题文字，还可以设置颜色、阴影或图片等特殊效果。

2. 页面页眉节

页面页眉中的文字或控件一般输出显示在每页的顶端。通常，它用来显示数据的列标题。在报表输出的首页，这些列标题显示在报表页眉的下方。

可以给每个控件文本标题加上特殊的效果，如颜色、字体种类和字体大小等。

一般来说，把报表的标题放置在报表页眉中，该标题打印时仅在第一页的开始位置出现。如果将标题移动到页面页眉中，则该标题在每一页上都显示。

3. 组页眉节

根据需要，在报表设计的 5 个基本节区域的基础上，还可以使用“排序与分组”属性来设置“组页眉/组页脚”区域，以实现报表的分组输出和分组统计。组页眉节内主要安排文本框或其他类型控件显示分组字段等数据信息。

打印输出时，“组页眉/组页脚”节内的数据仅在每组开始位置显示一次。

可以建立多层次的组页眉及组页脚，但不可分出太多的层，一般不超过 3～6 层。

4. 主体节

主体节用来处理每条记录，其字段数据均须通过文本框或其他控件（主要是复选框和绑定对象框）绑定显示。可以包含计算的字段数据。

主体节是不可缺少的。根据主体节内字段数据的显示位置，报表又划分为多种类型。

5. 组页脚节

组页脚节内主要安排文本框或其他类型控件显示分组统计数据。打印输出时，其数据显示在每组结束位置。

在实际操作中，组页眉和组页脚可以根据需要单独设置使用。

6. 页面页脚节

页面页脚节一般包含页码或控制项的合计内容，数据显示安排在文本框和其他一些类型控件中。在报表每页底部显示页码信息。

7. 报表页脚节

该节区一般在所有的主体和组页脚被输出完成后才会打印在报表的最后面。通过在报表页脚区域安排文本框或其他一些类型控件,可以显示整个报表的计算汇总或者其他的统计数字信息。

8.2 报表的创建

在 Access 中,提供了 4 种创建报表的方式:自动报表、空报表、报表向导和设计视图。

由于报表向导可以为用户完成大部分基本操作,因此加快了创建报表的过程。在使用报表向导时,它将提示有关信息并根据用户的回答来创建报表。在实际应用过程中,一般可以首先使用自动报表或向导功能快速创建报表结构,然后再在设计视图环境中对其外观、功能加以修缮,这样可以大大提高报表设计的效率。

8.2.1 报表设计工具

为了便于掌握报表的设计,必须了解和掌握报表设计工具的功能和使用。下面依次介绍各种报表设计工具。

选择 Access 的“创建”选项卡下报表组的“报表设计”按钮(单击),可以看到“报表设计工具”选项卡,包含“设计”“排列”“格式”“页面设置”四个选项卡,如图 8-9 所示。

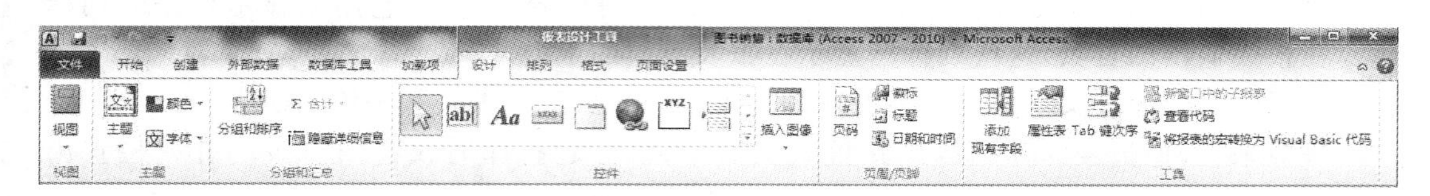

图 8-9 “报表设计工具”选项卡

1. “设计”选项卡

如图 8-10 所示,在“设计”选项卡下,分为“视图”“主题”“分组和汇总”“控件”“页眉/页脚”“工具”六个组。“视图”下拉列表中列出“设计视图”“打印预览”“布局视图”和“报表视图”供用户选择与切换视图;“主题”主要对颜色和字体进行设置;“分组和汇总”启动分组与汇总面板来设计分组和排序;“控件”供用户选择各类控件进行设计;“页眉/页脚”供用户设置页码、标题和时间等;“工具”让用户添加字段、对属性等进行设置。

2. “排列”选项卡

“排列”选项卡下可管理控件组、设置文本边距和控件边距、切换对齐网络布局功能、设置“Tab”键顺序、对齐和定位控件、显示属性表等。如图 8-10 所示。

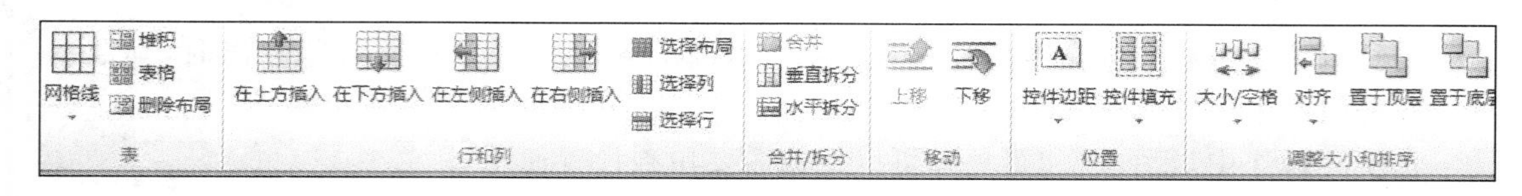

图 8-10 “排列”选项卡

3. “格式”选项卡

“格式”选项卡包括“所选内容”“字体”“数字”“背景”“控件格式”五个组。“所选内容”显示当前选择的对象；“字体”对文本数据格式进行设置；“数字”对数字型数据的格式进行设置；“背景”设置背景色或背景图；“控件格式”对控件的形状和颜色进行设置。如图 8-11 所示。

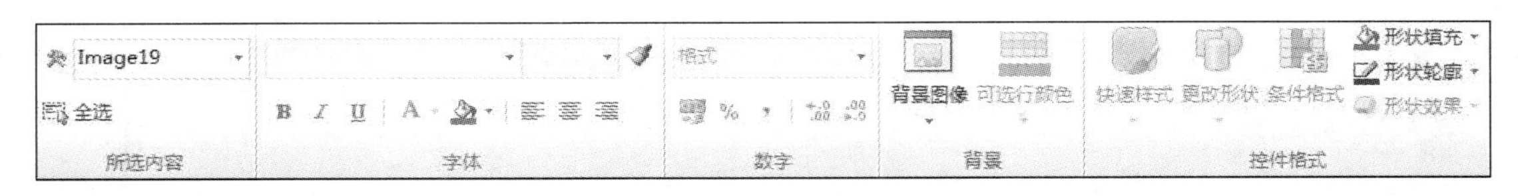

图 8-11 “格式”选项卡

4. “页面设置”选项卡

“页面设置”选项卡包括“页面大小”“页面布局”两个组，用来对纸张大小、边距和方向进行设置。如图 8-12 所示。

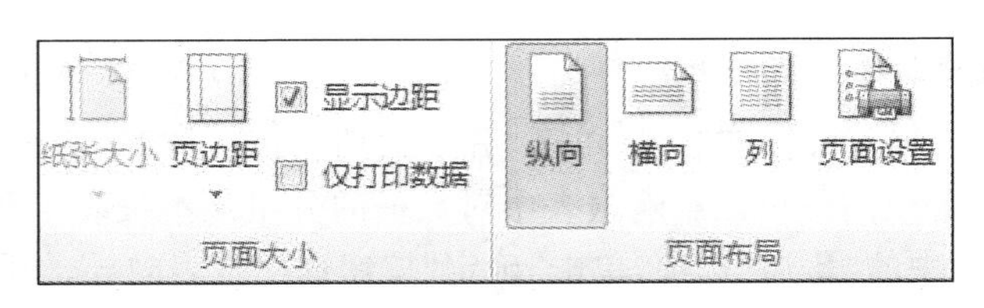

图 8-12 “页面设置”选项卡

8.2.2 自动创建报表

自动报表功能是一种快速创建报表的方法。

设计时，先选择表或查询对象作为报表的数据源，再选择“创建”选项卡下“报表”组中的“报表”按钮(单击)，就会自动生成报表，并显示数据源所有字段和记录。

【例 8-1】 在教材管理系统数据库中使用自动报表创建员工 1 报表。

操作步骤如下。

(1) 在教材管理系统数据库窗口中，选择“员工”表。

(2) 选择“创建”选项卡下“报表”组中的“报表”按钮(单击)，自动生成员工 1 报表，自动进入布局视图。员工 1 表参见图 8-2。

8.2.3 报表向导创建报表

使用自动报表创建报表虽然简单，但用户几乎无法做出任何选择。使用报表向导来创建报表，报表向导会提示用户输入相关的数据源、字段和报表版面格式等信息，根据向导提示可以完成大部分报表设计的基本操作，加快了创建报表的过程。

【例 8-2】 以教材管理系统数据库中“员工”表为基础，利用向导创建教材科员工信息报表。

操作步骤如下。

(1) 单击“创建”选项卡，然后在“报表”组中单击“报表向导”按钮。

弹出“报表向导”第 1 个对话框，确定数据源。数据源可以是表或查询对象。这里，选择“员工 1”表作为数据源。如图 8-13 所示。

“可用字段”列表框列出了数据源的所有字段。从“可用字段”列表框中，选择需要的报表字段，单击 > 按钮，它就会添加显示在“选定字段”列表中。

选择完所需字段后（可用“＞＞”按钮全选，然后在右边“选定字段”中选中“部门号”），单击“下一步”按钮。

（2）弹出“报表向导”第 2 个定义分组级别的对话框，如图 8-14 所示。

图 8-13　“报表向导”对话框 1

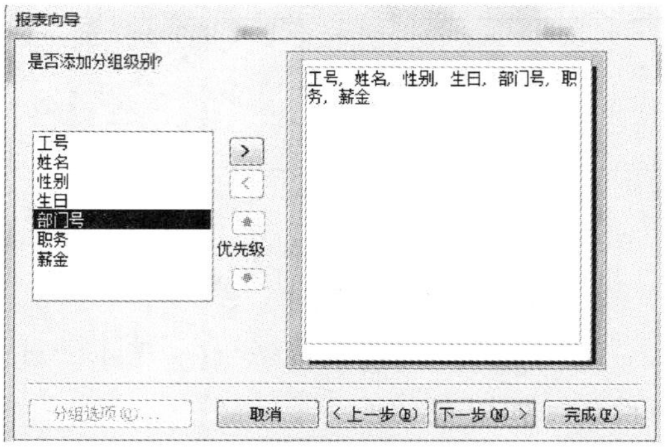

图 8-14　“报表向导”对话框 2

（3）在列表框中选择“部门号”字段，单击“分组选项”按钮，打开“分组间隔”对话框。如图 8-15 所示。通过更改分组间隔可以影响报表中对数据的分组。本报表不要求任何特殊的分组间隔，选择“分组间隔”中的“普通”选项，单击“确定”按钮返回报表向导，如图 8-16 所示。

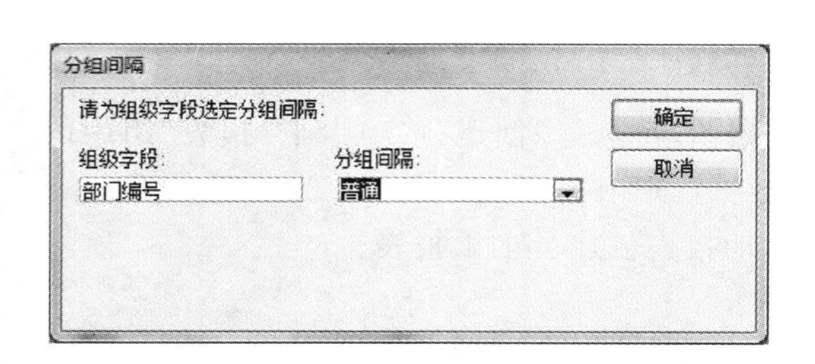

图 8-15　“分组间隔”对话框

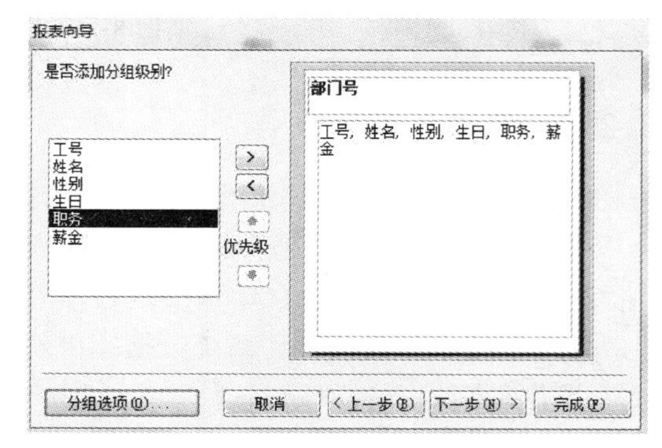

图 8-16　“分组间隔”返回

（4）单击“下一步”按钮，弹出“报表向导”第 3 个对话框，如图 8-17 所示。当定义好分组之后，用户可以指定主体记录的排列次序，这里选择工号、升序。单击“汇总选项”按钮，这时弹出“汇总选项”对话框，指定计算汇总值的方式，如图 8-18 所示。单击“确定”按钮，返回。

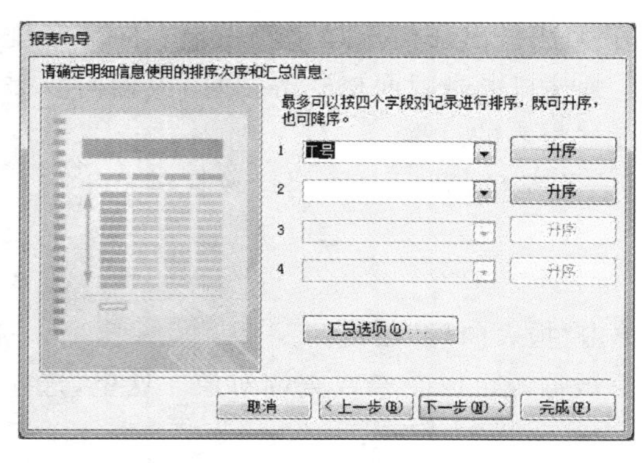

图 8-17　“报表向导”对话框 3

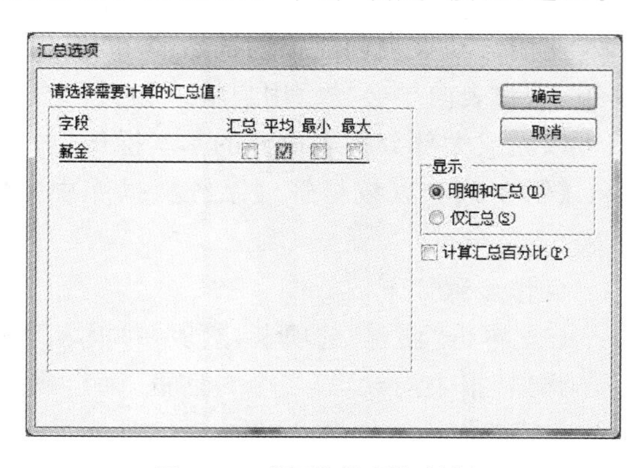

图 8-18　“汇总选项”对话框

(5) 单击“下一步”按钮，弹出“报表向导”第 4 个对话框，如图 8-19 所示。用户可以选择报表的布局格式。默认情况下，“报表向导”会选中“调整字段宽度使所有字段都能显示在一页中”选项。在方向选项组中选择“纵向”选项。

单击“下一步”按钮，弹出“报表向导”第 5 个对话框，如图 8-20 所示。

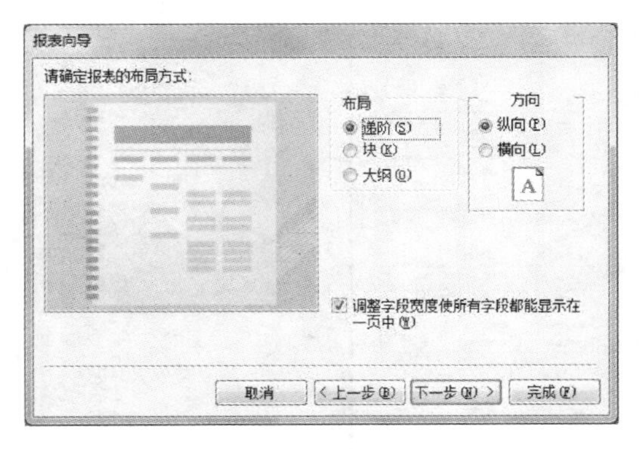

图 8-19 “报表向导”对话框 4

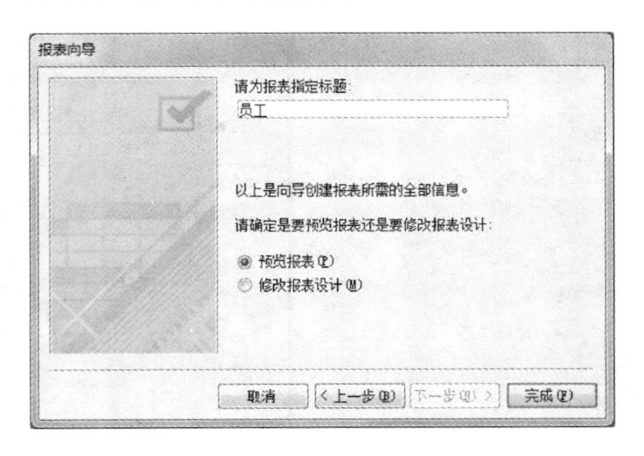

图 8-20 “报表向导”对话框 5

在标题中输入“教材科员工信息报表”。选中“预览报表”按钮，并单击“完成”按钮。报表向导会创建报表，设计视图如图 8-21 所示，布局视图如图 8-22 所示，打印预览视图如图 8-23 所示。

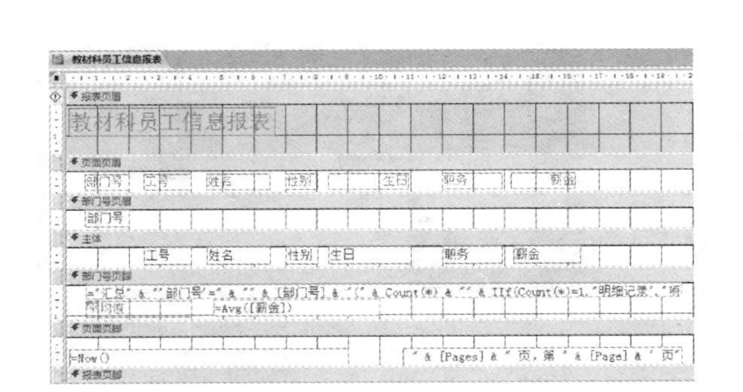

图 8-21 报表向导建立的报表设计视图

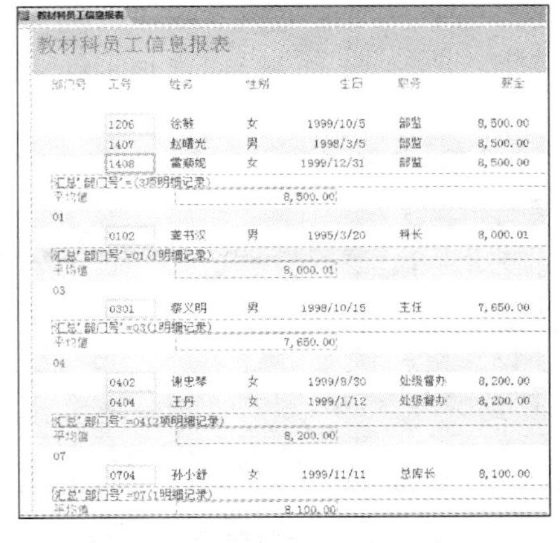

图 8-22 报表向导建立的报表布局视图

在报表向导设计出的报表基础上，用户可以做进一步修改，以得到一个完善的报表。

8.2.4 标签向导创建报表

在日常生活中，可能需要制作“物品说明”之类的标签。在 Access 中，用户可以使用标签向导快速地制作标签报表。

【例 8-3】 利用标签向导，在教材管理系统数据库中创建出版社标签报表。

操作步骤如下。

(1) 在教材管理系统数据库窗口中，选择“出版社”表，作为数据源。

(2) 单击“创建”选项卡，然后在“报表”组中单击“标签”按钮，弹出“标签向导”第 1 个对话框，如图 8-24 所示。

(3) 在该对话框中，可以选择标准型号的标签，也可以自定义标签的大小。这里选择“C2166”标签样式，然后单击“下一步”按钮，弹出“标签向导”第 2 个对话框，如图 8-25 所示。

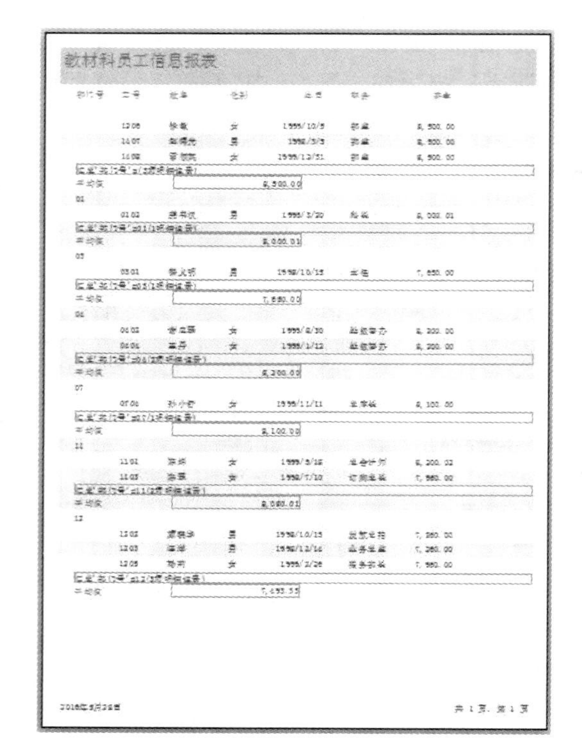

图 8-23　报表向导建立的打印预览视图

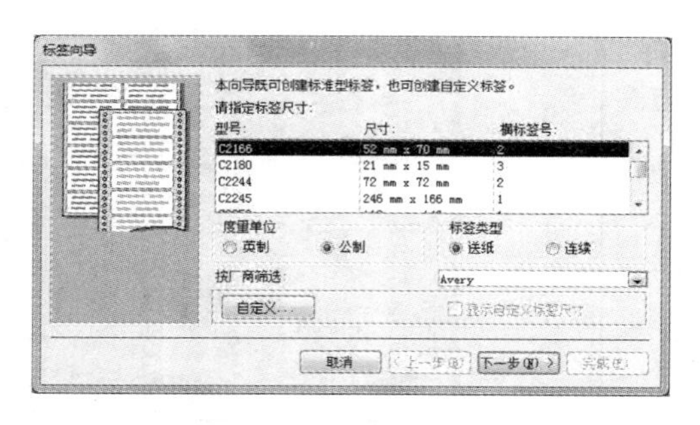

图 8-24　“标签向导”对话框 1

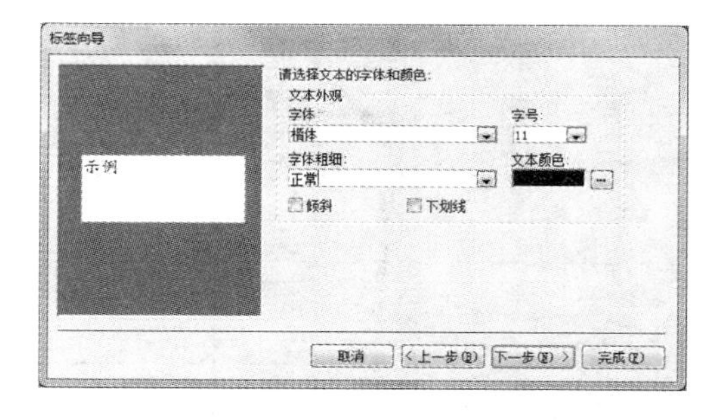

图 8-25　“标签向导”对话框 2

（4）根据需要选择适当的字体、字号、粗细和颜色，单击“下一步”按钮，显示“标签向导”第 3 个对话框，如图 8-26 所示。

（5）根据需要选择创建标签要使用的字段。单击“下一步”按钮，显示图 8-27 所示的“标签向导”第 4 个对话框。

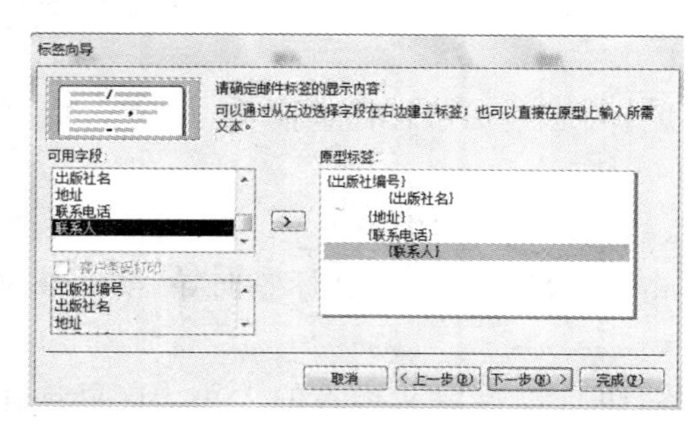

图 8-26　“标签向导”对话框 3

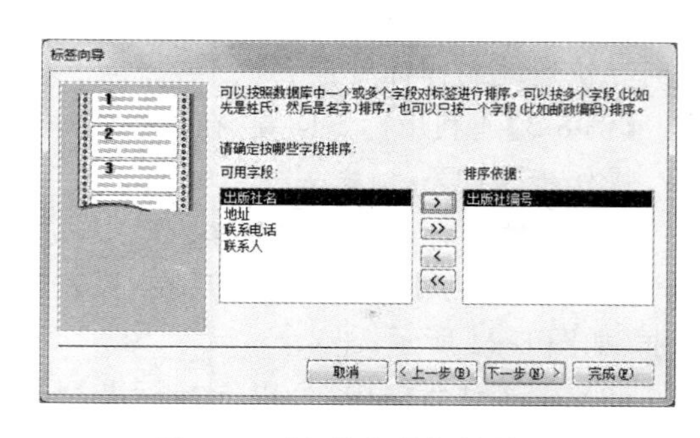

图 8-27　“标签向导”对话框 4

（6）选择按哪些字段进行排序。这里选择“出版社编号”，单击“下一步”按钮，显示“标签向导”的第 5 个对话框，如图 8-28 所示。

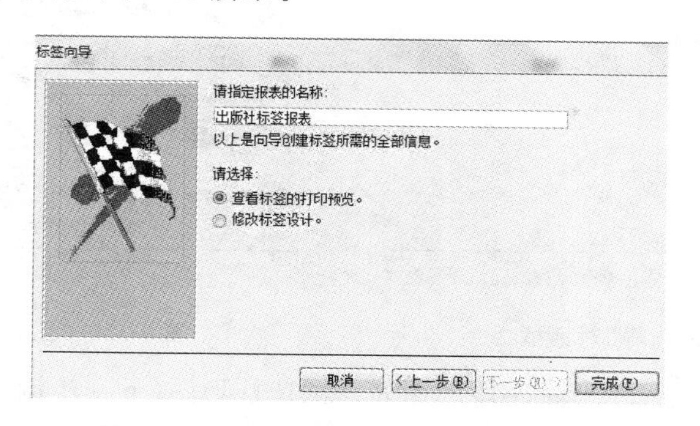

图 8-28 “标签向导”对话框 5

（7）为新建的标签命名为“出版社标签报表”，单击“完成”按钮。

至此，创建了出版社标签报表，如图 8-4 所示。

如果最终的标签报表没有达到预期的效果，可以删除该报表，然后重新设计，也可以进入设计视图进行修改。

8.2.5 创建图表报表

图表报表实际上是调用图表控件完成图表制作的。

选定一个数据库中的一张表为数据源，创建报表视图，就可以创建图表报表，以下举一个简单的例子来进行说明。

【例 8-4】 在教材管理系统数据库中以“图表报表员工专用”表为数据源，自动创建图表报表员工专用报表作为基本报表，以其中的“性别男”和“补助男”统计数建立图表。

操作步骤如下。

（1）在教材管理系统数据库窗口中，以“图表报表员工专用”表为数据源，自动创建图表报表员工专用报表，切换到设计视图。如图 8-29 所示。

单击图表控件，在设计视图选定勾画位置，出现“图表向导”对话框 1，如图 8-30 所示。

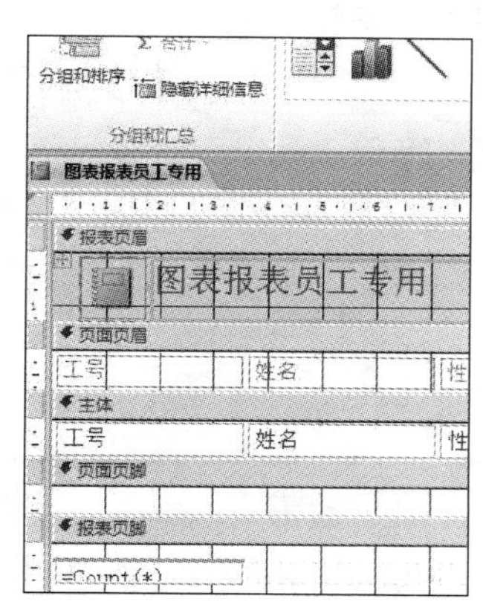

图 8-29 报表设计视图

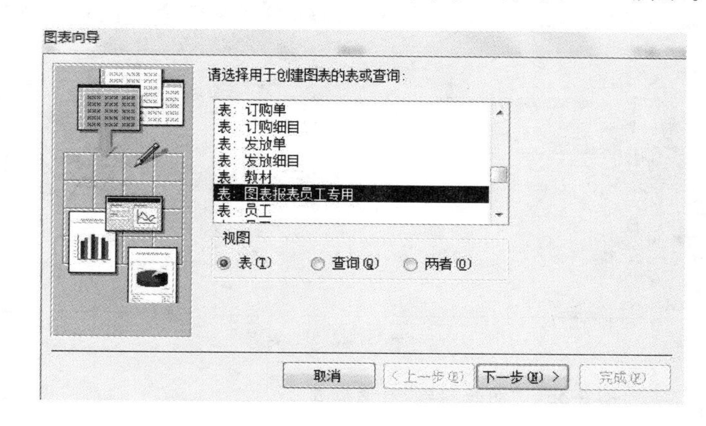

图 8-30 “图表向导”对话框 1

选择用于创建图表的表或查询，这里选择“表：图表报表员工专用”，视图栏单选项为表。单击下一步，显示“图表向导”对话框 2，如图 8-31 所示。这里选择图表数据所在的字段。选择“性别男”“补助男”。单击下一步，显示图表向导对话框 3，如图 8-32 所示。

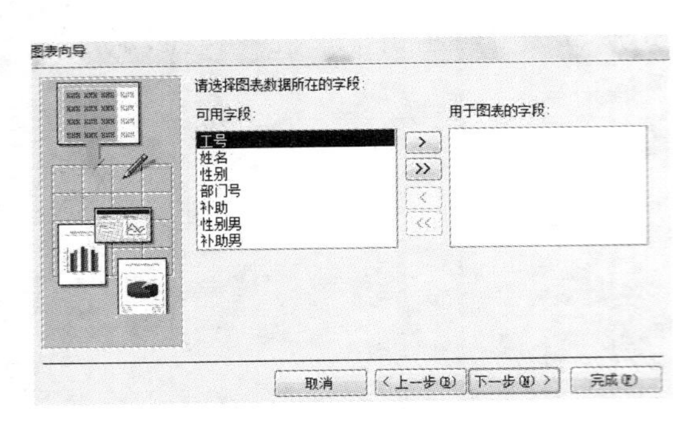

图 8-31 “图表向导”对话框 2

图 8-32 “图表向导”对话框 3

这里选择能恰当地显示所选字段的图表。试选柱形图(下一步浏览图形,不适合可以重选),单击“下一步”按钮,显示“图表向导”对话框 4,如图 8-33 所示。

把性别男、补助男字段按钮分别拖曳到图表左上角合计位置(这时左上角的“预览图表”按钮可浏览生成的图 8-34 所示的图表)。设置好后单击“下一步”按钮,显示“图表向导”对话框 5,如图 8-35 所示。

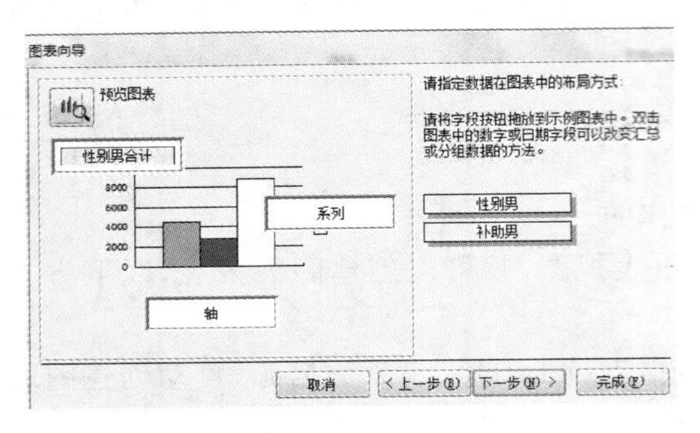

图 8-33 “图表向导”对话框 4

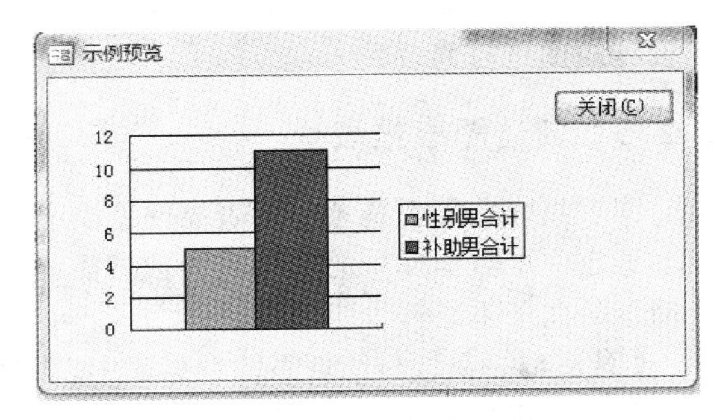

图 8-34 图表浏览

这里选择报表和图表链接字段“工号”,使图表随表中记录的变化而变化。设置好后单击“下一步”按钮,显示“图表向导”对话框 6,如图 8-36 所示。

这里指定图表标题,录入:图表报表员工专用。指定显示图表的图例。单击“完成”。显示设计视图如图 8-3 所示。可切换到布局视图或打印预览视图观看结果显示。

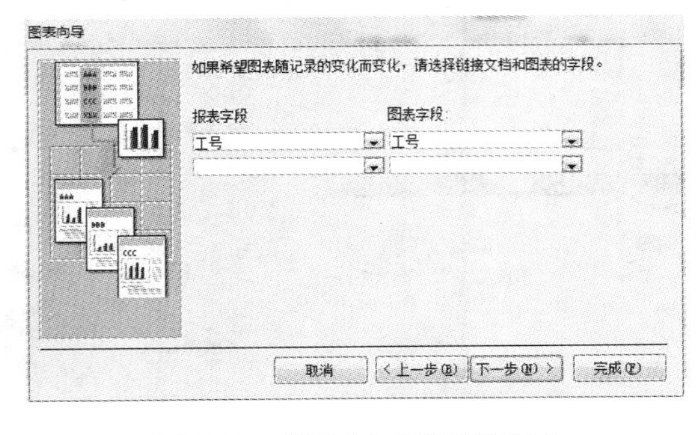

图 8-35 “图表向导”对话框 5

图 8-36 “图表向导”对话框 6

8.2.6 创建空报表

创建空报表是指首先创建一个空白报表,然后将选定的数据字段添加到报表中。使用这种方法创建报表,其数据源只能是表。

【例 8-5】 在教材管理系统数据库中，使用空报表创建教材信息报表。

操作步骤如下。

(1) 打开教材管理系统数据库，在“创建”选项卡下“报表”组中，单击“空报表”按钮，系统将创建一个空报表并以布局视图显示，同时打开“字段列表”窗口。在“字段列表”窗口单击“显示所有表”按钮，将展开显示教材管理系统数据库中的所有表名，如图 8-37 所示。

(2) 选择“教材”表并单击左边的“+”按钮展开，显示“教材”表的全部字段名。双击选中字段，Access 自动将所选字段添加到报表中。当表间建立关联后，还可以选择双击“相关表中的可用字段”(这里选择了“出版社”表中的出版社名字段)并形成报表(布局视图)，如图 8-38 所示。

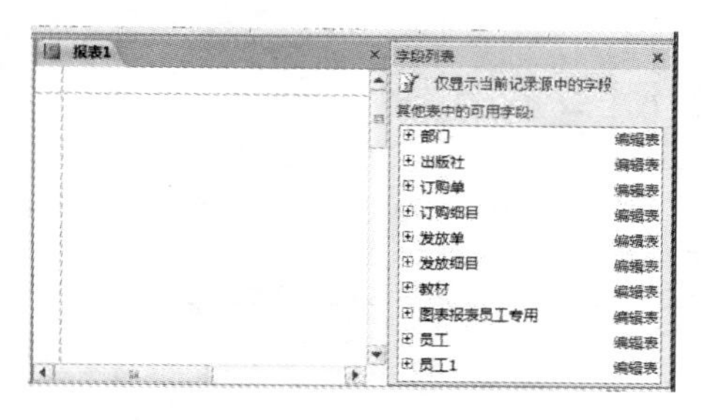

图 8-37 创建空报表 1

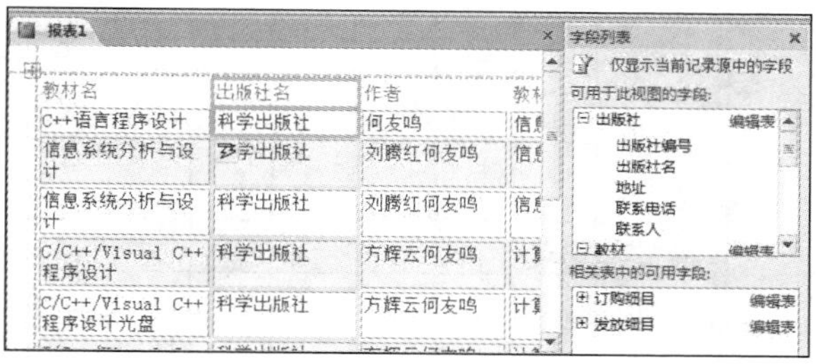

图 8-38 创建空报表 2

(3) 设置完毕，关闭“字段列表”，可以切换到打印预览视图查看报表。以文件名“教材信息”保存报表，设计完成。

8.2.7 使用设计视图创建报表

Access 的报表创建方法，除了以上讲到的如使用自动报表功能、向导功能等以外，还可以在设计视图中创建一个新报表。

对于格式复杂、数据处理复杂的报表，通过报表的设计视图进行设计比较好。基本操作过程如下。

(1) 创建空白报表并选择数据源。

(2) 添加页眉页脚。

(3) 使用不着痕迹控件显示数据、文本和各种统计信息。

(4) 设置报表排序和分组属性。

(5) 设置报表和控件外观格式、大小位置和对齐方式等。

在数据库窗口中选择“创建”选项卡，在“报表”组中选择“报表设计”按钮(单击)，弹出报表设计视图窗口。单击右键，可以通过快捷菜单添加“报表页眉/页脚”等，如图 8-39 所示。

1. 向报表工作区添加控件

与窗体类似，报表中的每一个对象都使用控件，例如显示字段名的标签、显示字段值的文本框等。报表控件通常也分绑定型控件、非绑定型控件和计算型控件 3 种。

绑定型控件与表字段绑定在一起，用于在报表中显示表中的字段值。非绑定型控件不与表字段绑定在一起，用于栏目名标题等。计算型控件是建立在表达式(如函数和计算)基础上的。计算型控件属于非绑定型控件。

用户可以在设计视图中对控件进行如下操作：创建新控件、选择控件、删除控件、移动控件、拖动控件的边界调整框调整控件大小、利用属性对话框改变控件属性、通过格式化改变

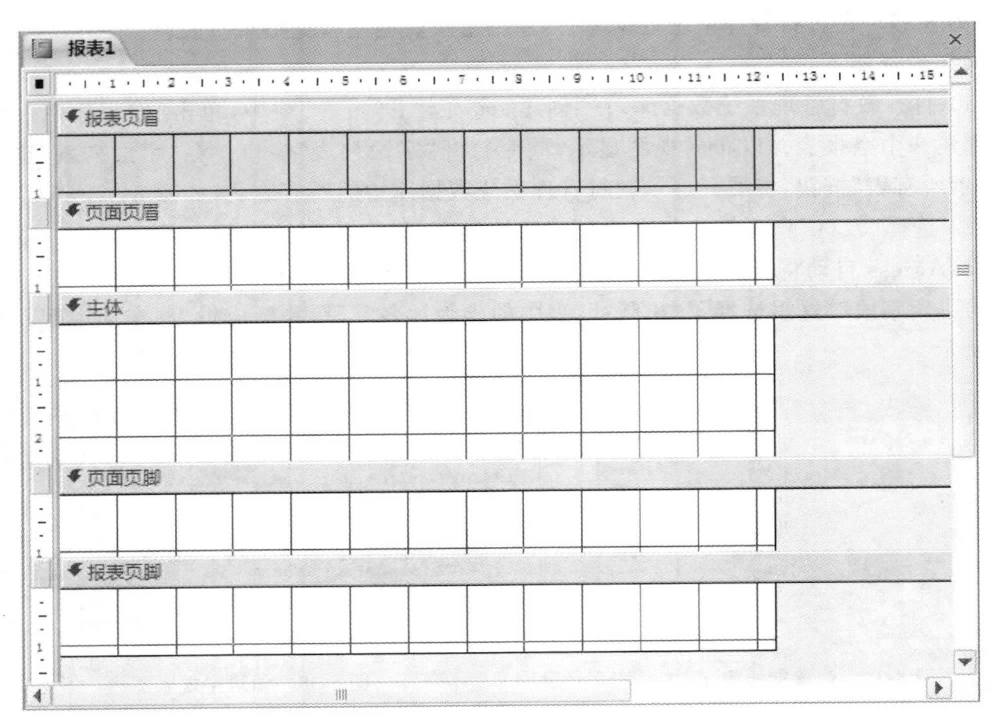

图 8-39　报表设计工作区

控件外观、对控件增加边框和阴影效果等。

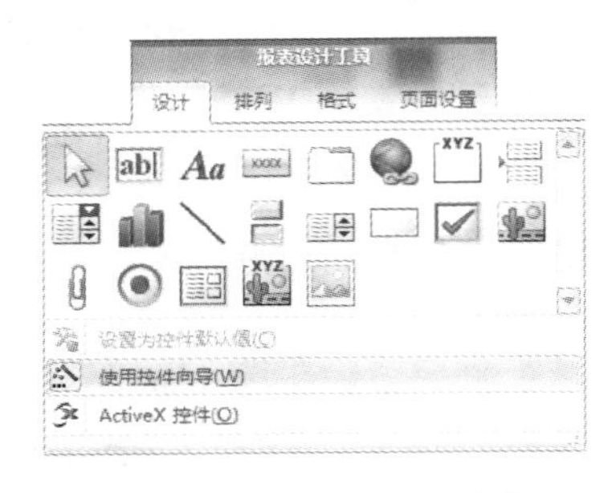

图 8-40　报表设计工具控件组

如果要在报表中添加非绑定型控件，可从“报表设计工具”组中选择相应的控件。可以使用向导来创建控件，但首先要保证“工具箱”中的控件向导被选中。报表设计工具控件组如图 8-40 所示。可以使用向导来创建“命令按钮”“列表框”“组合框”“子窗体/子报表”以及“选项组”控件，还可以创建图表或数据透视表控件。

向报表中添加绑定型控件是创建报表的一项重要工作。这类控件主要是文本框，它与字段列表中的字段相结合来显示数据。通过“字段列表”显示字段，双击或拖动字段到相应的空白工作区，Access 自动设置文本框。文本框的关联标签即为字段名称。

2. 控件的外观更改和属性设置

在创建报表过程中，常常需要对控件的位置及尺寸进行更改或重新设置。更改控件外观的方法通常有两种，即在设计窗口内直接修改或利用属性窗口进行修改。

直接更改控件，首先选中控件，周围出现 8 个调整控件大小的方块，称为调整方块。左上角较大的方块用来移动控件，其余方块用来调整控件大小。

而每一个控件所对应的属性对话框，其“格式”选项卡下都有控制位置与尺寸的属性。更改这些属性的值即可。

此外，控件根据需要，通常要设置多种属性。选择控件单击右键，在快捷菜单中选择“属性”菜单项(单击)，弹出该控件的属性对话框。在属性对话框中设置属性。

以下举例说明。

【例 8-6】 在教材管理系统数据库中利用报表设计视图创建纵栏式的教材信息表报表。

操作步骤如下。

(1) 通过“创建”选项卡启动报表设计视图:在“报表”组中选择“报表设计”按钮(单击),弹出报表设计视图窗口。单击右键,可以通过快捷菜单添加“报表页眉/页脚”。如图 8-39 所示。

(2) 在报表页眉中添加一个标签控件,输入标题为“教材信息表”,在“开始”选项卡设置标签格式:字体“幼圆”,字号 14。

(3) 单击“设计”选项卡下“工具”组的“添加现有字段”按钮,打开“字段列表”对话框。单击“显示所有表”,展开“教材”表,依次双击各字段及需要的、关联表的相关字段,将字段放置在主体中,系统自动创建相应的文本框控件及标签控件。手工调整设置控件位置,如图 8-41 所示。

(4) 选择“设计”选项卡下“页眉/页脚”组中的“页码”按钮(单击),打开“页码”对话框,选择格式为“第 N 页,共 M 页”,位置为“页面底端(页脚)”,单击“确定”按钮,即可在页面页脚节区插入页码。如图 8-42 所示。

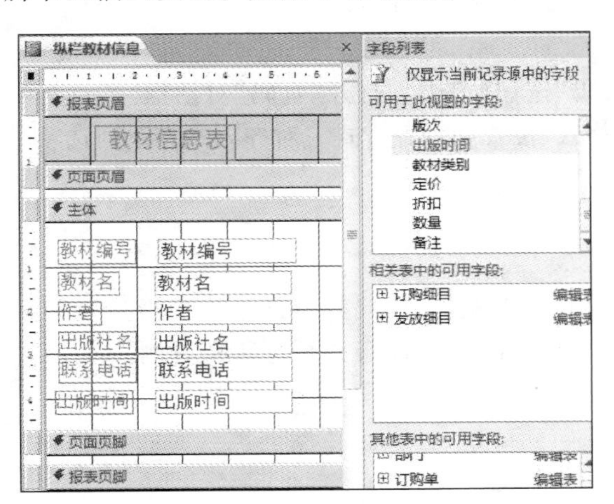

图 8-41 报表字段设计

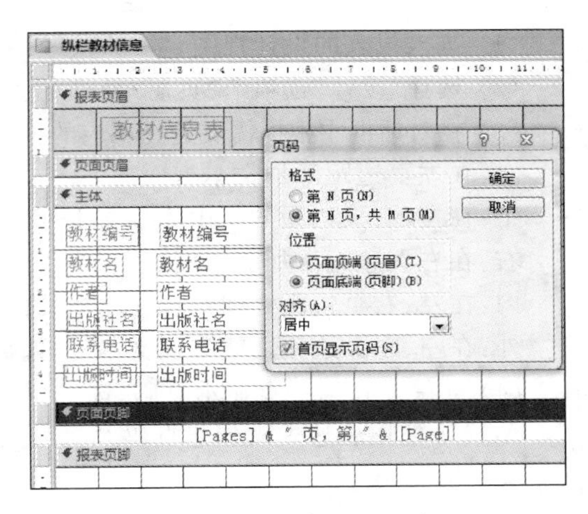

图 8-42 报表页码设计

(5) 用“布局视图”或“打印预览”工具查看报表显示,如图 8-1 所示。单击“关闭打印预览”按钮,然后以“教材信息表”命名纵栏式教材信息报表文件名,保存报表。以后就可以随时打开“教材信息表”显示并打印有关教材信息的报表。

 8.3 报表编辑

在报表的设计视图中可以对已经创建的报表进行编辑和修改,可以实现复杂的处理功能。另外,报表布局视图显示图中可以调整列宽和位置等报表布局的设计。

8.3.1 报表的添加

1. 添加背景图案

报表的背景可以添加图片以增强显示效果。具体操作步骤如下。

(1) 进入报表的设计视图。

(2) 选择“报表设计工具”选项卡下的“属性表”按钮(单击),打开“属性表”对话框。

(3) 选择“格式”选项卡,选择“背景图像”属性进行背景图片的设置。

2. 添加日期和时间

制作报表时日期和时间都很重要。给报表添加日期和时间的操作步骤如下。

图 8-43 “日期和时间”对话框

(1) 进入报表的设计视图。

(2) 选择“设计”选项卡“页眉/页脚”组“日期和时间”按钮(单击),打开“日期和时间”对话框,如图 8-43 所示。

(3) 在对话框中选择是否显示日期、是否显示时间,以及显示格式,单击“确定”按钮,则自动添加控件将所选日期时间放置到报表中。控件位置可以安排在报表的任何节。

此外,也可以在报表上添加一个文本框,通过设置其“控件源”属性的日期或时间的计算表达式(例如,=Date()或=Time()等)来显示日期与时间。

3. 添加页码

在报表中添加页码的操作步骤如下。

(1) 进入报表的设计视图。

(2) 选择“设计”选项卡“页眉/页脚”组“页码”按钮(单击),打开“页码”对话框。

(3) 在对话框中根据需要选择相应的页码格式、位置和对齐方式。对齐方式有下列选项。

左:在左页边距添加文本框。

中:在左、右页边距的正中添加文本框。

右:在右页边距添加文本框。

内:在左、右页边距之间添加文本框,奇数页打印在左侧,而偶数页打印在右侧。

外:在左、右页边距之间添加文本框,偶数页打印在左侧,而奇数页打印在右侧。

(4) 如果要在第一页显示页码,选中“在第一页显示页码”复选框。

Access 使用表达式来创建页码。

8.3.2 节的操作

报表中的内容是以节划分的。

报表可以有 7 个节:报表页眉、报表页脚、页面页眉、页面页脚、主体节,与窗体相比,报表另外可以增加“组页眉”和“组页脚”两个节。每一个节都有其特定用途,而且按照一定顺序打印在页面及报表上。

在设计视图中,节代表各个不同的带区,每一节只能被指定一次。在打印报表中,某些节可以被指定很多次,可以通过放置控件来确定在节中显示内容的位置。

通过对属性值相等的记录进行分组,可以进行一些计算或简化报表使其易于阅读。

1. 添加或删除节

在设计视图中单击右键,在弹出的快捷菜单中选择“报表页眉/页脚”菜单项或“页面页眉/页脚”菜单项(单击),即可添加或删除相关节。

“页眉”和“页脚”只能作为一对同时添加。如果不需要页眉或页脚,可以将不要的节的“可见性”属性设为“否”,或者删除该节所有控件,然后将其大小或高度属性设置为 0。

如果删除页眉和页脚,Access 将同时删除页眉、页脚中的控件。

2. 改变报表的页眉、页脚或其他节的大小

可以单独改变报表上各个节的大小。

可以将光标放在节的底边(改变高度)或右边(改变宽度),上下拖动鼠标改变节的高度,或左右拖动鼠标改变节的宽度。也可以将光标放在节的右下角,然后沿着对角线的方向拖动鼠标,同时改变节的高度和宽度。

3. 为报表中的节或控件创建自定义颜色

如果调色板中没有需要的颜色,用户可以利用节或控件的属性表中"前景颜色""背景颜色"或"边框颜色"等属性框并配合使用"颜色"对话框来进行相应属性的颜色设置。

8.3.3 绘制线条和矩形

在设计报表时,可通过添加线条或矩形来修饰版面,以达到一个更好的显示效果。

1. 在报表上绘制线条

操作步骤如下。

(1) 进入报表的设计视图。

(2) 单击"设计"选项卡"控件"组中的"线条"工具。

(3) 单击报表的任意处可以创建默认大小的线条,通过单击并拖动的方式可以创建自定义大小的线条。

如果要细微调整线条的长度或角度,可单击选中线条,然后同时按下"Shift"键和所需的方向键。如果要细微调整线条的位置,则同时按下"Ctrl"键和所需的方向键。

利用线条属性表的"格式"选项卡,可以更改或设置线条的外观和样式。

2. 在报表上绘制矩形

操作步骤如下。

(1) 进入报表的设计视图。

(2) 单击"设计"选项卡"控件"组中的"矩形"工具。

(3) 单击报表的任意处可以创建默认大小的矩形,通过单击并拖动的方式可以创建自定义大小的矩形。

8.4 报表高级操作

8.4.1 报表排序和分组

缺省情况下,报表中的记录按照自然顺序,即按照数据在表中的先后顺序来排列显示。在实际应用过程中,经常需要按照某个指定的顺序来排列记录。例如,按照年龄从小到大排列等,称为报表"排序"操作。此外,报表设计时还经常需要就某个字段按照其值的相等与否划分成组来进行一些统计操作并输出统计信息,这就是报表的"分组"操作。

1. 记录排序

在报表向导中设置字段排序,限制最多一次设置 4 个字段,并且限制排序的只能是字段,不能是表达式。实际上,一个报表最多可以安排 10 个字段或字段表达式进行排序。

【例 8-7】 在前面例 8-6 所建的教材信息表报表设计中按照"教材编号"由小到大(升序)进行排序输出。保存报表对象为"教材编号排序"。

操作步骤如下。

(1) 在导航窗格的报表对象列表中选择教材信息表报表。

(2) 在“文件”下拉菜单中选择“对象另存为”，把教材信息表报表另存为“教材编号排序”报表，打开其设计视图。

(3) 选择“设计”选项卡下“分组和汇总”组中的“分组和排序”按钮(单击)，出现“分组、排序和汇总”面板，如图 8-44 所示。

(4) 单击“添加排序”按钮，选择排序字段为“教材编号”及排序次序为“升序”，如图 8-45 所示。

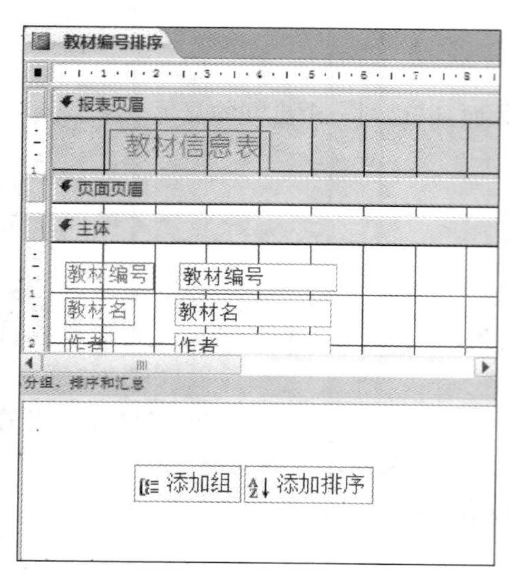

图 8-44 “分组、排序和汇总”面板

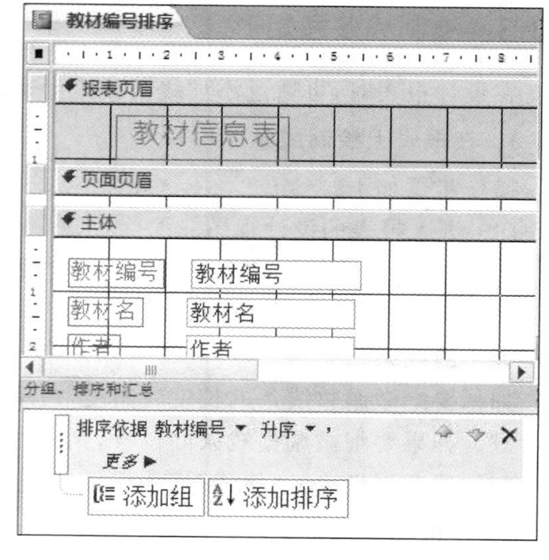

图 8-45 排序字段及方式

如果需要可以添加排序标签设置第二排序字段。以此类推设置多个排序字段。当设置了多个排序字段时，先按第一排序字段值排列，字段值相同的情况下再按第二排序字段值排列记录。

(5) 在视图选项中，切换到打印预览视图或布局视图，可以对排序数据进行浏览。

(6) 将设计的报表保存，排序操作完成。

2. 记录分组

分组是指报表设计时按选定的某个(或几个)字段值是否相等而将记录划分成组的过程。操作时，先选定分组字段，在这些字段中，字段值相等的记录归为同一组，字段值不等的记录归为不同组。

报表通过分组可以实现同组数据的汇总和显示输出，增强了报表的可读性和信息的利用。一个报表中最多可以对 10 个字段或表达式进行分组。

【例 8-8】 对前面例 8-1 创建的员工 1 报表按照职务进行分组统计。

操作步骤如下。

(1) 在教材管理系统数据库中，选择员工 1 报表，打开其报表的设计视图。

(2) 选择“设计”选项卡下“分组和汇总”组中的“分组和排序”按钮(单击)，出现“分组、排序和汇总”面板，如图 8-46 所示。

(3) 在“分组、排序和汇总”面板中，单击“添加组”按钮，在“分组形式”中选择“职务”字段作为分组字段。

(4) 在“职务”字段行中，点击“更多”旁的三角按钮，出现图 8-47 所示面板。将“无页脚

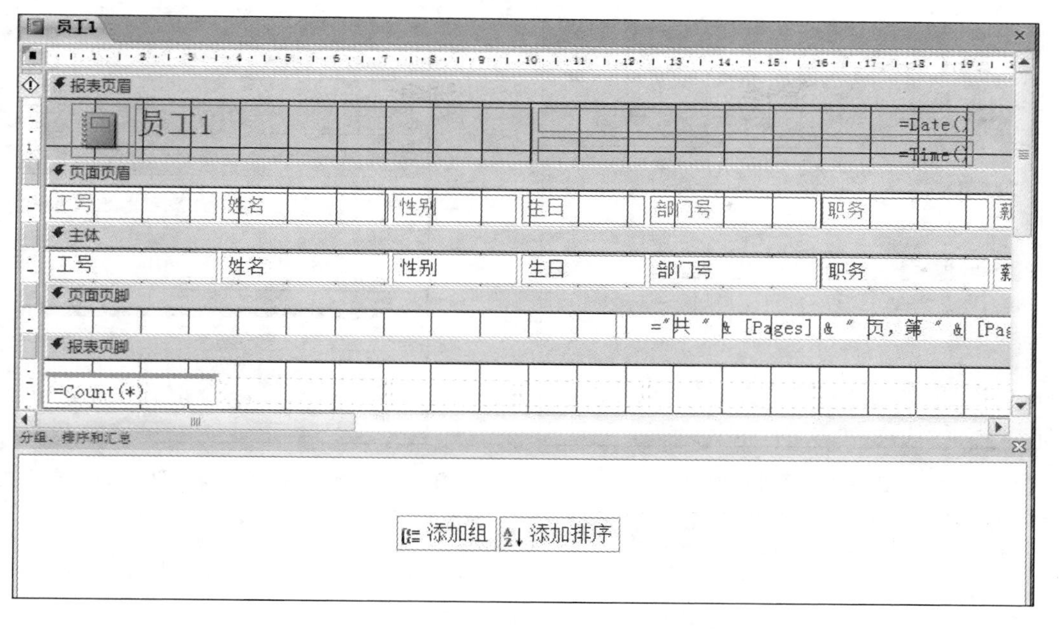

图 8-46　员工报表的“分组、排序和汇总”面板

节”改选为“有页脚节”。

选择“不将整个组放在同一页上”，则打印时“组页眉、主体、组页脚”不在同页上；选择“将整个组放在同一页”上，则“组页眉、主体、组页脚”会打印在同一页上。

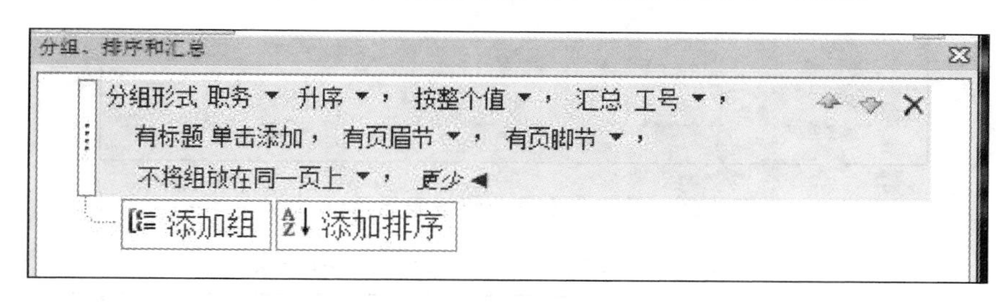

图 8-47　报表分组属性设置

(5) 设置完分组属性之后，会在报表中添加“组页眉”和“组页脚”两个节区，分别用“职务页眉”和“职务页脚”来标识，如图 8-48 所示。

将主体节内的“职务”文本框通过剪切、粘贴移至“职务页眉”节，并在“开始”功能区设置其格式：字体为“宋体”，字号为 12 磅。

(6) 在“职务页脚”节内添加一个“控件源”，该控件源为计算该种职务人数表达式的绑定文本框，添加附加标签显示标题“人数”，如图 8-49 所示。

(7) 切换到打印预览视图或布局视图，如图 8-50 所示，从中可以看到分组显示和统计的效果。

(8) 在文件下拉菜单中选择“对象另存为”把员工 1 报表另存为员工分组统计报表。操作完毕。

在报表分组操作设置字段“分组形式”属性时，属性值的选择是由分组字段的数据类型决定的，具体如表 8-1 所示。

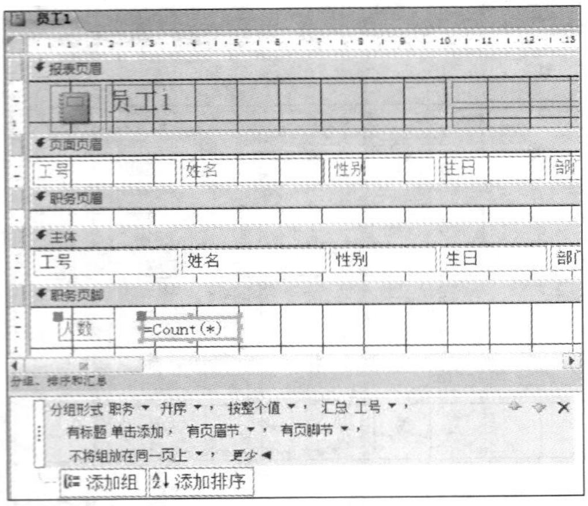

图 8-48　属性设置完

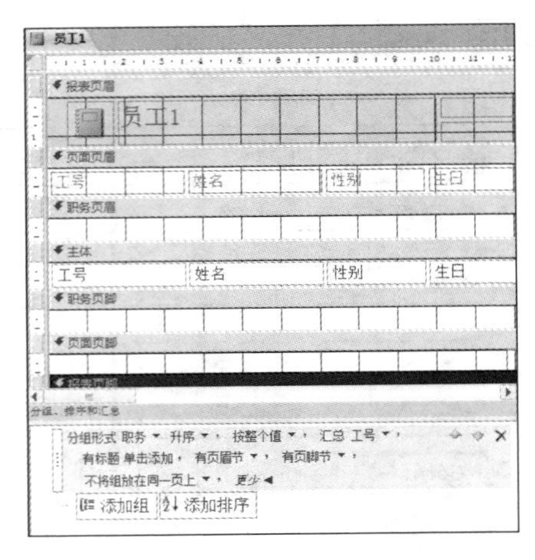

图 8-49　设置“职务页眉”和“职务页脚”节区内容

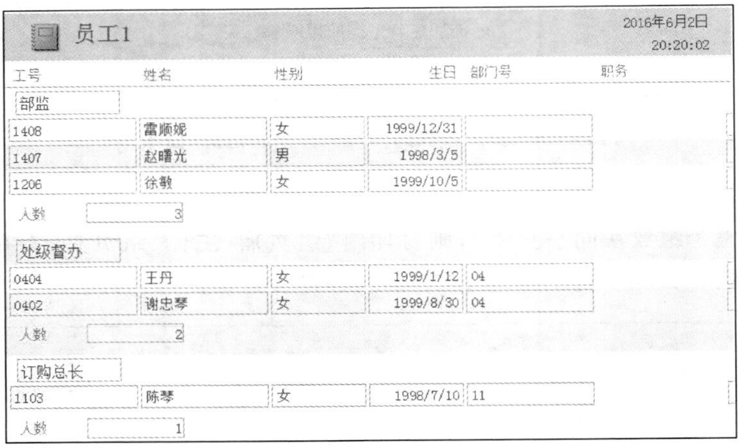

图 8-50　用职务字段分组报表显示(局部)

表 8-1　分组字段的数据类型与记录分组形式

分组字段数据类型	选　　项	记录分组形式
文本	每一个值	分组字段或表达式上，值相同的记录
	前缀字符	分组字段或表达式上，前面若干字符相同的记录
数字、货币和是/否	每一个值	同前说明
	间隔	分组字段或表达式上，指定间隔值内的记录
日期/时间	每一个值	同前说明
	年	分组字段或表达式上，日历年相同的记录
	季	分组字段或表达式上，日历季相同的记录
	月	分组字段或表达式上，月份相同的记录
	周	分组字段或表达式上，周相同的记录
	日	分组字段或表达式上，日期相同的记录
	时	分组字段或表达式上，小时数相同的记录
	分	分组字段或表达式上，时间分相同的记录

8.4.2 使用计算型控件

报表设计过程中，除了在版面上布置绑定型控件直接显示字段数据外，还常常要进行各种运算并将结果显示出来。例如，报表设计中页码的输出、分组统计数据的输出等均是通过设置绑定型控件的控件源为计算表达式形式而实现的，这些控件就称为"计算型控件"。

1. 报表添加计算型控件

计算型控件的控件源是计算表达式，当表达式的值发生变化时，会重新计算结果并输出显示。文本框是最常用的计算型控件，前面例 8-8 中见过。

为报表添加计算型控件的步骤如下。

(1) 进入报表设计视图设计报表。

(2) 在主体节内选择已放置文本框控件，或者使用"控件"工具组添加一个文本框控件，打开其"属性表"对话框，选择"数据"选项卡，设置其"控件来源"属性为所需要的计算表达式。

(3) 可通过打印预览报表查看结果。保存设计即可。

2. 报表统计计算

报表设计中，可以根据需要进行各种类型的统计计算并输出显示，操作方法就是使用计算控件设置其控件来源为合适的统计计算表达式。

在 Access 中利用计算型控件进行统计计算并输出结果的操作主要有两种形式。

(1) 在主体节内添加计算型控件。

在主体节内添加计算型控件对每条记录的若干字段值进行求和或求平均计算时，只要设置计算型控件的控件源为不同字段的计算表达式即可。例如，当在一个报表中列出所有员工的平均薪金时，只要设置新添加的计算型控件的控件来源("属性表"→"数据"→"控件来源")为"=AVG(薪金)"即可。

这种形式的计算还可以前移到查询设计中，以改善报表操作性能。若报表数据源为表对象，则可以创建一个选择查询，添加计算字段完成计算；若报表数据源为查询对象，则可以再添加计算字段完成计算。

(2) 在组页眉/页脚节区内或报表页眉/页脚节区内添加计算字段。

在组页眉/页脚或报表页眉/页脚节区内添加计算字段对某些字段的一组记录或所有记录进行统计计算时，一般是对报表字段列的纵向记录数据进行统计，而且要使用 Access 提供的内置统计函数来完成相应的计算操作。

如果是进行分组统计并输出，则统计计算型控件应该布置在组页眉/页脚节区内相应位置，然后使用统计函数设置控件来源即可。

8.4.3 创建多列报表

前面已经介绍过使用标签向导创建标签报表的方法。实际上，Access 也提供了创建多列报表的功能。多列报表最常用的是标签报表形式，此外，也可以将一个设计好的普通报表设置成多列报表。

设置多列报表的操作步骤如下。

(1) 首先创建普通报表。

(2) 选择"报表设计工具"选项卡下的"页面设置"子选项卡内的"页面设置"按钮(单

图 8-51 “页面设置”对话框

击)，显示“页面设置”对话框，如图 8-51 所示。

(3) 在“页面设置”对话框中，单击“列”选项卡。

在“网格设置”标题下的“列数”框中输入每一页所需的列数。如设置列数为“3”；在“行间距”框中可以输入主体节中每个标签记录之间的垂直距离；在“列间距”框中，输入各标签列之间的距离。

(4) 在“列尺寸”标题下的“宽度”框中输入单个标签的列宽；在“高度”框中输入单个标签的高度值。用户也可以用鼠标拖动节的标尺来直接调整主体节的高度。

在打印时，多列报表的组页眉、组页脚和主体节将占满整个列的宽度。因此，设置控件时要注意放在一个合理宽度范围内。

(5) 在“列布局”标题下选择“先列后行”或“先行后列”选项设置列的输出布局。

(6) 单击“页”选项卡，在“页”选项卡的“打印方向”标题下选择“纵向”或“横向”选项来设置打印方向。

(7) 单击“确定”按钮，完成多列报表设计。

通过预览查看，若不符合要求，可重新调整。最后可命名保存设计报表。

8.4.4 设计复杂的报表

设计报表时，正确而灵活地使用报表属性、控件属性和节属性可以设计出更精美、更丰富的各种形式的报表。

1. 报表属性

在报表设计视图中打开“属性表”对话框，如图 8-52 所示。报表属性中的常用属性功能如下。

(1) 记录源：将报表与某一数据表或查询绑定起来。

(2) 打开：在其中添加宏，打印或打印预览报表时，就会执行该宏。

(3) 关闭：在其中添加宏，打印或打印预览完毕后，自动执行该宏。

(4) 网格线 X 坐标(GridX)：指定每英寸水平所包含点的数量。

(5) 网格线 Y 坐标(GridY)：指定每英寸垂直所包含点的数量。

(6) 打印布局：设置为“是”时，可以从 TrueType 和打印机字体中进行选择；如果设置为“否”，可以使用 TrueType 和屏幕字体。

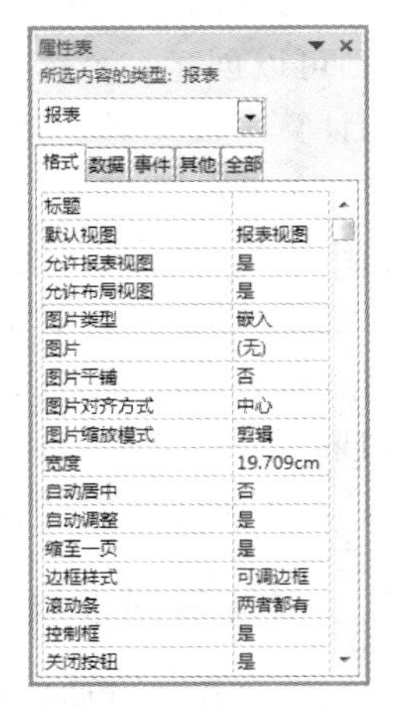

图 8-52 报表属性对话框

(7) 页面页眉：控制页标题是否出现在所有的页上。

(8) 页面页脚：控制页脚注是否出现在所有的页上。

(9) 记录锁定：在生成报表所有页之前，禁止其他用户修改报表所需要的数据。

(10) 宽度：设置报表的宽度。

(11)帮助文件:报表的帮助文件。

(12)帮助上下文 ID:可以用来创建用户的帮助文本。

2. 节属性

主体节常用的属性有。

(1) 强制分页:把这个属性值设置成“是”,可以强制换页。

(2) 新行或新列:设定这个属性可以强制在多列报表的每一列的顶部显示两次标题信息。

(3) 保持同页:设成“是”,一节区域内的所有行保存在同一页中;“否”,跨页边界编排。

(4) 可见:把这个属性设置为“是”,则可以看见区域。

(5) 可以扩大:设置为“是”,表示可以让节区域扩展,以容纳长的文本。

(6) 可以缩小:设置为“是”,表示可以让节区域缩小,以容纳较少的文本。

(7) 格式化:当打开格式化区域时,先执行该属性所设置的宏。

(8) 打印:添加宏,在打印或打印预览这个节区域时,执行所设置的宏。

3. 给报表加页分割

一般情况下,报表的页面输出是根据打印纸张的型号及打印页面设置参数来决定输出页面内容的多少的,内容满一页后才会输出至下一页。但在实际使用中,经常要求按照用户需要在规定位置选择下一页输出,这时,就可以通过在报表中添加分页符来实现。

操作时,在报表的设计视图中,选择“报表设计工具”选项卡“控件”组中的分页符按钮 (单击),然后拖放到需要分页的位置即可。

由于分页采用水平方式进行,要求报表控件布置在分页符的上下,以避免控件数据被分割显示。最后,可以选择打印预览视图查看输出效果。

8.5 预览和打印报表

预览报表可显示打印页面的版面,这样可以快速查看报表打印结果的页面布局,并通过查看预览报表的每页内容,在打印之前确认报表数据的正确性。

打印报表则是将设计报表直接送往选定的打印设备进行打印输出。

按照需要设定好报表布局和格式,保存报表,则以后即可直接选定报表进行打印。

8.5.1 预览报表

报表在打印前最好进行预览,以查看报表是否符合用户要求。不符合的先进行调整。可以通过布局视图或打印预览视图查看报表的输出格式。

1. 布局视图预览

布局视图可以快速检查报表的页面布局,并对报表布局进行调整。报表的布局视图与报表视图外观一致,区别是布局视图内可以调整格式。

通过视图切换,可进入布局视图,查看效果。若需要调整控件,可以选定控件或窗体,单击右键,在快捷菜单中选择“属性”菜单项(单击),在属性表中设置对象的属性。

2. 打印预览视图预览

通过打印预览可查看打印效果。在设计视图中通过视图切换进入打印预览视图。同时,显示“打印预览”选项卡,如图 8-53 所示。

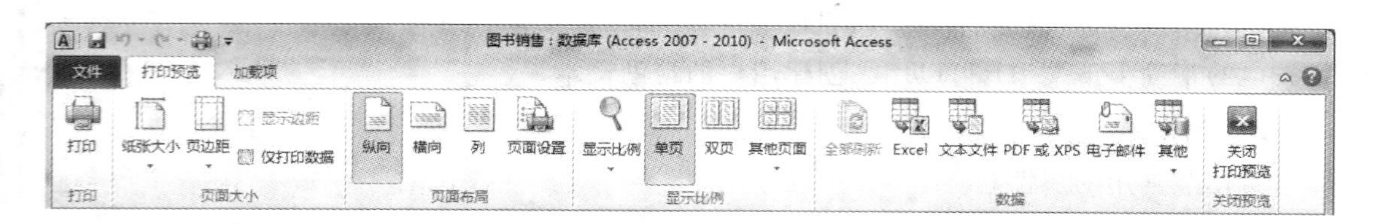

图 8-53 “打印预览”选项卡

通过该选项卡可以进行打印设置，实施打印预览。

要切换到其他视图，应选择“关闭”按钮，关闭打印预览界面。

8.5.2 打印报表

设计好的报表，第一次打印前，应检查页边距、页方向和其他页面设置的选项。可通过“页面设置”对话框或打印预览视图完成。当确定一切布局都符合要求后，打印报表的操作步骤如下。

(1) 在数据库窗口中选定需要打印的报表，在设计视图、打印预览视图或版面预览中打开报表，选择“文件”选项卡(单击)进入 Backstage 视图，选择“打印”命令项(单击)，弹出“打印”对话框，如图 8-54 所示。

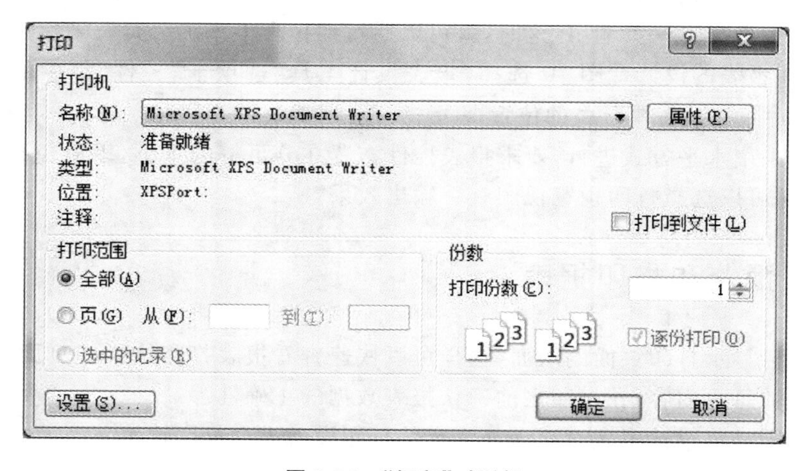

图 8-54 “打印”对话框

(2) 在“打印”对话框中进行以下设置。在“打印机”栏中，指定打印机的名称。在“打印范围”栏中，指定打印所有页或者确定打印页的范围。在“份数”栏中，指定打印的份数或是否需要对其进行分页。

(3) 单击“确定”按钮。

如果要在不激活“打印”对话框的情况下直接打印报表，可按如下方法操作。

在数据库窗口选定要打印的报表，单击右键，在快捷菜单中选择“打印”菜单项(单击)；或者在“快速工具栏”中首先添加“快速打印”图标，然后选定报表，直接单击工具栏上的该按钮即可。

本章小结

本章介绍报表的基础知识、报表的功能及各种类型报表的创建方法，以及报表的主要作用。

报表主要分为纵栏式报表、表格式报表、图表报表和标签报表 4 种类型，每种类型的结构和创建方法本章做了介绍，我们应该了解和掌握。特别是各种报表的创建方法，包括自动报表、报表向导以及报表设计视图方法，都应该能操作和实现。本章有相关实例的列举，为读者创建报表、设计报表、编辑美化报表以及报表细节的处理等，提供了基本知识的指导。

习 题 8

一、单项选择题

（1）关于报表设计，以下说法正确的是 （ ）

A. 为显示或打印而设计

B. 为在窗口中交互式输入或显示而设计

C. 可以通过工具箱中的控件来改变表中的数据

D. 不可以使用控件

（2）以下不属于报表的视图的是 （ ）

A. 设计视图　　B. 透视表视图

C. 打印预览视图　　D. 报表视图

（3）与窗体相比，报表增加的两个节是 （ ）

A. 报表页眉和报表页脚　　B. 主体节和页面页脚

C. 组页眉和主体节　　D. 组页眉和组页脚

（4）以下不是报表创建方式的是 （ ）

A. “事件”创建　　B. “自动报表”创建

C. “空报表”创建　　D. “报表向导”创建

（5）以下不是设计选项卡下的“视图”下拉列表中列出的功能项目的是 （ ）

A. 设计视图　　B. 主题

C. 打印预览　　D. 布局视图

（6）以下不是“排列”选项卡可管理的项目的是 （ ）

A. 报表视图　　B. 控件组

C. 设置文本边距　　D. 切换对齐网络布局

二、填空题

（1）报表可用于对数据库中的数据进行分组、计算、汇总并________。

（2）可以在报表中包含________、子报表和图表。

（3）报表可以嵌入________或图片来显示数据。

（4）报表主要分为以下 4 种类型：纵栏式报表、表格式报表、图表报表和________。

（5）Access 2010 提供了 4 种创建报表的方式：“自动报表”“________”“报表向导”和“设计视图”。

（6）报表操作提供了 4 种视图：设计视图、________视图、报表视图和布局视图。

（7）与窗体相比，窗体最多有 5 个节，报表最多有________个节。

（8）由于________可以为用户完成大部分基本操作，因此加快了创建报表的过程。

（9）________主要安排文本框或其他类型控件显示分组字段等数据信息。

（10）使用创建空报表的方法创建报表，其数据源只能是________。

三、名词解释题

(1) 纵栏式报表。

(2) 计算型控件。

(3) 子报表。

(4) 报表快照。

(5) 快照取景器。

四、问答题

(1) 什么是报表？我们可以利用报表对数据库中的数据进行什么处理？

(2) 使用报表的好处有哪些？

(3) 请分析报表与窗体的异同。

(4) 报表的类型有哪些？

(5) 报表的视图类型有哪些？各自的作用是什么？

(6) 报表由哪些节区组成？各自的作用是什么？

(7) 创建报表的方式有哪些？

(8) 如何向报表中添加计算型控件？

(9) 实际应用中创建报表采取什么方法？

(10) “报表设计工具”选项卡下包含哪些功能选项卡？

实验题 8

【前提说明】 以下实验题都是基于第 5 章实验题 5-2 所完成的图书销售.accdb 数据库的，有表：部门、出版社、进书单、进书细目、售书单、售书细目、图书、员工。

实验题 8-1 自动创建报表。

请以“员工”表为数据来源表，使用“自动报表”方法创建员工报表。

实验题 8-2 利用向导创建报表。

请以图书销售系统数据库中“员工”表为基础，利用向导创建员工报表。

实验题 8-3 使用标签向导创建报表。

请以图书销售系统数据库中“出版社”表作为数据源，创建出版社信息标签报表。

实验题 8-4 创建空报表。

使用“空报表”创建图书信息报表。

实验题 8-5 利用报表设计视图创建纵栏式报表。

使用报表设计视图创建纵栏式图书信息报表。

实验题 8-6 报表排序。

在实验题 8-5 图书信息报表设计中，按照“图书编号”由小到大进行排序输出。

实验题 8-7 报表分组统计。

对教材 8.2.2 节的例 8-1 所创建的员工 1 报表按照职务进行分组统计。

第9章 宏对象

宏是Access数据库操作系列的集合，是Access的对象之一，其主要功能就是使操作自动进行。使用宏，用户不需要编程，只需利用几个简单宏操作就可以将已经创建的数据库对象联系在一起，实现特定的功能。

本章主要介绍Access宏的基本知识。

9.1 预备知识

我们在Access的6种对象中，前面学习过表、查询、窗体和报表。宏也是数据库的对象之一。这里我们先了解宏的基本概念。

9.1.1 认识宏

1. 什么是宏

宏是由一个或多个操作组成的集合，其中的每个操作都能自动地实现某个特定的功能。Access 2010提供了70种左右的基本宏操作，也称为宏命令。每一个宏操作都实现某种特定功能，如打开窗体、最大化窗口等。

在数据库使用过程中很少单独地执行某一个操作。可以通过创建宏将某几个操作组合起来，按照顺序来执行，从而完成某个特定的任务。

使用宏很方便，用户不需要记住各种语法，可以直接从宏设计视图中选择所要使用的宏操作，操作参数都显示在宏设计视图的下半部分。

2. 直观看宏

看一个例子。

【例9-1】 宏操作示例。

选择数据库窗口选择功能区“创建”选项卡下的“宏与代码”组中的“宏”按钮，如图9-1所示。

单击“宏”按钮，建立“宏”对象，进入宏生成器，如图9-2所示。

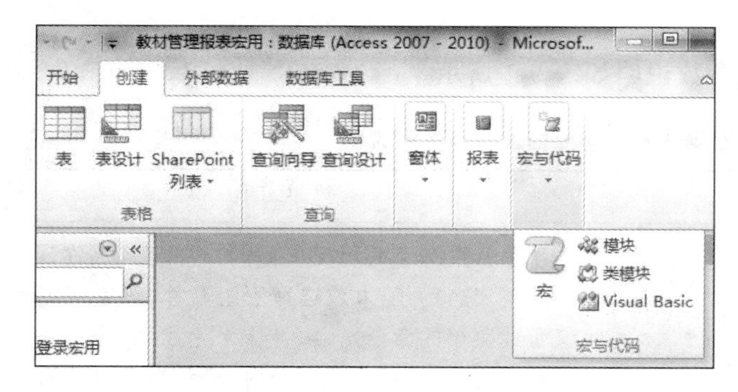

图9-1 “宏”按钮

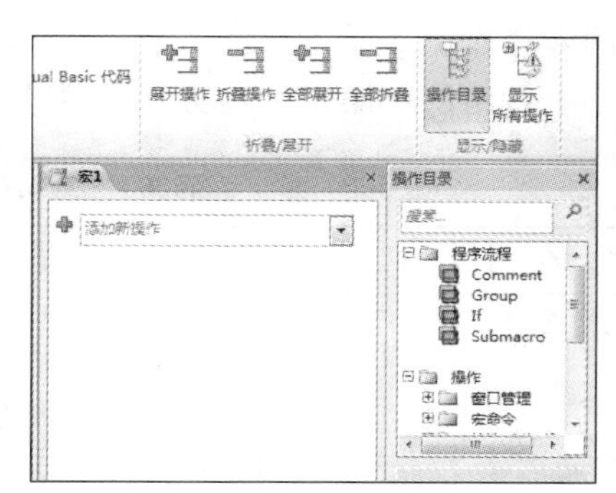

图9-2 进入宏生成器

下拉“添加新操作”，添加两个宏操作：MessageBox 和 OpenForm。其中 MessageBox 操作用于显示消息框。用户输入有关消息。OpenForm 用于打开指定窗体（假定已经设计好窗体“系统登录”，见第 7 章 7.2.3 节例 7-10）。这些操作所在环境是宏生成器，如图 9-3 所示，宏生成器是宏的设计视图。

以上操作完毕，以“欢迎宏”的宏名称保存。

单击运行按钮！，弹出一个显示欢迎消息的对话框，如图 9-4 所示。

图 9-3　宏设计窗口

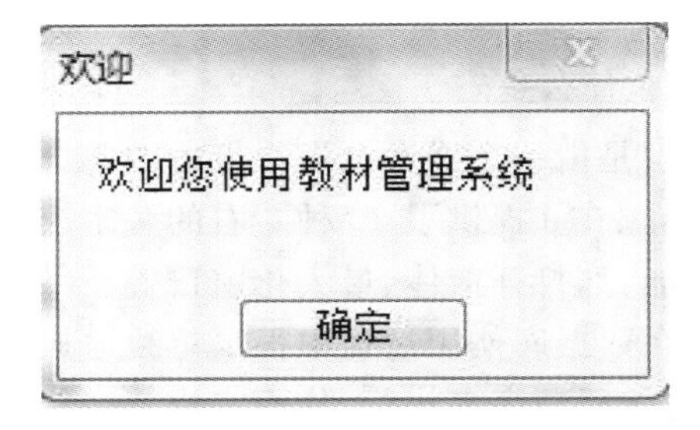

图 9-4　欢迎消息对话框

单击“确定”按钮，打开“系统登录”窗体，如图 7-48 所示。

这是使用宏生成器创建宏的过程，我们在后面 9.2.2 节做较详细的介绍。

可见，所谓“宏”，就是若干宏操作的集合。运行宏，就会自动执行宏中的操作。

建立了宏，在数据库窗口左边的导航窗格就有宏对象栏目出现。

9.1.2　常用宏操作

宏操作是组成宏的基本单元，每个宏操作都实现某个独立的功能。Access 提供了丰富的宏操作。

常用的宏操作及其功能描述以及参数说明如表 9-1 所示。

表 9-1　常用的宏操作及其功能描述以及参数说明

宏　操　作	功 能 描 述	参 数 说 明
AddMenu	为窗体、窗体控件或报表添加自定义快捷菜单，或者为所有 Access 窗口添加全局菜单栏或全局快捷菜单	菜单名称：输入将出现在菜单栏中的菜单名称。 菜单宏名称：输入或选择宏组名称（该宏组定义了此菜单的命令）。 状态栏文字：选择此菜单时，显示在状态栏的文字

宏 操 作	功 能 描 述	参 数 说 明
ApplyFilter	在表、窗体或报表中应用筛选、查询或 SQL Where 子句,以限制或排序来自表、窗体以及报表中的记录	筛选名称:筛选或查询的名称。 Where 条件:限制表、窗体或报表记录的 SQL 语句中 Where 子句或表达式
Beep	使计算机发出嘟嘟声	无参数
Close	关闭指定窗口。如果无指定窗口,则关闭激活的窗口	对象类型:要关闭的对象类型。 对象名称:要关闭的对象名称。 保存:关闭时是否保存对对象的修改
FindRecord	查找符合指定条件的第一条或下一条记录	查找内容:记录中要查找的数据。 匹配:选择在字段的什么地方查找数据。 查找第一个:是否从第一条记录开始搜索,还是从当前记录开始搜索
FindNext	查找符合最近的 FindRecord 操作或查找对话框中指定条件的下一条记录	无参数
GotoControl	将焦点移动到被激活的数据表或窗体上指定的字段或控件上	控件名称:获得焦点的字段或控件名称
GotoRecord	在表、窗体或查询结果集中的指定记录成为当前记录	对象类型:当前记录的对象类型。 对象名称:当前记录的对象名称。 Record:当前记录。 Offset:整型或整型表达式
Maxmize	活动窗口最大化	无参数
Minimize	活动窗口最小化	无参数
MessageBox	显示包含警告信息或其他信息的消息框	消息:在消息框中的显示的文本。 发嘟嘟声:显示信息时是否发出嘟嘟声。 类型:消息框的类型。 标题:消息框标题栏中显示的文本
OpenQuery	打开选择查询或交叉表查询,或者执行操作查询	查询名称:要打开的查询名称。 视图:打开查询的视图。 数据模式:查询的数据输入方式
OpenForm	打开一个窗体,并通过选择窗体的数据输入和窗体方式,限制窗体所显示的记录	窗体名称:要打开的窗体名称。 视图:选择要在窗体中打开窗体的视图。 筛选名称:限制窗体中记录的筛选。 Where 条件:有效的 SQL Where 子句或表达式,以从窗体的数据基本表或查询中选择记录。 数据模式:窗体数据的数据方式。 窗口模式:窗体的窗口模式

续表

宏 操 作	功 能 描 述	参 数 说 明
OpenReport	打开报表或立即打印该报表	报表名称:要打开的报表名称。 视图:打开报表的视图。 筛选名称:查询的名称或另存为查询的筛选名称。 Where 条件:SQL Where 子句或表达式,用以从报表的基本表或查询中选定记录
OpenTable	打开一个表	表名称:要打开的表名称。 视图:打开表的视图。 数据模式:表的数据输入方式
Restore	窗口复原	无参数
RunMacro	运行宏	宏名:要运行的宏名称。 重复次数:运行宏的次数上限。 重复表达式:重复运行宏的条件
SetValue	对控件、字段或属性设置值	项目:要设置的字段、控件或属性名称。 表达式:对项的值进行设置的表达式(有的版本没有此宏操作)
ShowAllRecords	从激活的表、查询或窗体中移去所有已应用的筛选	无参数
StopAllMacros	停止所有宏的运行	无参数
StopMacro	停止正在运行的宏	无参数

有些宏操作需要设置参数,从而可以将该操作施加于特定对象,或者规定操作的方式或效果、完成一定的运算等。

创建宏,可以将多个操作组合起来并保存,使操作自动运行,从而可以极大地提高数据库工作效率。另外,通过宏的组合,可以将多个数据库对象组织为一个相关联的整体,从而实现那些需要多个对象协调工作才能完成的任务。比如,某个窗体上面有一张数据表,现在向这个窗体添加一个文本框控件用来接收用户输入的查询内容,然后单击"查询"命令按钮来执行查询并显示查询后的数据,最后将查询结果打印在报表上。该功能需要多种数据库对象。

因此,宏是一些操作的集合,也是组织数据库对象的工具。

9.1.3 宏的几个概念

1. 宏与 VBA

Access 中宏的操作,都可以在模块对象(参见后面第 10 章)中通过编写 VBA(visual basic for application)语句来达到相同的功能。选择使用宏还是使用 VBA,主要取决于所要完成的任务的具体情况。一般来说,对于事务性的或重复性的操作,如打开或关闭窗体、预览或打印报表等,都可以通过宏来完成。

2. 宏的应用

使用宏,可以实现以下一些操作。

(1) 打开或关闭数据库对象。

(2) 设置窗体或报表控件的属性值。

(3) 建立自定义菜单栏。

(4) 通过工具栏上的按钮执行自己的宏或者程序。

(5) 筛选记录。

(6) 在各种数据格式之间导入或导出数据,实现数据的自动传输。

(7) 显示各种信息,并能使计算机扬声器发出报警声,以引起用户注意。

3. 使用 VBA

当要进行以下操作处理时,应该用 VBA 而不要使用宏。

(1) 数据库的复杂操作和维护。

(2) 自定义过程的创建和使用。

(3) 一些错误处理。

4. 宏的分类

Access 的宏可以是包含操作序列的宏,也可以是一个宏组,宏组由若干个宏组成。另外,还可以使用条件表达式来决定在什么情况下运行宏。根据以上三种情况,可以把宏分为三类:操作序列宏、宏组和条件宏。

1) 操作序列宏

操作序列宏是由一系列的宏操作组成的序列。每次运行该宏时,都将顺序执行这些操作。

2) 宏组

宏组是共同存储在一个宏名下相关宏的集合。

在一个 Access 数据库中会有很多宏,可以将其中一些功能类似的宏,或者在同一个窗体中使用的宏组织起来,使其成为一个宏组。这样便于宏的管理。为了在宏组中区分不同的宏,需要为每个宏指定一个宏名。

需要注意的是,对于宏来说,执行它的过程实际上是顺序地执行它的每一个操作。而对于宏组来说,并不是顺序地执行每一个宏,宏组中的每一个宏都是相互独立的,而且单独执行。宏组只是对宏的一种组织方式。为了执行宏组中的宏,可以使用下面的格式调用宏:

宏组.宏名

宏组的创建与宏的创建方法基本相同,都是在宏生成器中进行设置。

3) 条件宏

条件宏带有条件列,通过在条件列指定条件,可以有条件地执行某些操作。如果指定的条件成立,将执行相应的一个或多个操作;如果指定的条件不成立,将跳过该条件所指定的操作。我们在下面 9.2.3 节介绍条件宏的创建。

宏的应用包括创建宏、运行宏两个基本步骤。

9.2 宏的创建

创建宏的过程非常方便,只要在宏生成器中设置需要执行的操作,定义好相关参数以及执行该操作的条件即可。用户不需要记住各种复杂的语法，也不需要编程即可实现一系列的操作，其中间过程完全是自动的。

从创建的角度讲，宏可以分为两类：独立宏、嵌入式宏。

独立宏包含在宏对象中。嵌入式宏可以嵌入窗体、报表或控件的任何事件属性中。

9.2.1 宏生成器

无论哪种类型的宏，以及宏组，都通过宏生成器创建和修改。宏生成器就是宏对象的设计视图。

与独立宏或嵌入式宏对应，打开宏生成器的方法有两种。

第一种，如图 9-1 所示，在 Access 窗口中选择"创建"选项卡，在"宏与代码"组中，单击"宏"按钮，即打开宏生成器窗口。如图 9-2 所示。

第二种，选择要使用宏的窗体或报表控件，切换到设计视图，然后单击"属性表"打开其属性对话框，在"事件"选项卡下，选择触发宏的事件（例如单击）右边的生成器按钮[...]，选择"宏生成器"，如图 9-5 所示，确定，即进入宏生成器窗口。

在宏生成器中，当要增加新的宏操作时，在"添加新操作"栏中单击下拉按钮，显示操作列表，如图 9-6 所示，列表中即为常用的宏操作。

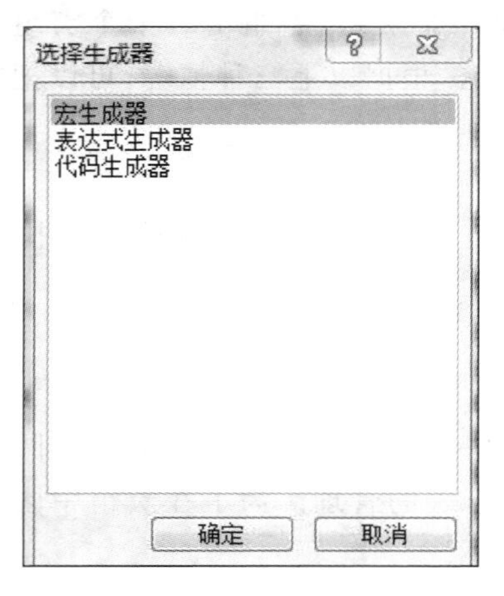

图 9-5　选择"宏生成器"

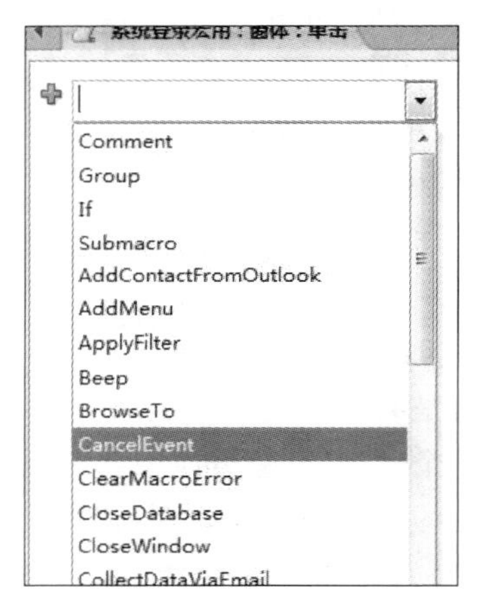

图 9-6　可选择的宏操作列表

不同的宏操作，需要设置的操作参数也有区别。例如 MessageBox 操作参数共有 4 个，分别是消息、发嘟嘟声、类型和标题；OpenForm 的操作参数有 3 个，分别是窗体名称、视图、筛选名称、Where 条件、数据模式和窗口模式。

宏生成器中的核心任务就是在"添加新操作"栏中添加一个或多个操作，并为各个操作设置其所涉及的参数。应该注意的是，设置操作参数时，应该按照参数的顺序来进行，前面参数的设置将决定后面参数的选择。当鼠标指针指向所设操作，或指向操作下面的参数栏时，Access 将自动弹出解释框给出相关说明，可以根据提示完成相应的设置。设置宏操作及相关参数完毕以后，关闭宏窗口，并为新创建的宏命名。

9.2.2 宏生成器创建宏

前面例 9-1 是创建一个简单的宏的示例。其创建过程的相关操作说明如下。

当前打开的数据库是教材管理系统数据库。通过"创建"选项卡启动宏生成器窗口。

选择"添加新操作"栏右边的下拉按钮（单击），然后在下拉操作列表中选择 MessageBox

选项(单击),添加该宏操作到当前宏中。该操作会弹出一个含有警告或提示消息的对话框。

设置 MessageBox 参数。此时在设计视图中显示关于 MessageBox 操作的操作参数,4 个操作参数分别设置如下(有的使用默认值):

消息:欢迎您使用教学管理系统!

发嘟嘟声:是

类型:警告!

标题:欢迎

然后,在下一个"添加新操作"栏重复类似动作,添加 OpenForm,并设置参数。如图 9-3 所示。

完成以上设置以后,单击"保存"按钮,或选择"运行"按钮(单击),或直接选择关闭宏生成器,此时弹出保存对话框。为该宏命名,保存为宏对象。本例命名为"欢迎宏"。此时,在数据库的导航窗格的宏对象组中新增了一个名称为"欢迎宏"的宏对象图标,如图 9-7 所示。以后在导航窗格双击该图标,即可运行"欢迎宏"宏。

图 9-7　宏对象图标

9.2.3　条件宏

宏的执行过程一般是按照宏操作的创建顺序来进行的。但是有些情况下,可能希望对宏操作的执行设定一个条件。即只有当条件满足时,该操作才能被执行,否则,将跳过此操作继续执行下一条操作。在这种情况下,可以在宏中使用条件来控制宏的流程。

条件是一个逻辑表达式,根据表达式返回值的真假决定是否执行宏操作。设置方法如下。

首先在"添加新操作"栏中选择 If 操作,然后在 If 后的文本框中输入表达式,或者单击旁边的 按钮,在表达式生成器中书写表达式。默认情况下,宏生成器窗口中不显示"条件"列,可以单击工具栏中的"条件"按钮 增加"条件"列。然后,在"条件"列中输入宏操作执行的条件,如果这个条件的结果返回值是真,则 Access 将执行此行中的操作。当同一个条件需要应用于多个操作时,可以在接下来的行内输入所需的操作,并在对应的条件列内输入省略号"…"表示与上一行的执行条件相同。

【例 9-2】 创建一个求圆面积的窗体,包含两个文本框和一个命令按钮。在第一个文本框中输入一个半径值,单击命令按钮,运行宏,首先对所输入的值进行判断。如果输入的值小于等于 0,则弹出一个显示"半径必须大于 0!"的警告框;如果半径大于 0,则计算出圆面积并在第二个文本框中显示出来。

操作如下。

单击打开宏生成器,首先创建一个"计算面积"宏,包含两个宏操作。

首先,添加 If 操作,输入逻辑表达式:[Forms]! [求圆面积]! [半径]. [Value]<=0。(做下一个添加时,自动在后面生成"Then")

再添加第二个操作 MessageBox,参数分别设置如下:

消息:半径必须大于 0! (录入)

发嘟嘟声:是(默认)

类型:警告! (选项)

标题:错误(录入)

其次,单击"添加 Else",在列表中选择 SetValue 操作,参数分别设置如下:

项目＝[Forms]！[求圆面积]！[面积]

表达式＝3.14 * ([Forms]！[求圆面积]！[半径].[Value])^2

单击关闭按钮，保存宏名为“计算面积”。创建的“计算面积”宏如图 9-8 所示。

最后，创建一个“求圆面积”窗体。

在窗体上添加两个带标签的文本框控件（控件名称分别为“半径”和“面积”），以及一个“计算面积”命令按钮。添加命令按钮的操作步骤如下。

（1）在弹出的“命令按钮向导”对话框中，在“类别”列表框中选择“杂项”选项，在“操作”列表框中选择“运行宏”选项，如图 9-9 所示。

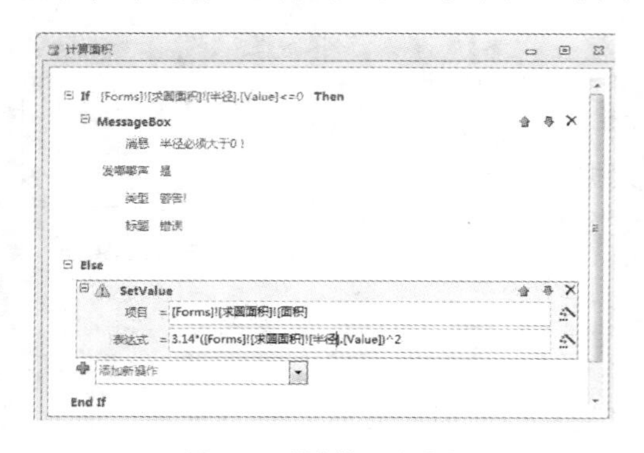

图 9-8 “计算面积”宏

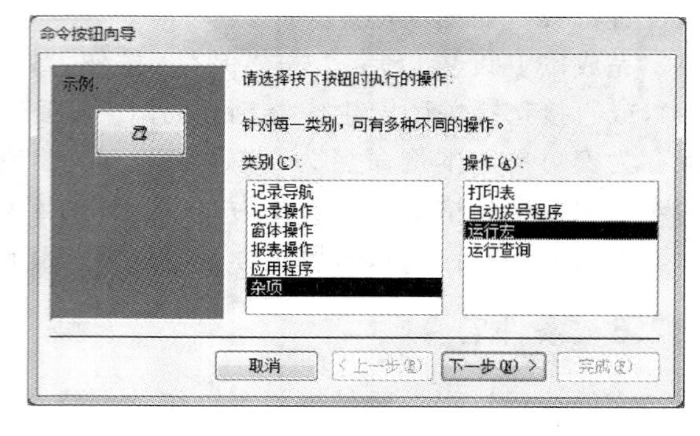

图 9-9 “命令按钮向导”对话框 1

（2）单击“下一步”按钮，在宏列表框中选择“计算面积”，如图 9-10 所示。

（3）单击“下一步”按钮，选择“文本”单选按钮，并输入“计算面积”作为命令按钮上显示的文本，如图 9-11 所示。

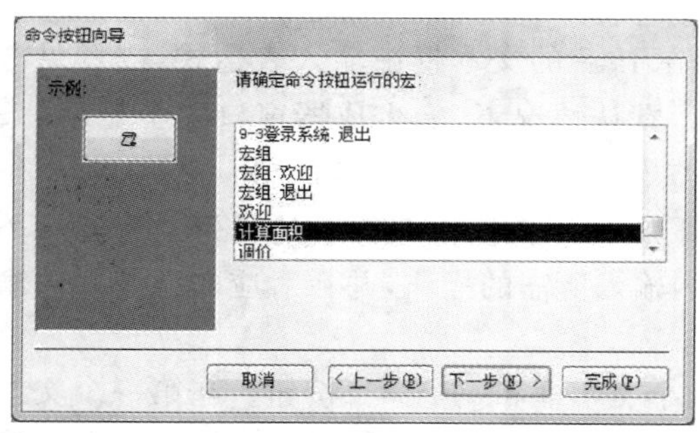

图 9-10 “命令按钮向导”对话框 2

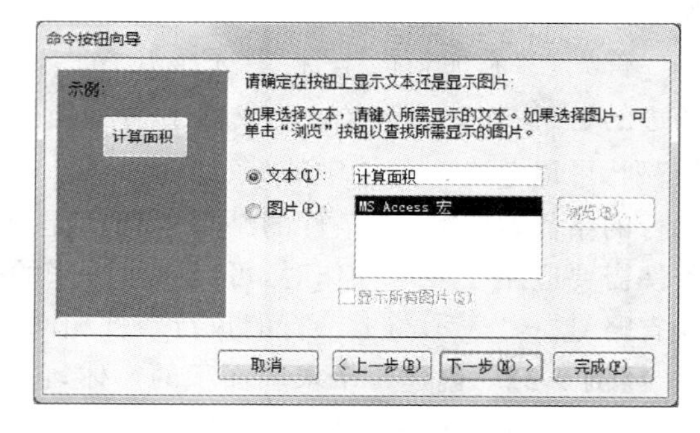

图 9-11 “命令按钮向导”对话框 3

（4）单击“下一步”按钮，在文本框中为所定义的按钮命名，如图 9-12 所示。

（5）单击“完成”按钮完成设计，保存窗体，名称为“求圆面积”，如图 9-13 所示。

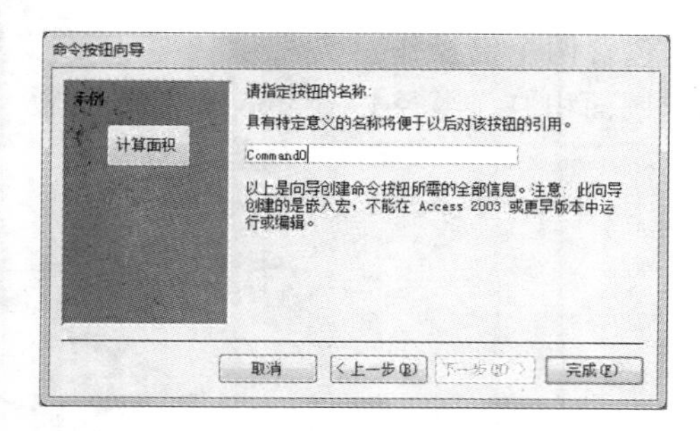

图 9-12 “命令按钮向导”对话框 4

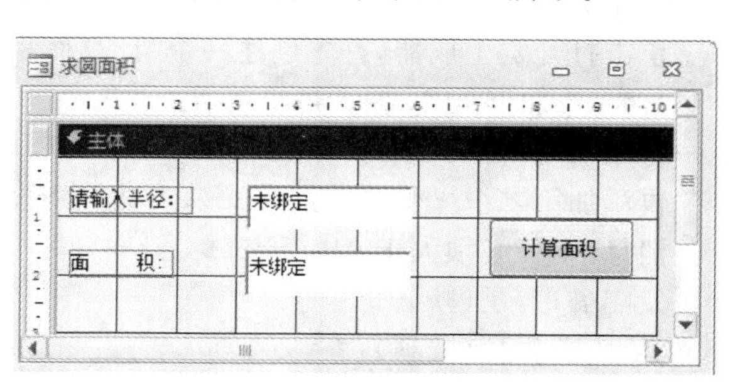

图 9-13 “求圆面积”对话框窗体

运行“求圆面积”窗体，向“请输入半径”文本框中输入－3，单击“计算面积”按钮，弹出“错误”对话框，如图 9-14 所示；向“请输入半径”文本框中输入 7，单击“计算面积”按钮，则在“面积”文本框中显示计算结果，如图 9-15 所示。

图 9-14 “错误”对话框

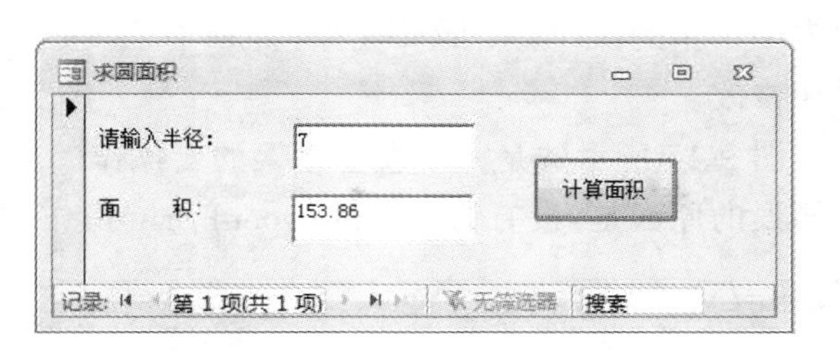

图 9-15 求圆面积结果

9.3 宏的编辑与调试

通常情况下，一个宏包含多个操作。有时需要对操作进行编辑或修改，比如添加操作、删除操作、调整操作之间的顺序和更改操作及其相关的参数等。

9.3.1 宏的编辑与修改

（1）添加操作。执行宏时，通常是按照该宏包含的操作顺序来执行的。当需要添加的操作在已有的操作之后执行时，则直接从下面的“添加新操作”列表中选择所需要的操作。当需要添加的操作位于两个操作之间时，则先在末尾添加该操作，再单击右侧的 按钮将其向上移动即可。

（2）删除操作。当某一个操作不再被需要时，选定此操作，再单击右上角的删除按钮 。或者单击鼠标右键，在弹出的快捷菜单中，选择“删除”菜单项（单击）。在宏中，删除一个操作，这个操作的所有参数将全部被删除。

（3）调整操作之间的顺序。选定要移动位置的操作行的左端，通过鼠标拖曳该行到合适的位置，松开鼠标即可。也可以通过 按钮来实现重排宏。

（4）更改操作、操作参数和修改执行条件。当需要对设定好的宏操作进行修改时，直接单击需要修改的单元格，使其进入编辑状态，然后设置值即可。

9.3.2 宏的调试

宏的最大特点就是可以自动执行其包含的所有操作。但是如果在运行宏的过程中发生错误，或者无法打开相关的宏对象，可能很难判断出具体是哪一个宏操作出现了问题。这时，可以依靠 Access 提供的单步执行宏功能来检查、排除错误。操作步骤如下。

（1）在宏生成器窗口中打开需要进行调试的宏对象，单击“设计”选项卡下“工具”组内的“单步”按钮，使其处于选定状态。

（2）单击“运行”按钮，弹出“单步执行宏”对话框，如图 9-16 所示。

（3）在“单步执行宏”对话框中包含三个按钮：“单步执行”“停止所有宏”和“继续”。单击“单步执行”按钮，用来执行显示在对话框中的操作。如果没有错误，下一个操作将会出现在对话框中。单击“停止所有宏”按钮，以停止宏的执行并关闭对话框。单击“继续”按钮，用来关闭单步执行并执行宏的未完成部分。

如果宏中存在错误，在按照上述过程单步执行宏时将会在窗口中显示操作失败对话框，这个对话框将显示出错误操作的操作名称、参数以及相应的条件。利用该对话框可以了解在宏中出错的操作，然后，单击“停止所有宏”按钮，进入宏设计视图对出错的宏进行相应的操作修改。

图 9-17 所示的是一个发生错误的宏操作。从系统弹出的对话框中，我们可以了解到发生错误的原因是：没有为设定的 OpenForm 操作设置需要打开的窗体名称。

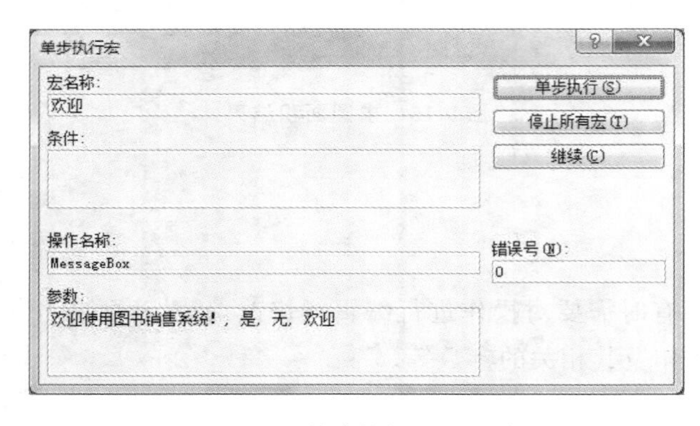

图 9-16 “单步执行宏”对话框

图 9-17 宏操作执行失败的对话框

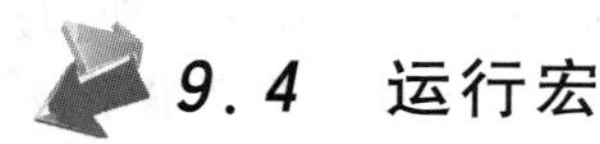

9.4 运行宏

宏的运行有多种。可以直接运行宏，也可以通过窗体、报表或控件中的事件触发宏。

9.4.1 直接运行宏

直接运行宏通常只用在对宏的运行测试中，可以通过下列的方法直接运行宏。

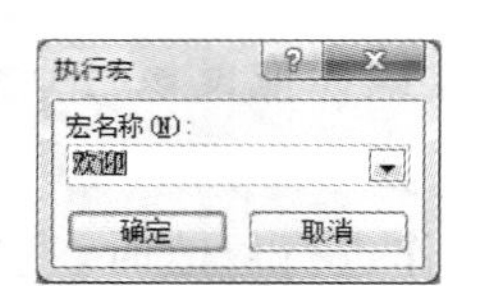

图 9-18 “执行宏”对话框

(1) 在 Access 导航窗格的宏对象中，双击需要运行的宏。或者选中宏，单击鼠标右键，在弹出的快捷菜单中，选择“运行”菜单项。

(2) 在宏的生成器视图中，单击“运行”按钮!。

(3) 在“数据库工具”选项卡下，单击“运行宏”按钮，在弹出的“执行宏”对话框的“宏名称”下拉列表中选择要运行的宏名，单击“确定”按钮即可。如图 9-18 所示。

9.4.2 在窗体等对象中加入宏

在实际应用中，一般通过事件触发宏。如将窗体或报表上的控件与某个宏建立联系，当该控件的相关事件发生时执行宏。

【例 9-3】 创建一个“教材查询”窗体，窗体包含一个组合框和一个文本框。在组合框中，用户可以选择教材的查询项，比如，按照教材名、作者或出版社进行查询。选择特定查询项后，在文本框中输入该项具体值，单击“查询”按钮，能够显示出相应的记录。如图 9-19 所示。

操作步骤如下。

1. 创建“教材查询”窗体

(1) 在“创建”选项卡下单击“窗体向导”按钮，以“教材”表作为数据源，选择所有可用字

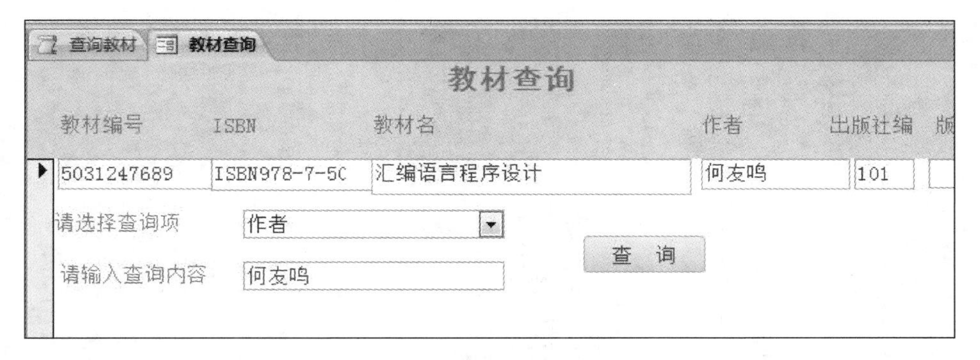

图 9-19 “教材查询”窗体

段，将窗体布局设定为“表格”，指定窗体标题为“教材查询”，同时选择“修改窗体设计”单选项，打开窗体设计视图。

（2）对设计视图中的“窗体页眉”区的标题“教材查询”属性进行一定的修改，使其美观醒目，字体字号字形也可以在“开始”功能区设置。

（3）在主体节区添加一个组合框控件。单击“属性表”打开组合框属性对话框，在“其他”选项卡下将其“名称”属性设为 ComboType，在“数据”选项卡下将“行来源类型”设置为：值列表，在“行来源”中输入："教材名称"；"作者"；"出版社编号"。相关的标签的标题属性为“请选择查询项”。

（4）添加一个非绑定型文本框，修改“名称”属性为 TextContent，相关的标签的“标题”属性设为“请输入查询内容”。

（5）添加一个命令按钮，按钮上显示的文字为“查询”，“名称”属性为“cmd 查询”。

2. 创建宏“查询教材”

（1）在在“创建”选项卡下单击“宏”按钮，打开宏设计窗口。

（2）在“添加新操作”列表中选择“If”操作。

（3）在“If”行右侧单击调用生成器按钮，打开“表达式生成器”对话框。

（4）在“表达式生成器”对话框左边的表达式元素区域展开的“Forms”树型结构中，选择“加载的窗体”，进一步展开“所有窗体”，单击“教材查询”窗体。这时，在相邻的表达式类别列表框中显示被选中的窗体所包含的控件，双击“ComboType”。在“表达式生成器”对话框上部的文本框中出现“Forms！[教材查询]！[ComboType]”，在其后输入“="教材名"”，完成表达式的建立，如图 9-20 所示，单击“确定”按钮后，该表达式出现在第一行的“条件”列中。接下来在 Then 下面的“添加新操作”列表中选择“ApplyFilter”，其参数“当条件=”后面表达式为：[教材]！[教材名]=[Forms]！[教材查询]！[TextContent]。

（5）使用相同的方法，设置宏的第二个“If”操作的条件为[Forms]！[教材查询]！[ComboType]="作者"，Then 后面的宏操作为 ApplyFilter，其参数“当条件=”为：[教材]！[作者]=[Forms]！[教材查询]！[TextContent]。

（6）使用相同的方法，设置宏的第三个“If”操作的条件为[Forms]！[教材查询]！[ComboType]="出版社编号"，Then 后面的宏操作为 ApplyFilter，其参数“当条件=”为：[教材]！[出版社编号]=[Forms]！[教材查询]！[TextContent]。

具体设置结果如图 9-21 所示。

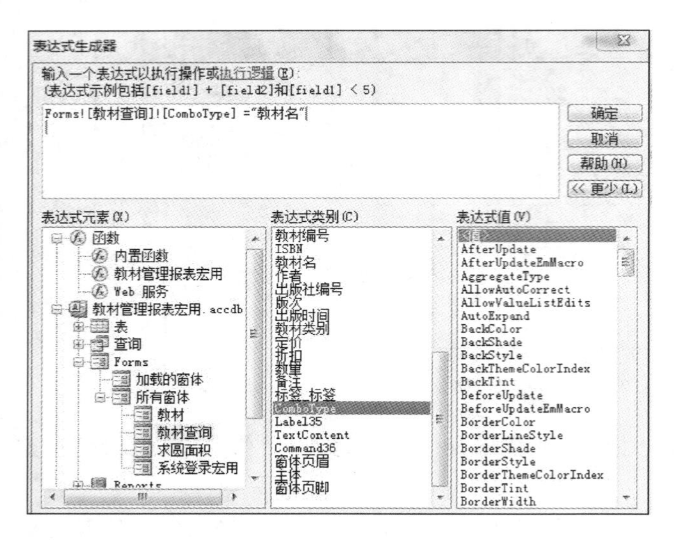

图 9-20　生成条件表达式

图 9-21　宏设置

(7) 保存宏，将其命名为“查询教材”。

3. 将宏“查询教材”与窗体中的按钮连接

(1) 重新打开“教材查询”窗体设计视图。

(2) 选择命令按钮“查询”，单击工具栏中“属性表”按钮，打开其属性对话框。在“事件”选项卡下设置按钮的“单击”事件：选择“查询教材”，如图 9-22 所示。

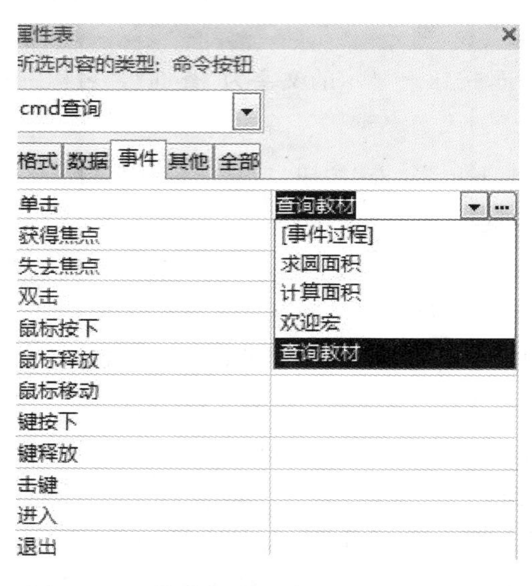

图 9-22　设置宏与按钮的“单击”事件的联系

此时，运行“教材查询”窗体，可以根据指定的查询类型和查询内容，筛选出符合条件的教材记录。例如选择查询项为“作者”，查询内容为“何友鸣”，查询结果如图 9-19 所示。

9.4.3　自动运行宏 AutoExec

Access 提供了一个特殊的宏名称 AutoExec，如果创建了命名为该名称的宏，那么在数据库一打开时，该宏对象将会自动运行。合理使用 AutoExec 宏，可以在首次打开数据库时执行一个或一系列操作,如应用系统初始参量的设定、打开应用系统操作主窗口等。

比如,希望将例 9-1 所创建的"欢迎宏",在教材管理数据库一打开的时候就自动运行。可以进行如下操作。

在 Access 导航窗格的宏对象列表中,选择"欢迎宏",单击右键,在快捷菜单中选择"重命名"命令,将宏命名为"AutoExec"。关闭 Access 窗口,再重新打开教材管理系统数据库,则首先弹出显示含有欢迎消息的对话框:欢迎您使用教材管理系统,如图 9-4 所示。单击"确定"以后,弹出系统登录界面窗体,如图 7-48 所示。

如果创建了 AutoExec 宏,但不希望在打开数据库时直接运行,可以在双击数据库图标启动 Access 的同时按住"Shift"键不放开,就可以跳过 AutoExec 宏的自动执行。

9.5 宏组

本节介绍宏组的创建和运行。

若干个宏可定义成一个宏组。宏组中的每个宏都彼此独立运行,互不相干。

9.5.1 宏组的创建

宏组的创建方法和宏类似,都是在宏生成器中进行的,但是宏组的创建过程中需要增加"宏名"列。宏组中的每个宏都必须定义唯一的宏名。运行宏组中宏的格式为:

宏组.宏名

图 9-23 所示是宏组的设计视图。其中包含两个宏,其宏名分别是"欢迎"和"退出"。在这两个宏中分别含有不同的操作。

【例 9-4】 创建图 9-24 所示的"登录"窗体,当用户输入正确的用户名和密码,并单击"确定"按钮后,关闭本窗体并显示"欢迎使用本图书管理系统"的消息框。如果用户名或密码不正确或者为空,则弹出"错误"消息,然后将焦点移到"用户名"文本框中。单击"重置"按钮,可以将用户名和密码两个文本框清空,并将焦点移到"用户名"文本框中。单击"退出"按钮,关闭此窗体。(假设用户名和密码分别为 HYM 和 123456)

操作步骤如下。

本窗体中包含的三个按钮分别用来执行不同的操作,可以将它们组织在一个宏组"登录"中,然后将每一个按钮的"单击"事件与宏组中的一个子宏建立联系,从而实现上述的功能。

图 9-23 宏组的设计视图

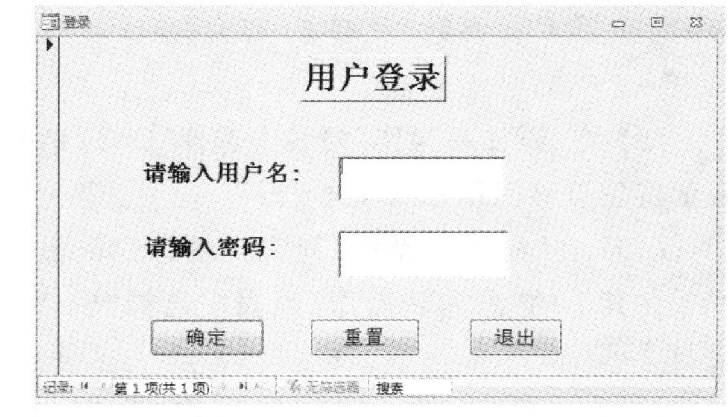

图 9-24 "登录"窗体

1. 创建"登录"窗体

(1) 在窗体的设计视图中创建窗体,在属性表的"格式"选项卡下,设置窗体的"标题"属性为“登录”。

在窗体中添加两个非绑定型文本框，在属性表的“其他”选项卡下，将其“名称”属性分别设置为“username”和“userpassword”用来接收用户名和密码的输入。在实际应用时，通常显示“ * ”来隐藏密码的输入。这里将 userpassword 文本框属性表“数据”选项卡下的“输入掩码”属性设置为“密码”。

(2) 在窗体中添加三个命令按钮，将其“标题”属性分别设置为“确定”“重置”和“退出”。

2. 创建宏组“登录”

(1) 打开宏设计窗口，在“添加新操作”列表中选择“sunmacro”操作，用于创建子宏。

(2) 设置第一个子宏的宏名为“验证”，在其下的“添加新操作”列表中选择“If”操作，设置第一个条件判断，条件为：[Forms]! [登录]! [username]="HYM" And [Forms]! [登录]! [userpassword]="123456"(当用户名和密码正确时)。Then 后面选择“CloseWindow”操作，参数“对象类型”为窗体，参数“对象名称”为登录，表示关闭“登录”窗体。

(3) 在下一行的“添加新操作”列表中，选择“MessageBox”操作，其参数“消息”项为：欢迎使用本图书管理系统。参数“发嘟嘟声”为：是。参数“类型”为：警告!。参数“标题”为：欢迎。表示弹出一个“欢迎”消息框。

(4) 在下一行的“添加新操作”列表中，选择“StopMacro”操作，无操作参数，表示停止该宏的运行。

(5) 接着设置子宏“验证”的第二个条件判断，条件为：[Forms]! [登录]! [username] Is Null Or [Forms]! [登录]! [userpassword] Is Null(当用户名或者密码为空时)。Then 后面选择“MessageBox”操作，其参数“消息”项为：“用户名或密码不能为空!”。参数“发嘟嘟声”为：是。参数“类型”为：重要。参数“标题”为：错误。表示弹出一个“错误”消息框。

(6) 在下一行的“添加新操作”列表中，选择“GoToControl”操作，其参数“控件名称”为：username。表示将焦点移回用户名文本框。

(7) 在下一行的“添加新操作”列表中，选择“StopMacro”操作，无操作参数，表示停止该宏的运行。

(8) 接着设置子宏“验证”的第三个条件判断，条件为：[Forms]! [登录]! [username] <>"HYM" Or [Forms]! [登录]! [userpassword]<>"123456"(当用户名或者密码输入错误时)。Then 后面选择“MessageBox”操作，其参数“消息”项为：“你输入的用户名或者密码不正确!”。参数“发嘟嘟声”为：是。参数“类型”为：重要。参数“标题”为：错误。表示弹出一个“错误”消息框。

(9) 在“添加新操作”列表中选择“GoToControl”操作，其参数“控件名称”为：username。表示将焦点移回用户名文本框。

(10) 在“添加新操作”列表中选择“sunmacro”操作，用于创建第二个子宏，宏名为“重置”，在其下的“添加新操作”列表中选择“SetValue”操作，其参数“项目”为：[Forms]! [登录]! [username]；参数“表达式”为：""。表示清空用户名文本框中的内容。

(11) 在下一行的“添加新操作”列表中，选择“SetValue”操作，其参数“项目”为：[Forms]! [登录]! [userpassword]。参数“表达式”为：""，表示清空密码文本框中的内容。

(12) 在下一行的“添加新操作”列表中，选择“GoToControl”操作，其参数“控件名称”为：username。表示将焦点移回用户名文本框。

(13) 在“添加新操作”列表中选择“sunmacro”操作，用于创建第三个子宏，宏名为“退出”，在其下的“添加新操作”列表中选择“CloseWindow”操作，参数“对象类型”为：窗体。参数“对象名称”为：登录。表示关闭 “登录”窗体。

(14) 将宏保存为“登录”。设置结果如图 9-25 所示。

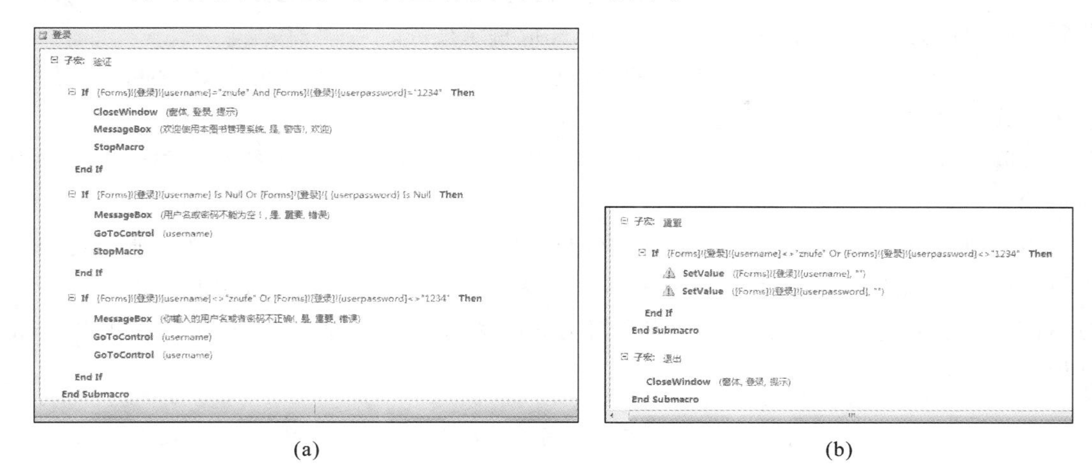

(a)　　　　　　　　　　(b)

图 9-25　“登录”宏

3. 将宏与窗体中的按钮控件连接起来

(1) 在窗体的设计视图中，重新打开“登录”窗体。

(2) 选择命令按钮“确定”，单击工具栏中的“属性表”按钮，打开其属性对话框。设置按钮的“单击”事件为运行宏“登录.验证”，如图 9-26 所示。

(3) 按照上述同样的方法将“重置”按钮的“单击”事件设置为运行宏“登录.重置”。

(4) 按照上述同样的方法将“退出”按钮的“单击”事件设置为运行宏“登录.退出”。

9.5.2　宏组的运行

运行“登录”窗体，并且在文本框中输入错误的信息，单击“确定”，执行的结果如图 9-27 所示。从这个例子中，可以看出通过宏组的建立可以更方便地管理相关的宏。而通过为宏设置执行条件，可以根据不同的输入情况，对宏的执行进行控制，从而创建功能更加强大的宏，实现更加复杂的自动控制。

图 9-26　将按钮的“单击”事件与宏连接

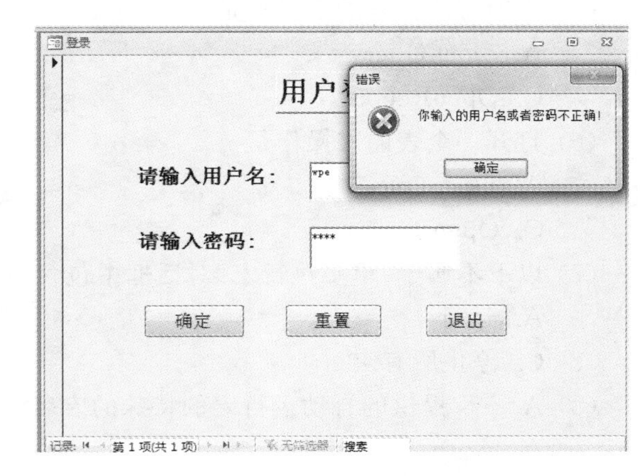

图 9-27　运行“登录”窗体

本章小结

宏是由一个或多个操作组成的集合，其中的每个操作都能自动地实现某个特定的功能。执行宏时，自动执行宏中的每一条宏操作，以完成特定任务。

Access 的宏可以是包含操作序列的宏，也可以是由若干个宏组成的宏组，还可以使用条件表达式来决定在什么情况下运行宏，即条件宏。

宏既可以在数据库的宏对象窗口中创建，也可以在为窗体或报表的对象创建事件行为时创建。

当创建了一个宏后，需要对宏进行运行与调试。可以使用单步执行宏来对所创建的宏进行调试，以观察宏的流程和每一个操作的结果，便于发现错误。运行宏时可以直接利用“运行”的命令来执行相应的宏，但大多数情况下，是将宏附加到窗体、报表或控件中，以对事件做出响应。

习　题　9

一、单项选择题

(1) 宏操作 MessageBox 的功能是 (　　)

A. 显示对话框　　B. 显示消息框

C. 显示表对象　　D. 显示窗体

(2) 宏操作 OpenForm 的功能是 (　　)

A. 打开指定表　　B. 打开指定报表

C. 打开指定查询　　D. 打开指定窗体

(3) 使活动窗口最大化的宏操作是 (　　)

A. MessageBox　　B. Minimize

C. Maxmize　　D. RunMacro

(4) 打开选择查询的宏操作是 (　　)

A. OpenQuery　　B. OpenForm

C. OpenReport　　D. OpenTable

(5) 立即打印报表的宏操作是 (　　)

A. OpenQuery　　B. OpenForm

C. OpenReport　　D. OpenTable

(6) 打开一个表的宏操作是 (　　)

A. OpenQuery　　B. OpenForm

C. OpenReport　　D. OpenTable

(7) 以下不属于“单步执行宏”对话框中包含的按钮的是 (　　)

A. 运行　　B. 单步执行

C. 停止所有宏　　D. 继续

(8) Access 提供的自动运行宏的特殊的宏名称是 (　　)

A. Auto　　B. Auto. bat

C. Autoexec. bat　　D. AutoExec

三、填空题

(1) 宏是由一个或________操作组成的集合，其中的________都能自动地实现某个特定的功能。

(2) Access 2010 提供了________种左右的基本宏操作，也称为宏命令。

(3) 宏组只是对宏的一种________。

(4) 宏的应用包括创建宏和________两个基本步骤。

(5) 从创建的角度讲，宏可以分为两类：________、嵌入式宏。

(6) MessageBox 操作参数共有 4 个，分别是________、发嘟嘟声、类型和标题。

(7) OpenForm 的操作参数有 6 个，分别是________、视图、筛选名称、Where 条件、数据模式和窗口模式。

(8) 宏的最大特点就是可以________其包含的所有操作。

(9) Access 提供了一个特殊的宏名称________，是自动运行宏。

三、名词解释题

(1) 宏。

(2) 操作序列宏。

(3) 宏组。

(4) 宏生成器。

(5) 条件宏。

(6) 自动运行宏。

四、问答题

(1) 在 Access 中，宏的操作都可以在模块对象中通过编写 VBA 语句来达到相同的功能。选择使用宏还是 VBA，主要取决于所要完成的任务。请说明哪些操作处理应该用 VBA 而不要使用宏。

(2) Access 的宏分为哪三类？简要说明。

(3) 简述创建宏组的具体操作步骤。

(4) 调试宏的方法中，使用单步执行宏，可以观察宏的流程和每一个操作的结果，便于发现错误。请说明对宏进行单步执行的操作步骤。

(5) 如何打开宏生成器？

(6) 宏生成器中的核心任务是什么？

(7) 在宏生成器中设置参数时，应该注意什么？

(8) 如果创建了 AutoExec 宏，但不希望在打开数据库时直接运行，如何操作？

实 验 题 9

实验题 9-1 在窗体中加入宏。

给定第 5 章实验题 5-2 所完成的图书销售. accdb 数据库，有表：部门、出版社、进书单、进书细目、售书单、售书细目、图书、员工。

创建一个“图书查询”窗体，窗体包含一个组合框和一个文本框。在组合框中，用户可以选择图书的查询项，比如，按照书名、作者或出版社进行查询。选择特定查询项后，在文本框中输入该项具体值，单击“查询”按钮，能够显示出相应的记录。如图 9-28 所示。

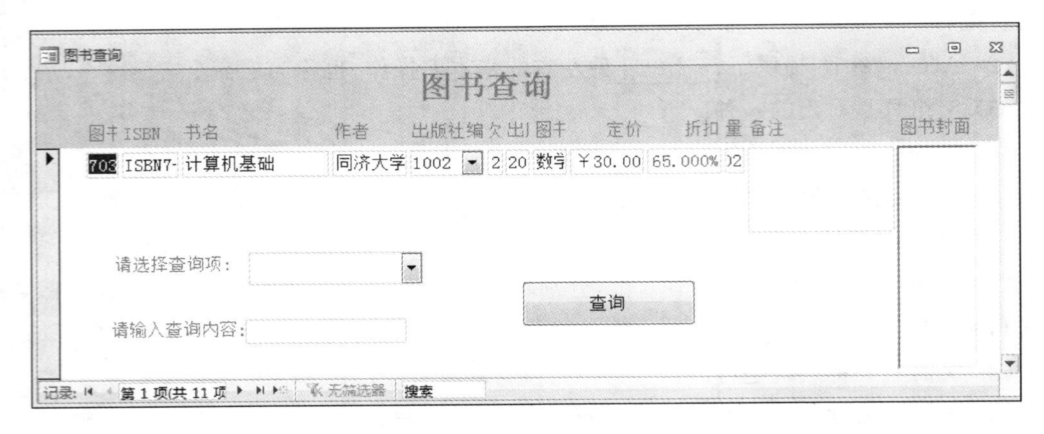

图 9-28 “图书查询”窗体

第⑩章 模块对象及 Access 程序设计

对于 Access 的大多数应用来说，前面介绍的对象已经能够很好地完成。但是，对于一些比较复杂的数据处理，仅利用现有的手段就不够了，用户需要在数据处理的过程中编写一些程序代码，即组织模块对象。设计模块就是利用 VBA 进行程序设计。

本章我们学习使用 VBA 语言进行程序设计和数据处理的有关知识。

10.1 模块与 VBA

模块对象是 Access 的对象之一。

模块是利用程序设计语言编写的命令集合，运行模块能够实现数据处理的自动化。在 Access 中，通过"模块"对象，可以实现编写程序的功能。Access 采用的程序设计语言是 VBA。在 Access 中，设计模块就是利用 VBA 进行程序设计。

10.1.1 程序设计与模块的概念

1. 程序与程序设计

使用设计好的某种计算机语言，用这种计算机语言的一系列语句或命令，将一个问题的计算和处理过程表达出来，这就是程序。

程序是命令的集合。人们把为解决某一问题而编写在一起的命令系列以及与之相关的数据称为程序。

编写程序的过程就是程序设计。计算机能够识别并执行人们设计好的程序，来进行各种数据的运算和处理。

程序设计必须遵循一定的设计方法，并按照所使用的程序设计语言的语法来编写程序。目前主要的程序设计方法有面向过程的结构化程序设计方法和面向对象的程序设计方法。其中，结构化程序设计方法也是面向对象程序设计的基础。

结构化程序设计遵循自顶向下和逐步求精的思想，采用模块化方法组织程序。结构化程序设计将一个程序划分为功能相对独立的较小的程序模块。一个模块由一个或多个过程构成，在过程内部只包括顺序、分支和循环三种程序控制结构。结构化程序设计方法使得程序设计过程和程序的书写得到了规范，极大地提高了程序的正确性和可维护性。

面向对象程序设计方法，是在结构化程序设计方法的基础上发展起来的。面向对象的程序设计以对象为核心，围绕对象展开编程。

对象是属性和行为的集合体。

在 Access 中，所使用的程序设计语言是 VBA。VBA 支持上述两种设计方法。

2. 模块对象的定义和应用步骤

模块是完成特定任务的、使用 VBA 编写的命令代码集合。要使用模块，首先应该定义模块对象，然后在需要使用的地方来执行模块。

应用模块对象的基本步骤如下。

(1) 定义模块对象。在 Access 数据库窗口中,进入模块对象界面,然后调用模块编写工具,编写模块的程序代码,并保存为模块对象。编写模块的工具称为“Visual Basic 编辑器”(VBE,Visual Basic Editor)。

VBA 编写的模块由声明和一段段称为过程的程序块组成。有两种类型的程序块:Sub 子过程和 Function 函数过程。过程由语句和方法组成。

(2) 引用模块,运行模块代码。根据需要,执行模块的操作有如下几种。

① 在编写模块 VBE 的“代码”窗口中,如果过程没有参数,可以随时单击“运行”菜单中的“运行子过程/用户窗体”,即可运行该过程。这便于程序编码的随时检查。

② 保存的模块可以在 VBE 中通过“立即窗口”运行。这便于检查模块设计的效果。

③ 对于用来求值的 Function 函数过程,可以在表达式中使用。例如,可以在窗体、报表或查询中的表达式内使用函数。也可以在查询和筛选、宏和操作、Visual Basic 语句和方法或 SQL 语句中将表达式用作属性设置。

④ 创建的模块是一个事件过程。当用户执行引发事件的操作时,可运行该事件过程。

例如,可以向命令按钮的“单击”事件过程中添加代码,当用户单击按钮时,可以执行这些代码。

⑤ 在“宏”中,执行 RunCode 操作来调用模块。RunCode 操作可以运行 Visual Basic 语言的内置函数或自定义函数。若要运行 Sub 子过程或事件过程,可创建一个调用 Sub 子过程或事件过程的函数,然后再使用 RunCode 操作来运行函数。

3. 模块的种类

模块有两种基本类型:类模块和标准模块。

1) 类模块

类模块是指含有类定义的模块,包含类的属性和方法的定义。窗体模块和报表模块都是类模块,而且它们各自与某一窗体或报表相关联。窗体模块和报表模块通常都含有事件过程,该过程用于响应窗体或报表中的事件。可以使用事件过程来控制窗体或报表的行为,以及它们对用户操作的响应,例如用鼠标单击某个命令按钮。

2) 标准模块

标准模块包含的是通用过程和常用过程,这些通用过程不与任何对象相关联,常用过程可以在数据库中的任何位置运行。

10.1.2 VBA 语言

Visual Basic(简称 VB)是由微软公司开发的包含协助开发环境的事件驱动的编程语言,它源自 BASIC(Beginners' All-Purpose Symbolic Instruction Code)编程语言。VB 是可视化的、面向对象的、采用事件驱动方式的高级程序设计语言,提供了开发 Windows 应用程序最迅速、最简捷的方法。

VBA 是 Office 内置的编程语言,是基于 VB 的简化宏语言,可以认为 VBA 是 VB 的子集。它与 VB 在主要的语法结构、函数命令上十分相似,但是两者又存在着本质差别:VB 用于创建标准的应用程序,而 VBA 使已有的应用程序(Word、Excel 等)自动化。另外,VB 具有自己的开发环境,而 VBA 则必须寄生于已有的应用程序。

10.2 VBE界面

VBE是Office中用来开发VBA的环境，通过在VBE中输入代码建立VBA程序，也可以在VBE中调试和编译已经存在的VBA程序。

10.2.1 VBE窗口

1. 进入VBE窗口

有多种方法从Access数据库窗口进入VBE环境。

(1) 选择“创建”选项卡“宏与代码”组的“模块”或“类模块”按钮单击，进入模块或类模块的创建编辑窗口，图10-1所示是单击“模块”按钮进入VBE没有打开任何窗口的界面，通过“视图”菜单或工具栏可以打开各种窗口。图10-2所示是单击“类模块”按钮进入VBE的一种情况，打开了类模块窗口。

选择“Visual Basic”按钮(单击)，则进入VBE界面的Visual Basic编辑器，但没有同时打开的模块对象，窗口如图10-1所示。这时，选择工具栏插入按钮(单击)，添加模块编辑窗口。右边的下拉按钮可用于选择模块类型，如图10-3所示。

图10-1 单击“模块”按钮进入VBE

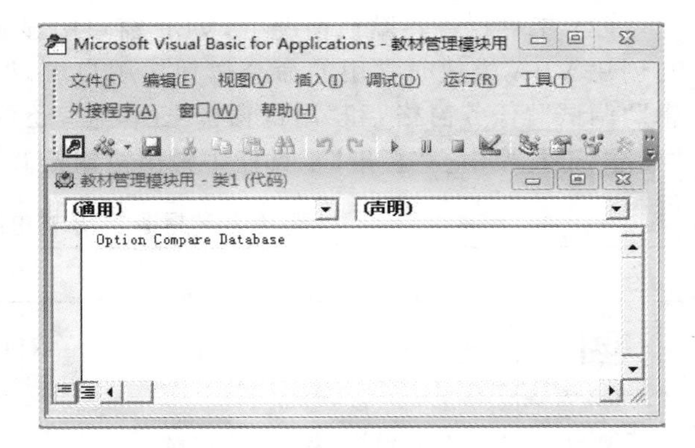

图10-2 单击“类模块”按钮进入VBE

(2) 选择“数据库工具”选项卡“宏”组的“Visual Basic”按钮(单击)，同样进入VBE界面。

(3) 在窗体、报表或控件设计过程中，选择要添加VBA代码的对象，单击鼠标右键，在弹出的快捷菜单中选择“事件生成器”。然后在“选择生成器”对话框中单击“代码生成器”，单击“确定”按钮，进入VBE界面。

(4) 若已有模块显示在数据库导航窗格中，选中某个对象直接双击，则在VBE窗口中显示该模块的内容。

2. VBE窗口组成

VBE是一个独立于Access数据库窗口的窗口。

由图10-1所示的VBE窗口可见：VBE界面中除了常规的菜单栏和工具栏以外，还提供了属性窗口、工程管理窗口和代码窗口。通过“视图”菜单或工具栏，还可以调出其他子窗口，包括立即窗口、对象窗口、对象浏览器、本地窗口和监视窗口等，这些窗口用来帮助用户建立和管理应用程序。

这些窗口都能独立存在，布局可以随用户的要求摆放。图10-4所示只是一种布局，左边上面为工程资源管理器窗口、中间为属性窗口、下面为立即窗口，右边上面为代码窗口、中间为本地窗口、下面为监视窗口。对象窗口和对象浏览器没有打开。

（1）菜单栏。VBE 的菜单栏包括“文件”“编辑”“视图”“插入”“调试”“运行”“工具”“外接程序”“窗口”和“帮助”共 10 个菜单。对于常用命令，在工具栏中有对应的按钮，另外还可以通过快捷键进行操作。例如，调出“对象浏览器”窗口的方法，可以是通过“视图”菜单的“对象浏览器”、工具栏“对象浏览器”按钮，或者是使用快捷键“F2”。

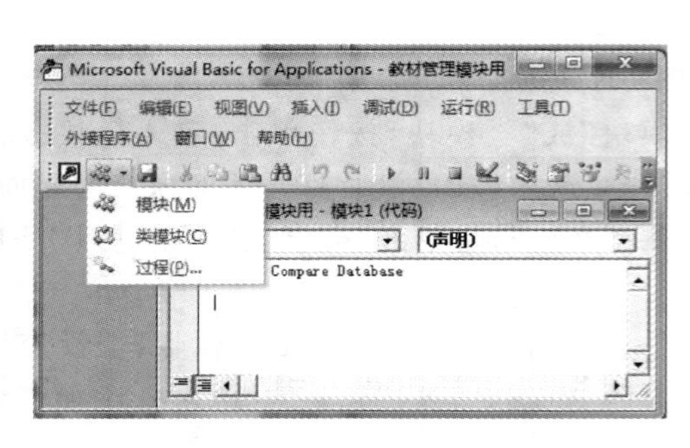

图 10-3　单击“Visual Basic”按钮

图 10-4　VBE 界面

（2）工具栏。在默认情况下，VBE 窗口中显示的是“标准”工具栏。“标准”工具栏包括在创建 VBA 模块时常用的命令按钮。用户可以通过“视图”菜单中“工具栏”命令调出“编辑”“调试”“任务窗格”和“用户窗体”工具栏，还可以在“自定义”选项中选择命令项按钮到“标准”工具栏中。“标准”工具栏中常用按钮及其功能如表 10-1 所示。

表 10-1　“标准”工具栏中常用按钮及其功能

按　钮	按钮名称	功　能
	视图 Microsoft Office Access	返回 Microsoft Access 界面
	插入模块、类模块或过程	在当前工程中添加新的标准模块、类模块或者在当前模块中插入新的过程
	运行子过程/用户窗体	执行当前光标所在的过程，或执行当前的窗体。如果在中断模式下，显示为“继续”命令
	中断	停止一个正在运行的程序，并切换到中断模式
	重新设置	结束正在运行的程序
	设计模式	在设计模式和非设计模式中切换
	工程资源管理器	显示工程资源管理器
	属性窗口	显示属性窗口
	对象浏览器	显示对象浏览器

（3）窗口。在 VBE 中提供了多种窗口用来实现不同的任务，包括工程资源管理器窗口、属性窗口、代码窗口、立即窗口、监视窗口、本地窗口、对象浏览器等。通过选择视图菜单可以显示或隐藏这些窗口。下面对几种常用的窗口做简单的介绍。

① 工程资源管理器窗口。工程资源管理器用来显示工程的一个分层结构列表以及所有包含在此工程内的或者被引用的全部工程，如图 10-5 所示。单击左上角“查看代码”按钮，可以显示代码窗口，以编写或编辑所选工程目标代码；单击“查看对象”按钮，打开相应的文档或用户窗体的对象窗口；单击“切换文件夹”按钮，可以隐藏或显示对象分类文件夹。

② 属性窗口。属性窗口列出所选的对象的所有属性，可以选择“按字母序”或“按分类序”方式查看属性，如图 10-6 所示。如果需要设置对象的某个属性值，可以在属性窗口中选择该属性名称，然后编辑其属性值。应该注意的是，只有当选定的对象在设计视图中打开时，对象才在“属性窗口”中被显示出来。

图 10-5　工程资源管理器

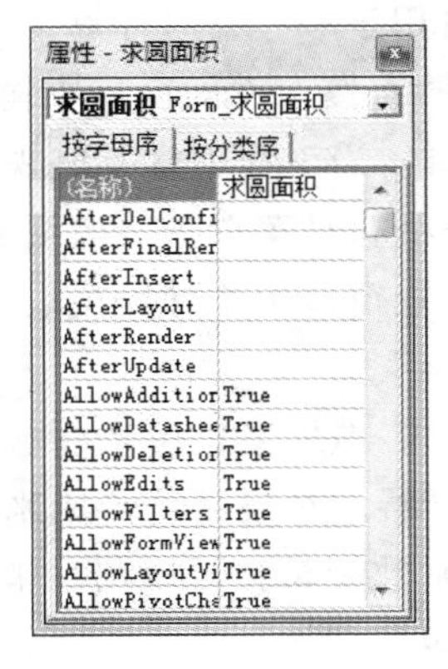

图 10-6　属性窗口

③ 代码窗口。代码窗口是 VBE 窗口中最重要的组成部分，所有 VBA 的程序模块代码的编写和显示都是在该窗口中进行的。所谓 VBA 的程序模块是由一组声明和若干个过程(可以是 Sub 子过程、Function 函数过程或者 Property 属性过程)组成的。代码窗口的主要部件有“对象”列表框和“过程/事件”列表框。

“对象”列表框中显示所选窗体中的所有对象。“过程/事件”列表框中列出与所选对象相关的事件。当选定了一个对象和其相应的事件以后，则与该事件名称相关的过程就会显示在代码窗口中。图 10-7 所示为与“退出”按钮的单击(Click)事件相关的过程代码。通过这种方法，可以在各个过程之间进行快速的定位。

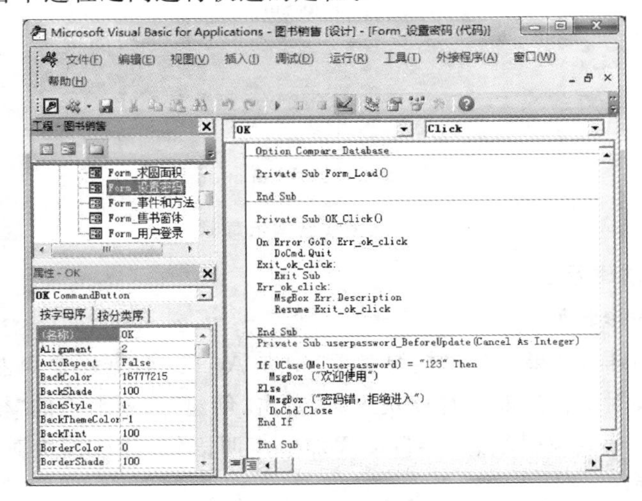

图 10-7　代码窗口

代码窗口左下角的“过程视图”按钮和“全模块视图”按钮可以选择是只显示一个过程还是显示模块中的所有过程。

在 VBE 中可以同时打开多个代码窗口来显示不同的模块的代码，并且可以通过复制和粘贴实现在不同的代码窗口之间，或者同一个代码窗口的不同位置进行代码的复制或移动。代码窗口用不同颜色标识代码中的关键字、注释语句和普通代码，方便用户在编写的过程中检查拼写错误，使之一目了然。

④ 立即窗口。在立即窗口中可以键入或者粘贴命令语句，在按下“Enter”键后就执行该语句。若命令中有输出语句，就可以查看输出语句执行的结果。

立即窗口可用于一些临时计算。立即窗口也可以调用保存的模块对象来运行。

要注意的是，直接在立即窗口中输入的命令语句是不能保存的。

⑤ 监视窗口。当工程中含有监视表达式时，监视窗口就会自动出现，也可以从“视图”菜单中选择“监视窗口”菜单项。监视窗口的作用是在中断模式下，显示监视表达式的值、类型和内容。向监视窗口中添加监视表达式的方法是：在代码中选择要监视的变量，然后拖动到监视窗口中。

⑥ 本地窗口。本地窗口用来显示当前过程中的所有声明了的变量名称、值和类型。

⑦ 对象浏览器。对象浏览器用来显示出对象库以及工程里的过程中的可用类、属性、方法、事件以及常数变量。可以用它来搜索及使用既有的对象，或是来源于其他应用程序的对象。

10.2.2 代码窗口与模块的创建与保存

Access 模块在 VBE 界面的代码窗口中编写。模块由若干个过程组成。过程分为 2 种类型：Sub 子过程和 Function 函数过程。

1. 模块的结构

模块结构示意图如图 10-8 所示。

```
             ┌Sub 过程名 1 ()
Sub 子过程   ┤语句行
             └End Sub
...
                   ┌Function 函数名 1 ()
Function 函数过程  ┤语句行
                   └End Function
```

图 10-8 模块结构示意图

2. 创建模块与创建新过程

创建模块的操作步骤如下。

① 像其他对象那样，如果创建过模块对象，则在 Access 数据库窗口左边导航栏的所有对象列表中就有模块对象。这时选择模块对象，单击“创建”选项卡上的“模块”工具按钮，即打开 VBE 界面，进入模块编辑状态，并自动添加上声明语句，默认模块对象名模块 i(i=1，2，3…)。如图 10-9 所示。

② 单击“插入”菜单“过程”菜单项，弹出“添加过程”对话框，如图 10-10 所示。

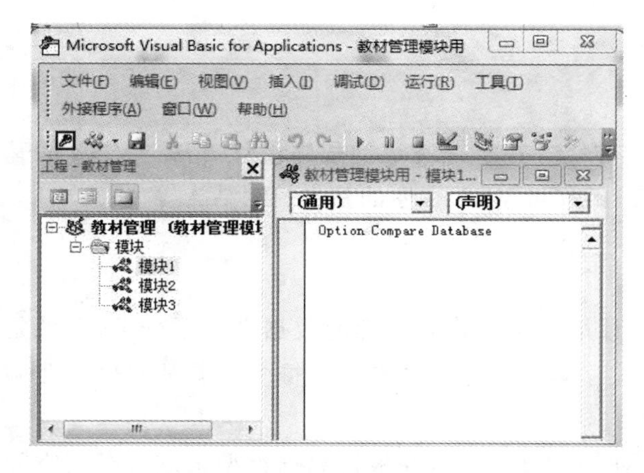

图 10-9 新建模块的 VBE 窗口

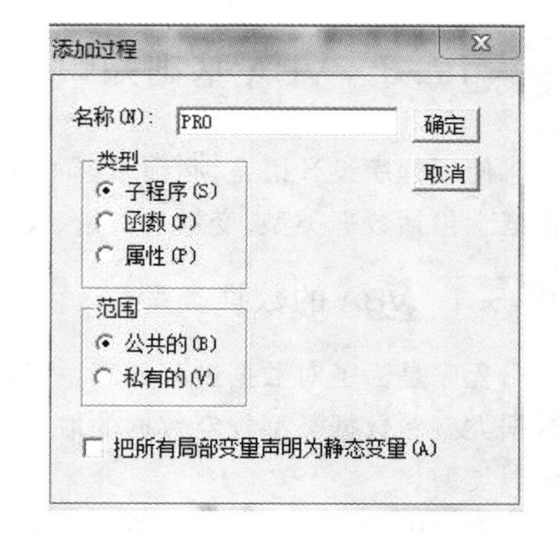

图 10-10 "添加过程"对话框

③ 在"添加过程"对话框中的名称文本框中输入过程名，如"PRO"，单击"确定"按钮，进入新建过程的状态，并在代码窗口的声明语句后，添加上以过程名为名的过程说明语句。如图10-11 所示。

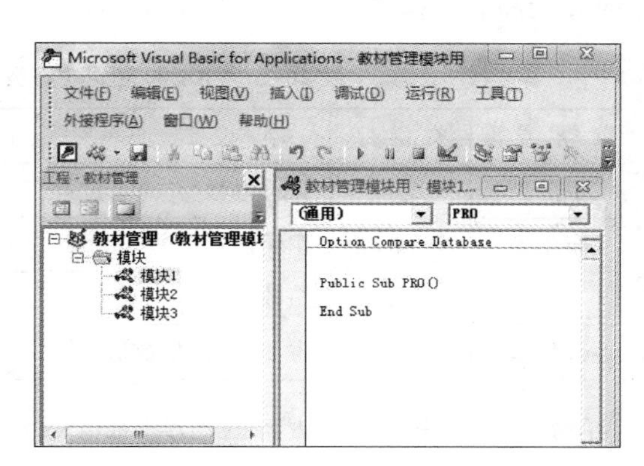

图 10-11 新建过程

若创建一个函数过程，在"添加过程"对话框的"类型"栏中选中"函数"即可。

接着，就可以在代码窗口中编写模块中的程序代码了。

3. 代码窗口的 VBA 代码编写

代码窗口是模块代码设计的主要操作界面，它提供了完整的模块代码开发和调试的环境。因此，应该充分了解代码窗口提供的功能并且熟练地使用它们。

在代码窗口顶部有两个下拉框。在输入、编辑模块内的各对象时，先在左边的"对象"列表框中选择要处理的对象(单击)，然后在右边的"过程/事件"列表框中选择需要设计代码的事件，此时，系统将自动生成该事件过程的模板，并且光标会移到该过程的第一行，用户就可以进行代码的编写。

代码窗口提供了自动显示提示信息的功能。当用户输入命令代码时，系统会自动显示命令列表、关键字列表、属性列表及过程参数列表等提示信息。比如，当用户需要定义一个数据类型或对象时，在代码窗口中会自动弹出一个有数据类型和对象的列表框，用户可以直接从列表框中进行选择。这样提高程序编写效率，降低编写过程中出错的可能性。

注意在模块编写过程中，要随时保存，以防丢失。

4. 保存模块

单击工具栏的"保存"按钮，或"文件"菜单"另存为"菜单项，弹出的"另存为"对话框。命名模块名称，然后单击"确定"按钮保存。如图 10-12 所示。

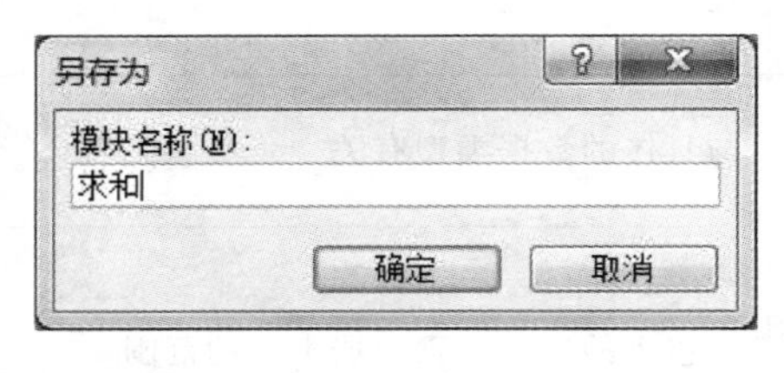

图 10-12 模块命名保存对话框

这样，就定义了一个 Access 的模块对象。

10.3 VBA 基础知识

使用程序设计语言，必须掌握一些基本概念，并掌握一定的程序设计方法。VBA 的基本概念包括数据类型、变量与常量、表达式、函数和 VBA 程序的基本控制结构等。

10.3.1 VBA 的数据类型

程序是为了对数据进行处理。程序设计语言事先将要处理的数据进行了分类，这就是数据类型。数据类型规定数据的取值范围、存储方式和运算方式。每个数据都要事先明确所属类型。

在 VBA 中，对不同的数据类型采用不同的处理方式，并根据数据类型来进行存储空间的分配和有效操作，VBA 的主要数据类型、所占的存储空间及取值范围如表 10-2 所示。

表 10-2 VBA 的主要数据类型、所占的存储空间及取值范围

数据类型	关键字	说明	存储空间	取值范围
字节型	Byte	无符号数	1 字节	0～255
布尔型	Boolean	逻辑值	2 字节	true 或 false
整型	Integer	整数值	2 字节	－32 768～32 767
长整型	Long	占 32 位的整数值	4 字节	－2 147 483 648～2 147 483 647
单精度型	Single	占 32 位的浮点数值	4 字节	负数：－3.402 823E38～－1.401 298E－45 正数：1.401 298E－45～ 3.402 823E38
双精度型	Double	占 64 位的浮点数值，更精确	8 字节	负数：－1.797 693 134 862 32E308～－4.940 656 485 412 47E－324 正数：4.940 656 485 412 47E－324～1.797 693 134 862 32E308
货币型	Currency	表示货币金额数值，保留 4 位小数	8 字节	－922 337 203 685 477.580 8～922 337 203 685 477.580 7
小数型	Decimal	只能在 Variant 中使用	12 字节	与小数位的位数有关
日期型	Date	表示日期信息	8 字节	100 年 1 月 1 日～9999 年 12 月 31 日
字符型	String	由字母、汉字、数字、符号等组成文本信息	与字符串长度有关	定长：0～20 亿 变长：1～65 400
对象型	Object	表示图形、OLE 对象或其他对象的引用	4 字节	任何对象引用
变体型	Variant	一种可变的数据类型，可以表示任何值	与相应数据类型有关	与具体的数据类型有关
自定义型	Type	用户自定义的数据类型，可包含一个或多个基本数据类型	所有元素字节之和	所包含的每个元素数据类型的范围

10.3.2 常量、变量和数组

1. 常量

常量指在程序运行过程中固定不变的量，用来表示一个具体的、不变的值。常量可以分为直接常量、符号常量和固有常量三种。

1）直接常量

直接以数值或者字符串等形式来表示的量称为直接常量。数值型、货币型、布尔型、字符型或日期型等类型有相应的直接常量，不同类型的常量其表达方法有不同的规定。

（1）数值型常量：以普通的十进制形式或者指数形式来表示。一般情况下，较小范围内的数值用普通形式来表示。比如，123、－123、1.23 等。如果要表示的数据很精确或者范围很大，则可以用指数形式来表示。比如，用 0.123E4 来表示 0.123×10^4。

（2）货币型常量：与数值型常量的表示方法类似，但是前面要加货币符号以表示是货币值。例如，$123.45。

（3）布尔型常量：用来表示逻辑值，只有 True 或者 False 两个值。当逻辑值转换为整型时，True 转换为－1，False 转换为 0；当将其他类型数据转换为逻辑数据时，非 0 转换为 True，0 转换为 False。

（4）字符型常量：用双引号作为定界符括起来的字符串。例如，"中南财经政法大学"、"COMPUTER SCIENCE"等。当字符串的长度为 0 时（""），用来表示空字符串。

（5）日期型常量：表示日期和时间。范围为 100 年 1 月 1 日～9999 年 12 月 31 日，表示时间的范围为 0:00:00～23:59:59，日期、时间两边用"#"括起来。日期部分中的年、月、日之间可以用分隔符"/"或"-"隔开，也可以用英文简写的方式表示月份。例如，#2008/8/8#、#2008-8-8#、#Aug 8,2008#。时间部分中的时、分、秒用":"隔开，可以用 AM、PM 分别表示上午和下午。例如，#15:44:23#、#3:44:23PM#。也可以将日期和时间连接起来表示一个日期时间值，日期和时间部分用空格隔开，如#2008/8/8 15:44:23#。

2）符号常量

对于代码中重复使用的常量或者有意义的常量，可以定义符号来表示。例如，用 PI 代表 3.1415926 来表示圆周率。定义符号常量一般要指明该常量的数据类型。

【语法】Const 常量名 [As 数据类型]＝常量

使用常量可以提高程序可读性。另外，使用常量也便于程序维护。例如，定义常量：

Const Exchange_Rate as Single＝6.852349

表示汇率。符号常量含义明确，程序代码中凡是用到汇率的地方都可以用该符号。另外当汇率的值发生变化时，如果没有使用 Exchange_Rate，就必须在程序中一处一处地改正，这样很容易出错。而定义了 Exchange_Rate 符号变量，只需要在程序的开始处修改 Exchange_Rate 的定义就可以了。

3）固有常量

固有常量指的是已经预先在对象库中定义好的常量，编程者可以在宏或者 VBA 代码中直接拿来使用。图 10-13 所示，是在 VBE 窗口中，使用"对象浏览器"查看固有常量所来自的对象库，以及其实际所表示的值。

固有常量以前面两个字母表示该常量所来自的对象库：来自 Access 库的常量以"ac"开头，如 acForm、acCommandButton；来自 VBA 库的常量以"vb"开头，如 vbBlack、vbYesNo；

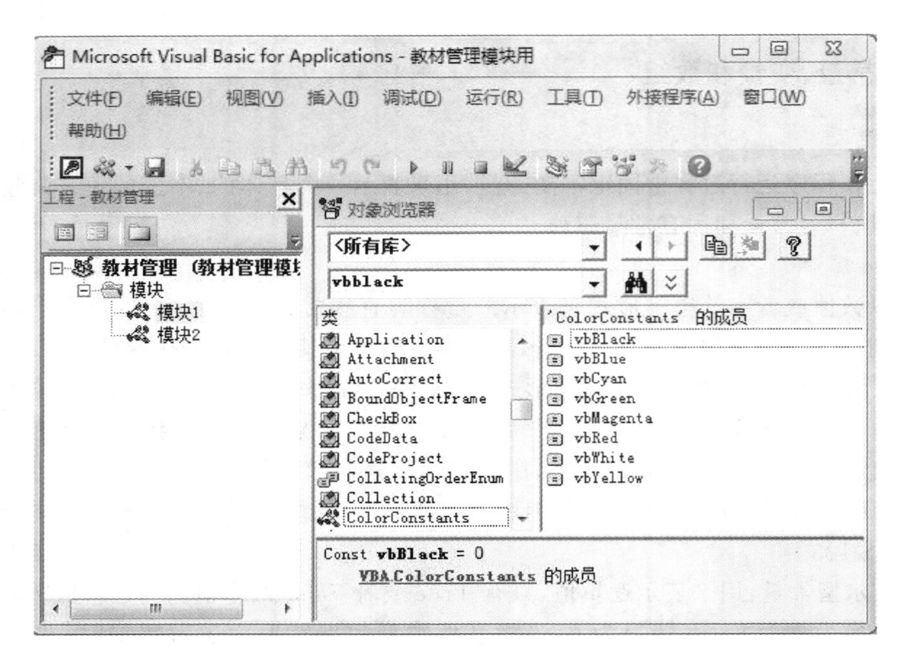

图 10-13 在“对象浏览器”中查看固有常量

来自 ADO 库的常量以“ad”开头，如 adOpenKeyset、adAddNew。

在 VBE 中，单击“视图”菜单“对象浏览器”菜单项，启动对象浏览器。在对象浏览器的“搜索文字”文本框中输入要查询的固有常量名称，单击“搜索”按钮。

2. 变量

在程序运行的过程中允许其值变化的量称为变量。声明变量的过程实际上是在内存区域开辟一个临时的存储空间来存放数据，变量值就是存放在这个存储空间里的数据。

1) 变量的命名规则

变量的命名应该满足以下规则。

(1) 变量名必须以字母或汉字开头，由字母、下划线、数字和汉字组成。变量名中不能包含空格，以及除了下划线“_”以外的特殊字符。

(2) 变量名不区分大小写。例如，变量 a 和变量 A 表示的是同一个变量。

(3) 长度不能超过 255 个字符。

(4) 不能与 VBA 中的关键字重名。例如，不能用 Const 作为变量的名称。

2) 变量声明

一般情况下，在使用变量之前应该先声明该变量的变量名和数据类型。这种方式称为变量的显式声明。VBA 允许不声明该变量，而在程序中直接使用，这个时候该变量被默认为 Variant 数据类型。这种方式称为变量的隐式声明。

声明变量的一般方法是用 Dim 语句，其命令格式如下：

【语法】Dim 变量名 [As 数据类型] [,变量名 [As 数据类型],…]

如果省略数据类型，则所定义的变量为 Variant 类型。定义多个变量的时候，可以用逗号隔开，也可以使用多个 Dim 语句来声明。例如使用如下的定义命令：

Dim a,b As Integer‘定义了 Vairant 变量 a,整型变量 b

Dim str1 As String * 10,str2 as String ‘定义了长度为 10 的字符串 str1,变长字符串 str2

3）变量赋值

声明变量的作用是指定变量的名称和变量的数据类型，接下来就可以为变量赋值了。

【语法】[Let] 变量名＝表达式

计算表达式的值，然后将计算结果赋给内存变量。命令动词 Let 可以省略。

4）变量的作用域

变量在使用时，由于所处过程的不同，又分为全程变量、局部变量和模块变量。

(1) 全程变量。用 Public As…语句定义，在所有模块的所有子过程与函数过程中均有效，即在各个不同层次的过程中全部有效。在主程序中定义的内存变量(即使未使用 Public 命令事先定义)均被视为全程变量。

(2) 局部变量。局部变量仅在定义它的本模块中有效。

(3) 模块变量。模块变量在定义它的模块及该模块的各个子过程中有效。

3. 数组

内存变量在使用形式上分为简单变量和数组。简单变量即为不带下标的变量。数组是内存中连续一片的存储区域，是按一定顺序排列的一组内存变量，它们共用一个数组名。数组中的任何一个变量称为一个数组元素，数组元素由数组名和该元素在数组中的位置序号组成。数组元素也称带下标的内存变量。在处理批量数据时，定义数组特别方便。

1）数组声明

数组变量分为一维数组和二维数组等。数组的声明方式和变量的声明方式相同，使用 Dim 关键字。VBA 中不允许对数组的隐式声明，即数组在使用之前必须先对其进行声明。

【语法】Dim 数组名([下标下界 to] 下标上界)[As 数据类型]

定义一维数组，指定数组名、下标的下界和上界以及数组的数据类型。

说明：数组名的命名规则与变量名的命名规则相同。下标下界规定了数组的起始值，也可以省略，下标下界的缺省值为 0。例如，命令：

Dim A (10) As Integer

定义了数组名为 A 的整型数组，其中包括的数组元素为 A(0)，A(1)，…，A(10)，共 11 个数组元素，每个数组元素就是一个内存变量。

如果不希望下标从 0 开始，则需要在声明语句中指定下标下界的值。例如命令：

Dim A (3 to 10) As Integer

定义了一个有 8 个整型数组元素的数组，数组元素的下标从 3 开始到 10 结束。

同声明变量一样，如果声明数组时缺省数据类型，则数组的类型默认为 Variant。

VBA 允许定义二维数组。其语法格式与声明一维数组类似。

【语法】Dim 数组名([下标下界 1 to]下标上界 1，[下标下界 2 to]下标上界 2) As [数据类型]

例如，命令：Dim B(1 to 4，1 to 5) As Single

定义了一个数组名为 B 的单精度型二维数组。可以将第 1 个下标理解为行下标，第 2 个下标理解为列下标。B 中的每一个元素都由行下标和列下标标识，如 B(3，4)表示 B 中第 3 行的第 4 个元素。

2）数组的引用与赋值

对于数组的处理以数组元素为单位，每个元素就是一个变量。使用一维数组中元素的表述是：数组名(下标)。二维数组元素的引用是：数组名(行下标，列下标)。

数组的赋值和变量的赋值方法一样。其命令格式：

【语法】[Let] 数组名(下标)=表达式

由于下标可以用常量或者变量,也可以是表达式计算的结果,使得数组处理非常灵活。例如,A 是一个数组,可执行下列命令:

Letx=3

Let A(x+1)=8

这两条命令执行的结果,是将数值 8 赋予 A 中的第 4 个元素。

10.3.3 运算符与表达式

1. 表达式的概念

数据通过常量或变量进行表示,通过表达式进行运算。表达式是由常量、变量、函数及运算符组成的式子。表达式按照运算规则经过运算求得的结果,称为表达式的值。

运算符规定对数据进行的某种操作,也称为操作符。不同类型的数据其运算符种类不同。VBA 中的运算符可分为 5 类:算术运算符、字符串运算符、关系运算符、逻辑运算符和日期运算符。按照运算符的不同,表达式也可以分为相应的五种类型。

表达式是计算值的,如果用户想查看一个表达式求值的结果,可以在 VBE 中的立即窗口使用输出语句查看。输出语句的语法如下。

【语法】PRINT | ? 表达式 [,表达式,…]

在立即窗口中输入“PRINT”或者“?”,接着输入表达式,然后按“Enter”键,就可以在语句下面立即看到计算的结果。

2. 算术运算及算术表达式

算术运算的对象一般是数值型或货币型数据(如果不是,则系统将其转化为数值型再运算),运算结果仍然是数值型或货币型数据。表 10-3 中列出了各种算术运算符。

【例 10-1】 计算并显示算术表达式的值。

在立即窗口的输出语句后输入以下表达式。后面的注释为窗口中显示的结果。

```
(12 * 5-11 * 6)/3          '结果为-2
10 Mod-4                   '结果为 2
10+True                    '结果为 9,True 转化为整数-1
"123" * 2+123              '结果是 369,字符串“123”转化为整数 123
```

本例请在机器上实现,参阅实验题 10-3。

表 10-3 算术运算符

优先级	运算符	描述	示例
1	()	形成表达式内的子表达式	
2	^	乘方运算	2^5
3	* 、/、\、Mod	乘、除、整除、求余	5 * 2、5/2、5\2、5Mod2
4	+、-	加、减运算	5+2、5-2

3. 日期运算与日期表达式

日期可以进行加减运算,运算符是“+”和“-”。两个日期相减,得到两个日期之间相差的天数。日期可以加或减一个数值,得到指定日期若干天后或若干天前的新日期。

【例 10-2】 计算日期表达式的值。

＃2008/8/8＃－＃2008/7/8＃　　　　‘结果为 31

＃2007/12/31＃＋1　　　　‘结果为 ＃2008-1-1＃

4. 字符运算及字符表达式

字符运算，即将两个字符串强制连接到一起生成一个新的字符串。字符运算符有“＋”和“&”两种，其功能和使用方法是一样的。参与字符运算的数据一般是字符串型，也可以是数值型。如果是数值型，系统将其转化为字符串，然后再做连接运算。

【例 10-3】 计算字符表达式的值。

"中国"&"湖北"＋"武汉"　　　　‘结果为中国 湖北 武汉

"1234＋5678"&"＝"& (1234＋5678)　　　　‘结果为 1234＋5678＝6912

5. 关系比较运算及关系表达式

关系表达式是用来比较关系运算符两边操作数的大小的，结果返回逻辑值 True 或 False。表 10-4 列出了各种关系运算符，它们的优先级是相同的。

表 10-4 关系运算符

运算符	描述	运算符	描述	运算符	描述
＜	小于	＞＝	大于等于	Like	字符串匹配
＜＝	小于等于	＝	等于	Is	对象引用比较
＞	大于	＜＞	不等于		

执行关系运算时应注意以下的规则。

(1) 数值型和货币型数据按数值大小进行比较；日期型按日期的先后进行比较，越早的日期越小，越晚的日期越大；逻辑型数据的大小规定为：True＜False。

(2) 当比较两个字符串时，系统对两个字符串的字符从左到右逐个比较，一旦发现两个对应的字符不同，就根据这两个字符的 ASCII 码值进行比较，ASCII 码大的字符串大。汉字的字符比西文字符大。

(3) Like 用于实现匹配比较，可以与通配符“*”或“?”结合使用。“*”代表任意长度的任意字符。“?”代表一个任意字符。

(4) Is 用于两个对象变量引用的比较。当 Is 两边引用相同的对象时，结果返回 True。

【例 10-4】 计算关系表达式的值。

True＞False　　　　‘结果为 False

＃2008/8/1＃＞＝＃2007/12/31＃　　　　‘结果为 True

"abcd"＝"abc"　　　　‘结果为 False

"China" like "*i*"　　　　‘结果为 True

6. 逻辑运算及逻辑表达式

逻辑表达式也称为布尔表达式。参与逻辑运算的操作数是逻辑型数据或能得出逻辑值的表达式，返回的结果也是逻辑值。表 10-5 列出了常用的逻辑运算符。

表 10-5　逻辑运算符

优先级	运算符	描述
1	Not	逻辑非，由真变假或假变真
2	And	逻辑并，两边表达式都为真的时候结果为真，否则为假
3	Or	逻辑或，两边表达式有一个为真则结果为真，否则为假

【例 10-5】 计算逻辑表达式的值。

2^3＜3^2 Or"abc"＝"abcd" And 3＜＝4　　　　'结果为 True

10.3.4　函数

函数是预先编好的具有某种操作功能的程序，每一个函数都有特定的数据运算或转换功能。函数包含函数名、参数和函数值三个要素。函数名是函数的标识，说明函数的功能。参数是自变量或函数运算的相关信息，一般写在函数名后的括号中，也可以没有参数。例如函数 Date，返回当前的系统日期。调用函数时，应注意所给参数的个数、顺序和类型要与函数的定义一致。在代码窗口中输入函数时，系统会自动提供相关函数的定义。函数值是函数返回的值，函数的功能决定了函数的返回值。函数的格式为：

【语法】函数名[(参数 1,[参数 2],[参数 3]…)]

VBA 提供了大量的内置函数，按照函数的功能，可以分为数学函数、字符串函数、日期和时间函数、数据类型转换函数等。以下介绍一些常用函数和使用方法。

1. 数值函数

数值处理函数的自变量和返回值往往都是数值型数据。如绝对值函数、取整数函数、随机函数、最大和最小值函数、平方根函数、三角函数、指数函数、对数函数等。

(1) 绝对值函数。

【语法】Abs(数值表达式)

返回指定数值表达式的绝对值。如果数值表达式包含 NULL，则返回 NULL。如果数值表达式是未初始化的变量，则返回 0。

(2) 取整数函数。

【语法】Int(数值表达式)

Int()表示返回数值表达式的整数部分，如果为负数，则 Int()返回小于或等于数值表达式的最大整数。

【例 10-6】 求以下函数的值。

Int(12.3),Int(－12.3)　　　　'结果为 12　－13

2. 字符串函数

字符串函数用来处理字符串表达式，包括对字符串的比较、搜索、替换等。

(1) 求字符串首字母 ASCII 值函数。

【语法】Asc(字符表达式)

返回字符表达式首字符的 ASCII 值。例如，Asc("aBc")为 97。

(2) 求字符串长度函数。

【语法】Len(字符表达式)

Len()返回字符表达式中字符的个数。

注意：在 VBA 中，字符串长度以字为单位，也就是每个西文字符和中文汉字都作为 1 个字，占两个字节。对于字符型变量，则返回的长度是定义时的长度，与实际值无关。

（3）求子字符串函数。

【语法】Left(字符表达式，数值表达式) | Right(字符表达式，数值表达式) |

Mid(字符表达式，数值表达式 1[，数值表达式 2])

一个字符串的一部分称为该字符串的子字符串。Left()从字符表达式左边开始，截取数值表达式所指定长度的字符个数；Right()从字符表达式右边开始，截取数值表达式所指定长度的字符个数；Mid()从数值表达式 1 指定的位置开始，截取数值表达式 2 所指定的字符个数，返回子字符串。数值表达式 2 为可选项，如果缺省，则返回从数值表达式 1 开始的所有字符。如果数值表达式 1 大于字符表达式的长度，则返回零长度字符串。

（4）转换字符串函数。

【语法】LCase(字符表达式) | Case(字符表达式)

LCase()将字符表达式中的字母转换成小写，UCase()将字母转换成大写。

【例 10-7】 求函数值。

```
Len("Access")                          '结果为 6
Left("数据库原理及应用",3)              '结果为数据库
Right("数据库原理及应用",2)             '结果为应用
Mid("数据库原理及应用",4,5)             '结果为原理及应用
```

【例 10-8】 执行程序代码。

在 VBE 的代码窗口中的过程"js"中输入以下命令，如图 10-14 所示。单击"执行"按钮 ▶，可看见结果如图 10-15 所示。

```
Dim a As String * 10
Let a="Access"
MsgBox Len(a)
```

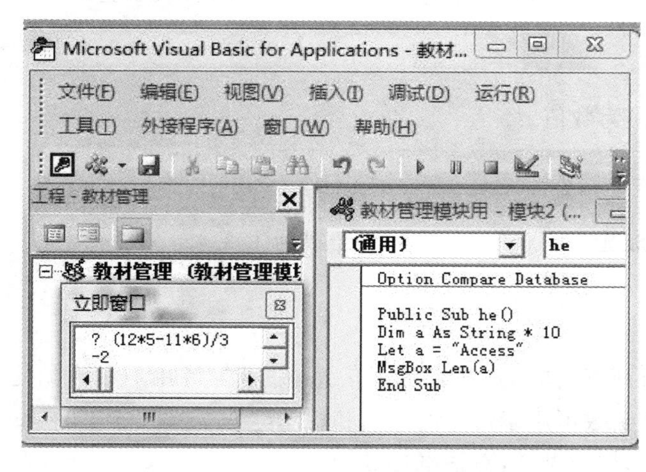

图 10-14 在代码窗口中输入程序代码

图 10-15 程序代码运行结果

本例请在机器上实现，参阅实验题 10-4。

3. 日期和时间函数

日期和时间函数用来处理日期和时间型数据。

(1) 系统日期和时间函数。

【语法】Date()/Date

Date 返回当前的系统日期。

(2) 求年、月、日函数。

【语法】Day(日期/日期时间表达式)|Month(日期/日期时间表达式)|Year(日期/日期时间表达式)

Day()返回指定的日期或日期时间表达式是一个月中的第几天,Month()返回日期或日期时间表达式中的月份,Year()返回日期或日期时间表达式的年份。

【例 10-9】 在立即窗口中输入以下命令,查看结果。

命令为:d=#2008/8/8

? Year(d),Month(d),Day(d)

结果如图 10-16 所示。

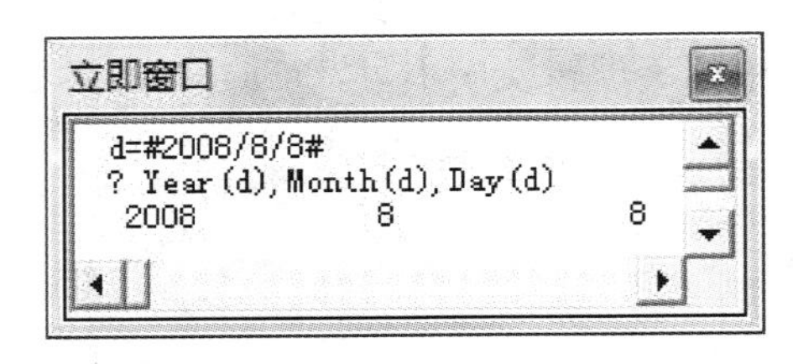

图 10-16　立即窗口执行命令

4. 数据类型转换函数

数据类型转换函数的目的是将某一种类型的数据转换成另一种类型的数据。

(1) 数值转换成字符串函数。

【语法】Str(数值表达式)

将数值表达式转换为字符串。当数值表达式转换为字符串时,总会在前面保留一个空位来表示正负。如果数值表达式为正,返回的字符串将包含一个前导空格,表示它是正号。

(2) 字符串转换为数值函数。

【语法】Val(字符表达式)

将由数字组成的字符表达式转换为数值。

【例 10-10】 求函数值。

Str(12.48),Str(-45.67)　　'结果为 12.48　-45.67

Val("123.45abc"),Val("abc123.45")　　'结果为 123.45　0

5. 其他函数

1) MsgBox()函数

MsgBox()函数用来打开一个对话框,向用户显示提示信息,并且等待用户单击给定按钮,然后向系统返回用户的选择。该函数可用于信息的输出和提示。

【语法】MsgBox(显示信息[,对话框类型][,对话框标题])

显示信息是一个字符表达式,用来指定在对话框中显示的文本信息,最多允许 1024 个字符,如果显示信息的内容超过一行,可以在每一行之间用回车符(Chr(13))或换行符(Chr

(10))将各行分隔开来。

对话框类型指定对话框中出现的按钮、图标以及默认按钮，分别由三个区域的数值确定(取值和含义如表 10-6～表 10-8 所示)。在设置时，可以使用内部常数或数值。对话框类型的多个设定值用"+"连接起来。

表 10-6　按钮类型设置值

内部常数	数　值	按钮类型
VbOkOnly	0	"确定"按钮
VbOkCancel	1	"确定"和"取消"按钮
VbAbortRetryIgnore	2	"终止""重试"和"忽略"按钮
VbYesNoCancel	3	"是""否"和"取消"按钮
VbYesNo	4	"是"和"否"按钮
VbRetryCancel	5	"重试"和"取消"按钮

表 10-7　图标类型设置值

内部常数	数　值	图标类型	内部常数	数　值	图标类型
VbCritical	16	显示红色"X"图标	VbExclaimation	48	显示警告信息"!"图标
VbQuestion	32	显示询问信息"?"图标	VbInformation	64	显示信息"i"图标

表 10-8　默认按钮设置值

内部常数	数　值	默认按钮
VbDefaultButton1	0	将第一个按钮设为默认按钮
VbDefaultButton2	256	将第二个按钮设为默认按钮
VbDefaultButton3	512	将第三个按钮设为默认按钮

对话框标题指定在对话框标题栏中显示的字符表达式。如果缺省，将应用程序名 Microsoft Access 放在标题栏中。

MsgBox()函数根据用户的选择，向系统返回一个数值，由程序根据返回值决定下一步的流程。MsgBox()函数的返回值及其含义如表 10-9 所示。

表 10-9　MsgBox()函数的返回值及其含义

内部常数	数　值	选定按钮	内部常数	数　值	选定按钮
VbOk	1	确定	VbIgnore	5	忽略
VbCancel	2	取消	VbYes	6	是
VbAbort	3	终止	VbNo	7	否
VbRetry	4	重试			

如果用户不需要对话框的返回值，可以在程序语句中直接调用 Msgbox 过程。例如：

MsgBox"你输入的用户名或密码不正确!",VbRetryCancel+VbExclaimation+0,"警告"

与调用 MsgBox()函数不同的是，调用过程不需要使用括号()和返回值。

【例 10-11】 MsgBox 函数的示例。

在代码窗口输入命令，然后执行。弹出图 10-17 所示的对话框。

```
Dim Ans As Integer
Ans=MsgBox("欢迎使用教材管理系统",1+64+0,"欢迎信息")
```

用户单击“确定”按钮，Ans 返回值 1；单击“取消”按钮，Ans 返回值 2。

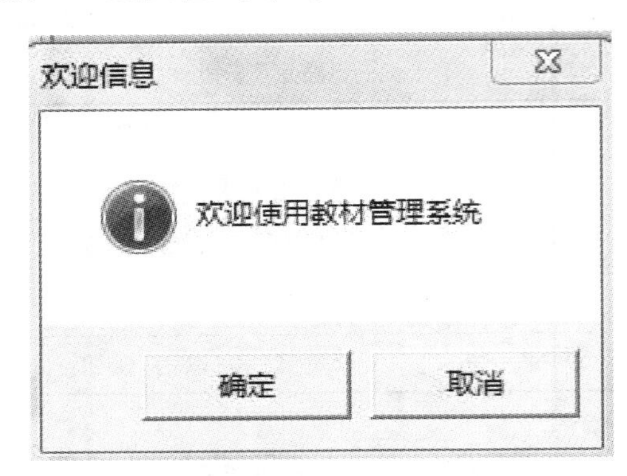

图 10-17 运行结果

本例请在机器上实现，参阅实验题 10-5。

2) InputBox 函数

InputBox()函数用于打开一个对话框，在对话框中显示提示信息和一个文本框，并等待用户输入，然后将用户在文本框中的输入返回给系统，返回值的类型为字符串。

【语法】InputBox(显示信息[,对话框标题][,默认值])

显示信息是一个字符表达式，用来指定在对话框中显示的文本信息。对话框标题指定对话框标题栏中显示的文字。默认值指定当用户无输入时，显示在文本框中的内容。

【例 10-12】 InputBox 函数示例。

```
Dim User As String
User=InputBox("请输入你的用户名:","登录","何苗")
Msgbox"欢迎你:"+User,VbOkOnly+VbInformation,"欢迎"
```

运行结果如图 10-18 所示，系统首先弹出一个带文本框的对话框，并接收用户输入的用户名信息，当用户单击“确定”按钮以后，用户的输入值将赋给变量 User。系统弹出一个信息提示对话框，在对话框中显示 User 的值，如图 10-19 所示。

图 10-18 输入文本并运行的结果示意

图 10-19 信息提示对话框

本例请在机器上实现，参阅实验题 10-6。

10.4 Access 程序设计入门

本节介绍 VBA 语言程序设计基本方法，就是 Access 程序设计基础。

10.4.1 程序设计基本方法

1. 程序设计步骤

程序设计使用计算机语言，结合一个具体应用问题，编出一套计算机能够执行的程序，以达到解决问题的目的。

在程序设计过程中，一般要经过如下几个步骤。

(1) 提出问题，分析问题，提出解法(或是计算方法)，分析所需要的原始数据，以及中间需要经过怎样的处理才能达到最后的结果。

(2) 根据思路绘制程序流程图。

把解决一个问题的思路通过预先规定好的各种几何图形、连接线以及文字说明来描述的计算过程的图示，称为程序流程图或程序框图。对程序量稍大一些的任务应先设计程序框图，再编程序，这样有利于理清思路。程序流程图上的常用符号如图 10-20 所示。

(3) 确定一种编程工具(例如某一计算机语言)，根据程序框图编出源程序。

(4) 调试该程序直至通过，投入使用。

(5) 编写任务说明书，将以上内容进行总结备案，以方便今后查阅修改和功能扩充。

以上的程序设计方法是传统的面向过程、自顶向下的结构化程序设计。该方法将解决问题的过程用一定的算法及语言逐步细化。VBA 还可以提供面向对象的程序设计功能和可视化编程环境，将系统划分为相互关联的多个对象，并建立这些对象之间的联系，利用系统提供的各种工具软件来解决问题。

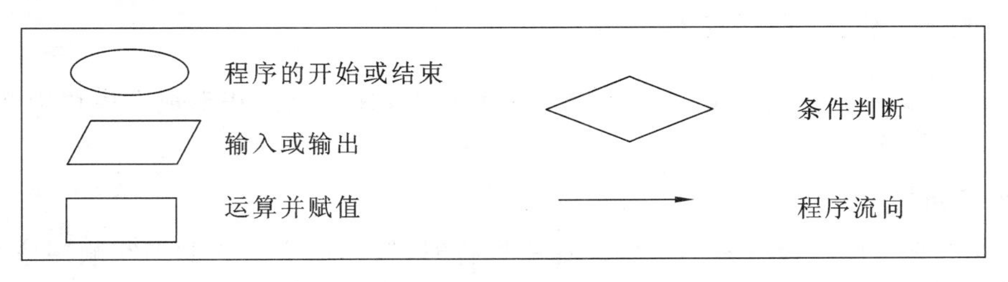

图 10-20 程序流程图上的常用符号

2. 程序的基本结构

结构化程序设计在一个过程内使用 3 种基本结构：顺序结构、分支结构、循环结构。

1) 书写规则

在程序的编辑中，VBA 的书写规则如下。

(1) VBA 对大小写字母不敏感，即 VBA 不区分标识符的大小写。

(2) 程序代码中，一般一条语句占用一行，以“Enter”键为结束标识。如果一条语句太长需要占用多行时，可以用接续符“_”将其分行书写。

(3) 多条语句可共用一行，这时需要用分号“;”将各语句隔开。

在编辑命令时，若发现编辑内容为红色字体，则表示系统提示有错，要注意修改。

2）常用语句

（1）注释语句。程序用计算机语言编写，很多内容并非一目了然，时间一长，即使是编程者本人可能也看不懂了。所以，在程序中为代码添加注释是一个好的习惯。在 VBA 程序中可使用以下两种方法添加注释。

【语法 1】Rem <注释文字>

【语法 2】‘ <注释文字>

使用语法 1 的注释可以单独占一个程序行，也可以写在程序语句之后。如果写在程序语句之后要使用冒号隔开。注释不影响程序的运行。下面是使用注释的示例。

Rem 定义 2 个数字变量

DIM x1,x2

‘ w=1

x1=1 ：x2=2

（2）声明语句。声明语句位于程序的开始处，用来命名和定义常量、变量和数组。例如：

Dim A1 As Integer

（3）赋值语句。赋值语句用来为变量指定一个值或者表达式。例如：

A1=15+42

（4）执行语句。执行语句是程序的主体，用来执行一个方法或者函数，可以控制命令语句执行的顺序，也可以用来调用过程。例如：

MsgBox("欢迎使用本数据库系统",1+64+0,"欢迎")

InputBox("请输入学生姓名")

执行 MsgBox 和 InputBox 函数，显示提示信息，实现人机对话功能。

10.4.2 顺序、分支、循环结构

在 Access 的模块中实现编程，有其操作规程，即程序是以过程形成在模块中的。编写时要掌握它的操作特点。

1. 顺序结构

顺序结构是程序中最基本的结构。程序执行时，按照命令语句的书写顺序依次执行。在这种结构的程序中，一般是先接收用户输入，然后对输入数据进行处理，最后输出结果。

【例 10-13】 编写一个求梯形面积的程序。

梯形面积等于(上底+下底) * 高/2，首先输入梯形的上底、下底和高，然后求梯形面积。在 VBE 的代码窗口，首先单击“插入”菜单的“过程”菜单项，命名定义一个过程，然后在过程中输入以下代码。


```
Dim Upper As Single,Lower As Single,Height As Single
Dim Area As Single
Upper=InputBox("请输入上底:","梯形面积")
Lower=InputBox("请输入下底:","梯形面积")
Height=InputBox("请输入高:","梯形面积")
Area=(Upper+Lower)*Height/2
MsgBox "梯形的面积是:" +Str(Area),0+64,"梯形面积"
```

如图 10-21 所示。单击运行按钮▶运行程序，输入图 10-22 所示数据，若输入下底 13、高 6，则结果如图 10-23 所示。

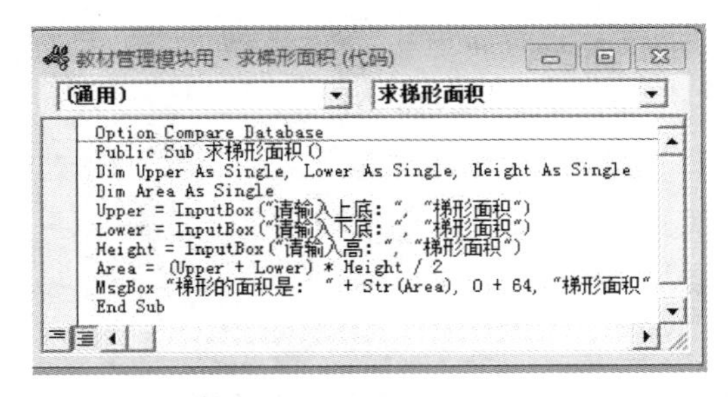

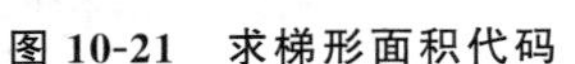
图 10-21　求梯形面积代码

图 10-22　输入已知数据

2. 分支结构

在实际应用中，经常需要对事务做出一定的判断，并根据判断的结果采取不同的行为。比如，根据读者购买图书数量的多少，以决定是否给予折扣、给予多少折扣等。这样，在程序中就出现有不同流程的分支结构。

在 VBA 中，实现分支结构控制的语句有 If 语句和 Select Case 语句，有些情况下还可以使用 IIF()函数来简化程序。

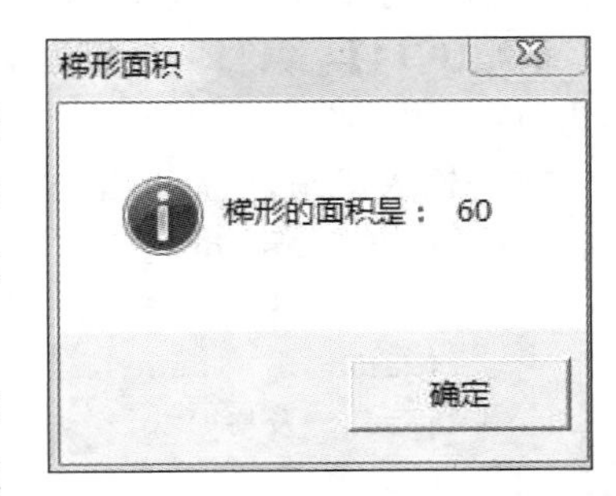

图 10-23　求梯形面积

1) If 语句

If 语句有三种格式。当程序只需要对一种条件做出处理时，则使用 If…Then 语句。

【语法 1】If 条件 Then

　　　　　语句序列

　　　End If

这里，条件是逻辑表达式，当条件值为 True 时，则执行 Then 后面的语句序列。当条件值为 False 时，则跳过 If 和 End If 之间的语句，直接执行 End If 之后的语句。

如果语句序列较短，也可以采用单行形式将整个语句序列(用分号隔开)写在一行上：

If 条件 Then 语句序列

当程序必须从两个条件中选择一个时，则使用 If…Then…Else 语句。

【语法 2】If 条件 Then

　　　　　语句序列

　　　Else

　　　　　语句序列

　　　End If

根据条件的真假执行两个语句序列中的一个。当条件为 True 时，执行 Then 后面的语句序列，然后跳过 Else 和 End If 之间的语句序列而执行 End If 之后的语句。当条件为 False 时，则直接执行 Else 之后的语句序列，然后再执行 End If 后面的语句。

当程序需要从三种或者三种以上的条件中选择一种时，则要使用 If 语句的嵌套。

【语法 3】If 条件 1 Then

```
        语句序列 1
    Else If 条件 2 Then
            语句序列 2
    [...
      Else  If 条件 N then
                语句序列 N]
        Else
                语句序列 N+1
    End If
```

当条件 1 为 True 时，则执行语句序列 1。当条件 2 为 True 时，则执行语句序列 2，依此类推。当所有条件都不满足时，执行 Else 后的语句序列。

【例 10-14】 编写一个根据输入的成绩，给出“及格”与“不及格”类别评语的程序，模块名为“成绩评语”。

首先输入成绩，然后根据成绩确定是否及格，最后输出提示结果。代码为：

```
DimMark As Integer
Mark=Val(InputBox("请输入成绩:"))
IfMark>=60 Then
MsgBox("及格")
Else
MsgBox("不及格")
End If
```

请同学们在机器上实现本例。

在书写程序时，对于被 If-Else-End If 管辖的语句，采用缩进格式，即梯形退格书写，这样，可以增进程序的可读性。

【例 10-15】 输入一个成绩后就输出该成绩的等级。假设 90 分以上为优秀，80 分到 89 分为良好，70 分到 79 分为中，60 分到 69 分为及格，60 分以下为不及格。模块命名为“等级评定”。

根据输入分数的不同利用多条件判断来确定其分数等级。

```
DimMark As Integer
Dim Class As String
Mark=Val( InputBox("请输入成绩:"))
IfMark>=90 Then
    Class="优秀"
ElseIf Mark>=80 Then
    Class="良好"
ElseIfMark>=70 Then
    Class="中"
ElseIfMark>=60 Then
    Class="及格"
Else
    Class="不及格"
End If
MsgBox"你的成绩等级是:"+Class,vbOKOnly+vbInformation,"评定结果"
```

请同学们在实验中完成本例的实现。

2) IIF()函数

IIF()函数是 If-Then-Else 的简化形式。在某些情况下可以用 IIF()函数代替 If-Then-Else 语句,从而简化条件描述,提高程序的执行速度。

【语法】IIF(条件,表达式 1,表达式 2)

当条件值为 True 时,返回表达式 1 为函数值。当条件值为 False 时,返回表达式 2。

例如,例 10-14 中的 IF 条件分支语句也可以写成如下形式:

```
Total=IIF(Mark>=60,"及格","不及格")
```

3) Select Case 语句

实现三种或三种以上的条件分支结构,可以使用 If 语句的嵌套形式,但是这种形式会使程序结构很复杂,不利于程序的阅读和调试。

VBA 提供 Select Case 语句,改进多分支结构的表达与可读性。

【语法】Select Case 变量或表达式

    Case 表达式 1
      语句序列 1
    Case 表达式 2
      语句序列 2
    …
    Case 表达式 N
      语句序列 N
    [Case Else
      语句序列 N+1]
    End Select

首先根据变量或表达式的值,依次与后面 Case 子句中的表达式进行比较,如果变量或表达式的值满足某个 Case 的值,则执行该 Case 之后的语句序列,否则,判断下一个 Case。如果所有 Case 项中的表达式都不被满足时,则执行 Case Else 之后的语句序列。如果同时有多个 Case 条件都成立,程序只执行最前面的 Case 项下的语句序列。如果所有 Case 项中的表达式都不满足,又没有 Case Else 部分,则一个语句都不执行。

【例 10-16】 用 Select Case 语句改写例 10-15 的计算成绩等级程序。

```
DimMark As Integer
Dim Class As String
Mark=InputBox("请输入成绩:")
Select CaseMark
Case Is>=90
    Class="优秀"
Case Is>=80
    Class="良好"
Case Is>=70
    Class="中"
Case Is>=60
    Class="及格"
```

```
    Case Else
        Class="不及格"
    End Select
    MsgBox "你的成绩等级是:" +Class,vbOKOnly+vbInformation,"评定结果"
```

在上例中,Case 子句的表达式使用了“Is”关系运算表达式,用来将 Mark 变量的值与“Is”右边的表达式进行比较。如果 Case 子句中的表达式是多个比较元素时,可以用逗号隔开。如果 Case 子句中的表达式用来表示一个区域时,可以用关键字“to”连接两个数值或表达式。但是 to 前面的值必须要比后面的值小。例如,

```
    Case "a" to "z","A" to "Z"
    Case 1,3,5,7,9
```

3. 循环结构

在实际应用中,人们常常要面对一些具有循环或重复特征的事物。计算机要解决实际问题,就必须能够处理这类循环。反映在程序中,就是有一部分程序代码被反复执行。具有这种特征的程序结构称为循环结构。被反复执行的这部分程序代码叫作循环体。

VBA 中控制循环的语句有 For 语句和 Do…Loop 语句。

1) For 语句

对于事先已经知道循环次数的,往往使用 For 语句。其语法格式如下:

【语法】 For 循环变量=初值 To 终值 [Step 步长值]
　　　　语句序列
　　　　[Exit For]
　　　　语句序列
　　Next 循环变量

循环变量用来控制循环执行的次数,初值和终值均为数值型。循环变量首先被赋初值。当循环变量的值在初值和终值表示的数值区间内时,则执行 For 语句后的语句序列。步长值为可选参数,若缺省,则默认为 1。步长值可以为正数,也可以为负数。Exit For 语句的执行可以提前退出循环体。

【例 10-17】 编制程序计算 10 以内所有奇数的和。

10 以内所有奇数的和,即 1+3+5+…+9。采用累加的方法求和。

```
    Dim i As Integer,Sum As Integer
    Sum=0                              '初值为 0
    For i=1 To9 Step 2
        Sum=Sum+i
    Next i
    MsgBox("10 以内所有奇数的和为:"+Str(Sum))
```


在上面的程序中,判断 i 是否超过终值 9,如果没有,执行语句 Sum=Sum+i 来实现累加。然后 i+步长值,再次判断是否超过终值 9,如果没有则继续执行 Sum=Sum+i,直到 i>9,则跳出循环体,执行 Next 以后的语句。

请同学们上机实验完成本例的实现。

2) Do…Loop 语句

For 语句一般用于当循环次数已知时,如果一个循环无法知道其循环次数,则可使用 Do…Loop 语句。Do…Loop 循环语句有两种形式:

【语法 1】Do While | Until 条件

语句序列

[Exit Do]

语句序列

Loop

While 和 Until 两者可以任选其一。对于 Do While 语句，当条件的值为 True 或非 0 的数值时，则执行 Do While 之后的循环体。否则，跳出循环体执行 Loop 之后的语句。每执行一次循环，程序都自动返回到 Do While 语句，然后判断条件是否成立，根据结果决定是否执行循环体。对于 Do Until 语句，则正好相反，当条件的值为 False 或者数值 0 时，则执行循环体。Exit Do 语句可以退出循环体。

如果循环体反复执行，最终无法结束，被称为死循环。这是设计循环结构时，一定要避免出现的问题。因此，循环体内应该有改变循环条件并最终使条件为假的语句。

【语法 2】Do

语句序列

[Exit Do]

语句序列

While | Until 条件

语法 1 与语法 2 的区别是：前者是先判断条件，根据判断的结果再决定是否执行循环体，因此，循环体有可能一次也不被执行。而后者则先执行循环体，然后再判断 While 或 Until 之后的条件，决定是否再次执行循环，循环体至少被执行一次。

【例 10-18】 编制一个程序，由用户输入一串英文字母，将字符串中的大写字母转换为小写，将小写字母转换为大写。如果字符串中出现非英文字符，则弹出出错信息窗，确定后退出。

将用户输入的英文字符串放在变量中，然后依次取出一个字符进行判断，如果是大写字母，则转换为小写；如果是小写字母，则转换为大写。将转换后的字符，放在另外的变量中，直到将原字符串取完为止。

创建一个名为“字母大小写转换”的模块(Sub 子过程)，编写代码如下：

```
Dim S1 As String,S2 As String,S3 As String
Dim Flag As Boolean
Flag=True                          'Flag 作为取出的字符是否为英文字母的标志
S1=InputBox("请输入一串英文字符:")     'S1 中放用户的输入
S2=""                              'S2 中放结果,先置空
S3=""                              'S3 中放取出的字符,先置空
Do While Len(S1)>0
   S3=Left(S1,1)                   'S3 中放 S1 中的第一个字符
   Select Case Asc(S3)
   Case 65 To 90                   '如果 S3 是大写字母
      S3=LCase(S3)
   Case 97 To 122                   '如果 S3 是小写字母
      S3=UCase(S3)
   Case Else                        '如果 S3 是非英文字符
      MsgBox "输入错误!",vbCritical,"出错信息"
      Flag=False                    'Flag 为 False,表示不是英文字符
```

```
            Exit Do
        End Select
        S2=S2+S3  '将转换后的字母进行累加
        S1=Mid(S1,2)'保留 S1 中剩余的字符
    Loop
    If Flag Then
        MsgBox "转换后的字符串是:" +S2
        End If
```

建立代码窗后，单击运行按钮▶运行程序，再输入一串英文字母，“确定”后运行处理，然后输出结果窗。请同学们在实验中完成本例在机器上的实现。

10.4.3 过程

将反复执行的或具有独立功能的程序编成一个子过程，使主过程与这些子过程通过并列调用或嵌套调用有机地联系起来，就使程序结构清晰，便于阅读、修改及交流。

过程设计体现了程序的模块化思想。

1. Sub 过程的创建和调用

Sub 过程用来将程序按功能分解，一个 Sub 过程一般是一个功能相对单一的程序序列，用关键字 Sub 来标识其开始，用 End Sub 来结束。

1）定义一个 Sub 过程

【语法】[Public| Private][Static]Sub 子过程名([形式参数 As 数据类型])

语句序列

[Exit Sub]

语句序列

End Sub

功能：建立一个子过程，并接收参数。

说明：关键字 Public，公用的，用来表示该过程可以被所有模块的过程所调用；Private，私有的，表示该过程只能被其所属的模块中的其他过程调用；Static，静态的、全局的，表示该过程中的所有变量值都将被保留。过程名用来指定要创建的过程名称。如果调用程序与过程之间需要传递数据，可以通过设置形式参数（简称形参）来实现。

语句序列是过程的过程体。当该过程被调用时，则执行其过程体。在执行的过程中，如果遇到 Exit Sub 语句，则跳出该过程。

2）调用一个 Sub 过程

【语法 1】[Call] 过程名([实参])

【语法 2】过程名[实参]

实参是实际参数的简称，其作用是将实际参数中的内容传递给指定 Sub 过程相对应的形式参数，然后执行该过程。注意，实际参数中各参数的个数、类型、次序必须与形式参数表中的参数保持一致。[实参]为可选项，省略为无参数调用。

2. 函数的创建和调用

1）函数的定义

用户自定义函数和 Sub 过程的不同之处在于函数有返回值，在代码中可以通过一次或

多次为函数名赋值来作为函数的返回值。

【语法】[Public| Private][Static] Function 函数名([<接受参数>]) [As 数据类型]

语句序列

End Function

由于函数是求值的，所以函数名后面要定义类型，作为返回值的类型。

2) 函数的调用

函数调用不能使用 Call 语句。可以在表达式中调用函数，可以将函数值赋给变量。

【语法】函数名([实参])

【例 10-19】 编写计算 n 的阶乘的程序。

阶乘的数学定义是：n! =1×2×…×n。可以采取分步相乘的方法。

编写函数 Fac()求 n 的阶乘。设变量 S 存放计算结果，设置 S 初值为 1，然后每次与一项相乘，一直从 1 乘到 n 为止。最后，将 S 的值赋给函数名 Fac 作为函数的返回值。另外创建一个过程 HYM1()来接收用户输入的自然数 n，然后在需要计算阶乘时调用函数 Fac ()。

过程 HYM1 和函数 Fac 的定义如下：

```
Public SubHYM1()
    Dim n As Integer
    n=InputBox("请输入一个正整数:","求阶乘的数")
    MsgBox Str(n)+"的阶乘是:"+Str(Fac (n)),0+64,"求阶乘"
End Sub
Public Function Fac(n As Integer) As Long
    Dim i As Integer,s As Long
    s=1
    For i=1 To n
        s=s*i
    Next i
    Fac=s
End Function
```

在 VBE 的代码窗口输入过程 HYM1()和函数 Fac()代码。将这两段程序存放在一个模块中。具体操作如下。

(1) 创建“求阶乘”模块对象。在 Access 数据库窗口的“创建”功能区下单击“模块”按钮新建模块，模块对象名为“求阶乘”，如图 10-24 所示。

(2) 再插入过程。打开“插入”菜单单击“过程”，如图 10-25 所示。打开“添加过程”对话框，如图 10-26 所示。先添加名称为 HYM1、类型为子程序的过程，确定后录入过程 HYM1 代码。

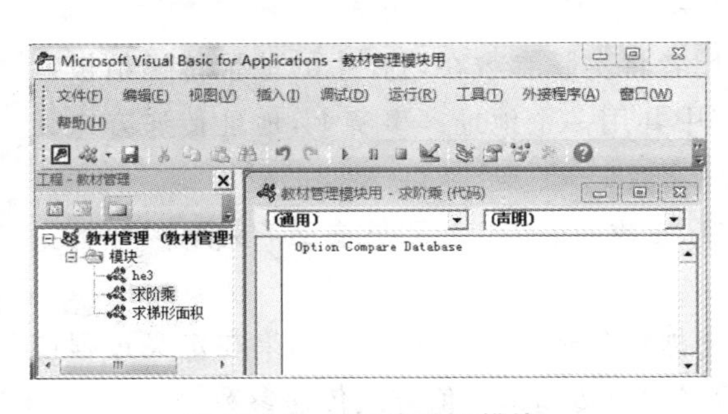

图 10-24 创建求阶乘模块

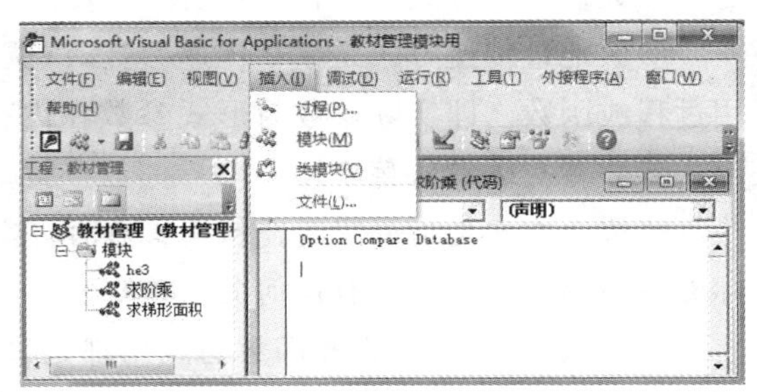

图 10-25 插入过程

(3) 操作同(2),再插入名称为 Fac、类型为函数的过程,录入函数 Fac 代码。如图 10-27 所示。

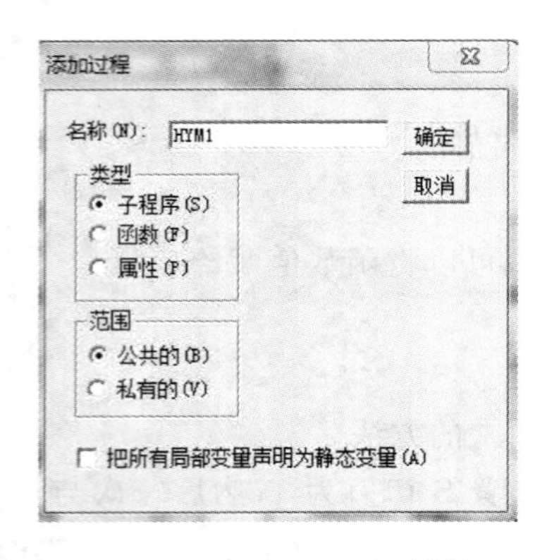

图 10-26 “添加过程”对话框

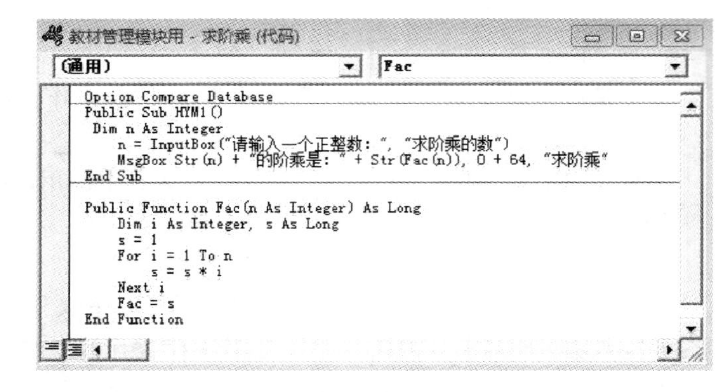

图 10-27 过程和函数代码

(4) 单击执行按钮 ▶,首先弹出一个带文本框的对话框,接收用户输入的数据信息,如图 10-28 所示。注意,求阶乘的数不可以太大,一般不能超过 15,否则会溢出。这里输入 12,单击“确定”按钮,出现结果显示对话框,如图 10-29 所示。

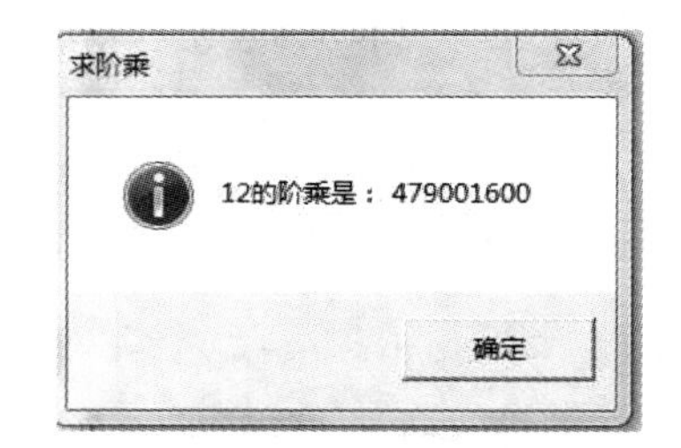

图 10-28 运行模块

图 10-29 求阶乘运行结果

本模块以“求阶乘”为模块对象名保存。本例在实验中完成,请参阅实验题 10-7。

3. 过程调用中的参数传递

过程或函数常常需要接收调用者传递的数据,这样,在定义该过程或函数时要定义准备接收的数据的形式参数。与之对应,调用者传递到形式参数的数据称为实际参数。在调用过程时,实际参数首先将其内容传递给调用过程的形式参数。实际参数的个数、类型、次序必须与形式参数中的各个参数保持一致。

参数传递的方式有两种:地址传递(传址)方式和值传递(传值)方式。

参数地址传递方式是指在传递参数时,调用者将实际参数在内存中的地址传递给被调用过程或函数。即实际参数与形式参数在内存中共用一个地址。事实上,地址传递方式让形式参数被实际参数替换掉。

值传递方式是指调用者在传递参数时将实际参数的值传递给形式参数,传递完毕后,实际参数与形式参数不再有任何关系。

在默认情况下,过程和函数的调用都是采用地址传递即传址方式。如果在定义过程或函数时,形式参数前面加上 ByVal 前缀,则表示采用值传递即传值方式传递参数。

【例 10-20】 将下面的 fac 过程的参数传递方式改为传值方式,分析其结果。

```
Public Sub main()
  jg=1
  w=Val(InputBox("输入数值 N"))
  Callfac(w,jg)
  MsgBox (jg)
End Sub
Public Sub fac(x,jc)
  Do While x>=1
  jc=jc*x
  x=x-1
  Loop
End Sub
```

采用传值的参数传递方式，即在形式参数前加前缀 ByVal，代码如下：

```
Public Sub fac(ByVal x,ByVal jc)
  Do While x>= v1
    jc=jc*x
    x=x-1
  Loop
End Sub
```

主调过程 main()调用 fac 时，实际参数 w 和 jg 将其备份值传递给形式参数 x 和 jc。虽然在被调过程 fac 中改变了形式参数 jc 的值，但并不影响与其相对应的实际参数 jg 的值。因此，程序运行的结果不同。

4. 过程与变量的作用域

VBA 应用程序由若干个模块组成。每一个模块包含若干个过程，过程中必不可少地需要使用变量。根据过程或变量定义的位置或方式不同，它们发挥作用的范围也不同。过程或变量的可被访问的范围被称为过程或变量的作用域。

1）过程的作用域

过程的作用域分为模块级和全局级。

模块级过程被定义在某个窗体模块或标准模块内部，在声明该过程时使用 Private(私有的)关键字。模块级过程只能在定义的模块中有效，只能被本模块中的其他过程调用。

全局级过程被定义在某个标准模块中，在声明该过程时使用关键字 Public(公共的)。全局级过程可以被该应用程序中的所有窗体模块和标准模块调用。

2）变量的作用域

同过程一样，变量的作用范围也不同。根据变量的作用范围，变量可以分为局部变量、模块变量和全局变量。

局部变量被定义在某个子过程中，使用 Dim 关键字声明该变量。在子过程中未声明而直接使用的变量，即隐式声明的变量，也是局部变量。另外，被调用函数中的形式参数也是局部变量。局部变量的有效范围只在本过程内，一旦该过程执行完毕，局部变量将自动被释放。

模块变量被定义在窗体模块或标准模块的声明区域，即在模块的开始位置。模块变量的声明使用关键字 Dim 或者 Private。模块变量可以被其所在的模块中的所有过程和函数访问，其他模块不能访问。当模块运行结束时，则释放该变量。

全局变量被定义在标准模块的声明区域，使用关键字 Public 声明该变量。全局变量可以被应用程序所有模块的过程和函数访问。全局变量在应用程序中的整个运行过程中都存在，只有当程序运行完毕才被释放。

【例 10-21】 在标准模块中声明并引用不同作用域的变量。

```
Option Compare Database
Public a As Integer                         '声明全局变量 a
Private c As Integer                        '声明模块变量 c

Private Sub proc1()
Dim b As Integer                            '声明局部变量 b
a=1
b=3
c=5
Debug.Print a,b,c
End Sub

Private Sub proc2()
Call proc1                                  '调用过程 Prc1()
Debug.Print a,b,c
End Sub
```

运行 proc1。proc1 中声明一个局部变量 b，并且给全局变量 a、局部变量 b 以及模块变量 c 赋值，显示结果如下：

    1 3 5

运行 proc2。首先调用 proc1，输出变量 a、b、c 的值，然后返回调用点继续向下执行 Debug 语句，再次输出三个变量的值。由于变量 b 为 proc1 中声明的局部变量，因此在 proc2 中不能被引用。显示结果如下：

    1 3 5
    1   5

本题在 Access 下的实现方法请看实验题 10-8，所建模块以“变量作用域”命名保存。

10.5 面向对象程序设计

在前面第 7 章窗体对象中的 7.2.3 节曾介绍过面向对象程序设计的思想。VBA 也采用了面向对象程序设计的方法。面向对象程序设计将对象作为程序的基本单元，将程序和数据封装其中，以提高软件的灵活性和扩展性。

10.5.1 对象和对象集合

1. 对象

在面向对象程序设计中，对象是构成程序的基本单元和运行实体。任何对象都具有它自己的静态的外观和动态的行为。对象的外观由它的各种属性值来描述，对象的行为则由它的事件和方法程序来表达。Access 数据库是由各种对象组成的，数据库本身是一个对象，而表、窗体、报表、页、宏、模块和各种控件也是对象。

表 10-10 列出了 Access 中常用的 VBA 对象，除了 Debug 对象以外，都是 Access 对象。其中，Application 对象是 Access 对象模型中的顶层对象，它是通向所有其他 Access 对象的通道，而 Forms 和 Reports 是对象的集合。

表 10-10　Access 中常用的 VBA 对象

对象名称	描述
Application	应用程序，即 Access 环境
Debug	Debug 窗口对象，可在程序调试阶段使用 Print 方法输出执行结果
Forms	Access 当前所有打开的窗体的集合
Reports	Access 当前所有打开的报表的集合
Screen	屏幕对象，指向当前焦点所在的特定窗体、报表或控件
Docmd	使用该对象可以从 VBA 中运行 Access 操作，如打开窗体

2. 对象集合

对象的集合是由一组对象组成的集合。这些对象可以是相同的类型，比如，Forms 包含了 Access 数据库当前打开的所有的窗体，也可以是不相同的类型，比如，每一个窗体 Form 都包含了一个控件的对象集合 Controls，而这些控件的类型可能不相同。对象集合也是对象，它为跟踪对象提供了非常有效的方法。可以对整个对象集合进行操作，比如：Forms. Count 可以返回当前所有打开的窗体的个数，也可以对对象集合中的一个对象进行操作，比如：Forms(0). Repaint 可以重画当前已打开的窗体中的第一个窗体。

10.5.2　对象的属性

对象的属性用来描述对象的静态特征。例如对象的名称、是否可见等。对象的属性值可以通过属性窗口设置，也可以在程序中通过代码来实现。

注意：如果在代码窗口中设置属性值，则属性的名称必须用英文书写。例如：

Forms(0)! TextBox1. Text="武汉学院"

对象的引用要逐层进行，使用感叹号“!”为父子对象的分隔符，用对象引用符“.”来连接对象的属性或方法。窗体的引用方法有如下几种：

(1) Forms! 窗体名称

(2) Forms(索引值)

Forms 集合的索引从零开始。使用索引引用窗体，则第一个打开的窗体是 Forms(0)，第二个打开的是 Forms(1)，依次类推。

如果是在本窗体模块中引用，也可以使用 Me 代替从 Forms 集合中指定窗体的方法。例如，Me! TextBox1. Text="武汉学院"

【例 10-22】 动态设置控件属性。

(1) 在窗体中创建 1 个文本框，名称为“t1”。

(2) 在窗体中创建 1 个标签，名称为“b1”，标题为“新年好!”。

（3）在窗体中创建 3 个命令按钮，名称分别为“c1”“c2”“c3”，标题分别为“红色”“绿色”“蓝色”。如图 10-30 所示。

图 10-30 “新年好”窗体

（4）设置各按钮的前景色，在属性窗口可查看颜色值。

（5）右键单击“c1”按钮，在快捷菜单中选择“事件代码”，在代码窗口中编写 Click 事件代码为：

```
t1.BackColor=255
b1.ForeColor=255
```

（6）同上，“c2”按钮的 Click 事件代码为：

```
t1.BackColor=33792
b1.ForeColor=33792
```

（7）同上，“c3”按钮的 Click 事件代码为：

```
t1.BackColor=16711680
b1.ForeColor=16711680
```

编辑完成后的代码窗口如图 10-31 所示。单击“绿色”按钮，执行结果如图 10-32 所示。

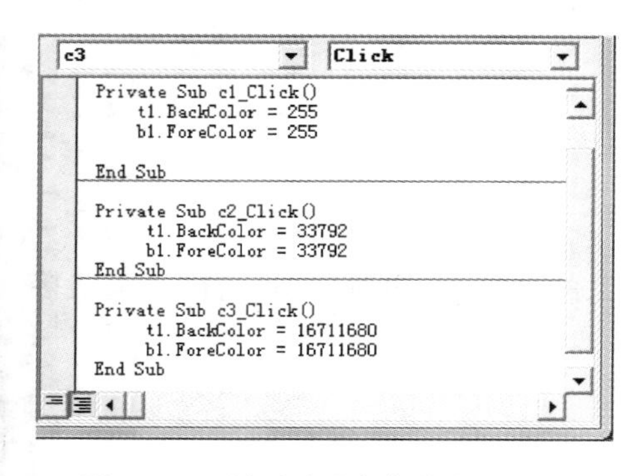

图 10-31 “新年好”窗体的代码窗口

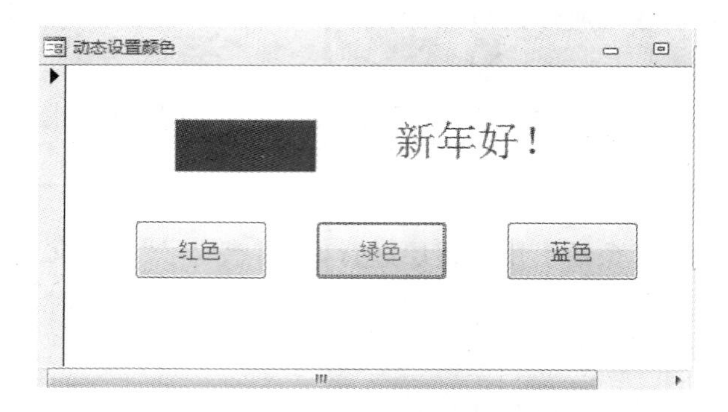

图 10-32 “新年好”窗体的执行结果

10.5.3 对象的事件

1. 定义

事件是一种特定的操作，是在某个对象上发生或对某个对象发生的动作。Access 可以响应多种类型的事件：鼠标单击、数据更改、窗体打开或关闭以及许多其他类型的事件。每个对象都设计成能够识别系统预先定义好的特定事件。比如，命令按钮可以识别鼠标的单击事件。事件的发生通常是用户操作的结果(当然也可以是由系统引发的,如窗体的 Timer 事件,就是按照指定的事件间隔由系统自动触发的),一旦用户单击了某个按钮,则触发了该按钮的 Click 事件。程序由事件驱动。如果此时该事件过程内提供了需要进行的操作代码,则执行这些代码。用户在激活某个事件或某个对象时,使用的是一些命令,常用的操作事件命令如表 10-11 所示。

表 10-11　常用的操作事件命令

命令代码	说　明
Docmd. OpenForm	打开窗体
Docmd. OpenReport	打开报表
Docmd. Close	关闭窗体、报表
MsgBox()	输出信息
InputBox()	接收输入信息

Docmd 是 Access 的一个特殊对象,用来调用内置方法,在程序中实现对 Access 的操作,诸如打开窗体、关闭窗体、打开报表、关闭报表等。

2. 为对象的事件编写代码

【例 10-23】 为对象的事件编写代码。

设计的窗体中有一个命令按钮,命名为 Command0,文字提示为"关闭"。我们为该"关闭"按钮编写 Click 事件的代码。

首先将命令按钮放置到窗体中,如图 10-33 所示。然后打开代码窗口。有多种方法打开代码窗口。选中命令按钮,单击鼠标右键,在快捷菜单中单击"属性表"菜单项,弹出属性对话框,如图 10-34 所示。单击"单击"事件右边的按钮,选择"代码生成器"即可启动代码窗口,针对"Command0"对象的 Click 事件编写代码。

此时,与该对象事件名称相关的事件过程就会出现在代码窗口中。向 Sub 和 End Sub 之间添加关闭窗体的操作代码。如图 10-35 所示。

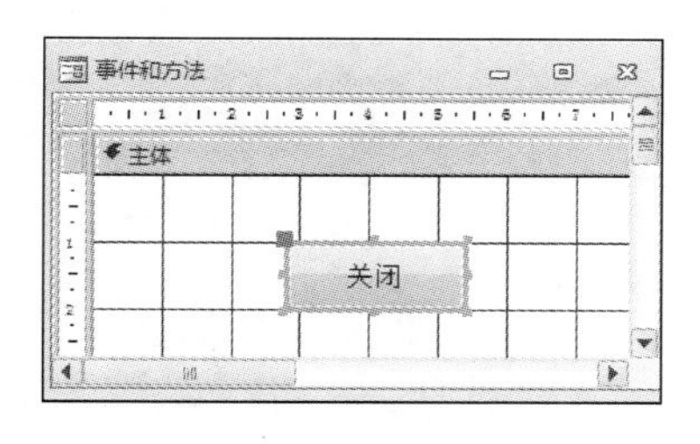

图 10-33　窗体对象设置

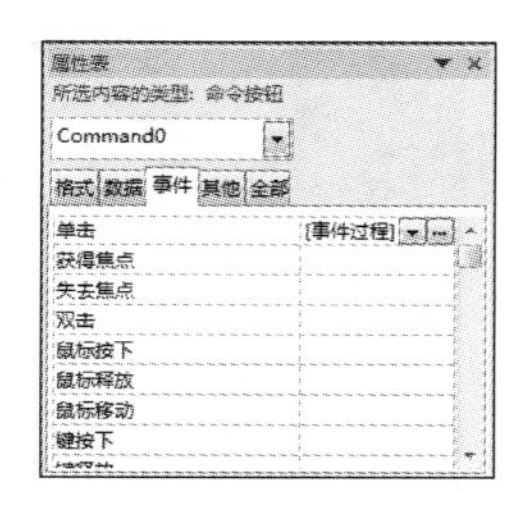

图 10-34　属性对话框

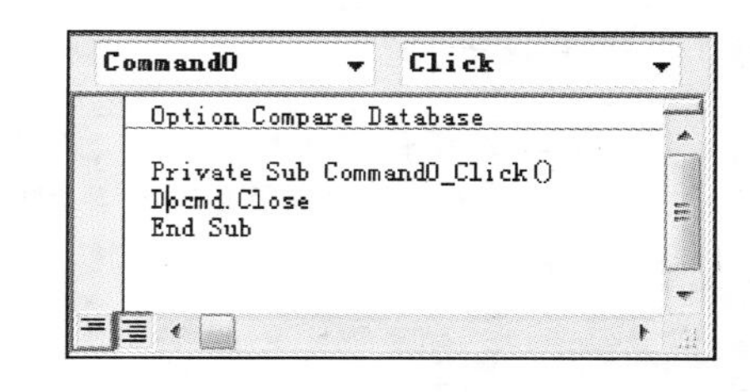

图 10-35　添加对象的事件过程

保存窗体,然后运行,单击"关闭"按钮,窗体被关闭。

10.5.4　对象的方法

方法是对象能够执行的动作,决定了对象能完成什么事。它是系统已经编制好的通用过程,用户能通过方法名引用它,但其内部过程不可见。方法类似于事件过程,不同对象有不同的方法。

对象方法的引用和属性的引用是一样的,都是在对象名称之后用对象引用符"."来连接具体的属性或方法。下面的代码使用了 Docmd 的 OpenForm 方法来打开一个指定的窗体。

```
Private Sub Command1_Click()
    Docmd.OpenForm "窗体 2"
End Sub
```

如果希望查看某个对象具有的属性、方法和系统预先为该对象定义的事件，可以利用对象浏览器窗口，其操作步骤如下。

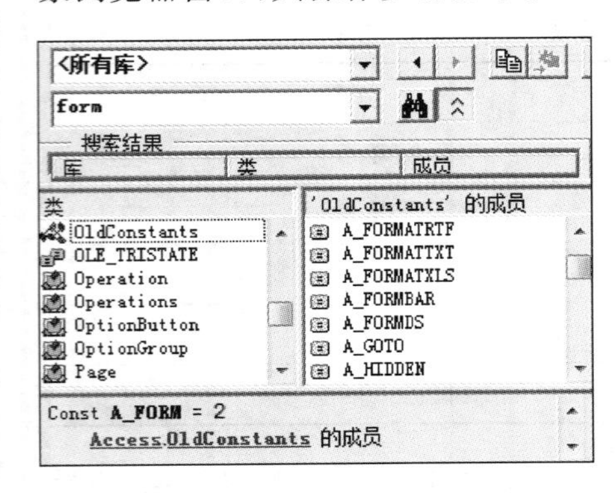

图 10-36 在对象浏览器中搜索对象

(1) 在 VBE 的“视图”菜单中，选择“对象浏览器”菜单项(单击)，或按“F2”键。

(2) 在对象浏览器窗口的“搜索文本”框中输入要搜索的对象名，如 form。然后，单击“搜索”按钮。在搜索结果列表框中显示搜索字符串所包含工程的对应库、类和成员。在该列表框中选择希望查询的结果项，此时在对象浏览器的右下角的成员列表框中列出了要搜索对象所包含的属性、方法和事件，如图 10-36所示。

【例 10-24】 创建一个窗体，用来计算圆的面积。用户在“请输入半径”文本框(Text1)中输入圆的半径后，单击“计算面积”按钮(Command0)，在“面积”文本框(Text2)中返回计算结果。

其设计操作步骤如下。

(1) 创建一个窗体，包含两个文本框(Text1 和 Text2)和一个命令按钮(Command0)。

(2) 通过属性对话框分别将文本标签的标题改为“请输入半径”“面积”，将 Command0 命令按钮的标题改为“计算面积”。

(3) 选中命令按钮 Command0，单击右键，在弹出的快捷菜单中选择“事件生成器”。然后在“选择生成器”对话框中选择“代码生成器”，启动代码窗口。

(4) 在 VBE 代码窗口中，系统生成 Command0 的 Click 事件过程。设置代码如下。

```
Private Sub Command0_Click()
Dim R As Single, S As Single
R=Val(Me!Text1)
S=0
If (R<=0) Then
    MsgBox"半径必须大于 0!"
Else
    Area R,S
End If
Me! Text2=S
End Sub
Public Sub Area(x As Single,y As Single)
  Const Pi=3.1415926
  y=Pi*x*x
End Sub
```

切换到窗体视图，在文本框中输入半径值。若小于或等于零，系统生成消息框显示错误消息。若大于零，则调用过程 Area 进行运算，返回并显示结果。如图 10-37 所示。

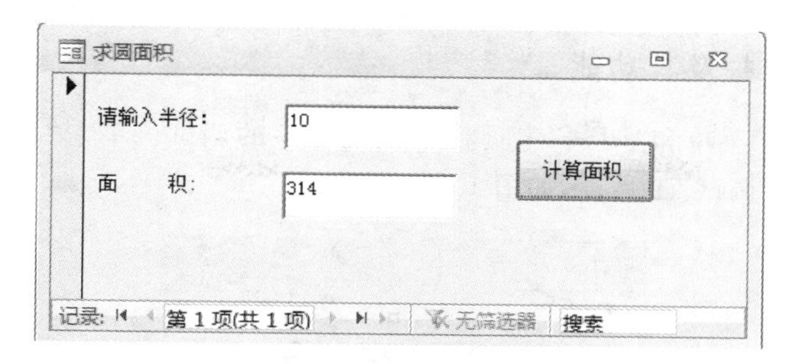

图 10-37　求圆面积运行结果

10.6　VBA 程序调试

为了避免程序运行错误的发生，在编程过程中往往需要不断地检查和测试程序。VBA 提供了一套完整的调试工具和方法，帮助编程人员在程序调试阶段观察程序的运行状态，准确地定位问题，从而及时地修改和完善程序。

10.6.1　设置程序断点

程序断点的设置，作用是使正在运行的程序进入中断模式。在中断模式下，程序暂停运行，编程人员可以查看此时的变量或表达式的取值是否与预期的值相符合。

断点的位置必须设置在可执行的语句上，不能够在注释语句、声明语句或空白行上设置断点。

一个程序段中可以包含多个断点。

设置断点的方法主要有以下几种。

(1) 在代码窗口中，单击要设置断点的语句左侧的灰色边界标识条。

(2) 单击要设置断点的语句中的任意位置，然后选择“调试”菜单中的切换断点菜单项或按“F9”键。

这时，设置好断点的语句行将以玫红色标识。图 10-38 所示是在“求阶乘”模块中设置的断点。

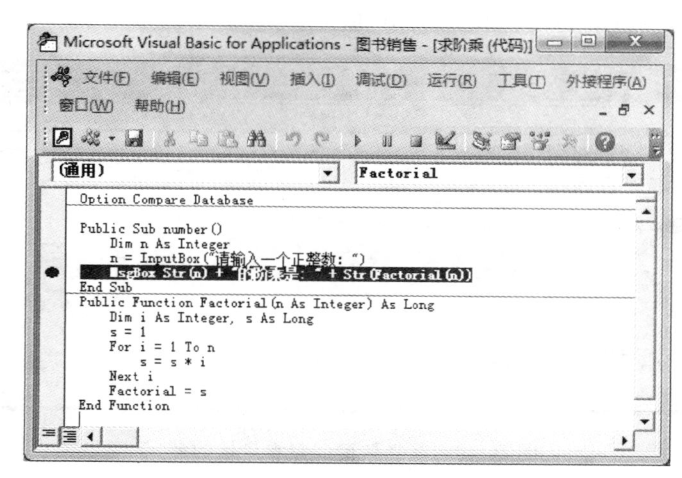

图 10-38　在“求阶乘”模块中设置断点

取消断点，可以直接在断点行左侧的灰色边界标识条上单击或者按“F9”键。选择“调试”菜单中的“清除所有断点”菜单项，可以清除程序中所有的断点。

10.6.2 调试工具栏及其功能

VBE 提供“调试”菜单和“调试”工具栏来实现程序的调试。单击“调试”菜单“工具栏”下“调试”命令，调出“调试”工具栏，如图 10-39 所示。

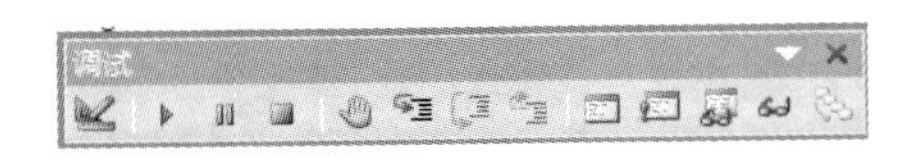

图 10-39 “调试”工具栏

“调试”工具栏上各命令按钮的名称及其功能从左到右，依次如下。

(1) “设计模式”按钮：用于打开或关闭设计模式。

(2) “运行”按钮：运行当前程序。当程序处于中断模式时，单击该按钮，继续运行程序至下一个断点或者程序结束处。

(3) “中断”按钮：在程序运行过程中，单击“中断”按钮，使程序进入中断模式。

(4) “重新设置”按钮：终止程序运行，使程序回到编辑状态。

(5) “切换断点”按钮：设置或删除当前行上的断点。

(6) “逐语句”按钮：使程序进入单步执行状态，即一次执行一个语句(系统将用黄色标识当前正在执行的语句)。当遇到调用过程语句时，则下一步将跳到被调过程中的第一条语句去执行。

(7) “逐过程”按钮：与“逐语句”类似，以单个过程为一个单位，每单击一下，则依次执行该过程内的语句。与“逐语句”不同的是，如果遇到调用过程的语句，“逐过程”不会跳到被调过程的内部去执行，而是在本过程中继续单步执行。

(8) “跳出”按钮：跳出被调过程，返回到主调过程，并执行调用语句的下一行。

(9) “本地窗口”按钮：打开本地窗口。本地窗口内显示在中断模式下，当前过程中的所有变量的名称和值。

(10) “立即窗口”按钮：打开立即窗口。在中断模式下，可以在立即窗口中输入命令语句来查看当前变量或表达式的值。例如，当程序处于中断模式时，在立即窗口中输入“print n”，系统将返回此时变量 n 的值，如图 10-40 所示。

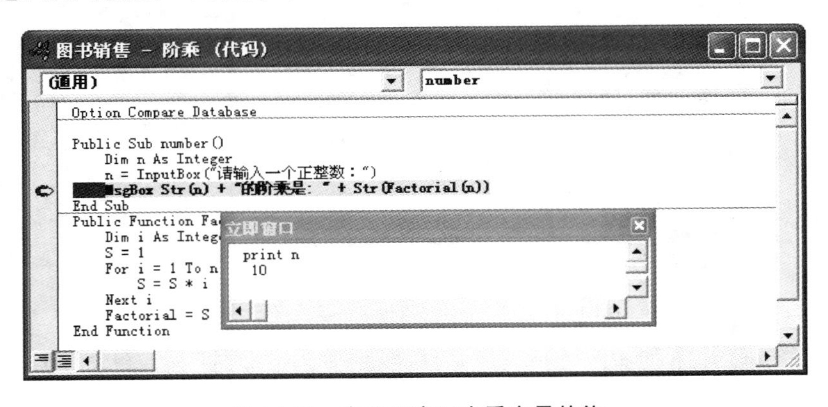

图 10-40 在立即窗口查看变量的值

(11) “监视窗口”按钮：打开监视窗口，用来查看被监视的变量或表达式的值。在监视窗口中单击右键，选择快捷菜单中的“添加监视”菜单项，系统将弹出“添加监视”对话框。在这个对话框内可以输入一个监视表达式。

（12）“快速监视”按钮：在中断模式下，通过选择某个表达式或变量，然后单击“快速监视”按钮，系统将打开快速监视窗口，在窗口内部显示所选表达式或变量的值。

（13）“调用堆栈”按钮：当程序处于中断模式时，显示一个对话框，列出所有已经被调用但是仍未完成运行的过程。

10.7　Access 数据库程序设计

从前述 VBA 应用看，VBA 设计的模块和代码可以与 Access 的窗体等对象结合在一起，实现程序处理功能。但以上内容并没有涉及数据库的处理。因为 VBA 是基于高级语言 VB 的程序设计语言。最初高级语言并没有处理数据库的语句和功能。

本节我们介绍 Access 的数据库编程知识，即 VBA 的数据库程序设计。

10.7.1　DAO 与 ADO

为处理数据库，VBA 必须采用专门设计的数据库访问组件来访问数据库，才能完成数据库编程。

最早 VBA 采用数据访问对象（DAO，Data Access Object）访问数据库。使用 DAO 可以编程访问和使用本地数据库或远程数据库中的数据，并对数据库及其对象和结构进行处理。

目前，VBA 主要使用 ActiveX 数据访问对象（ADO，ActiveX Data Objects）来访问数据库。ADO 扩展了 DAO 的对象模型，它包含较少的对象，包含更多的属性、方法和事件。

这里，我们主要介绍当代的 ADO 技术。

10.7.2　ADO 类库

ADO 采用面向对象的设计方法，在 ADO 中提供了一组对象，各对象完成不同的功能，用于响应并执行数据的访问和更新请求。各个对象的定义被封装在 ADO 类库中。因此，在 Access 中要使用 ADO 对象，需要先引用 ADO 类库。其操作方法如下。

（1）进入 VBE 界面，单击“工具”菜单中的“引用”菜单项，如图 10-41 所示。弹出引用对话框，如图 10-42 所示。

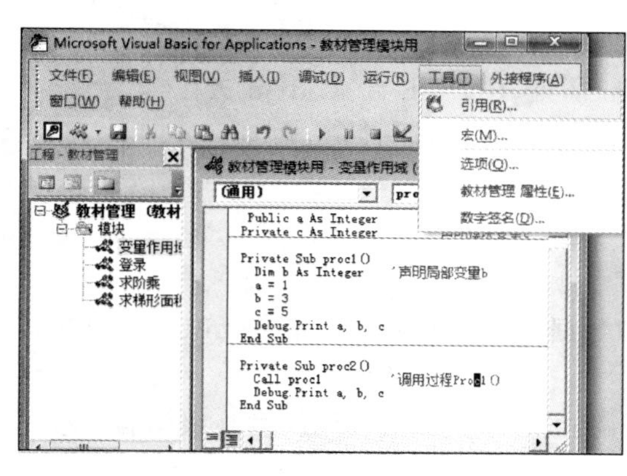

图 10-41　“工具”菜单中的“引用”菜单项

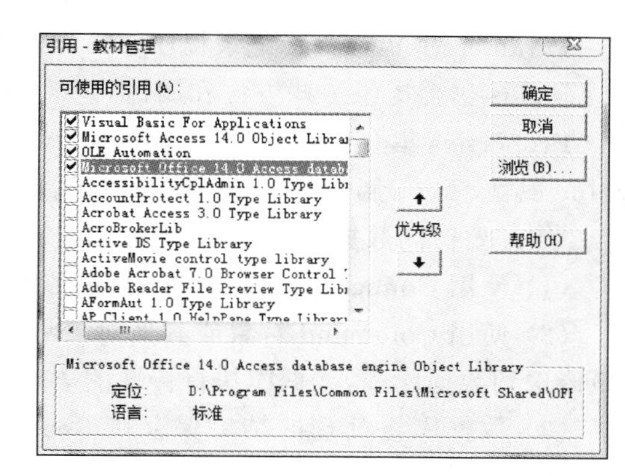

图 10-42　引用对话框

（2）在引用对话框的“可使用的引用”列表框中，选中“Microsoft ActiveX Data Objects x. x Library”复选框，单击“确定”按钮。

10.7.3 ADO的对象模型

ADO的基础是微软公司设计的访问数据库技术 OLE DB,ADO 封装了 OLE DB 的功能,提供了访问数据库的对象接口。ADO 的对象模型如图 10-43 所示。

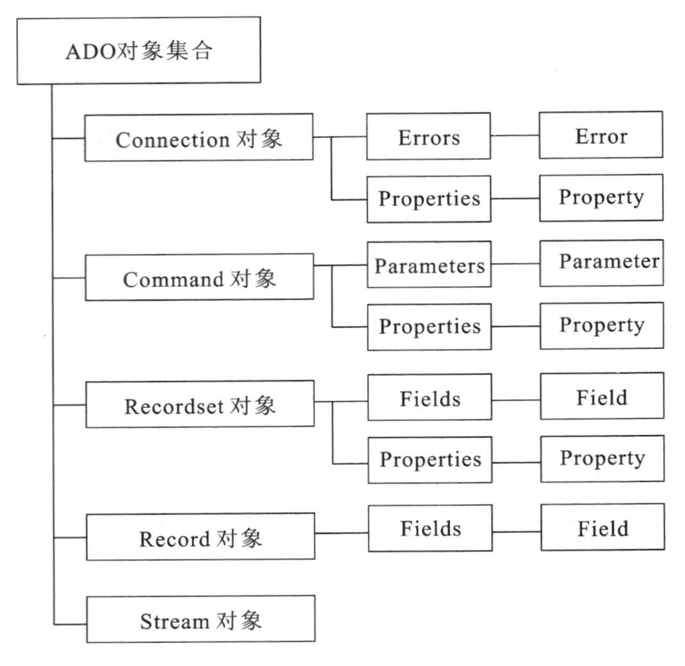

图 10-43　ADO 的对象模型

在这些对象中,最经常被引用的有三个对象成员:Connection 对象、Command 对象和 Recordset 对象,位于 ADO 的对象模型的最上层。

ADO 提供四个对象集合:Connection 对象包含的 Errors 集合、Command 对象包含的 Parameters 集合、Recordset 和 Record 对象包含的 Fields 集合,以及 Connection、Command、Recordset 对象都具有的 Properties 集合。

Errors 集合负责记录存储一个系统运行时发生的错误或警告。

Parameters 集合负责记录程序中要传递参数的相关属性。

Fields 集合提供一些方法和属性,包括 Count 属性、Refresh 方法、Item 方法等。

Properties 集合主要用来记录相应 ADO 对象的每一项属性值,包括了 Name 属性、Value 属性、Type 属性、Attributes 属性等。

VBA 要访问数据库,基本的步骤如下。

(1) 使用 Connection 对象连接到数据源,即要处理的数据库、表或查询。

(2) 使用 Command 对象或其他对象将处理数据库的 SQL 语句(如 SELECT、INSERT 等)传送到数据库中,数据库执行传递的语句。

(3) 数据库将处理的结果保存在 Recordset 对象的记录集中,传回到高级语言,这样,VBA 就可以处理相应的数据了。

下面简要介绍 ADO 对象模型中最主要的三个对象。

1) Connection 对象

Connection 对象用来建立应用程序和数据源之间的连接,是访问数据源的首要条件。

使用 Connection 对象时，需要首先创建一个 Connection 对象的实例，然后设置 OLE DB 的数据提供者的名称和有关的连接信息。使用 Provider 属性制定 OLE DB 的数据提供者，使用 Connectstring 属性对连接进行配置。接着，使用 Open 方法建立到数据源的物理连接，使用 Close 方法断开与数据源的连接。当连接发生错误时，对象模型以 Error 对象体现错误。

下面是使用 Connection 对象建立与教材管理系统数据库的连接的程序代码：

```
Public Sub OpenDB()
Dim cnn As New ADODB.Connection                    '创建一个 connection 对象实例
cnn.Provider="Microsoft.jet.OLEDB.4.0"             '指定数据提供者
cnn.ConnectionString="D:\教材管理系统.mdb"          '指定数据源
cnn.Open                                           '打开与数据库的连接
End Sub
```

代码中 Connection 对象名前的 ADODB 是 ADO 类库的名称。当需要断开与数据库的连接时，输入命令：cnn. Close。

2) Command 对象

建立连接以后，可以对数据库发出命令来执行某种操作。ADO 使用 Command 对象来表达和传递操作数据库的命令。经常执行的命令包括向数据源添加、删除或更新数据，以及在表中查询数据。

使用 Command 对象，需要首先创建一个 Command 对象的实例，然后通过设置 Command 对象的 ActiveConnection 属性使打开的连接与 Command 对象关联，使用 CommandText 属性定义命令(例如，SQL 语句)的可执行文本，接着，使用 Command 对象的 Execute 方法执行命令并返回记录集。

下面是使用 Command 对象对前面建立的连接进行查询的程序代码：

```
Dim cmd As New ADODB.Command              '创建 Command 对象的实例 cmd
cmd.ActiveConnection=cnn                  '与打开的连接 cnn 相关联
cmd.CommandText="Select* from"            '定义查询：
教材 where 书名="数据挖掘"                  从"教材"表中筛选出书名为"数据挖掘"的教材
cmd.Execute                               '执行命令
```

3) Recordset 对象

从数据源中获得的数据存储在 Recordset 对象中，并且以行(记录)和列(字段)的形式保存。使用 Recordset 对象需要先定义并初始化一个 Recordset 对象，例如：

Dim rs As New ADODB. Recordset

然后，使用 Recordset 对象的 Open 方法打开 Recordset 对象。打开 Recordset 记录集的方法有多种：可以在 Connection 对象上打开；也可以在 Command 对象上打开。语法如下。

【语法】Recordset. Open Source，ActiveConnection，CursorType，LockType，Options

各个参数的相关说明如下。

Source：Recordset 对象的来源。可以是数据表、视图、SQL 语句或者 Command 对象。

ActiveConnection：可选参数，指定所用的连接，可以是 Connection 对象。

CursorType：可选参数，设置游标类型。游标是一种数据库元素，用来控制记录的定位，游标指向的记录为当前记录。游标的类型还可以决定数据是否允许被更新，以及是否可看到其他用户对数据的更新。ADO 提供四种游标类型，其具体含义如表 10-12 所示。

LockType：可选参数，LockType 属性指定在编辑过程中当前记录上的锁定类型。其具体含义如表 10-13 所示。

表 10-12　CursorType 的游标类型及其含义

常　　量	含　　义
adOpenDynamic	动态游标。用于查看其他用户所做的添加、更改和删除
adOpenStatic	静态游标。提供记录集合的静态副本以查找数据。其他用户所做的添加、更改和删除不可见
adOpenForwardOnly	仅向前游标，默认值。与静态游标相同，但是只允许在记录中向前滚动
adOpenKeyset	键集游标。类似于动态游标，但是禁止查看其他用户所做的添加或删除，允许查看其他用户对数据的更改

表 10-13　LockType 参数的值及其含义

常　　量	含　　义
adLockReadOnly	默认值，只读。无法更改数据
adLockPessimistic	保守式记录锁定(逐条)。提供者执行必要的操作确保成功编辑记录，常常采用编辑时立即锁定数据源的记录的方式
adLockOptimistic	开放式记录锁定(逐条)。只有在调用 Update 方法时锁定记录
adLockBatchOptimistic	开放式批量更新

对 CursorType 和 LockType 属性值，可以使用 Recordset 对象的 Open 方法传递其参数，也可以在打开 Recordset 对象之前进行设置。

Options：可选参数，用于指定 Recordset 对象对应的 Command 对象的类型。

【例 10-25】 编写一个程序连接到教材管理系统数据库，并且从“教材”表中查找出版社编号为“1002”的教材数目。

方法一：在 Connection 对象上打开 Recordset。

```
Public SubQueryDB()
Dim cnn As New ADODB.Connection                    '声明并初始化 Connection 变量
Dim rs As New ADODB.Recordset                      '声明并初始化 Recordset 变量

cnn.Provider= "Microsoft.jet.OLEDB.4.0"            '设置数据提供者
cnn.ConnectionString= "D:\教材管理.mdb"             '设置连接教材管理系统数据库
cnn.Open                                           '连接教材管理系统数据库

rs.Open "Select* from 教材 where 出版社='1002'     '打开记录集
cnn,adOpenKeyset,adLockPessimistic

Debug.Print rs.RecordCount                         '在立即窗口中打印记录集中记录的个数
rs.close                                           '关闭记录集
cnn.close                                          '断开连接
End Sub
```

方法二：在 Command 对象上打开 Recordset。

```
Public SubQueryDB()
Dim cnn As New ADODB.Connection                 '声明并初始化 Connection 变量
Dim cmd As New ADODB.Command                    '声明并初始化 Command 变量
Dim rs As New ADODB.Recordset                   '声明并初始化 Recordset 变量

cnn.Provider="Microsoft.jet.OLEDB.4.0"          '设置数据提供者
cnn.ConnectionString="D:\教材管理.mdb"           '设置连接教材管理系统数据库
cnn.Open                                        '连接教材管理系统数据库

cmd.ActiveConnection=cnn                        '建立 Command 对象的连接
cmd.CommandText="Select* from 教材 where        '建立查询命令
出版社='1002'"

rs.CursorType=adOpenKeyset                      '指定 Recordset 的游标类型
rs.LockType=adLockPessimistic                   '指定 Recordset 的锁定类型
rs.Open cmd                                     '打开记录集

Debug.Print rs.RecordCount                      '在立即窗口中打印记录集中记录的个数

rs.Close                                        '关闭记录集
cnn.Close                                       '断开连接
End Sub
```

10.7.4 操作记录集

对记录集进行操作是我们访问数据的最主要目的。Recordset 对象提供大量的方法和属性对 Recordset 数据进行定位、更新、添加或删除记录。表 10-14 介绍了 Recordset 中常用的方法及其含义。

表 10-14 Recordset 中常用的方法及其含义

方法	含义
AddNew	创建可更新的 Recordset 对象的新记录
Append	将对象追加到集合中。如果集合是 Fields，可以先创建新的 Field 对象然后再将其追加到集合中
CancelUpdate	取消在调用 Update 方法前对当前记录或新记录所做的任何更改
Close	关闭打开的对象及任何相关对象
Delete	删除当前记录或记录组
Execute	执行指定查询、SQL 语句、存储过程或特定提供者的文本等
Find	搜索 Recordset 对象中满足指定标准的记录
Move	移动 Recordset 对象中当前记录的位置
MoveFirst、MoveLast、MoveNext 和 MovePrevious	移动到指定 Recordset 对象中的第一个、最后一个、下一个或前一个记录并使该记录成为当前记录
Requery	通过重新执行对象所基于的查询，更新 Recordset 对象中的数据
Update	保存对 Recordset 对象的当前记录所做的所有更改

【例 10-26】 编写程序，向教材管理系统数据库的“出版社”表中添加一条记录，并打印出结果。

(1) 打开连接。首先定义一个 ADO 的 Connection 对象变量并初始化，然后指定数据提供者和数据源的连接信息，建立连接。其代码如下：

```
Dim cnn As New ADODB.Connection
cnn.Provider="Microsoft.jet.OLEDB.4.0"
cnn.ConnectionString="D:\教材管理.mdb"
cnn.Open
```

(2) 打开记录集。定义一个 Recordset 对象变量并将其初始化，打开 Recordset 对象，并指定数据来源为“出版社”表，与刚建立好的连接相关联，指定记录集的游标类型和锁定类型。其代码如下：

```
Dim rs As New ADODB.Recordset
rs.CursorType=adOpenKeyset
rs.LockType=adLockPessimistic
rs.Open"出版社",cnn
```

(3) 向记录集添加新纪录。使用 Recordset 的 AddNew 方法在 Recordset 对象中添加一条空白记录，然后指定该记录的出版社编号、出版社名、地址、联系电话、联系人等信息。其代码如下：

```
rs.AddNew
rs("出版社编号")="2704"
rs("出版社名")="武汉大学出版社"
rs("地址")="武汉市武昌珞珈山"
rs("联系电话")="027 68752427 "
rs(" 联系人")="王凯"
```

(4) 更新记录集。使用 Recordset 的 Update 方法，更新记录集。

```
rs.Update
```

(5) 打印结果。使用 MoveFirst 方法将记录集的游标移到记录集的首记录位置。当游标不在记录集中的最后一条记录之后时，使用循环语句打印出当前游标所在位置的出版社编号、出版社名和地址信息。其代码如下：

```
rs.MoveFirst
Do While Not rs.EOF
Debug.Print rs.Fields("出版社编号"),rs.Fields("出版社名"),rs.Fields("地址")
rs.MoveNext
Loop
```

完成的全部代码，本模块以“例 10-26”为名保存。

上面代码中的 EOF 在 Recordset 记录集中用来判断当前游标是否在最后一条记录之后，即记录集的末尾。如果是，则返回 True，否则返回 False。与 EOF 属性相对应的还有 BOF 属性，用来判断当前游标是否在记录集的第一条记录之前。

执行代码，即可在立即窗口中打印出添加记录之后的记录集的内容。

【例 10-27】 编写程序，实现通过输入“教材名”后，在“教材”表中查询教材信息的操作。

首先，与教材管理系统数据库建立连接。通过一个输入窗口接收用户所需要查询的教材名，并且保存在变量 title 中。如果用户的输入为空值，系统弹出错误信息。如果用户输入的值不为空，打开记录集，并在数据来源中指定查询语句，用来在“教材”表中查询用户输入的教材。当找到符合查询的教材时，输出教材名、作者、定价和数量等信息。否则，弹出错误消息。其程序代码如下：

```
Public Sub 例 10-27()
Dim cnn As New ADODB.Connection
Dim rs As New ADODB.Recordset
Dim title As String
cnn.Provider="Microsoft.jet.OLEDB.4.0"
cnn.ConnectionString="D:\教材管理.mdb"
cnn.Open
'建立连接
title=InputBox("请输入需要查询的教材名:","输入查询教材")
'弹出输入窗口,接收用户的输入,并将值赋给 title
If title=""  Then
'如果用户输入的值为空
   Docmd.Beep
   MsgBox "您没有输入查询的教材名!"
Else
'如果用户的输入值不为空
   rs.CursorType=adOpenKeyset
rs.LockType=adLockPessimistic
   rs.Open "select* from 教材 where 教材名='" & title & " '",cnn
'在建立的连接上进行搜索
   If rs.EOF Then
'如果没有找到符合条件的记录
      DoCmd.Beep
      MsgBox "对不起,没有您要查找的教材!"
   Else
'如果找到符合条件的记录
      Do While Not rs.EOF
      Debug.Print rs.Fields("教材名"),rs.Fields("作者"),rs.Fields("定价"),
rs.Fields("数量")
'在立即窗口中显示教材信息
         rs.MoveNext
Loop
   End If
End If
End Sub
```

执行本例，弹出查询教材录入窗口。如果用户输入的值为空，则提示“您没有输入查询的教材名!”；如果没有找到符合条件的教材，则提示“对不起，没有您要查找的教材!”；如果找到符合条件的记录，则在立即窗口中显示教材信息。

同学们可以上机实验完成本例的实现。

10.7.5 综合应用例

【例 10-28】 设计一个发放教材窗体，实现发放教材（有人领取教材）业务流程。

(1) 分析。首先在窗体上创建若干文本框,以教材管理系统数据库中的表为基础,分别标注为"教材编号""教材名""作者""出版社名""定价""折扣""数量"和"金额"。

第一,用户通过输入欲发放的"教材编号",单击"查找"按钮即可查询到该教材的相关信息,包括教材名、作者、出版社、定价和折扣等,一一显示出来供用户参考。

第二,通过用户输入发放教材的数量,即可显示出这批教材打折之后的总金额。

第三,如果用户确认要发放该批教材,单击"保存"按钮后,即可将该发放教材业务添加到"发放单"表和"发放细目"表中,并且在"教材"表中对"数量"字段值进行更新:数量=数量(库存数量)— 领取数量(此次发生的领取数量)。

第四,教材发放窗体的设计在布局上不唯一。

设计步骤如下。

(1) 在教材管理系统数据库中新建一个窗体。

在 Access 数据库窗口选择窗体对象,在右边选择"在设计视图中创建窗体"项,然后单击"设计"按钮,进入窗体窗口。

(2) 保存该窗体,在"另存为"窗口中给定窗体名称为"综合例",然后单击"确定"保存。

在本窗体上面添加若干对象,分别通过属性对话框对它们的相关属性进行修改。

2 个标签对象,标题改为"教材信息"和"领取教材"。

8 个文本框对象,标题分别改为"教材编号""教材名""作者""出版社名" "定价""折扣" "数量" 和"金额"。文本框的名称分别为"教材编号""教材名""作者""出版社名""定价""折扣""数量"和"金额"。

3 个命令按钮,标题分别为"查找""保存"和"取消"。

(3) 对"查找"按钮编写代码。在"查找"按钮上单击右键,在快捷菜单中选择"事件生成器",在出现的"选择生成器"对话框选择"代码生成器"后,确定。

现在对子过程 Command16_Click()编码。

根据用户输入的教材编号从"教材"表和"出版社"表中查找该教材的相关信息。如果该教材编号存在,则分别在对应的文本框中显示相关信息,如果该教材编号不存在,则提示"啊,你输入的这个编号不存在!"。

```
Private Sub Command16_Click()
Dim rst As New ADODB.Recordset
rst.Open "SELECT *  FROM 教材,出版社 where 教材.出版社编号=出版社.出版社编号
and 教材编号='" & Me.教材编号.Value & "'",CurrentProject.Connection,
adOpenKeyset,adLockOptimistic
If Not rst.EOF Then
教材编号.Value=rst("教材编号").Value
  Me.定价.Value=rst("定价").Value
  Me.折扣.Value=rst("折扣").Value
  Me.出版社名.Value=rst("出版社名").Value
  Me.作者.Value=rst("作者").Value
  Me.教材名.Value=rst("教材名").Value
  rst.Close
Else
  MsgBox "啊,你输入的这个编号不存在!"
End If
End Sub
```

(4) 对用户输入的数量进行处理，输入数值后，“数量”文本框的值要进行计算并更新。

```
Private Sub 数量_Change()
If 定价.Value<>"" And 折扣.Value<>"" And IsNumeric(数量.Text) Then
金额.Value=Round(CDec(定价.Value)*CDec(折扣.Value)*CDec(数量.Text),2)
End If
End Sub
```

(5) 对“保存”按钮编写代码，首先按照教材编号从“教材”表中对该教材进行数量查询，如果库存数量大于用户需要的数量，则在“发放单”表和“发放细目”表中插入一条新纪录，并且在“教材”表中对库存数量进行更新，提示“教材发放成功！”；相反，则提示“目前库存不够，库中只有 * * 本！”。

```
Private Sub Command22_Click()
On Error GoTo Err_Command22_Click
Dim rst As New ADODB.Recordset
rst.Open "SELECT 数量 FROM 教材 where 教材编号='" & Me.教材编号.Value & "'",
CurrentProject.Connection,adOpenKeyset,adLockOptimistic
If Not rst.EOF Then
  If rst("数量")>CDec(数量.Value) Then
    CurrentProject.Connection.Execute ("insert into 发放单(发放单号,发放日期,工号)
    value(# " & Now & "# ,'1205')")
    CurrentProject.Connection.Execute ("update 教材 set 数量= 数量-" & 数量.
    Value & " where 教材编号= '" & 教材编号.Value & "'")
    CurrentProject.Connection.Execute ("insert into 发放细目(发放单号,教材编
号,数量,售价折扣)values('10','" & 教材编号.Value & "','" & Me.数量.Value & "','" &
Me.折扣.Value & "')")
      MsgBox ("教材发放成功!")
    Else
      MsgBox ("目前库存不够,库中只有" & rst("数量") & "本!")
    End If
Else
    MsgBox "对不起,库存没有此教材!"
End If
rst.Close
Exit_Command22_Click:
    Exit Sub
Err_Command22_Click:
    MsgBox Err.Description
    Resume Exit_Command22_Click
End Sub
```

(6) 对“取消”按钮编写代码，单击之后关闭教材发放窗体。

```
Private Sub Command23_Click()
MsgBox "谢谢使用,再见!"
Docmd.Close
End Sub
```

窗体运行后，输入一个不存在的教材编号后单击“查找”时，系统提示“啊，你输入的这个

编号不存在!”,单击“确定”后返回重新输入教材编号或单击“取消”按钮退出。

任何情况下单击“取消”按钮,系统提示“谢谢使用,再见!”,再单击“确定”后退出本系统。

键入有效的教材编号,单击“查找”按钮,则显示教材信息。

查找到所需教材后,当需要领取本教材时,用户输入该教材的领取数量,系统进行金额计算并及时显示金额。

输入领取教材的数量,再单击“保存”按钮,有以下四种可能发生的情况。

第一,根本就没有查找所需教材而直接单击“保存”时,会导致系统提示“对不起,库存没有此教材!”。

第二,查询成功后没有键入所需数量而直接单击“保存”时,系统会提示所需教材数量不可为空。

第三,查询成功后键入的所需教材数量超过库存数量时,系统将提示库存教材不够的信息。

第四,查询成功,键入所需教材数量,当库存数量满足领取数量时,系统将提示教材发放成功的信息。

在以上的任意一种可能出现的提示下,在提示对话框中单击“确定”按钮,即可返回。

当教材发放成功,相应的“发放单”表、“发放细目”表都自动同步插入了新记录。“教材”表中相应的记录进行自动更新和数据修正(主要是某教材数量减少)。

同学们可以上机实验完成本例的实现。

本章小结

本章介绍了 Access 模块的基本功能。模块是数据库对象,用来实现数据库处理中比较复杂的处理功能。模块是通过 VBA 语言来实现的,VBA 是 Microsoft Office 内置编程语言。

VBA 是基于 VB 的程序语言。VBA 的主要数据类型包括字节型、布尔型、整型、长整型、单精度型、双精度型、货币型、小数型、字符型、对象型、变体型和自定义型。

VBA 中的数据表示分为常量和变量。运算通过表达式进行。由常量、变量、函数和运算符组成的式子被称为表达式。按照运算符的不同,表达式也可以分为五种类型:算术表达式、字符表达式、关系表达式、逻辑表达式和日期表达式。

程序是处理某个问题的命令的集合。VBA 程序由模块组成。每一个模块包含声明部分和若干个过程。过程可分为 Sub 子过程、Function 函数过程。Sub 子过程主要用于实现某个功能;Function 函数过程主要用于求值,要求返回函数计算的结果。

按照结构化程序设计方法,每个过程只需要使用顺序结构、分支结构和循环结构三种程序流程结构。在一个过程中可以调用其他过程。在调用过程或函数时可传递参数,参数的传递方式有传值方式和传址方式两种。

过程或变量的可被访问的范围被称为过程或变量的作用域。过程的作用域分为模块级和全局级,变量的作用域可以分为局部变量、模块变量和全局变量。

开发 VBA 的环境是 VBE,在 VBE 中输入的代码将保存在 Access 的模块中,通过事件来启动模块并执行模块中的代码。

VBE 包含多个窗口,其中最重要的是代码窗口,在代码窗口中输入代码。

VBA 采用了面向对象程序设计的方法，将对象作为程序的基本单元，将程序和数据封装在其中。程序是由事件来驱动的，每个对象都能够识别系统预先定义好的特定事件。当事件被激活时，执行预先定义在该事件中的代码。

使用 ADO 可以建立 VBA 程序与数据库之间的连接，允许对数据库进行操作。其访问数据库中数据的步骤可分为：定义 Connection 对象，建立与数据源的连接；使用 Command 对象向数据源发出数据操作命令；使用 Recordset 对象提供的方法，查询记录，或者对记录集进行更新、添加、删除记录等操作；最后断开与数据源的连接。

习　题　10

一、单项选择题

(1) 组成 VBA 的程序模块的过程不可以是　（　　）

A. Sub 子过程　B. Function 函数过程

C. Property 属性过程　D. 窗体过程

(2) 以下不属于代码窗口的主要部件的是　（　　）

A. 报表列表框　B. 对象列表框

C. 过程列表框　D. 事件列表框

(3) 以下关于 VBE 代码窗口说法错误的是　（　　）

A. 可以同时打开多个代码窗口

B. 只能打开一个代码窗口

C. 可以在同一个代码窗口的不同位置进行代码的复制

D. 可以在同一个代码窗口的不同位置进行代码的移动

(4) 可以键入或者粘贴命令语句，在按下“Enter”键后就执行该语句的是　（　　）

A. 监视窗口　B. 本地窗口

C. 立即窗口　D. 代码窗口

(5) 用来显示当前过程中的所有声明了的变量名称、值和类型的是　（　　）

A. 监视窗口　B. 本地窗口

C. 立即窗口　D. 代码窗口

(6) 在立即窗口中不能完成的是　（　　）

A. 保存命令语句　B. 粘贴命令语句

C. 键入命令语句　D. 调用保存的模块对象来运行

(7) 监视窗口的作用是　（　　）

A. 键入或者粘贴命令语句

B. 查看输出语句执行的结果

C. 调用保存的模块对象来运行

D. 在中断模式下，显示监视表达式的值、类型和内容

(8) 用来显示出对象库以及工程里的过程中的可用类、属性、方法、事件以及常数变量的是　（　　）

A. 监视窗口　B. 对象浏览器

C. 代码窗口　D. 本地窗口

(9) Access 模块的编写在 VBE 界面的窗口是　（　　）

A. 监视窗口　B. 立即窗口

C. 代码窗口　　　　D. 本地窗口

(10) 过程分为 2 种类型:Sub 子过程和　　　　(　　)

A. Function 函数过程　　　　B. 查询过程

C. 报表过程　　　　D. 本地过程

二、填空题

(1) 所谓 VBA 的程序模块是由一组声明和若干个________组成。

(2) 代码窗口的主要部件有:“________”列表框和“过程/事件”列表框。

(3) 属性窗口可以选择按字母序或________方式查看属性。

(4) “对象”列表框中显示所选窗体中的所有________。

(5) “过程/事件”列表框中列出与所选对象相关的________。

(6)当选定了一个对象和其相应的事件后,与该事件名称相关的过程就会显示在________窗口中。

(7) 本地窗口用来显示当前过程中的所有声明了的变量名称、值和__________。

(8) 当工程中含有________时,监视窗口就会自动出现。

(9) 直接在立即窗口中输入的命令语句是________保存的。

(10) 可以用________来搜索及使用既有的对象,或是来源于其他应用程序的对象。

三、名词解释题

(1) ADODB。

(2) Connection。

(3) ADO 类库。

(4) Command。

(5) Recordset。

(6) Fields。

(7) Properties。

(8) VBA 的程序模块。

(9) 对象浏览器。

(10) 本地窗口。

四、问答题

(1) Access 模块对象的主要功能是什么?

(2) 试述程序设计的概念。

(3) 目前主要的程序设计方法有哪两类? 请简要说明。

(4) 简述 Access 模块的种类。

(5) 什么是声明语句?

(6) 什么是执行语句?

(7) 简述结构化程序设计的三大结构。

(8) 简述过程调用中的参数传递。

(9) 简述过程的作用域。

(10) 简述监视窗口的作用。

实验题 10

实验题 10-1 创建模块与创建新过程。在 Access 下，完成模块对象和过程创建的操作。

实验题 10-2 立即窗口应用。在立即窗口中输入相关命令并运行，分析结果。

实验题 10-3 计算并显示算术表达式的值。完成教材中例 10-1 在机器上的实现。

实验题 10-4 编写程序代码并执行。对于教材例 10-8 的内容在机器上实现。

实验题 10-5 MsgBox 函数的应用。教材上的例 10-11 在机器上运行并对结果进行分析。

实验题 10-6 InputBox 函数的应用。在机器上实现教材上的例 10-12。

实验题 10-7 计算 n 的阶乘。建立求 n 的阶乘的模块并运行。

实验题 10-8 变量作用域。完成教材上例 10-21 的上机实现。

参考文献

[1] 肖慎勇，杨博，等. 数据库及其应用(Access 及 Excel)[M]. 北京：清华大学出版社，2009.

[2] 肖慎勇. 数据库及其应用(Access 及 Excel)学习与实验实训教程[M]. 北京：清华大学出版社，2009.

[3] 肖慎勇，熊平. 数据库及其应用(Access 及 Excel)[M]. 2 版. 北京：清华大学出版社，2014.

[4] 肖慎勇. 数据库及其应用(Access 及 Excel)学习与实验实训教程[M]. 2 版. 北京：清华大学出版社，2014.

[5] 何友鸣. 数据库原理及应用[M]. 北京：人民邮电出版社，2014.

[6] 何友鸣. 数据库原理及应用实践教程[M]. 北京：人民邮电出版社，2014.

[7] Hector Garcia-Molina，Jeffrey D. Ullman，Jennifer Widom. 数据库系统全书[M]. 岳丽华，杨冬青，等译. 北京：机械工业出版社，2003.

[8] 尤峥. 数据库原理与应用[M]. 武汉：武汉大学出版社，2007.